中国石化员工培训教材

低碳烯烃生产技术

中国石化员工培训教材编审指导委员会　组织编写
本书主编　徐跃华　副主编　戴伟

中国石化出版社

内 容 提 要

《低碳烯烃生产技术》为中国石化员工培训教材系列之一，在编写时分为乙烯丙烯篇和丁二烯篇，主要介绍乙烯、丙烯和丁二烯的生产技术。

主要内容包括乙烯、丙烯和丁二烯的性质及用途，石油烃蒸汽热裂解生产乙烯、丙烯和丁二烯的工艺原理、主要设备、工艺操作、装置异常现象的判断和处理、三剂、安全节能及环保等内容。还介绍了 MTO、DCC、CPP、OCT、OCC、烷烃脱氢、丁烯脱氢和乙醇脱水等生产乙烯、丙烯和丁二烯的技术与工艺，并分析了炼厂干气回收烯烃、烷烃的三种工艺技术的特点。

本书是乙烯、丙烯和丁二烯技能操作人员进行员工岗位技能培训的必备教材，也是专业技术人员必备的参考书。

图书在版编目(CIP)数据

低碳烯烃生产技术/徐跃华主编．—北京：中国石化出版社，2015．2
中国石化员工培训教材
ISBN 978-7-5114-3157-8

Ⅰ．①低… Ⅱ．①徐… Ⅲ．①烯烃-化工生产-技术培训-教材Ⅳ．①TQ221．2

中国版本图书馆 CIP 数据核字(2013)第 013892 号

中国石化出版社出版发行

地址：北京市东城区安定门外大街 58 号
邮编：100011　电话：(010)84271850
读者服务部电话：(010)84289974
http://www.sinopec-press.com
E-mail：press@sinopec.com
北京科信印刷有限公司印刷

*

787×1092 毫米 16 开本 18.5 印张 461 千字
2015 年 2 月第 1 版　2015 年 2 月第 1 次印刷
定价：68.00 元

中国石化员工培训教材
编审指导委员会

序

中国石化是上中下游一体化能源化工公司，经营规模大、业务链条长、员工数量多，在我国经济社会发展中具有举足轻重的作用。公司的发展，基础在队伍，关键在人才，根本在提高员工队伍整体素质。员工教育培训是建设高素质员工队伍的先导性、基础性、战略性工程，是加强人才队伍建设的重要途径。

当前，我们已开启了建设世界一流能源化工公司的新航程，加快转变发展方式的任务艰巨而繁重，这对进一步做好员工教育培训工作提出了新的更高要求。我们要以中国特色社会主义理论为指导，紧紧围绕企业改革发展、队伍建设和员工成长需要，以提高思想政治素质为根本，以能力建设为重点，积极构建符合中国石化实际的培训体系，加大重点和骨干人才培训力度，深入推进全员培训，不断提高教育培训的质量和效益，为打造世界一流提供有力的人才保证和智力支持。

培训教材是员工学习的工具。加强培训教材建设，能够有效反映和传递公司战略思想和企业文化，推动企业全员学习，促进学习型企业建设。中国石化员工培训教材编审指导委员会组织编写的这套系列教材，较好地反映了集团公司经营管理目标要求，总结了全体员工在实践中创造的好经验好做法，梳理了有关岗位工作职责和工作流程，分析研究了面临的新技术、新情况、新问题等，在此基础上进行了完善提升，具有很强的实践性、实用性和较高的理论性、思想性。这套系列培训教材的开发和出版，对推动全体员工进一步加强学习，进而提高全体员工的理论素养、知识水平和业务能力具有重要的意义。

学习的目的在于运用，希望全体员工大力弘扬理论联系实际的优良学风，紧密结合企业发展环境的新变化、新进展、新情况，学好用好培训教材，不断提高解决实际问题、做好本职工作的能力，真正做到学以致用、知行合一，把学习培训的成果切实转变为推进工作、促进改革创新的实际行动，为建设世界一流能源化工公司作出积极的贡献。

二〇一二年七月十六日

前　言

根据中国石化发展战略要求，为加强培训资源建设、推进全员培训的深入开展，集团公司人事部组织梳理了近些年培训教材开发成果，调研了企业培训教材需求，开展了中国石化员工培训课程体系研究。在此基础上，按职业素养、综合管理、专业技术、技能操作、国际化业务、新员工等六类，组织编写覆盖石油石化主要业务的系列培训教材，初步构建起中国石化特色的培训教材体系。这套系列教材围绕中国石化发展战略、队伍建设和员工成长的需要，以提高全体员工履行岗位职责的能力为重点，把研究和解决生产经营、改革发展面临的新挑战、新情况、新问题作为重要目标，把全体员工在实践中创造的好经验好做法作为重要内容，具有较强的实践性、针对性。这套培训教材的开发工作由中国石化员工培训教材编审指导委员会组织，集团公司人事部统筹协调，总部各业务部门分工负责专业指导和质量把关，主编单位负责组织培训教材编写。在培训教材开发和编写的过程中，上下协同、团结合作，各级领导给予了高度重视和支持，许多管理专家、技术骨干、技能操作能手为培训教材编写贡献了智慧、付出了辛勤的劳动。

《低碳烯烃生产技术》为专业技术类型的教材，在编写时根据生产装置和生产工艺特点，分乙烯丙烯篇和丁二烯篇两部分编写，着重介绍了乙烯、丙烯和丁二烯的生产技术。根据中国石化现有生产现状，本教材详细介绍了石油烃蒸汽裂解生产乙烯、丙烯和丁二烯的原理、技术路线、工艺流程、主要设备、操作要点、三剂辅料和安全环保与节能，还介绍了MTO、DCC、CPP、OCT、OCC、烷烃脱氢、丁烯脱氢和乙醇脱水等生产乙烯、丙烯和丁二烯的技术与工艺，并分析了炼厂干气回收烯烃、烷烃的三种工艺技术的特点。本教材语言简洁，内容丰富，涉及面广，密切结合中国石化乙烯装置和丁二烯装置实际情况，实用性强，有利于读者尽快熟悉和掌握相关知识与操作。

《低碳烯烃生产技术》由化工事业部和北京化工研究院(下简称北化院)负责组织编写，主编徐跃华(化工事业部)，副主编戴伟(北京化工研究院)，参加编写的单位有燕山石化等。罗淑娟(北京化工研究院)主要负责编写乙烯丙烯篇，王国清(北京化工研究院)参与编写了乙烯丙烯篇第二、第三章裂解炉部分，于海波和易水生（北京化工研究院）参与编写了乙烯丙烯篇第三、第五章碳二、碳三催化剂与工艺部分，王秀玲（北京化工研究院）参与编写了乙烯丙烯篇第三章甲烷化催化剂部分，王国华（燕山石化分公司）参与编写了乙烯丙烯篇第四章工艺操作部分，康锴（北京化工研究院）主要负责编写丁二烯篇，杨明炯（燕山石化分公司）参与编写了丁二烯篇第四章工艺操作部分。本教材已经由集团公司人事部组织审定通过，主审郭新、师巍，参加审定的人员有胡翔、赵以新、盛在行、孙国臣、蒋明敬、范仲明、李浩、是建兴，审定工作得到了化工事业部、中国石化出版社、SEI、燕山石化、镇海炼化、扬子石化、齐鲁石化和茂名石化的大力支持；中国石化出版社对教材的编写和出版工作给予了通力协作和配合，在此一并表示感谢。

由于本教材涵盖的内容较多，不同企业之间也存在着差别，编写难度较大，加之编写时间紧迫，不足之处在所难免，敬请各使用单位及个人对教材提出宝贵意见和建议，以便教材修订时补充更正。

目 录

乙烯丙烯篇

丁二烯篇

乙烯丙烯篇

第1章 概 述

1.1 乙烯、丙烯的性质

1.1.1 乙烯的性质

1.1.1.1 乙烯的物理性质

乙烯是最简单的烯烃，由两个碳原子和四个氢原子组成，结构简式为 $CH_2{=}CH_2$。乙烯的两个碳原子之间以双键连接，六个原子共平面。乙烯是非极性分子。

通常情况下，乙烯是一种无色稍有气味的气体，密度为1.25g/L，比空气的密度略小，难溶于水，易溶于四氯化碳等有机溶剂。乙烯的物理性质见表1-1。液体乙烯的物理性质见表1-2。

表1-1 乙烯的物理性质

性质	数值	性质	数值
相对分子质量	28.0536	临界压缩因子	0.2813
常压下沸点/℃	-103.71	气体燃烧热(25℃)/(MJ/mol)	1.411
蒸发潜热/(kJ/mol)	13.540	常压与25℃下燃烧极限/%(摩尔)	
液体相对密度 d_4^{-104}	0.566	空气中低限	2.7
三相点温度/℃	-169.19	空气中高限	36.0
三相点压力/kPa	0.11	常压下空气中自燃温度/℃	490
三相点熔化潜热/(kJ/mol)	3.350	气体比热容(25℃)/[J/(mol·K)]	42.84
临界温度/℃	9.2	生成热 ΔH_{298}/(kJ/mol)	52.32
临界压力/MPa	5.042	生成自由能 ΔF_{298}/(kJ/mol)	68.17
临界密度/(g/mL)	0.2142	熵 ΔS_{298}/(kJ/mol)	0.22

表1-2 液体乙烯的物理性质

温度/℃	蒸气压/kPa	蒸发潜热/(kJ/kg)	比热容/[kJ/(kg·K)]	黏度/mPa·s	密度/(g/cm^3)	表面张力/(mN/m)
-169.15	—	—	—	0.73	—	—
-150	2.04	—	—	0.41	—	—
-125	24.0	515	2.52	0.25	—	—
-103.71	102.0	488	2.63	0.17	0.57	16.5
-100	151.0	484	2.64	0.16	0.56	15.8
-75	424.0	444	2.81	0.12	0.53	11.0
-50	1150.0	389	3.04	0.09	0.49	7.0
-25	2200.0	315	3.45	0.07	0.43	3.7
0	4110.0	191	4.19	0.07	0.34	1.1

1.1.1.2　乙烯的化学性质

由于乙烯分子中含有不饱和的双键结构，因此可以和亲电子型化学物质反应生成一系列有重要工业价值的一次衍生物，也可以自身聚合而生成高分子聚合物。由一次衍生物及其聚合物又可以进一步加工成种类繁多的二次衍生产品。

乙烯可以发生分解、加氢、水合、氧化、卤化、羰基化等一系列化学反应，也可以和无机氮及硫、铝、硼等其他无机物反应，还可以与烃、醇、醛、酸等有机化学物反应，其中最具有价值的化学反应为聚合、氧化、烷基化、卤化、水合、齐聚和羰基化等。

乙烯分子里的 C ═C 双键的键长是 1.33×10^{-10}m，乙烯分子里的 2 个碳原子和 4 个氢原子都处在同一个平面上，它们彼此之间的键角约为 120°。乙烯双键的键能是 615kJ/mol，实验测得乙烷 C—C 单键的键长是 1.54×10^{-10}m，键能 348kJ/mol。这表明 C ═C 双键的键能并不是 C—C 单键键能的两倍，而是比两倍略少。因此，只需要较少的能量，就能使双键里的一个键断裂。这是乙烯性质活泼，容易发生加成等反应的原因。

1. 聚合反应

乙烯的聚合产品——聚乙烯，是乙烯耗量最大的石油化工产品。高纯度的乙烯，在特定的温度、压力和引发剂或催化剂存在的条件下，发生聚合反应生成聚乙烯。

$$n\mathrm{CH_2{=}CH_2} \longrightarrow (\mathrm{CH_2CH_2})_n$$

该反应为一放热反应，可分为均相引发(自由基或阳离子)和非均相引发(固体催化剂)。从相对分子质量的大小来看其产品类型，相对分子质量可从低于 1000 直到 5×10^6，甚至更高。

当采用不同的催化剂和聚合条件时，可得到具有不同特性的聚乙烯。

若采用高压游离基聚合反应，用过氧化物、氧或其他强氧化剂作为引发剂，压力为 60～350MPa，温度在 350℃左右，此时得到的是低密度聚乙烯(LDPE)。其密度为 0.91～0.94g/cm^3，并具有高度分支结构和低结晶度特性。

若采用 0.1～20MPa 的低中压范围，催化剂为载于无机载体上的过渡金属氧化物，或载于无机载体上的 Ziegler 型催化剂体系，聚合反应温度通常为 50～300℃，此时得到的聚合物为高密度聚乙烯(HDPE)，其密度约为 0.94～0.97g/cm^3，并具有线型结构和高结晶度的特性。

若采用更低的压力范围(0.7～2.1MPa)，温度低于 100℃，并用新的催化剂体系，可得到线型低密度聚乙烯(LLDPE)，它具有低密度的特性。

在低压法聚合反应中常加入一些其他烯烃，如丙烯、1－丁烯、1－己烯及 1－辛烯等，以改善高密度产品的物理特性，也可加入其他一些单体，如丙烯酸乙酯、顺丁烯二酸酐、乙酸乙烯酯等，它们与乙烯共聚而生成具有不同物理性能的共聚体。

乙烯和丙烯在 Ziegler 催化剂体系中再加入适量的第三单体进行共聚，可生成一种高度抗氧化和耐热的弹性体。这种共聚物称为乙丙橡胶，可用于制造一些有特殊要求的制品。

2. 氧化反应

乙烯经氧化反应可生成环氧乙烷、乙醛、乙酸、乙酸乙烯酯等重要衍生物。这是乙烯应用方面仅次于聚合物位居第二的领域。

(1)乙烯氧化制环氧乙烷或乙二醇

乙烯在 200～300℃及 1.5～3.0MPa 下，经银催化剂的催化作用而被氧化成环氧乙烷。主反应为：

$$2CH_2{=}CH_2 + O_2 \longrightarrow 2\ \overset{\displaystyle O}{H_2C{-}CH_2}$$

主反应是放热反应，在150℃时每生成1mol环氧乙烷要放出105.39kJ热量。

乙烯氧化制环氧乙烷过程中的主要副反应有：

$$CH_2{=}CH_2 + 3O_2 \longrightarrow 2CO_2 + 2H_2O$$

$$C_2H_4O + 5/2O_2 \longrightarrow 2CO_2 + 2H_2O$$

从环氧乙烷还可进一步制成乙二醇，其过程目前有多种方法可以实现。环氧乙烷直接水合法是目前国内外工业化生产乙二醇的主要方法，该工艺是将环氧乙烷和水按摩尔比1:(20~22)配成混合水溶液，在管式反应器中于190~220℃、1.0~2.5MPa下反应，环氧乙烷全部转化为混合醇，生成的乙二醇水溶液质量含量大约在10%左右，然后经过多效蒸发器脱水提浓和减压精馏分离得到乙二醇及副产物二乙二醇和三乙二醇等。混合醇中乙二醇、二乙二醇和三乙二醇的摩尔比约为100:10:1，产品总收率为88%。不足之处是生产工艺流程长、设备多、能耗高，直接影响乙二醇的生产成本。

环氧乙烷经碳酸乙烯酯合成乙二醇是20世纪70年代美国SD公司和UCC公司开发的一种乙二醇的合成方法。即环氧乙烷与CO_2反应生成碳酸乙烯酯，后者水解得乙二醇。

此外，还有环氧乙烷催化水合制乙二醇工艺。近年来有文献报道过乙烯直接氧化生成乙二醇的新方法。以乙酸及2-溴代乙酸乙酯在催化剂作用下使乙烯直接转化成乙二醇，乙酸可回收循环使用。

(2)乙醛与乙酸

乙烯在含有钯及氯化亚铜催化剂体系的存在下，经下述反应转化为乙醛，然后在乙酸锰催化剂的存在下，乙醛发生氧化反应生成乙酸。

$$CH_2{=}CH_2 + PdCl_2 + H_2O \longrightarrow CH_3CHO + Pd\cdot + 2HCl$$

$$Pd\cdot + 2CuCl_2 \longrightarrow PdCl_2 + 2CuCl$$

$$2CuCl + 2HCl + 1/2O_2 \longrightarrow 2CuCl_2 + H_2O$$

由于乙烯到乙醛再到乙酸过程所用催化体系各不相同，因而工艺流程必须采用两步氧化法。1997年日本Showa Denko的钯催化剂，成功地把乙烯直接氧化成乙酸，该工艺投资分别比甲醇羰化法和乙醛氧化法低50%和30%，而产生的废水仅为乙醛氧化法的1/10。目前，以乙烯为原料直接氧化制乙酸研究比较活跃。

(3)乙酸乙烯酯

乙烯、乙酸和氧在铂催化剂的作用下一步合成乙酸乙烯酯，反应条件为压力0.4~1.0MPa，温度175~200℃。

3. 卤化反应

乙烯经卤化反应所生成的产物中，最重要的是氯乙烯。

平衡氧氯化法由美国Goodrich公司于1964年首先实现工业化，是目前世界上比较先进且采用最多的氯乙烯单体生产方法，该方法包括3个步骤：首先直接氯化，即乙烯和氯气反应生成二氯乙烷；其次二氯乙烷裂解，即二氯乙烷在高温下热裂解生成氯乙烯单体和氯化氢；最后氧氯化，即氯化氢和乙烯、氧气反应生成二氯乙烷和水。在整个反应过程中，氯化氢始终保持平衡，不需要补充及处理，因此称为平衡氧氯化法。各国目前使用的平衡氧氯化法制氯乙烯工艺的不同主要在直接氯化及氧氯化两部分，而二氯乙烷裂解部分差异不大。

4. 水合反应

乙烯经水合反应可生成乙醇。以磷酸为催化剂，使乙烯和水蒸气在温度为300℃，压力为7MPa下发生水合反应而生成乙醇。以H_2SO_4为催化剂的生产方法基本被淘汰。

$$CH_2{=\!=}CH_2 + H_2O \longrightarrow CH_3CH_2OH$$

5. 烷基化反应

乙烯烷基化反应的最主要产品是乙苯。如果是甲苯和乙烯进行烷基化，则得到乙基甲苯。由有机铝化合物和乙烯经烷基化反应所生成的烷基铝则是低压法生产聚乙烯的基础催化剂。

(1)乙苯

工业上乙苯主要由苯与乙烯在催化剂的作用下发生烷基化反应生成。反应条件为温度80～100℃，压力0.1～0.2MPa。该反应所用催化剂为三氧化铝或分子筛。

所得到的乙苯经脱氢反应即可得到苯乙烯。

(2)乙基甲苯

以甲苯为原料，在温度为60～90℃，压力为0.4MPa下在催化剂的作用下进行烷基化反应，即可得到乙基甲苯，再经脱氢反应，可以转化为乙烯基甲苯。

(3)烷基铝

由铝和乙烯经烷基化反应而生成的烷基铝是Ziegler法制备聚乙烯、链状α－烯烃和直链伯醇的重要催化剂。应用较广的烷基铝催化剂主要有三乙基铝、一氯二乙基铝、二氯乙基铝等。

还有其他一些烷基化反应，比如：乙烯和苯胺经催化作用生成乙基苯胺；乙烯和丁二烯应用Ziegler型催化剂作用进行烃化反应可得到1，4－己二烯，这些产物都是重要原料和单体。

6. 羰基化反应

乙烯和以一氧化碳与氢为主要成分的合成气，在温度为60～200℃，压力4～35MPa条件下，以钴为催化剂进行羰基化反应，可得到丙醛，后者经加氢或氧化，即又可分别得到丙醇和丙酸。其生成丙醛的羰基化反应，现在也可用铑铬合金为催化剂，在0.1～5.0MPa的压力下进行。

7. 齐聚反应

乙烯齐聚反应的主要产物是高碳α－烯烃和高碳醇。

乙烯在80～120℃和20MPa下逐步齐聚，然后再改变条件为温度245～300℃，压力0.7～2.0MPa，乙烯再把齐聚分子段置换出来形成链状α－烯烃分子。也可以在温度为160～275℃，压力为13.5～27.0MPa条件下一步直接完成齐聚反应和置换反应。

乙烯通过齐聚和氧化两步反应可以直接生成不同链长的伯醇。

1.1.2 丙烯的性质

1.1.2.1 丙烯的物理性质

丙烯分子结构简式为$CH_2{=\!=}CH{-\!-}CH_3$。常温下为无色、无臭、稍带有甜味的气体，不溶于水，溶于有机溶剂，是一种低毒类物质。丙烯的物理性质见表1－3，液体丙烯的物理性质见表1－4。

表 1-3　丙烯的物理性质

性质	数值	性质	数值
熔点/℃	-185	熔化潜热/(kJ/mol)	3.004
沸点/℃	-47.4	汽化潜热(-47.7℃)/(J/g)	249.9
三相点/℃	-185.25	生成热 ΔH_{298}/(kJ/mol)	20.43
相对密度		生成自由能 ΔF_{298}/(kJ/mol)	62.76
d_4^{-47}	0.6095	气体燃烧热/(kJ/mol)	1927.72
d_4^{20}	0.5139	气体比热容 $C_{p,298}$/[J/(mol·℃)]	63.93
d_4^{25}	0.5053	在空气中燃烧极限/%(体积)	
蒸气相对密度(空气=1)	1.49	上限	11.1
黏度/mPa·s		下限	2.0
-185℃	15	热值(以水蒸气饱和15.6℃)/(kJ/m^3)	85600
-110℃	0.44	溶解度(常压，20℃)/[mL/(气体)/100mL溶液]	
临界温度/℃	91.9	水中	44.6
临界压力/MPa	4.54	乙醇中	1250
临界密度/(g/mL)	0.233	乙酸中	524.5

表 1-4　液体丙烯的物理性质

温度/℃	蒸气压/kPa	密度/(kg/m^3)	比热容/[J/(mol·℃)]	表面张力/(10^{-3}N/m)
-120	0.76	—	87.17	—
-100	4.3	—	87.55	—
-80	17.5	654.5	88.72	21.60
-60	59.4	630.1	90.48	18.64
-40	140.1	604.5	92.53	15.67
-20	302.3	575.7	97.34	12.72
0	577.2	547.1	102.55	9.90
20	1005	517.0	108.65	7.18
40	1631	482.2	—	4.78
60	2498	435.3	—	2.44
80	3664	366.5	—	0.55
91.8	4561	221.0	—	0.00

1.1.2.2　丙烯的化学性质

由于丙烯分子中含有双键，因此丙烯的化学性质非常活泼，以下列举出具有重要工业意义的化学反应及其主要的衍生物。

1. 聚合反应

丙烯的双键可发生聚合反应，聚合的产物是占丙烯耗量最大的石油化工产品——聚丙烯。它是一种用途广泛、性能优异、价格适中的热塑性合成树脂品种，主要用于塑料，也可以抽丝生产丙纶纤维。

聚合级的丙烯，在一定的温度和压力条件下，在催化剂的作用下，产生聚合反应生成聚丙烯。反应式为；

$$nCH_3CH=CH_2 \longrightarrow (CH_3CHCH_2)_n$$

该反应为一放热反应，由于催化剂体系的不断开发，工艺技术和聚合方式进展日新月异，现已进入第三代工艺和第四代催化剂体系，即高效催化剂本体法聚合工艺，是当代先进聚丙烯工艺水平的代表。

2. 烷基化反应

丙烯和苯进行烷基化反应生成异丙苯，然后氧化成过氧化氢异丙苯，最后分解成苯酚和丙酮，这是迄今为止生产苯酚和丙酮最为经济的工艺路线。

工业上烷基化反应有三种方法，其中两种是液相反应，一种为气相反应。反应式为：

$$C_6H_6 + CH_3CH{=}CH_2 \xrightarrow{\text{催化剂}} C_6H_5CH(CH_3)_2$$

常用的液相反应，是以分子筛作催化剂，在60～100℃，加压下进行反应，异丙苯收率约95%。气相反应是用磷酸作催化剂，将磷酸浸渍在硅藻土或二氧化硅载体上，于250℃、2.03～2.53MPa下进行反应，异丙苯收率为95%。烷基化反应副产物主要有对二异丙苯、三异丙苯、正丙基苯和微量的聚合物。

3. 水合反应

丙烯水合反应生成异丙醇，是世界上工业合成的第一个丙烯系石油化工产品，早在1920年美国美孚石油公司就有硫酸水合法生产异丙醇的工业装置。硫酸水合也称为间接水合工艺，先生成硫酸异丙酯，酯水解才能得异丙醇。其反应式为：

$$CH_3CH{=}CH_3 + H_2SO_4 \longrightarrow (H_3C)_2CHO \cdot SO_3H$$

$$(H_3C)_2CHO \cdot SO_3H + H_2O \longrightarrow (H_3C)_2CHOH + H_2SO_4$$

由于硫酸水解法不仅消耗硫酸且带来设备的腐蚀等问题，后发展为直接水合法，工业上通常采用的生产方法有磷酸直接水合法(维巴法)。其反应式为：

$$CH_3CH{=}CH_2 + H_2O \xrightarrow{H_3PO_4} CH_3CH(OH)CH_3$$

此外，还有溶液催化剂法(德山曹达法)和阳离子交换树脂法(德士古法)。这三种方法中，维巴固体磷酸催化剂法由于具有选择性好、副产物少、无严重腐蚀问题，且同一套装置只需少量改造即可用于生产乙醇等优点，因而应用较广泛。缺点是丙烯转化率低，大量未被反应的丙烯必须循环，增加了动力费用。

4. 氧化反应

丙烯气相催化氧化可以生产丙烯酸及其酯类，最早将此反应用于工业化生产是在1969年。用该法生产丙烯酸及其酯类发展迅速，各国新建厂一般都用此方法生产。

氧化反应一般分两步进行。丙烯首先用水蒸气作稀释剂氧化为丙烯醛，然后再进一步氧化为丙烯酸。主要反应如下：

$$CH_3CH{=}CH_2 + O_2 \longrightarrow CH_2{=}CHCHO + H_2O$$

$$CH_2{=}CHCHO + 1/2O_2 \longrightarrow CH_2{=}CHCOOH$$

这两个反应是强放热反应。除上述主反应外，还包括生成二氧化碳等的副反应，控制副反应除掌握反应条件外，选择合适的催化剂也很重要。丙烯氧化的催化剂由多种元素组成，但主要成分是钼，其次用得较多的是钴、镍、铁、钒、铜、镁等多价金属元素，助催化剂有铁、砷、铋等。由于反应分两步进行，两反应的催化剂有所不同。丙烯氧化制丙烯醛的催化剂是以钼、铋为基础，而丙烯醛进一步氧化成丙烯酸所用催化剂以钼为主，也可用钒系多元金属催化剂。

5. 氯化反应

丙烯氯化反应常用于工业上生产环氧丙烷，即通过氯醇法生产环氧丙烷，与氧化法同为重要的环氧丙烷生产方法。其反应式如下：

$$Cl_2 + H_2O \longrightarrow HOCl + HCl$$

$$CH_3CH{=}CH_2 + HOCl \longrightarrow CH_3{-}\underset{\underset{OH}{|}}{CH}{-}CH_2Cl$$

$$CH_3{-}\underset{\underset{OH}{|}}{CH}{-}CH_2Cl \xrightarrow{Ca(OH)_2} CH_3{-}HC\underset{O}{\overset{}{\diagdown\!\!\diagup}}CH_2 + HCl$$

氯醇化反应除以上主反应外，还有许多副反应，主要的副产物为二氯丙烷，约占环氧丙烷产量的9%～10%。反应器的结构型式、丙烯和氯气的加入方式对主产物收率影响较大。目前世界上以美国Dow化学公司的管式反应器生产环氧丙烷的工艺为最先进，其原料丙烯和氯气消耗低，产品质量好，副产物和三废量也少。

6. 氨氧化反应

丙烯在催化剂的作用下与氨、空气反应，生成具有广泛工业用途的产物——丙烯腈，它是重要的合成纤维单体，也是合成橡胶和合成树脂的重要单体。该工艺自1960年由美国Sohie公司实现工业化以来，已成为生产丙烯腈的主要方法。其化学总反应式如下：

$$CH_2{=}CHCH_3 + NH_3 + 3/2O_2 \longrightarrow CH_2{=}CHCN + 3H_2O$$

除主反应外，还有诸多副反应，如：

$$CH_2{=}CHCH_3 + 3/2NH_3 + 3/2O_2 \longrightarrow 3/2CH_3CN + 3H_2O$$

$$CH_2{=}CHCH_3 + 3NH_3 + 3O_2 \longrightarrow 3HCN + 6H_2O$$

$$CH_2{=}CHCH_3 + 3O_2 \longrightarrow 3CO + 3H_2O$$

$$CH_2{=}CHCH_3 + 9/2O_2 \longrightarrow 3CO_2 + 3H_2O$$

反应生成的有机副产物有乙腈、氢氰酸、丙烯醛、丙酮、乙醛等。

丙烯氨氧化的催化剂种类较多。根据催化剂的基础组成，可分为钼酸盐和锑酸盐两大类，其中钼酸盐催化剂包括钼铋铁系、钼铋钨系、钼铋锑系、钼铈碲系、钼铋钴系等；锑酸盐催化剂包括锑锡系、锑铀系、锑铁系等。这两大类催化剂至今仍是丙烯腈生产中最重要的两类催化剂。目前，约有90%的丙烯腈工厂采用钼铋铁系，另有10%采用锑铁系等。

丙烯氨氧化的反应装置一般采用流化床反应器。

7. 羰基化反应

羰基化反应(carbonylation)，是指烯烃与合成气($CO + H_2$)在催化剂的作用下加成制醛的反应，所以又称"羰基合成"(OXO synthesis)、"醛化反应"或"氢甲酰化反应"(hydroformylation)。而后再由醛加氢转化为醇，是工业上常用的高碳醇生产方法，即羰基合成工艺(OXO process)。

丙烯与合成气羰基化反应生成正丁醛和异丁醛，而后加氢，生成正丁醇和异丁醇，是溶剂、增塑剂和一系列精细化学品的原料。其反应式如下：

$$CH_2CH{=}CH_3 + CO + H_2 \longrightarrow CH_3CH_2CH_2\overset{\overset{\displaystyle O}{\|}}{C}{-}H$$

$$CH_3CH{=}CH_2 + CO + H_2 \longrightarrow CH_3\text{—}\underset{\underset{\displaystyle CH_3}{|}}{CH}\text{—}\underset{\underset{\displaystyle H}{|}}{C}{=}O$$

正丁醛、异丁醛加氢分别生成正丁醇、异丁醇，其反应式如下：

$$CH_3CH_2CH_2\underset{\underset{\displaystyle O}{\|}}{CH} + H_2 \longrightarrow CH_3CH_2CH_2CH_2OH$$

$$CH_3CH(CH_3)\underset{\underset{\displaystyle O}{\|}}{CH} + H_2 \longrightarrow CH_3CH(CH_2)CH_2OH$$

正丁醛经缩合生成缩丁醛，再经脱水生成辛烯醛(2－乙基己烯醛)，简称 EPA：

$$2CH_3CH_2CH_2CHO \longrightarrow CH_3CH_2CH_2\overset{\overset{\displaystyle OH}{|}}{CH}\text{—}\underset{\underset{\displaystyle CH_2\text{—}CH_3}{|}}{CH}\text{—}CHO$$

$$CH_3CH_2CH_2\overset{\overset{\displaystyle OH}{|}}{CH}\text{—}\underset{\underset{\displaystyle CH_2\text{—}CH_3}{|}}{CH}\text{—}CHO \xrightarrow{-H_2O} CH_3CH_2CH_2CH{=}C\begin{matrix}CHO\\ CH_2CH_3\end{matrix}$$

(EPA)

EPA 经加氢生成辛醇；

$$CH_3CH_2CH_2CH{=}\underset{\underset{\displaystyle CH_2CH_3}{|}}{C}\text{—}CHO + 2H_2 \longrightarrow CH_3CH_2CH_2CH_2CH(CH_2CH_3)CH_2OH$$

丁醇和辛醇是在丙烯衍生物中仅次于聚丙烯、丙烯腈的第三大衍生物，在我国丙烯消费结构中，大约有 12% 丙烯用于生产丁醇和辛醇。丁醇和辛醇是重要的精细化工原料，用途十分广泛。

目前全球丁醇和辛醇的生产方法主要是丙烯羰基合成法。其催化剂的开发经历了大致四代演变过程，第一代为 1940 年德国鲁尔化学公司(现塞拉尼斯公司)采用的羰基钴或氢羰基钴催化剂；第二代为 20 世纪 60 年代壳牌公司开发的改良催化剂，即以亚磷酸盐或膦作配位体的钴催化剂；第三代为 20 世纪 70 年代联合碳化物公司(UCC)、戴维－麦吉和 Johnson Mottey 三家公司共同开发的以三苯基膦(TPP)为配位体的改性铑催化剂和 20 世纪 80 年代罗纳－普朗克/鲁尔化学公司共同开发的两相工艺，以三苯基膦三间磺酸钠盐为配位体的水溶性铑催化剂；第四代是 UCC/ KPT 开发的高活性亚磷酸盐为配位体的改性铑催化剂。

目前工业上广泛采用的是改性铑基合成丁醇和辛醇的技术，即 UCC、DAVY 及 Johnson

Mottey 三家公司合作开发的低压铑法羰基合成工艺——液相循环工艺(简称 U. D. J. 法)。其反应温度 100 ~110℃，系统压力 1.6 ~1.8MPa；反应体系内，铑浓度为 250 ~400μg/g，三苯基膦(TPP)浓度为 5% ~15%(质量分数)；氢甲酰化反应对丙烯的转化率为 91% ~95%(质量分数)，生成物的选择性为；正丁醛 91%，异丁醛 7.6%，其他缩合物等 1.4%。

1.2 乙烯、丙烯的用途

石油化学工业中大多数中间产品和最终产品均以烯烃和芳烃为基础原料。烯烃和芳烃所用原料烃约占石化生产总耗用原料烃的四分之三。在石油化学工业中，除由重整生产芳烃以及由催化裂化副产物回收丙烯、丁烯之外，主要由乙烯装置生产各种烯烃和芳烃。

乙烯主要用于生产聚乙烯、氯乙烯及聚氯乙烯、环氧乙烷和乙二醇、乙醇、苯乙烯、乙醛及乙酸、α-烯烃和高碳醇、乙丙橡胶等等。由乙烯合成的产品及其主要用途，如图 1-1 所示。

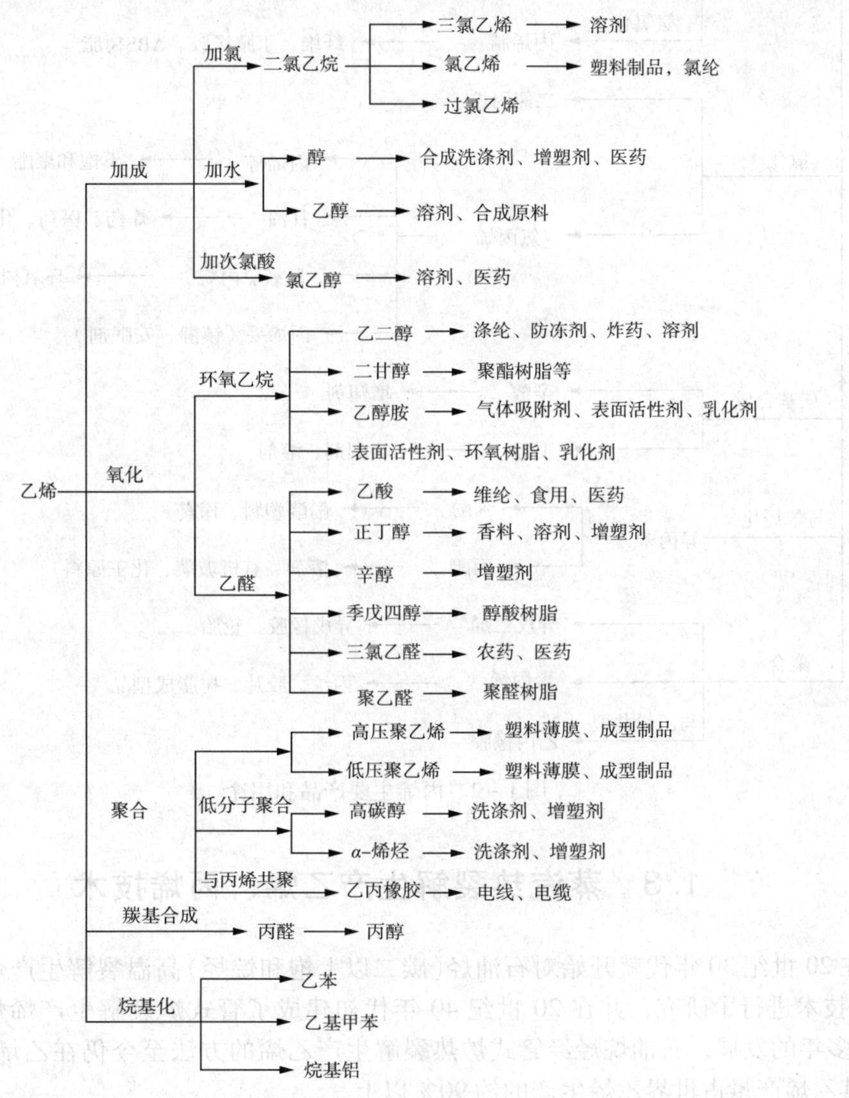

图 1-1 乙烯主要合成产品和用途

丙烯主要用于生产聚丙烯、丙烯腈、苯酚和丙酮、丁醇和辛醇、异丙醇、丙烯酸及其酯类、环氧丙烷、环氧氯丙烷及汽油添加剂等。丙烯主要产品和用途如图1－2所示。

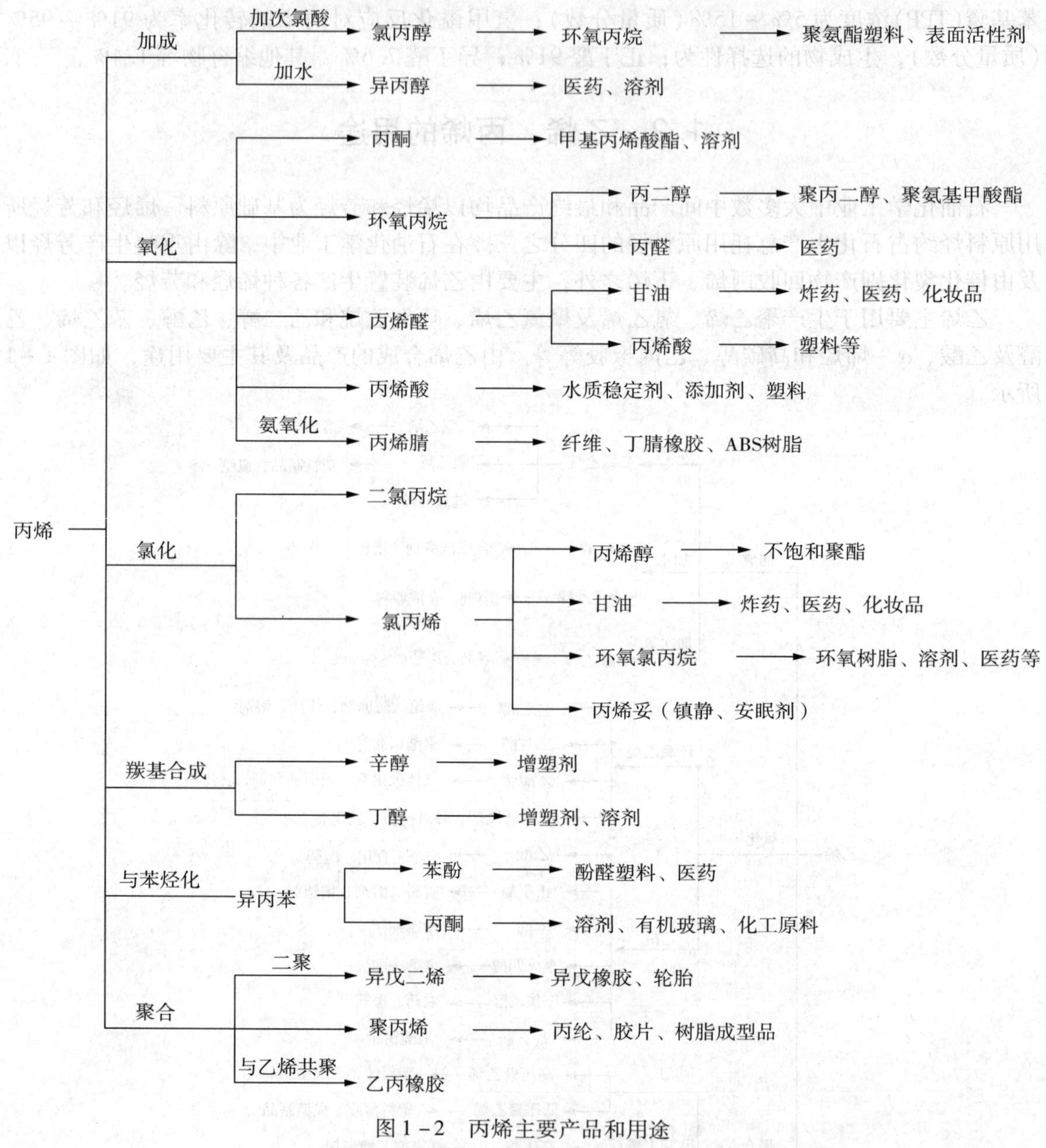

图1－2　丙烯主要产品和用途

1.3　蒸汽热裂解生产乙烯、丙烯技术

早在20世纪30年代就开始对石油烃(碳二以上饱和烷烃)高温裂解生产烯烃(乙烯、丙烯等)的技术进行了研究，并在20世纪40年代初建成了管式炉裂解生产烯烃的工业装置。经过70多年的发展，石油烷烃经管式炉热裂解生产乙烯的方法至今仍在乙烯生产中占统治地位，其乙烯产量占世界乙烯生产的约90%以上。

石油烃裂解装置最初采用天然气中回收的乙烷、丙烷为原料。以乙烷为裂解原料时，可得到大约相当于原料量80%的乙烯产品，而其余20%则以副产甲烷、氢气为主，而副产丙烯、碳四及芳烃量甚微。以丙烷为裂解原料时，乙烯收率约降低一半，丙烯收率大幅度增加，碳四和芳烃收率也明显上升。此时，除生产乙烯外，尚需考虑丙烯和碳四回收利用。但芳烃副产量仍较小，一般不具回收利用的价值。

随着烯烃需求的增大，仅以乙烷和丙烷为裂解原料远不能满足市场对烯烃的需求，裂解原料开始向重质化发展，除使用轻质烷烃之外，到20世纪60年代初逐步发展到大量使用石脑油，70年代又将裂解原料扩大到煤油、轻柴油以及重柴油。从20世纪60年代着手研究开发的重油裂解技术，目前已走向工业化。由于原料的重质化，乙烯收率相应降低，丙烯、碳四、芳烃收率相应增大，副产品回收利用的份额随原料的重质化而越来越大。

石油烃高温裂解生产乙烯、丙烯等的主要裂解方法有蓄热炉裂解、流化床裂解、流化床部分氧化裂解、高温水蒸气裂解、管式炉裂解、加氢热裂解、催化裂解法等，在这些不同裂解方法中，对轻烃、石脑油、煤油、轻柴油、甚至部分重柴油等裂解原料，至今仍是管式炉热裂解法在工业生产中占绝对优势。当使用减压柴油或常压重油作裂解原料时，催化裂解法显示出相当的竞争力。

烃类裂解制取的裂解气是含有氢、甲烷、乙烷和乙烯、丙烷和丙烯、混合碳四、碳五、裂解汽油等的混合物，此外尚含有少量二氧化碳、一氧化碳、硫化氢等酸性气，并含微量炔烃及一定量的水分，为满足下游加工产品的需要，通常均要求对裂解气进行分离、精制，以生产合格的乙烯和丙烯产品。

由于裂解气中的氢及不同碳数烃的沸点相差较大，可以利用各组分相对挥发度的不同，在不同温度条件下采用精馏方法进行分离。在一定压力下，碳三以上馏分可在常温下分离，碳二馏分则需在-40～-30℃温度条件下进行分离。而用精馏方法将裂解气中甲烷和氢分离出来，则需在-90℃以下的低温下进行分离。这种采用低温精馏分离裂解气中甲烷和氢的方法，称为深冷分离法。

深冷分离法能耗低、操作稳定，不仅所得烯烃产品质量高，而且烯烃回收率也高，并可获得纯度较高的氢和甲烷。因此，深冷分离法至今仍在工业生产中占绝对优势。大中型管式炉裂解的乙烯厂，均采用深冷分离法进行裂解气的分离和精制。

1.4 其他生产乙烯、丙烯技术

1.4.1 甲醇制烯烃(MTO)

早在20世纪70年代，美国Mobil公司发现，在一定温度和催化剂(改性中孔ZSM-5沸石)作用下，甲醇可以制低碳烯烃，后来，由Lok等将Si元素引入到AlPO沸石催化剂中，得到了具有更小孔径的甲醇转化乙烯/丙烯非常好的催化剂SAPO-34分子筛，甲醇制低碳烯烃技术获得不断发展。一些大能源公司也纷纷投入大量的人力物力研究这一工艺，将工艺推到了一个新的高度，涌现出几个非常具有代表性的甲醇制烯烃工艺。

1995年Hydro公司和UOP公司在挪威建成一套0.75t/d的甲醇制烯烃工业示范装置。全流程可分为反应再生部分和反应气分离部分。首先为了优化烯烃产率，在反应器前设置了分配器控制甲醇和水的分配。在甲醇制烯烃反应过程中放出大量的热同时产生大量蒸汽，设置有蒸汽利用装置，这样可以回收大量热能，失效的催化剂被送回流化床再生器中烧炭再生，之后重返流化床反应器。反应温度在400～500℃范围内，反应压力为0.3MPa左右。生成的二甲醚和未反应的甲醇等氧化物由氧化物回收单元送回反应器对SAPO－34进行流化，充分利用生成的二甲醚和未反应的甲醇，同时将这些氧化物转化为低碳烯烃。然后气体产物经压缩、脱CO_2、脱水，最后得到乙烯、丙烯产品。该装置连续运行90d，甲醇几乎完全转化，乙烯、丙烯的碳基质量收率达到80%左右，乙烯/丙烯的质量比可灵活调整，在1.5～0.75之间变化。

2010年7月3日，神华包头煤制烯烃示范项目联合化工装置一次成功生产出合格MTO级(可用于甲醇制烯烃)甲醇，为同年9月产出合格聚烯烃产品打下基础。神华包头煤制烯烃项目是世界首个煤制烯烃项目，以煤为原料，通过煤气化生产甲醇、甲醇转化制烯烃、烯烃聚合工艺路线生产聚乙烯和聚丙烯。核心技术为中科院大连化学物理研究所具有完全自主知识产权的甲醇制烯烃技术D－MTO技术。

2011年10月10日，采用中国石油化工集团公司自主技术的中原石化公司0.6Mt/a甲醇制烯烃(S－MTO)装置一次开车成功，顺利生产出合格的聚合级乙烯、丙烯产品，这是中国石化拥有相关自主知识产权的首套MTO示范装置。该装置的顺利开车和成功投产，标志着中国石化自主研发的MTO成套技术步入产业化阶段。

目前我国已有30多套投产、在建和拟建的MTO装置，其项目名称、技术来源、甲醇产能、烯烃产能、投产时间和项目地点如表1－5所示。

1.4.2 烷烃脱氢制烯烃

美国ABB Lummus公司开发成功了丙烷脱氢制丙烯的Catafin脱氢工艺技术，该技术采用固定床反应器，丙烯收率约73.5%(质量分数)，副产氢气约2.5%(质量分数)，其余为燃料气。采用此工艺已在北欧建成了大型工业装置。

UOP公司在连续重整工艺技术的基础上，采用铂催化剂和移动床反应器，开发成功Oleflex丙烷脱氢生产丙烯的工艺技术。该技术的丙烯收率达80%(质量分数)，副产的氢气约3.2%(质量分数)，其余为燃料气。采用该方法已在泰国建成100kt/a丙烯的工业装置。

丙烷脱氢生产丙烯的方法，其经济性主要取决于丙烷原料的价格。

目前，国内已有多套投产、在建和拟建的丙烷脱氢装置。

近些年在乙烷催化氧化脱氢制乙烯方法方面，取得可喜的研究成果。据UCC发表的专利报告，在催化剂存在下制取乙烯，乙烷转化率可达50%，生成乙烯的选择性保持在65%～75%。目前已建成中试装置，初步分析表明，该工艺与热裂解工艺相比，有可能使生产费用降低20%～30%。这些运行数据具有很大吸引力，但距工业化还有一定距离。

1.4.3 重油催化裂解制烯烃(HCC、DCC、CPP)

催化裂解是利用FCC过程中的提升管反应器配合适当的催化剂来生产低碳烯烃的技术。

目前，国内外很多公司开始研究重油催化裂解生产低碳烯烃技术，主要的工艺有以下几类。

表 1-5　我国 MTO 项目一览

序号	项目名称	技术来源	甲醇产能/10^4t	烯烃产能/10^4t			投产日期	项目地点
				乙烯	丙烯	乙二醇		
1	神华包头	大连 DMTO	180	30 聚乙烯	30 聚丙烯		2011 年 1 月	包头
2	大唐多伦	鲁奇 MTP	168	2.3	4		2012 年 1 月	内蒙古
3	中原石化	SMOT	60	24 + 26 聚乙烯(100kt 乙烯)	16 聚丙烯(100kt 丙烯)		2011 年 1 月	濮阳
4	宁波禾元	大连 DMTO	60		30 聚丙烯	50	2013 年 3 月	宁波
5	陕西蒲城清洁能源化工有限责任公司	大连 DMTO	180	70			签订 EPC 合同	陕西渭南蒲城
6	神华宁煤	鲁奇 MTP	167	52			2010 年 1 月	宁夏银川
7	中煤能源	大连 DMTO	180	32 聚乙烯	37 聚丙烯		预计 2014 年 6 月	伊犁
8	同煤集团		180	30 聚乙烯	30 聚丙烯		预计 2015 年 6 月	太原
9	宁夏宝丰能源	大连 DMTO	180	30 聚乙烯	30 聚丙烯		预计 2015 年 6 月	宁夏宝丰
10	山西焦化集团	大连 DMTO	180	30 聚乙烯	30 聚丙烯		预计 2015 年 6 月	山西洪洞
11	中安联合煤化		170			60	2014 年 9 月	安徽省淮南市
12	中煤陕西榆林	大连 DMTO	180	30 聚乙烯	30 聚丙烯		2014 年 6 月	陕西榆林
13	陕延长中煤	大连 DMTO	180	30 聚乙烯	30 聚丙烯		2014 年 6 月	陕西靖边
14	神华陶氏						签订整体合同	陕西神木
15	惠生(南京)	UOP 公司	30	13.5	16		2013 年 9 月	江苏南京
16	浙江兴兴新能源	DMTO	180	30 聚乙烯	39		2015 年 1 月中交	浙江嘉兴
17	大唐国际榆林煤电一体化项目							
18	华运煤电公司	MTO	180	10 聚乙烯	11.2 聚丙烯		2013 年投产	
19	山东神达化工(联想)	大连 DMTO	100	17	20		预计 2014 年 9 月份	山东枣庄
20	兖州煤业集团 MTO + MTP		180	42 聚乙烯	38 聚丙烯			榆林
21	华能集团	MTO	180	60				内蒙古满洲里
22	安徽淮化	FMTP	170		49 聚丙烯		试验装置投产	安徽淮南
23	安徽华谊化工		180	50		60	“十二五”期间	安徽无为

续表

序号	项目名称	技术来源	甲醇产能/10^4t	烯烃产能/10^4t			投产日期	项目地点
				乙烯	丙烯	乙二醇		
24	中国石化集团	SMTO	180	30 聚乙烯	30 聚丙烯		2014	贵州毕节
25	中国石化集团	SMTO	180	30 聚乙烯	30 聚丙烯		前期工作	河南鹤壁
26	青海庆华集团		180			甲醇制芳烃	预计 2015 年	青海
27	兖矿集团		180	100				鄂尔多斯
28	青海盐湖工业	DMTO	100	100			在建	青海
29	神华煤制油			32 聚乙烯	36 聚丙烯		预计 2016 年	新疆乌鲁木齐
30	中天合创		360	67	70		预计 2016 年	鄂尔多斯
31	神木							
32	江苏斯尔邦石化有限公司	MTO	90					
33	神华新疆	MTO	68					

①HCC 工艺。由洛阳石化工程公司开发的重油接触裂解制乙烯工艺(HCC)是从促进自由基反应机理出发，采用提升管反应器来实现高温(660 ~700℃)、短接触时间(<2s)的工艺要求，以重质烃为原料生产乙烯、兼产丙烯的工艺技术。在典型的条件下，以大庆常压渣油为原料，丙烯单程产率达 15% ~16%。

②DCC 和 CPP 工艺。由中国石化石油化工科学研究院开发的深度催化裂解(DCC)工艺，是常规 FCC 与烃类蒸汽裂解工艺的组合。最大量生产丙烯的 DCC－Ⅰ型装置采用 CHP 系列催化剂，选用较为苛刻的操作条件，在提升管反应器里，最大量生产以丙烯为主的气体烯烃。其中泰国石化公司 0.75 Mt/a DCC－Ⅰ型装置以加氢处理的阿拉伯轻质原油的减压粗柴油(VGO)为原料，操作温度 559℃时，丙烯产率达 17.4%。

催化热裂解工艺(CPP)是中国石化石油化工科学研究院在 DCC 技术的基础上，开发的制取乙烯和丙烯的技术。以重质油为原料，采用新型的催化热裂解专用催化剂来生产乙烯和丙烯。该工艺以大庆常压渣油为原料，在 576℃温度下，乙烯和丙烯收率分别达 9.77% 和 24.60%。

中国石化北京化工研究院也在从事催化裂解及其催化剂的研究工作，目前以 AGO 为原料在 780℃下催化裂解时，乙烯、丙烯收率达 46.34%，而在同一评价装置 820℃下蒸汽裂解时，乙烯、丙烯收率仅为 42.01%。

1.4.4 轻油催化裂解制烯烃

Phillips 石油公司的研究人员提出一种可以促使 C_3 ~ C_4烷烃向烯烃转化的“自由基”催化剂。发现以氧化镁为载体的氧化锰－氧化铁催化剂，在 C_3 ~ C_4烷烃裂解时，可以得到较高的转化率和乙烯选择性。例如在氧化镁为载体的 Mn_2O_3(质量分数为 1%)催化剂作用下，在 378℃、m(蒸汽)/m(丁烷)=1 的条件下，转化率达 50%，乙烯、丙烯收率分别可达到 36% 和 30%。

1.4.5 C_4、C_5烯烃生产乙烯、丙烯(OCT、OCP、OCC)

在石油化工生产中，蒸汽热裂解和催化裂化装置都副产相当数量的碳四馏分，碳四、碳五烯烃通过歧化反应和催化裂解反应转化成乙烯和丙烯的烯烃转化方法是一条既充分利用资源又能解决乙烯、丙烯短缺问题的有效途径。

(1)乙烯和丁烯歧化增产丙烯技术

最初的烯烃歧化工艺是由 Phillips 石油公司研发的，是丙烯催化转化为乙烯和丁烯的工艺，称为 Triolefin 工艺。后来随着丙烯的需求量超过乙烯，ABB Lummus 公司利用该反应的逆反应进行丙烯的生产，称为 OCT 工艺。首先将其中的碳四烯烃歧化生成一部分丙烯，再将经过多次分离得到纯度较高的丁烯与乙烯进行歧化反应生成丙烯，这种方法充分利用了碳四馏分，并且减少了昂贵的乙烯消耗。

BASF 公司歧化工艺最大的特点在于它消耗乙烯的量非常少，歧化的原料包含 1－丁烯、2－丁烯和少量烷烃。该工艺主要包括两部分：碳四馏分的精制以及歧化反应与分离。碳四馏分的精制包括 3 个步骤：①溶剂萃取或加氢去除二烯烃和炔烃，采用 Pd/Al_2O_3 催化剂；②醚化除去异丁烯，采用酸性催化剂；③用吸附剂去除杂质(水、含氧化合物、硫和有机卤)，采用高比表面积的 NaX 分子筛等作吸附剂，然后通过丁烯之间的多步歧化反应以及蒸馏回收等分离步骤制备丙烯。

2007年中国石化上海石油化工研究院公开了多项歧化技术的专利，即S－OMT技术。该歧化技术采用MCM－48分子筛为载体，WO_3为活性组分，在350℃、3.0MPa、乙烯和丁烯摩尔比为2的条件下进行反应。这种含钨的MCM－48分子筛催化剂可明显改善烯烃歧化制丙烯技术中存在的催化剂活性低、空速低的问题。1－丁烯的转化率可达到78.2%，丙烯的选择性可达到98.0%。

(2)碳四、碳五烯烃催化裂解生产乙烯、丙烯

OCP工艺又称为Atofina－UOP工艺，它是Atofina公司和UOP公司联合开发的一种用于轻烯烃($C_{4\sim8}$烯烃)催化裂解生产丙烯和乙烯的新工艺。该工艺的特点是反应压力低，反应温度高，原料中不需要加稀释气(如水蒸气)，操作空速较高，因此需要的反应器体积小，节约了设备投资成本。该工艺采用固定床反应器和ZSM－5分子筛催化剂，在500～600℃、0.1～0.5MPa、较高空速下进行催化裂解反应，丙烯和乙烯的质量收率分别为60%和15%，丙烯与乙烯的质量比为4。

Superflex工艺是由Arco化学公司(现在的Lyondell公司)研发，通过碳四和碳五烯烃催化裂解生产丙烯同时联产乙烯的技术。Superflex工艺的主要原料是通过选择性加氢脱除炔烃和二烯烃的碳四和碳五馏分，或者采用FCC轻石脑油为原料。Superflex工艺采用流化床反应器和一种新型的分子筛催化剂，反应温度为500～700℃，反应压力为0.1～0.2MPa。以选择加氢裂解后的轻烯烃为原料时，丙烯收率可达48.2%，乙烯收率可达22.5%，丙烯与乙烯的质量比约为2。

上海石油化工研究院开发了一种用于碳四烯烃催化裂解生产丙烯和乙烯的OCC工艺。该工艺采用具有独特择形性和酸性的ZSM－5分子筛催化剂，把来自炼厂或石化厂的碳四及碳四以上的烯烃选择性地转化为丙烯或乙烯。该工艺采用晶粒为0.2～30μm的ZSM－5分子筛催化剂，在反应温度550℃左右、反应压力0.06～0.10MPa的条件下，该反应的选择性好，丙烯选择性可达55%以上。

北京化工研究院开发了以碳四和碳五烯烃为原料，采用负载金属的分子筛催化剂进行催化裂解生产丙烯的工艺，称为BOC工艺。对于不含双烯烃的碳四或碳五烯烃的催化裂解，采用ZRP沸石和金属氧化物混捏法制备的催化剂，在水油质量比为0.5～1.0、温度450～600℃、压力0.1～0.5MPa、空速1～10h^{-1}的反应条件下，丙烯收率可达32%。

1.4.6 石脑油催化裂解制烯烃(ACO)

韩国SK公司和美国KBR公司合作开发了先进催化烯烃(ACO)技术，其中，SK公司开发了ACO技术的催化剂，KBR公司开发了工程设计技术，包括FCC反应器系统，KBR公司拥有全球范围内的专利许可权。

ACO技术可用于裂解石脑油和凝析油来生产轻质烯烃，与传统石脑油裂解工艺相比，该技术能够使乙烯和丙烯的产率提高15%～20%。乙烯对丙烯的比例接近于1，能耗降低约20%，并使初期投资减少约30%。KBR公司称，增加烯烃产率，其中大部分是增加了丙烯的收率，由于丙烯需求增长比乙烯快，因此从ACO工艺中获得的产品收率预期会更加适合于今后几年对丙烯的需求。该技术为拟建石脑油裂解新装置、扩建石脑油裂解装置或以新催化工艺代替现有老石脑油裂解炉的生产者提供了选择余地。一套工业化规模的ACO装置的烯烃产能可能为30～1000 kt/a。

1.4.7 炼厂干气回收烯烃

炼厂干气主要来源于原油的二次加工过程，如催化裂化、热裂化、延迟焦化、加氢裂化等，其中，催化裂化干气量最大，产率最高。催化裂化干气中含有氢气、乙烯、乙烷、丙烯等组分，其中乙烯含量为10%～20%，乙烷含量为12%～25%。

目前，从炼厂催化干气中回收乙烯的方法主要有深冷分离法、吸附分离法、吸收分离法等。

深冷分离技术是利用低温分离出干气中的甲烷和氢气，再精馏得到聚合级的乙烯。深冷分离的优点是回收率高、产品纯度高，但由于氢、甲烷组分一般需要在－100℃低温下进行分离，装置能耗高，且循环制冷流程也比较复杂，装置投资大。深冷分离工艺一般适合处理大量干气的情况，特别适合于炼厂集中地区。

变压吸附技术是利用吸附剂对混合气体中各组分的吸附选择性不同，以及加压吸附、减压脱附的原理来完成气体组分的分离。该技术是由四川天一科技股份有限公司和中国石化北京燕山分公司共同开发，采用了变压吸附、湿法脱硫脱碳、临氢脱氧、氧化铝和分子筛干燥等技术。变压吸附分离法操作简单，但设备庞大、流程复杂、乙烯回收率不高、产品纯度较低。另外，由于此工艺所得产品纯度低，直接利用不可避免地仍会遇到杂质处理难的问题，因此，单纯的变压吸附工艺适合于有后续气体分离装置的企业。

浅冷油吸收法回收炼厂干气技术是中国石化北京化工研究院在开发中冷油吸收法分离乙烯技术的基础上，结合催化裂化吸收稳定技术的优点，经深入研究而开发的新型炼厂干气回收技术。该技术采用浅冷(0℃以上)油吸收工艺，脱除炼厂干气中的甲烷、氢、氮气等，得到的碳二提浓气送入乙烯装置，无需丙烯制冷压缩机，无需干燥等净化步骤，流程大为简化。炼厂往往有大量富余的废热，可充分利用此低品位热源供热，并通过溴化锂吸收式制冷提供5℃冷量，从而实现浅冷油吸收工艺。该技术以炼厂碳四为吸收剂吸收干气中的碳二馏分，再以稳定汽油为吸收剂回收燃料气中夹带的碳四馏分，吸收剂易得，操作简便。

齐鲁石化分公司采用浅冷油吸收法回收炼厂干气技术建成了100kt/a炼厂催化干气回收装置，并于2011年9月一次开车成功，乙烯的回收率达90%以上。工业运行实践表明，该技术具有回收率高、产品品质高、流程简单、操作简便、运转周期长、对原料适应性强、占地面积小、投资少、综合能耗相对较低等优点。

1.4.8 乙醇制乙烯

乙醇脱水制乙烯是生产乙烯的传统工业生产方法，只是由于成本难与烃类裂解法相竞争，目前已逐渐被淘汰。但在粮食酒精价格较低，且附近并无乙烯供应的地区，以乙醇脱水制乙烯的方法尚有一席之地。

在催化剂存在下的乙醇脱水过程，其反应温度在300～450℃之间，乙醇转化率可达96%～99%，乙烯选择性可达96%～98%。催化剂的性能决定了乙醇脱水制乙烯的能力。催化剂最早采用热的 SiO_2 或 Al_2O_3，目前则主要分为氧化物催化剂和分子筛催化剂两大类。

第 2 章　工艺原理

2.1　蒸汽热裂解

2.1.1　烃类热裂解基本原理

裂解是指烃类原料在高温条件下，发生碳链断裂或脱氢反应，生成烯烃及其他产物的过程。裂解的目的是以生产乙烯、丙烯为主，同时副产丁烯、丁二烯等烯烃和苯、甲苯、二甲苯等芳烃以及裂解汽油、柴油、燃料油等产品。裂解所得产品收率与裂解原料的性质以及裂解工艺有关。裂解反应有以下特点：

①裂解反应是强吸热反应。

②反应温度高。

③停留时间要短。长停留时间可使裂解反应的二次反应充分进行，这样使一次反应生成的乙烯、丙烯等目的产品通过二次反应大量消失，使目的产品收率降低。

④烃分压要低。由于裂解反应是气体分子数增加的反应，降低烃分压有利于裂解反应的进行。

因此，要使裂解反应按照期望的方向进行，要达到以下要求：

①要给反应物料供给大量热量，使裂解反应在高温下进行。

②短停留时间。这一方面要求在很短时间内使反应物料达到反应所需的高温，另一方面要求在很短时间内将反应产物降温。

③为了降低烃分压，在原料中配入水蒸气或其他气体作为稀释剂。水蒸气易得，且易于从反应产物中分离；水热容大，可以有效降低温度波动，保护反应器(裂解炉辐射段炉管)；水蒸气对炉管中的铁、镍有氧化作用，可抑制结焦反应。因此工业上多采用水蒸气作为稀释剂。

2.1.2　发展历程

在乙烯生产中以管式裂解炉蒸汽热裂解工艺应用最为广泛。管式裂解炉是在炉子中设置了一定排列形式的炉管，管内通以裂解原料，管外用气体或液体燃料燃烧加热管壁，通过管壁的传热，热量传递给管内的反应物料从而发生裂解反应。

管式炉裂解制乙烯技术，开始于 20 世纪 20 ~ 30 年代。1941 年，第一个管式炉的工业装置在美国巴吞鲁日投产。初期，工业裂解炉辐射段炉管为水平布置，单面辐射，停留时间长；1964 年由鲁姆斯(Lummus)公司在法国建成第一台辐射段炉管垂直结构双面辐射炉，自此工业裂解炉开始采用垂直排列的辐射段炉管、双面辐射；20 世纪 70 年代，辐射段炉管改进，开始采用分支管；从 20 世纪 80 年代开始，裂解炉工艺改进主要集中在降低停留时间，提高乙烯、丙烯的选择性。

辐射段炉管的发展有两大类构型：大容量炉管(80 年代前）和高选择性炉管(80 年代后)。

大容量炉管有分支变径炉管、不分支变径炉管和等径不分支炉管等不同构型，停留时间一般为0.3～0.5s，炉管为4～6程，炉管长度为40～60m，与高选择性炉管相比，其裂解温度较低，烃分压较高，因此裂解反应选择性也低。分支变径炉管的入口段采用多根小直径炉管，至出口段合并为一根大直径炉管，管径达150～200mm，炉管的比表面积比高选择性炉管小。

目前大多数乙烯生产厂家均采用两程分支变径或两程不分支变径高选择性炉管，将反应停留时间控制在0.15～0.25s。第一程采用小直径炉管，利用其比表面积大的特点达到快速升温的目的；第二程采用较大直径的炉管以降低对结焦的敏感性；同时，由于反应的进行造成反应物体积迅速增大，管径增大有利于减小管内压降。高选择性炉管停留时间最短为0.1s左右的单程小直径炉管（如毫秒炉管），由于比表面积大，升温速度快，裂解温度高，因此裂解选择性高，但具有运转周期短的缺点。

目前，随着乙烯装置规模的不断扩大，裂解炉的规模持续向大型化方向发展。应用大型裂解炉，可以减少设备台数，缩小占地面积，从而降低整个装置投资。同时，也可减少操作人员、降低维修费用和操作费用，更有利于装置优化控制和管理，降低生产成本。

2.1.3 主要裂解技术

目前，世界上裂解专利商主要有Lummus公司、被Technip集团收购的美国S&W（Stone & Webster）公司及荷兰KTI国际动力学技术公司、Linde公司、KBR公司和中国石化等。

1. 美国Lummus公司

Lummus公司开发的SRT（Short Residence Time）型裂解炉，具有短留时间、热强度高、低烃分压的特点，在炉管结构上的特点是分支变径。炉管结构由早期的SRT－Ⅰ型、SRT－Ⅱ型、SRT－Ⅲ型、SRT－Ⅳ型的多程炉管发展为SRT－Ⅴ型、SRT－Ⅵ型（4－1、5－1、6－1等）的两程炉管，炉管长度由60多米缩短至20～30m，相应停留时间也由0.4～0.6s缩短至0.2s左右。SRT型裂解炉的炉型及炉管排列示意图见表2－1。

表2－1 SRT型裂解炉辐射盘管

炉　型	SRT－Ⅰ	SRT－Ⅱ	SRT－Ⅲ
炉管排列	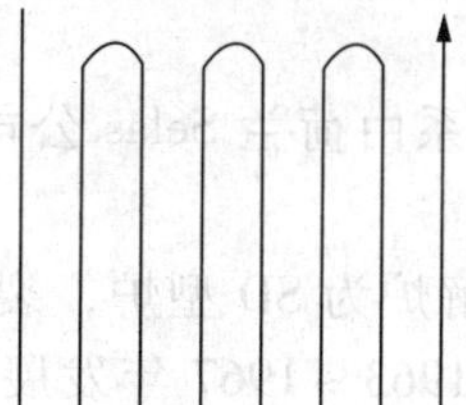	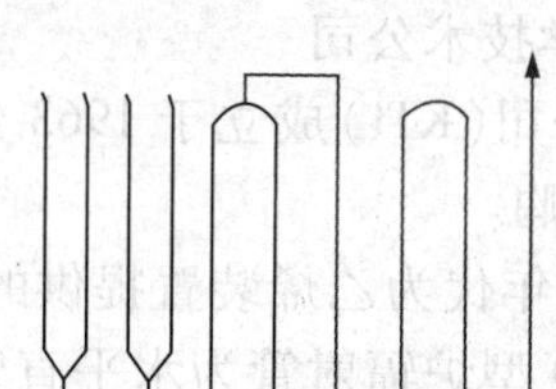	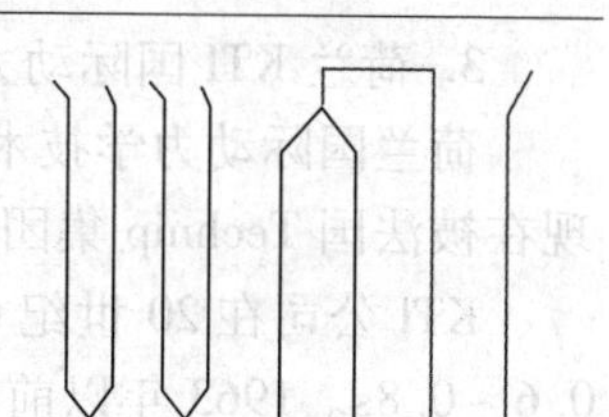
炉　型	SRT－Ⅳ	SRT－Ⅴ	SRT－Ⅵ
炉管排列	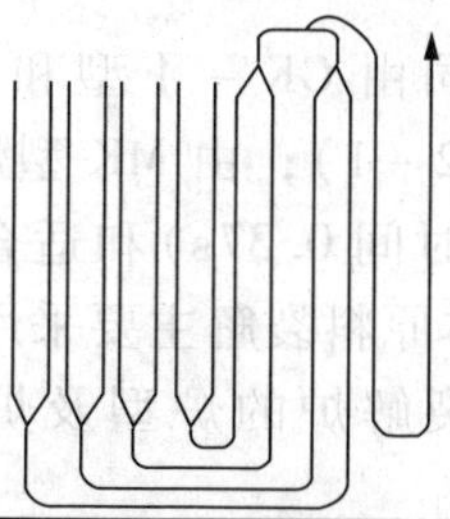	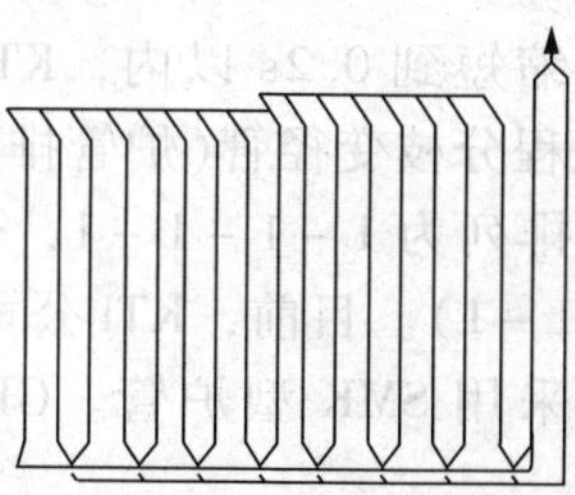	

2. 美国 S&W(Stone & Webster)公司

S&W 公司成立于 1889 年，最早是由电机工程师 Charles Stone 和 Edwin Webster 创建。2000 年被 Shaw 集团收购，并整合为该集团的一个部门。2012 年，被法国 Technip 集团收购。

S&W 公司早期大多使用西拉斯裂解炉，1966 年该公司在西拉斯裂解炉的基础上发展了超选择性裂解炉，即 USC(Ultra－Selective Cracking)炉，辐射段炉管为 M 型、W 型或 U 型。炉管长度由 55～80m 缩短至 20～30m，相应停留时间也由 0.4～0.6s 左右缩短至 0.2s 左右。其显著的特点是不分支变径结构，炉管结构简单，机械性能好。近年来，S&W 公司在研究陶瓷炉管，采用类似 KBR 的单程炉管结构。USC 型裂解炉的炉型及炉管排列示意图见表2－2。

表 2－2　USC 型裂解炉辐射盘管

炉　型	M	W	U	陶瓷炉管
炉管排列	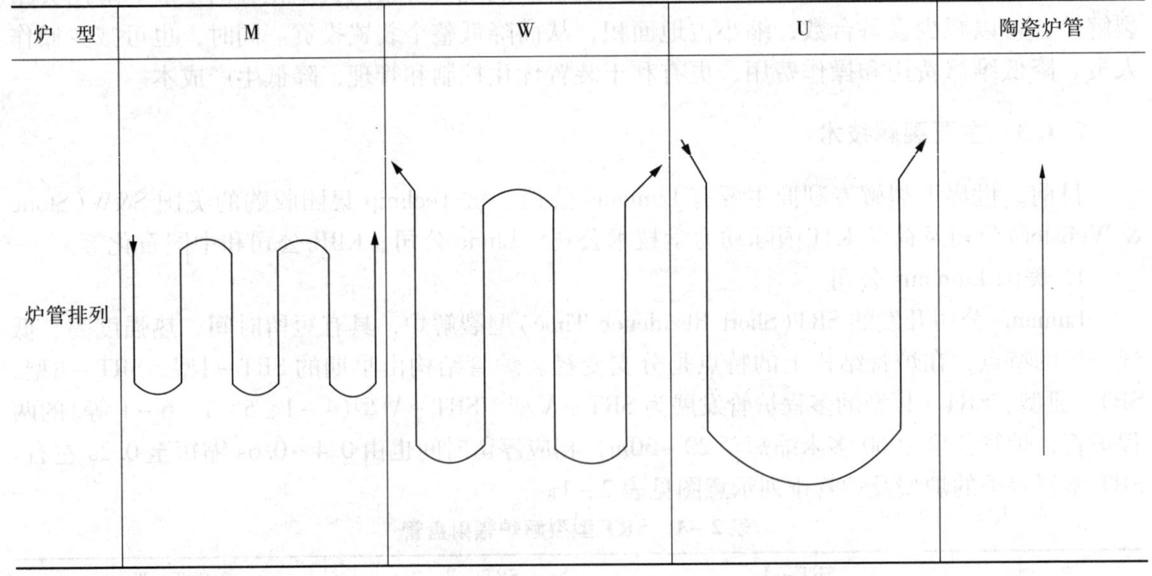			

3. 荷兰 KTI 国际动力学技术公司

荷兰国际动力学技术公司(KTI)成立于 1963 年，系由荷兰 Selas 公司发展和改组而成，现在被法国 Technip 集团收购。

KTI 公司在 20 世纪 60 年代为乙烯装置提供的裂解炉为 SD 型炉，裂解反应停留时间为 0.6～0.8s。1963 年以前 SD 型炉辐射管为水平直管，1963～1967 年发展为垂直布置不变径多程管(MK 型)，1967～1970 年采用变径管。在 20 世纪 70 年代发展了梯度动力学裂解炉(Gradient Kinetic Furnace)。GK 型炉反应管为分枝式炉管，1973 年开发了 GK－Ⅰ型和 GK－Ⅱ型，反应停留时间为 0.4s。

为进一步将停留时间缩短到 0.2s 以内，KTI 公司由 GK－Ⅰ型和 GK－Ⅱ型发展出 GK－Ⅴ型裂解炉，采用双程分枝变径管(炉管排列为 2－1)；由 MK 型炉管发展出适合气体裂解的 SMK 型炉(炉管排列为 1－1－1－1，停留时间 0.37s)和适合液体原料裂解的 GK－Ⅵ型炉(炉管排列为 1－1)。目前，KTI 公司液体原料裂解主要采用双排布置的GK－Ⅵ型炉，而气体炉则主要采用 SMK 型炉管。GK 型裂解炉的炉型及炉管排列示意图见表2－3。

表 2-3　GK 型裂解炉辐射盘管

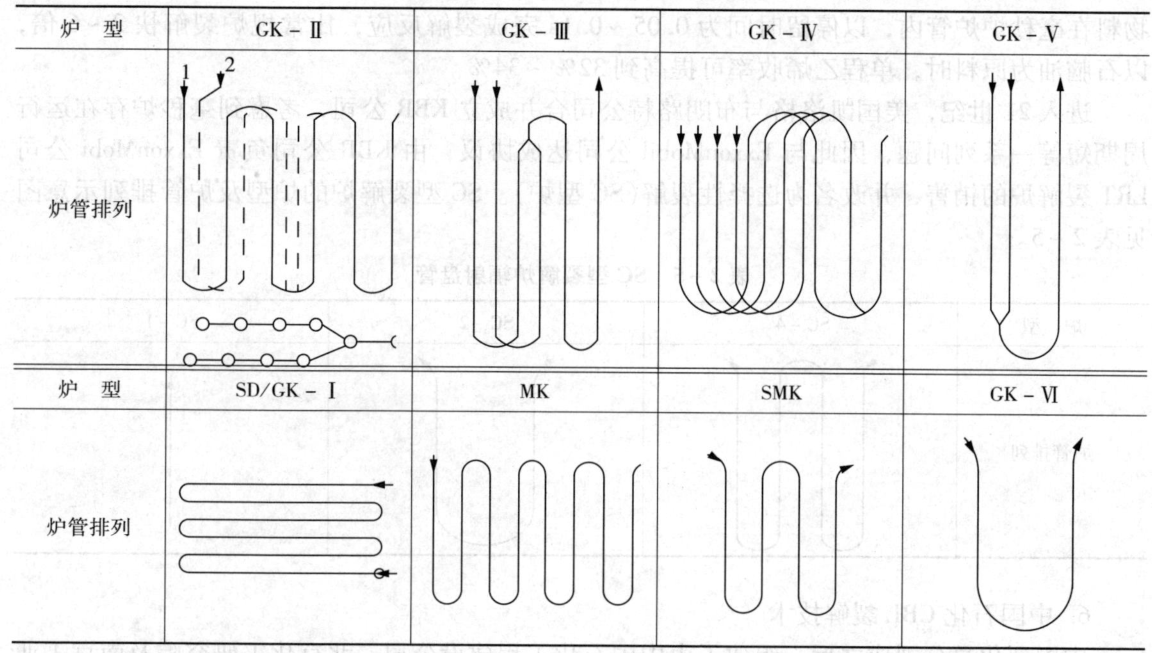

炉　型	GK－Ⅱ	GK－Ⅲ	GK－Ⅳ	GK－Ⅴ
炉管排列	1　2			
炉　型	SD/GK－Ⅰ	MK	SMK	GK－Ⅵ
炉管排列				

4. 林德(Linde)公司

林德(Linde)公司从20世纪60年代开始与西拉斯(Selas)公司合作从事裂解技术的开发，后来于70年代自行开发裂解技术。林德公司最早的裂解炉称为LSCC型(Linde－Selas－Combined Coil)，现在改称为Pyrocrack型。Pyrocrack型裂解炉根据不同的原料选择不同的炉管构型：Pyrocrack4－2、Pyrocrack2－2及Pyrocrack1－1型。炉管长度由60多米缩短至20～30m，相应停留时间也由0.4～0.6s缩短至0.2s左右。目前其液体原料裂解主要采用Pyrocrack1－1型，气体原料采用多程不分支管，即类似Lummus的SRT－Ⅰ及SW的M型。Pyrocrack型裂解炉的炉型及炉管排列示意图见表2－4。

表 2-4　Pyrocrack 型裂解炉辐射盘管

炉　型	Pyrocrack4－2	Pyrocrack2－2	Pyrocrack1－1
炉管排列			

5. 美国KBR公司

美国凯洛格布朗路特(KBR)公司从事乙烯生产的科研设计及工程建设已有40余年的历史。凯洛格公司早期曾采用过热水蒸气裂解法，20世纪60年代转向立管式分区裂解炉，70年代着手研究开发毫秒裂解炉，首先在日本出光石油化学公司建成了第一台年产乙烯25kt的毫秒裂解炉。经过不断的改进，毫秒炉于20世纪80年代广泛用于凯洛格公司设计的乙烯工厂。毫秒炉与常规裂解炉相比，在裂解炉的结构及裂解产物的分布方面都有较大的不同。物料在毫秒炉炉管内，以停留时间为 0.05 ~0.1s 完成裂解反应，比常规炉裂解快 2 ~6 倍，以石脑油为原料时，单程乙烯收率可提高到 32% ~34%。

进入 21 世纪，美国凯洛格与布朗路特公司合并成立 KBR 公司，考虑到毫秒炉存在运行周期短等一系列问题，因此与 ExxonMobil 公司达成协议，由 KBR 公司负责 ExxonMobi 公司 LRT 裂解炉的销售，并改名为选择性裂解(SC 型炉)。SC 型裂解炉的炉型及炉管排列示意图见表 2 -5。

表 2 -5　SC 型裂解炉辐射盘管

炉　型	SC -4	SC -2	SC -1
炉管排列			

6. 中国石化 CBL 裂解技术

中国石化总公司成立后，组建了由中国石化工程建设公司、北京化工研究院及南京工业炉所组成的裂解炉研发组。开发组在研究裂解原理和消化吸收国外引进裂解技术的基础上，于 1984 年提出了 2 -1 型炉管构型，并于 1988 年 11 月在辽化公司化工一厂建成一台 20kt/a 乙烯的工业试验炉。之后不断开发出 CBL - Ⅱ型炉、CBL - Ⅲ型炉、CBL - Ⅳ型炉、CBL - Ⅴ和 CBL - Ⅵ型炉。2002 年开始开发适合气体原料裂解的 2 -1 -1 -1 型炉管(CBL - R 型炉)，2010 年，CBL - Ⅶ型炉(产能 150kt/a)建成投产。至此 CBL 裂解技术拥有适合气体和液体原料裂解的各型裂解炉。液体炉管构型有 2 -1、4 -1、改进 2 -1 和改进 1 -1、改进单程炉管，其中除单程炉管外，其他炉管构型均已有工业应用，液体炉单台最大能力 15kt/a。CBL 型裂解炉的炉型及炉管排列示意图见表 2 -6。

表 2 -6　CBL 型裂解炉辐射盘管

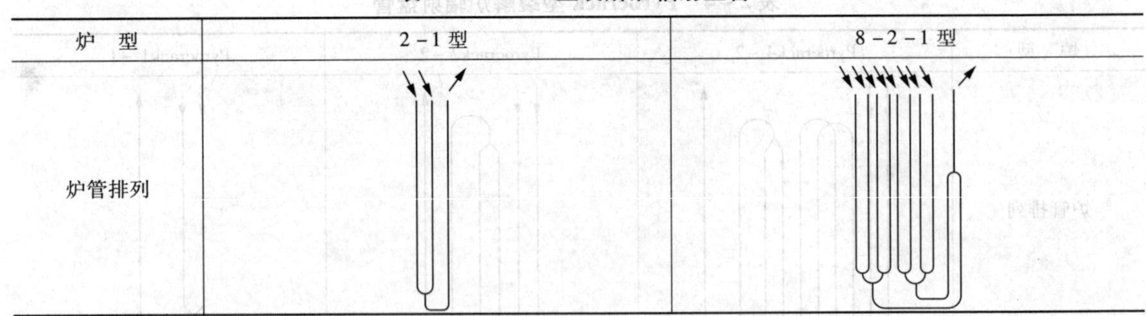

炉　型	2 -1 型	8 -2 -1 型
炉管排列		

2.2　分离回收

烃类原料经过高温裂解后，可生成乙烯、丙烯、丁烯、丁二烯、炔烃和芳烃等组分。之后，需要采用深冷分离的方法将裂解气各组分依次分离。裂解气深冷分离是裂解气分离的重要方法之一，其原理是利用裂解气中各种烃的相对挥发度不同，在低于 -100℃ 的温度下把氢气以外的烃类都冷凝下来，然后在精馏塔内进行多组分精馏分离，因此这一方法实质是冷凝精馏过程。

但裂解气中酸性气体、水分、炔烃和杂质的存在对深冷分离和烯烃的进一步加工利用妨碍极大。酸性气体不但会使催化剂中毒，还会腐蚀设备管道。水分和二氧化碳在低温下会凝结成冰和固态水合物，堵塞设备管道，影响分离操作。因此，裂解气在深冷分离之前必须进行预处理。裂解气的预处理包括裂解气压缩、脱除酸性气体、干燥及制冷，目的是除去裂解气中的杂质和达到深冷分离所需要的温度和压力。

除此之外，裂解气中的炔烃和二烯烃的存在会影响聚合反应，并严重降低聚烯烃产品的品质，因此，需要通过反应将其脱除。

2.1.1 基本原理

(1)精馏

精馏过程是利用混合物中各组分挥发能力的差异，采取回流液和上升蒸气，使气、液两相逆向多级接触，在热能驱动和相平衡关系的约束下，使得易挥发组分(轻组分)不断从液相往气相中转移，而难挥发组分却由气相向液相中迁移，使混合物得到不断分离。

该过程中，传热、传质过程同时进行，属传质过程控制。原料从塔中部适当位置进塔，将塔分为两段，上段为精馏段，不含进料，下段含进料板为提馏段，冷凝器从塔顶提供液相回流，再沸器从塔底提供上升蒸气。

在精馏段，气相在上升的过程中，气相轻组分不断得到精制，在气相中不断增浓，在塔顶获轻组分产品。

在提馏段，液相在下降的过程中，轻组分不断地提馏出来，使重组分在液相中不断地被浓缩，在塔底获得重组分产品。

(2)压缩

离心式压缩机具有带叶片的工作轮，当工作轮转动时，叶片就带动气体运动或者使气体得到动能，然后使部分动能转化为压力能从而提高气体的压力。压缩机工作时不断地将气体吸入，又不断地将气体沿半径方向甩出去，所以称为离心式压缩机。其中根据压缩机中安装工作轮数量的多少，分为单级式和多级式。如果只有一个工作轮，就称为单级离心式压缩机；如果是由几个工作轮串联而组成，就称为多级离心式压缩机。

裂解气压缩机是离心式压缩机，其进口的裂解气通过导流器以一定的方向导入叶轮入口，然后进入高速旋转的叶轮，由于裂解气受到旋转叶轮离心力的作用，并通过叶轮的扩压通道扩压，叶轮转动的机械能转化成了气体的动能和静压能，叶轮出口的高速裂解气在后面的静止扩压器通道中进行扩压，把速度能转化成静压能，获得一定压力的裂解气再通过弯道及回流器导入下一级继续压缩。通过多级压缩后，最终裂解气获得所需压力排出，以满足后续单元生产的需要。

(3)碱洗

裂解气中的酸性气体含量为0.2%～0.4%(摩尔分数)，主要成分是 CO_2、H_2S 和其他硫化物。裂解气中的酸性气体主要来自以下几个方面：①气体裂解原料带入的硫化物和 CO_2；②液体原料中所含的硫化物(如：硫醇、硫醚、噻吩等)在高温下与氢气和水蒸气反应生成 H_2S 和 CO_2；③裂解原料烃和炉管中的结炭与水蒸气反应可生成 CO 和 CO_2；④烃与水蒸气反应也可以生成 CO_2；⑤当裂解炉中有氧进入时，氧与烃类反应生成 CO_2。

这些酸性杂质将给装置带来危害，引起管道和设备的腐蚀，同时可缩短分子筛的使用寿命。CO_2在深冷分离时，低温条件下结成干冰，可堵塞设备和管道，破坏正常生产；H_2S还会使加氢脱炔的钯系催化剂中毒；酸性气体杂质对于产品合成也有危害，例如乙烯低压聚合时，CO_2和硫化物会使低压聚合催化剂的金属碳键分解，破坏其催化活性；乙烯高压聚合时，CO_2在循环乙烯气中积累，降低了乙烯的分压，从而影响聚合速度和聚乙烯的相对分子质量。

因此，要求将裂解气中的CO_2和H_2S分别脱除至1×10^{-6}(摩尔分数)以下，才能进入裂解气压缩机后系统。乙烯装置通常采用碱洗法脱除裂解气中的酸性气。当裂解原料中硫含量过高时，为降低碱耗量，可考虑增设可再生的溶剂吸收法(常用乙醇胺法)脱除大部分酸性气体，然后再用碱洗法作进一步精细净化，以保证将CO_2和H_2S脱除至1×10^{-6}(摩尔分数)以下。

碱洗法是用NaOH溶液洗涤裂解气，在洗涤过程中NaOH与裂解气中的酸性气体发生化学反应(反应式如下)。生成的碳酸盐和硫化物溶于废碱液中，因而使酸性气体自裂解气中脱除。

$$CO_2+2NaOH\longrightarrow Na_2CO_3+H_2O$$

$$H_2S+2NaOH\longrightarrow Na_2S+2H_2O$$

用乙醇胺作吸收剂除去裂解气中的CO_2和H_2S，是一种物理吸收和化学吸收相结合的方法，所用的吸收剂主要是一乙醇胺(MEA)和二乙醇胺(DEA)。以一乙醇胺为例，吸收CO_2和H_2S时，发生如下反应：

$$2HO—C_2H_4—NH_2 \xrightleftharpoons{H_2S} (HO—C_2H_4—NH_3)_2S \xrightleftharpoons{H_2S} 2HO—C_2H_4—NH_3HS$$

$$2HO—C_2H_4—NH_2 \xrightleftharpoons{CO_2+H_2O} (HO—C_2H_4—NH_3)_2CO_3$$

$$\xrightleftharpoons{CO_2+H_2O} 2HO—C_2H_4—NH_3HCO_3$$

$$2HO—C_2H_4—NH_2+CO_2 \rightleftharpoons HO—C_2H_4—NHCOONH_3—C_2H_4—OH$$

(4)制冷

乙烯装置的制冷压缩机主要有乙烯制冷压缩机、丙烯制冷压缩机，采用顺序分离流程的低压脱甲烷工艺时还需要配置甲烷制冷压缩机，或者将丙烯制冷压缩机和二元制冷压缩机组合使用，也可以采用一台三元制冷压缩机。甲烷制冷压缩机一般为往复式压缩机，其他均为离心式压缩机，它们为深冷分离系统提供多个级别的冷剂。

单级离心式制冷压缩机的构造主要由工作轮、扩压器和蜗壳等所组成。压缩机工作时制冷剂蒸气由吸汽口轴向进入吸汽室，并在吸汽室的导流作用下引导由蒸发器(或中间冷却器)来的制冷剂蒸气均匀地进入高速旋转的工作轮(工作轮也称叶轮，它是离心式制冷压缩机的重要部件，因为只有通过工作轮才能将能量传给汽体)。汽体在叶片作用下，一边跟着工作轮高速旋转，一边由于受离心力的作用，在叶片槽道中扩压流动，从而使汽体的压力和速度都得到提高。由工作轮出来的汽体再进入截面积逐渐扩大的扩压器(因为汽体从工作轮流出时具有较高的流速，扩压器便把动能部分地转化为压力能，从而提高汽体的压力)。汽体流过扩压器时速度减小，而压力则进一步提高。经扩压器后汽体汇集到蜗壳中，再经排气口引导至中间冷却器或冷凝器中。

往复式制冷压缩机属于容积式制冷压缩机，工作原理是依靠工作腔容积的变化来压缩气体或蒸气，因而它具有容积可周期变化的工作腔。曲轴带动连杆，连杆带动活塞，活塞做上下运动。活塞运动使汽缸内的容积发生变化，当活塞向下运动的时候，汽缸容积增大，进气阀打开，排气阀关闭，制冷气被吸进来，完成进气过程；当活塞向上运动的时候，汽缸容积减小，出气阀打开，进气阀关闭，完成压缩过程。通常活塞上有活塞环来密封汽缸和活塞之间的间隙，汽缸内有润滑油润滑活塞环。

(5)反应

液态烃经蒸汽裂解获得的裂解气是含有烯烃、烷烃、炔烃等多种组分的混合气体，其中通常含有0.1% ~0.5%(摩尔分数)的乙炔、0.2% ~0.9%(摩尔分数)的丙炔和丙二烯(合称MAPD)。经分离流程后，C_2馏分中的乙炔含量为0.3% ~2.2%(摩尔分数)，C_3馏分中MAPD的含量可达1% ~5%(摩尔分数)。炔烃和二烯烃的存在会影响聚合反应，并严重降低聚烯烃产品的品质，因此工业生产对聚合级乙烯和丙烯中炔烃和二烯烃含量的限制日益严格。目前要求聚合级乙烯中乙炔含量低于5×10^{-6}(质量分数)，聚合级丙烯中MAPD的含量小于5×10^{-6}(质量分数)。

裂解气中乙炔的脱除主要采用溶剂吸收法和催化加氢法两种工艺。催化加氢法使用选择加氢催化剂，在一定工艺操作条件下，将乙炔加氢生成乙烯和乙烷，以达到净化的目的。催化加氢法工艺简单，能耗较低，没有环境污染，并且可以提高烯烃产品的收率，在大中型乙烯装置中被广泛采用。

催化加氢法可分为前加氢和后加氢两种工艺路线。目前，现有的乙烯装置大部分采用后加氢工艺，新建的乙烯装置采用前加氢工艺更多。

在前加氢工艺路线中，裂解气经碱洗脱除二氧化碳、硫化氢等酸性气体后，不经精馏分离即进行加氢除炔过程。在前加氢工艺中，进入加氢反应器的原料气中除C_2、C_3烃类外，还含有较大量的氢气和甲烷。前加氢工艺可以与前脱丙烷(或前脱乙烷)分离工艺相结合，其优点是可以使分离流程简化，减少设备投资和能耗；在C_2选择加氢的同时除去约50%的MAPD，减小下游碳三加氢反应器压力；同时由于绿油生成量少，催化剂再生周期和寿命更长。其缺点是对反应器的控制手段少，由于原料中存在大量氢气，可能发生剧烈的副反应，导致反应温度失控甚至催化剂床层“飞温”。

后加氢工艺是将裂解气中的氢气、甲烷等轻质馏分分离后，再向C_2或C_3馏分中配入适量氢气进行加氢反应过程。后加氢工艺与顺序分离流程结合，其优点是反应可以通过配氢量、改变反应器入口温度、配入一氧化碳等多种手段控制，反应器操作平稳，可以避免乙烯损失。其缺点是分离系统复杂，能耗相对较高，催化剂表面更易生成绿油，需要较为频繁地再生。

碳三加氢一般采用后加氢，通常有气相加氢和液相加氢两种工艺。气相加氢工艺与乙炔后加氢相似，反应温度高(60 ~100℃)，催化剂选择性差，绿油生成量高、运行周期短。液相加氢工艺反应温度低(10 ~60℃)，催化剂活性高，选择性好，同时由于液体的冲刷，绿油生成量低，催化剂运行周期长，液体空速高，在碳三加氢中被广泛采用。

2.1.2 顺序分离流程

顺序分离流程是指裂解气经压缩、脱除大部分重烃和水、脱除酸性气体并深度干燥后，进入脱甲烷塔系统，各组分按碳一、碳二、碳三、……的顺序先后分离。

(1)裂解气压缩系统

裂解气压缩系统基本采用的是三段压缩出口碱洗，并带凝液汽提塔的五段压缩工艺流程。该流程分为五段压缩，段间用冷却水进行冷却，五段出口气体经冷却水冷却后要进一步用低温物料和丙烯冷剂冷却至15℃。段间凝液分两部分处理，重组分经汽油汽提塔获得裂解汽油馏分，轻组分经凝液汽提塔获得碳三和碳三以上轻烃凝液。此外，在压缩机三段出口设置酸性气体脱除系统(碱洗或醇胺液－碱洗)，以脱除裂解气中的CO_2和H_2S。

如图2－1所示，由水洗塔来的裂解气经一段吸入罐进入压缩机一段压缩，出口气体经水冷后进入二段吸入罐。吸入罐中的凝液含水和重烃(裂解汽油)，在罐中由界面控制，水相由水泵送回水洗塔，油相由裂解汽油泵送至裂解汽油汽提塔。由水洗塔油水分离所得裂解汽油与压缩机凝液回收的裂解汽油一起在此汽提塔进行汽提，汽提的轻组分返回压缩机一段吸入罐，汽提后的裂解汽油作为产品送出界区。

二段吸入罐的气体进入压缩机二段压缩，出口气体经水冷后进入三段吸入罐。三段吸入罐的凝液减压返回到二段吸入罐，气相则进入压缩机三段进行压缩。

三段压缩出口气体经水冷后进入三段出口分离罐，分离罐中的凝液减压返回三段吸入罐，而气相则进入酸性气体脱除系统。脱除酸性气后的裂解气进入四段吸入罐，吸入罐中的冷凝水返回水洗塔，气相进入压缩机四段压缩。

四段压缩出口裂解气经水冷后进入五段吸入罐，罐中凝液由界面控制，其水相由底部排出送至水洗塔，而油相的液态烃则送至凝液汽提塔。五段吸入罐中的气相进入压缩机五段进行压缩。

压缩机五段出口气体经水冷后，再经丙烯冷剂等冷却至15℃，然后送入五段出口分离罐。分离罐中的凝液由界面控制，其水相由底部排出返回水洗塔，而油相的液烃经急冷水过热至47℃左右，然后减压至闪蒸罐。闪蒸罐的气相返回四段吸入罐，液相送至凝液汽提塔塔顶。五段压缩出口分离罐的气相则送至干燥器，干燥后裂解气送入低温分离系统。

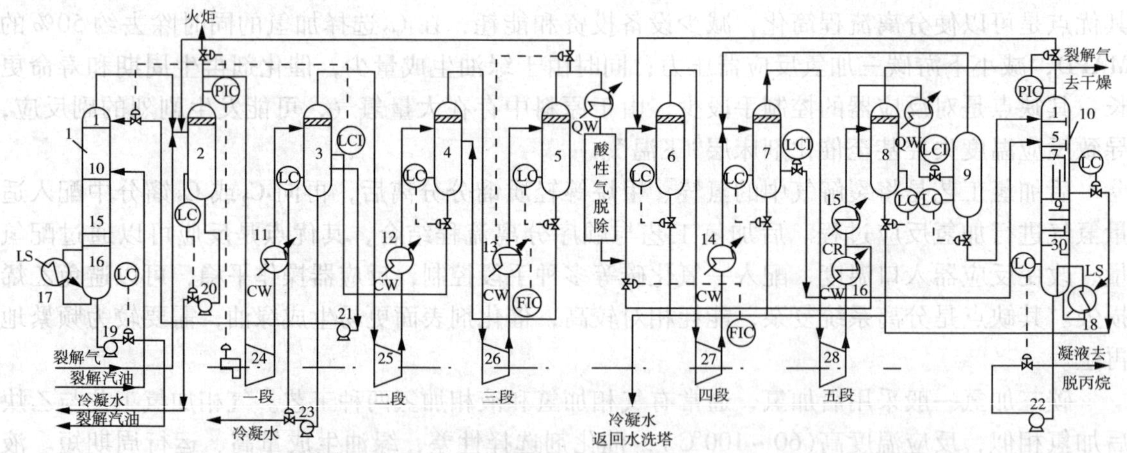

图2－1　裂解气五段压缩工艺流程(三段压缩出口碱洗、带凝液汽提塔)

1—汽油汽提塔；2—一段吸入罐；3—二段吸入罐；4—三段吸入罐；5—三段出口分离罐；6—四段吸入罐；7—五段吸入罐；8—五段出口分离罐；9—闪蒸罐；10—凝液汽提塔；11～16—段间冷却器；17—汽油汽提塔再沸器；18—凝液汽提塔再沸器；19—汽油泵；20—冷凝水泵；21—凝液泵；22—凝液汽提塔釜液泵；23—冷凝水泵；24—压缩机一段；25—压缩机二段；26—压缩机三段；27—压缩机四段；28—压缩机五段

(2)酸性气体脱除系统

裂解气中的酸性气体主要是指CO_2、H_2S和其他气态硫化物。这些酸性气体的带入和生成，对裂解气的进一步加工危害较大。H_2S含量较高时能严重腐蚀设备，还能使裂解气脱水操作所用的分子筛寿命缩短，使脱炔操作所用的钯催化剂中毒。CO_2在深冷低温操作的设备中结成干冰堵塞设备和管道。所以在分离裂解气之前，首先要脱除其中的酸性气体。

20世纪80年代建成投产的国内几大乙烯装置，原设计大多采用胺洗和碱洗系统。但胺洗单元对碳钢设备腐蚀性大，对设备材质要求高；且醇胺溶液可吸收双烯烃，在高温再生时易生成聚合物而结垢；此外，胺洗不能脱除有机硫，对 CO_2、H_2S 也只能降到 30~50mL/m^3，所以，胺洗必须与碱洗串联使用才能彻底脱除酸性气体。目前，大多乙烯装置经改造后均采用碱/水洗脱除酸性气体，碱/水洗系统由碱洗段和相应的水洗段组成，有三段碱洗流程，也有两段碱洗流程，这里以目前应用较广泛的三段碱洗为例，介绍碱/水洗系统的工艺流程。

图2-2为鲁姆斯三段碱洗工艺流程。碱洗塔包括三段碱循环和一个水洗段，来自裂解气压缩机三段出口的裂解气略经加热后，进入碱洗塔的底部，依次与弱碱、中强碱、强碱逆流接触，然后在塔上部的水洗段中进行水洗，脱除可能夹带的碱液，防止碱液带入压缩机机体内。净化后的裂解气自塔顶引出进入裂解气压缩机四段吸入罐，塔釜黄油和废碱的混合物送至废碱分离罐。在废碱分离罐内注入一定量的裂解汽油，使黄油溶解于裂解汽油，再经裂解汽油分离罐使废碱与裂解汽油分离，分离出的裂解汽油返回急冷水塔，废碱液则送往废碱处理系统。此过程必须注意碱液与裂解汽油的分离，防止大量碱液进入急冷水塔，造成急冷水的乳化。碱洗塔的补碱由新鲜碱罐经碱液补充泵直接补入，新鲜碱浓度一般控制在20%左右。

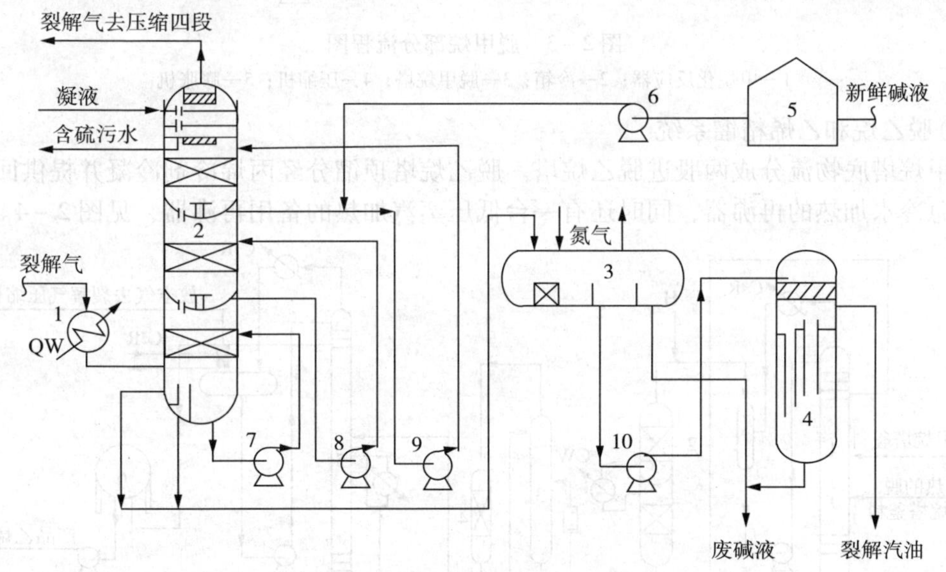

图2-2　鲁姆斯三段碱洗工艺流程

1—预热器；2—碱洗塔；3—废碱分离罐；4—裂解汽油分离罐；
5—碱洗槽；6—碱液补充泵；7~9—碱液循环泵；10—废碱液泵

(3)脱甲烷系统

裂解气深冷系统出来的物料送到脱甲烷塔，操作压力约为0.54MPa(表)。脱甲烷塔的液体再沸是用裂解气在塔釜再沸器和中间再沸器加热。塔底产物先分成两股，一股直接送往脱乙烷塔，另一股用裂解气进一步预热之后也送往脱乙烷塔，见图2-3。

在温度较低区域内(在-60℃以下)，为了防冻可注入甲醇，其注入的量取决于水合物生成量的多少。脱甲烷塔回流罐顶部物流在深冷系统中重新加热之后，再用于干燥器再生，然后送往燃料系统。

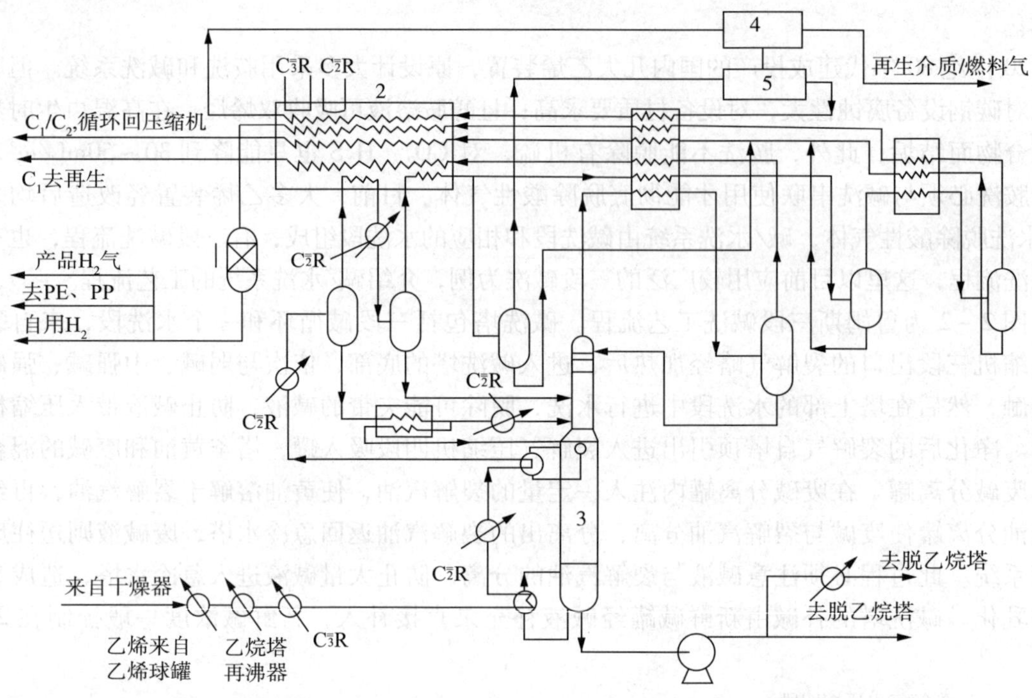

图2-3　脱甲烷部分流程图

1—甲烷化反应器；2—冷箱；3—脱甲烷塔；4—压缩机；5—膨胀机

(4)脱乙烷和乙烯精馏系统

脱甲烷塔底物流分成两股进脱乙烷塔。脱乙烷塔顶馏分经丙烯冷剂冷凝并提供回流，塔釜采用急冷水加热的再沸器，同时还有一台低压蒸汽加热的备用再沸器，见图2-4。

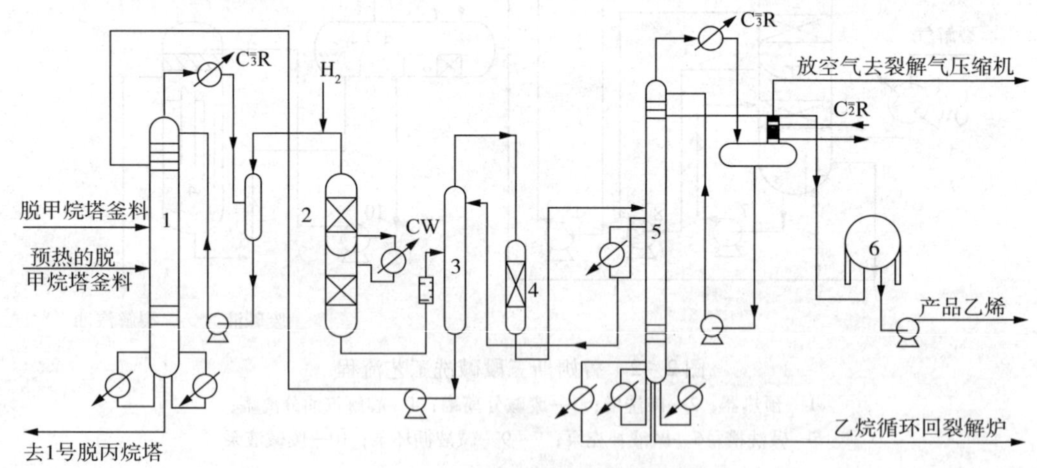

图2-4　脱乙烷、乙炔加氢和乙烯精馏流程示意图

1—脱乙烷塔；2—乙炔转化器；3—绿油吸收塔；4—乙烯干燥器；5—乙烯精馏塔；6—乙烯球罐

脱乙烷塔顶产物经选择加氢使乙炔转变为乙烯和乙烷而被脱除，加氢采用两台反应器，其中一台备用，以便在用过热蒸汽和空气混合物再生催化剂时，保持连续操作。

脱乙烷塔顶物流加入氢气后，用反应器的流出物和低压蒸汽预热，预热之后自上而下通过催化剂床，温升与加入进料中的氢气百分比成比例。为了防止反应器温度过高，采用一套安全监控系统，以便在事故状态时切断氢气。在催化剂床层之间装有中间冷却系统，反应器的流出物料用水冷却，并与反应器的进料换热。反应的副产品是称作绿油的乙炔聚合物。乙烯精馏塔进料需要干燥，主要是防止结冰。绿油对干燥不利，为除掉绿油，来自乙炔反应器的冷却后的流出物，与从乙烯精馏塔侧线采出的乙烯/乙烷液体在绿油吸收塔中逆流接触。绿油吸收塔底部物料返回到脱乙烷塔，含有绿油的脱乙烷塔底物料送往脱丙烷塔，并最终进入粗裂解汽油。绿油吸收塔的气体经过分子筛干燥器送到乙烯精馏塔，干燥器有两台，一开一备。

在顺序分离流程中乙烯精馏塔一般采用高压精馏塔，并设有底部再沸器和中间再沸器，可以最大限度地回收冷量。中间再沸器用裂解气或乙烯制冷压缩机排出的乙烯冷剂加热，主再沸器由制冷压缩机排出的丙烯冷剂和/或乙烯冷剂加热。该塔顶用 -40℃的丙烯冷剂冷凝，从乙炔转化器来的过剩氢气返回裂解气压缩机，有一台排放气冷凝器可减少返回物流中的乙烯量。

从乙烯精馏塔底部抽出的物料，用裂解气蒸发，在冷箱中用丙烯冷剂进一步加热之后，送往裂解炉与界区外来的新鲜乙烷原料混合裂解。液态乙烯产品直接送往储罐，从这个罐将产品用泵送出。液体乙烯在作为气体产品送出界区之前用丙烯冷剂蒸发和过热。

(5)脱丙烷和脱丁烷

本工序的目的是为了把脱乙烷塔底物料和凝液汽提塔底物料中的 C_3 和 C_4 及更重组分分离开，见图 2-5。

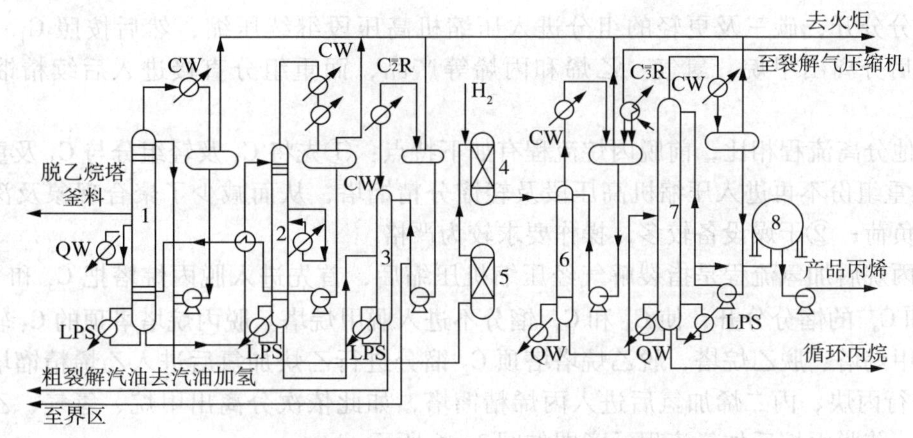

图 2-5　脱丙烷、脱丁烷和丙烯精馏塔流程示意图

1—1#脱丙烷塔；2—2#脱丙烷塔；3—脱丁烷塔；4—MAPD 转化器；5—丙烯干燥器；6—甲烷汽提塔；7—丙烯精馏塔；8—丙烯球罐

凝液汽提塔底物料和脱乙烷塔底物料是脱丙烷塔主要进料。脱丙烷塔分成两个塔，每个塔的操作压力不同。产生大部分 C_3 馏分的脱乙烷塔底物料被送至 1#脱丙烷塔，即高压脱丙烷塔，塔的操作压力正好可使用冷却水全部冷凝塔顶蒸汽，冷凝液一部分作为塔的回流，另一部分送到丙炔、丙二烯转化系统，中间再沸器的热量靠急冷水提供，底部再沸器热量由低压蒸汽提供。1#脱丙烷塔底物料送到 2#脱丙烷塔，即低压脱丙烷塔，塔顶气体用丙烯冷剂冷凝，中间再沸器的热量由急冷水提供，塔底再沸器热量由低压蒸汽提供。

2#脱丙烷塔的塔顶液体产品，在返回 1#脱丙烷塔底以前，用 1#塔底物料预热。含有 C_4 馏分和更重物质的 2#塔底物料用泵送到脱丁烷塔。为了防止聚合，可以在 2#脱丙烷塔进料中加入阻聚剂。

脱丁烷塔用冷却水作为回流冷凝介质，再沸器用低压蒸汽加热。塔顶混合 C_4 液体产品送往储罐，塔底物料与来自汽油汽提塔的汽油混合，在用冷却水冷却之后，送到裂解汽油加氢装置。

(6)丙二烯、丙炔加氢和丙烯分馏

在这一工序中，包括 C_3 物流中含有的丙二烯、丙炔反应生成丙烷和丙烯，以及汽提出过剩氢气和甲烷的设施。脱丙烷塔顶物料由泵送到丙二烯、丙炔转化系统，中间要经过分子筛干燥器脱除残余的水分。转化系统通过设置备用反应器的方式实现连续操作。

反应器流出物进入甲烷汽提塔，从该 C_3 产品中汽提出过剩的氢气和甲烷。汽提塔顶物用冷却水冷凝并送到回流罐。为了减小返回裂解气压缩机的排放气中的丙烯损失，设置了一台排放气冷凝器。汽提塔的底部物料进入丙烯精馏塔。

一部分来自回流罐的液体进行再循环，以稀释转化器进料。转化器进料中丙二烯、丙炔浓度低，可减小温升和转化器内丙烯的蒸发。

丙烯精馏塔系统把进料分离成塔顶的聚合级丙烯产品和塔底的丙烷产品，塔在选定的压力下操作，以便回流可用冷却水冷凝。精馏塔再沸器的热量由循环急冷水和低压蒸汽提供。聚合级丙烯产品用泵送到界区外。丙烷返回裂解炉与新鲜丙烷一起去裂解。

2.2.3 前脱丙烷后加氢流程

前脱丙烷流程是指裂解气经三段压缩后，进入脱丙烷塔将碳三及更轻的组分与碳四及更重的组分分开，碳三及更轻的组分进入压缩机高压段继续压缩，然后按照 C_1、C_2、C_3 的顺序先后分离出甲烷、氢气、乙烯和丙烯等产品，而重组分直接进入后续精馏塔中逐项分离。

与其他分离流程相比，前脱丙烷流程有如下特点：①先将 C_3 及轻组分与 C_4 及重组分分开，C_4 及重组份不再进入压缩机高压段及轻馏分精馏塔，从而减少了聚合现象及深冷塔进料的冷剂负荷；②干燥设备较多，操作要求较为严格。

前脱丙烷后加氢流程是指裂解气经压缩机压缩后，首先进入脱丙烷塔把 C_3 和 C_3^- 的馏分与 C_4 和 C_4^+ 的馏分分开，使 C_4 和 C_4^+ 馏分不进入脱甲烷塔。脱丙烷塔塔顶的 C_3 轻组分依次进入脱甲烷塔、脱乙烷塔，脱乙烷塔塔顶 C_2 馏分进行乙炔加氢后进入乙烯精馏塔，塔釜 C_3 馏分进行丙炔、丙二烯加氢后进入丙烯精馏塔，如此依次分离出甲烷、氢气、乙烯、丙烯等产品。前脱丙烷后加氢流程示意图如图 2-6 所示。

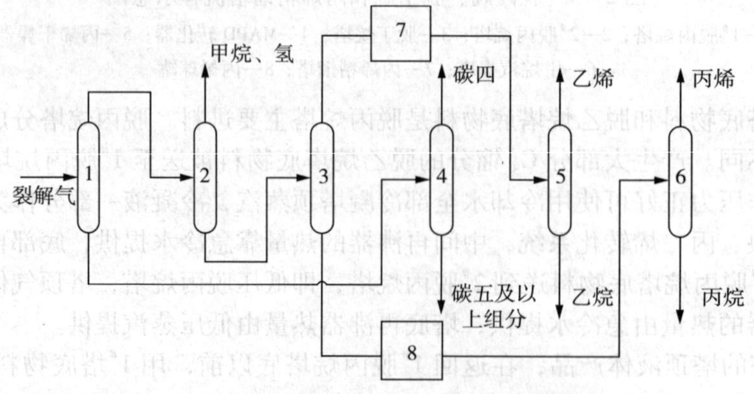

图 2-6 前脱丙烷后加氢工艺流程示意图

1—脱丙烷塔；2—脱甲烷塔；3—脱乙烷塔；4—脱丁烷塔；5—乙烯精馏塔；6—丙烯精馏塔；7—碳二加氢反应器；8—碳三加氢反应器

2.2.4 前脱丙烷前加氢流程

此处以 S&W 工艺为例介绍目前新建装置采用较为广泛的前脱丙烷前加氢流程。

不同的乙烯装置，其单元划分有所不同。这里以图 2 – 7 所示工艺流程为例，分裂解气压缩机、酸性气体脱除、裂解气干燥、脱丙烷塔及前加氢反应器几大系统，介绍前脱丙烷前加氢流程的工艺过程。

如图 2 – 7 所示，该装置采用的是 S&W 公司设计的裂解气五段压缩工艺流程。裂解气经四段压缩后进行酸性气体的脱除，再经干燥后，裂解气进入高压脱丙烷塔，高压脱丙烷塔与裂解气压缩机五段组成热泵，控制塔顶气相中碳四含量，得到碳三及更轻组分进入压缩机五段进一步压缩后，进入前加氢反应器脱炔，反应器出料经冷却后进入高压脱丙烷塔回流罐，液相作为高压脱丙烷塔的回流，气相去脱甲烷系统。高压脱丙烷塔塔釜液进入低压脱丙烷塔，经分离后塔顶物料去碳三加氢反应系统，塔釜重组分去脱丁烷塔。

(1)裂解气压缩系统

该装置裂解气压缩机是由蒸汽轮机驱动的五段离心式压缩机。压缩机前四段压缩后气体利用冷却水移去热量，并分离出重烃冷凝液，第五段的热量利用前加氢反应器的进料冷却器带走。

如图 2 – 7 所示，从急冷水塔塔顶来的裂解气进入裂解气压缩机一段吸入罐，吸入罐内装有除沫器，可防止液体夹带进入压缩机，冷凝液经一段凝液泵加压后送至急冷水塔。压缩机一段出口的裂解气经一段后冷器用冷却水冷却后，直接进入裂解气压缩机二段吸入罐。罐内分离出冷凝水和重烃，冷凝水在液位控制下送回一段吸入罐，冷凝的重烃则经泵送入汽油汽提塔。二段吸入罐出来的气体依次通过压缩机的二段、三段、四段压缩，并分别经二段后冷器、三段后冷器、四段后冷器冷却后进入四段排出罐。四段排出罐罐底的液体依次送入四段吸入罐、三段吸入罐、二段吸入罐，最终在二段吸入罐分离出冷凝液中的烃类。

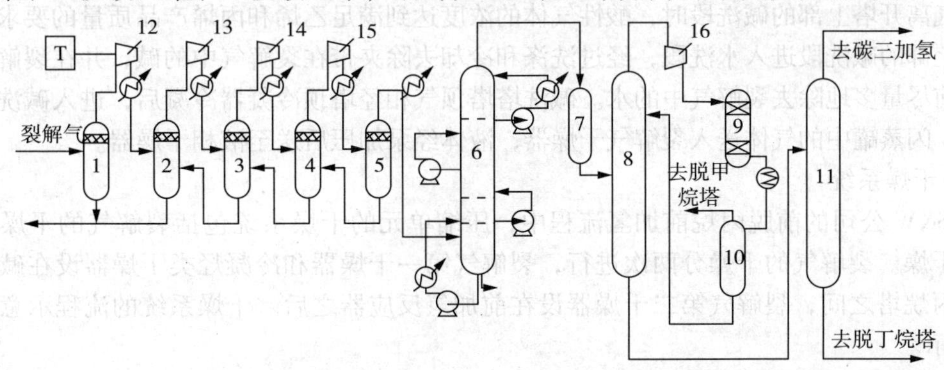

图 2 – 7　S&W 公司前脱丙烷前加氢工艺裂解气压缩单元流程示意图

1 ~ 4—裂解气压缩机一至四段吸入罐；5—压缩机四段排出罐；6—碱洗塔；7—裂解气干燥器；8—高压脱丙烷塔；9—乙炔加氢反应器；10—回流罐；11—低压脱丙烷塔；12 ~ 16—裂解气压缩机Ⅰ ~ Ⅴ段

四段排出罐的气体进入碱洗塔脱除酸性气体，再经裂解气干燥系统干燥后送至高压脱丙烷塔。高压脱丙烷塔塔顶气体进入裂解气压缩机五段压缩，五段出口裂解气经冷却后去前加氢反应器脱炔。

(2)酸性气体脱除系统

S&W 公司的酸性气体脱除系统大多采用三段碱洗工艺流程。图 2 – 8 为某装置采用的

S&W 工艺三段碱洗流程，该装置的碱洗塔分为四段，其中三个碱洗段用氢氧化钠洗涤裂解气，位于塔底部的循环弱碱、中部的循环中强碱、中上部的循环强碱依次洗涤裂解气，这样可以利用最少的碱来达到脱除酸性气体的目的。塔的顶部是水洗段，利用水洗涤经过碱洗的裂解气，防止碱夹带进入下游设备。

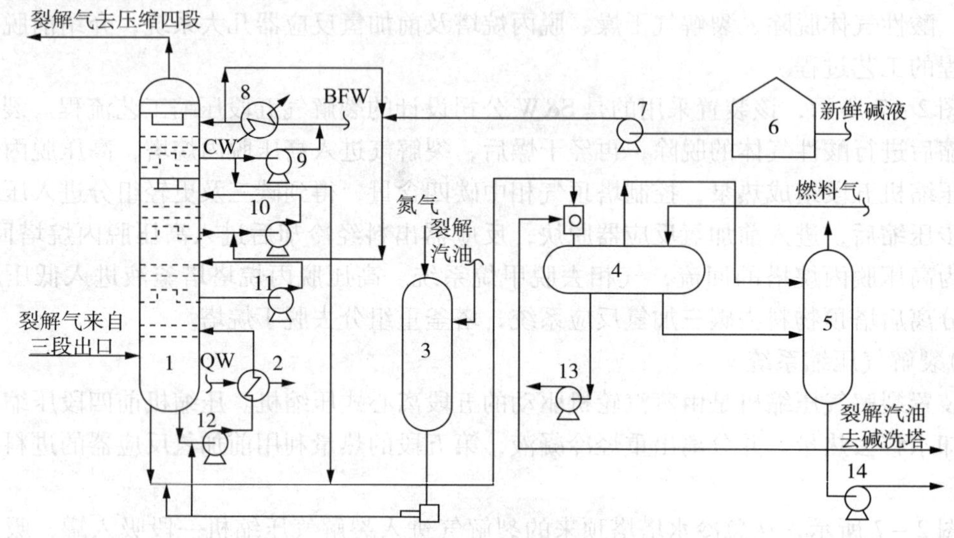

图 2-8　S&W 公司三段碱洗工艺流程示意图

1—碱洗塔；2—再沸器；3—裂解汽油罐；4—分离罐；5—脱气罐；6—碱液槽；
7—碱液泵；8—冷却器；9~12—碱液循环泵；13—裂解汽油罐；14—废碱液泵

为防止烃类的冷凝，裂解气须在碱洗塔进料加热器中加热至规定温度，然后进入塔的底部，与浓度为 1% ~3% 的循环弱碱逆向接触。在碱洗塔的中部，裂解气与浓度为 4% ~7% 的循环中强碱溶液接触。裂解气继续进入塔的上部，与浓度为 8% ~10% 的循环强碱溶液接触。当裂解气离开塔上部的碱洗段时，酸性气体的浓度达到满足乙烯和丙烯产品质量的要求。裂解气从塔上部的碱洗段进入水洗段，经过洗涤和冷却去除夹带在裂解气中的碱，并在裂解气离开该塔之前尽量多地除去裂解气中的水。碱洗塔塔顶气相经塔顶冷凝器冷凝后，进入碱洗塔塔顶闪蒸罐。闪蒸罐中的气体送入裂解气干燥器，液体经泵加压后送至液相干燥器。

(3) 干燥系统

在 S&W 公司的前脱丙烷前加氢流程中，压缩单元的干燥系统包括裂解气的干燥和冷凝烃类的干燥。裂解气的干燥分两次进行，裂解气第一干燥器和冷凝烃类干燥器设在碱洗塔与高压脱丙烷塔之间，裂解气第二干燥器设在前加氢反应器之后。干燥系统的流程示意图如图 2-9 所示。

来自碱洗塔塔顶闪蒸罐的裂解气，从顶部进入裂解气第一干燥器（也称气相干燥器），干燥器出口的裂解气作为高压脱丙烷塔的进料。气相干燥器设有备用台，定期切换再生。干燥器使用的干燥剂为 3A 分子筛，干燥器的干燥周期最少为 24h。当达到干燥周期的末端时，将干燥器切换至备用的干燥器，利用甲烷 - 氢气再生气进行干燥剂的再生。

来自前加氢反应器的气体所含有的水分在裂解气第二干燥器中除去。裂解气从干燥器顶部进入并与干燥剂接触，水被吸附在干燥剂床层上。裂解气第二干燥器的运行周期最少为 2 周。干燥器的再生是利用甲烷 - 氢从下向上通过床层而进行的。

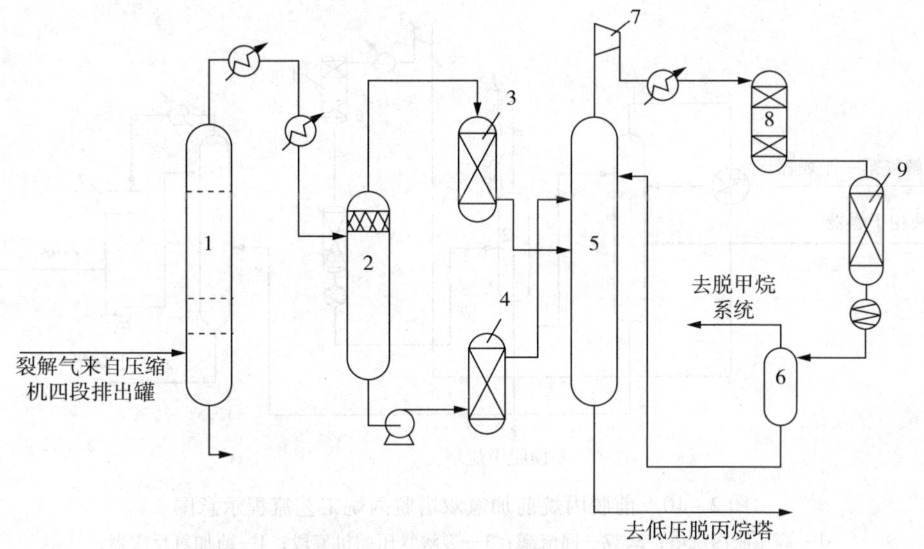

图2－9　S&W工艺压缩单元干燥系统流程示意图

1—碱洗塔；2—碱洗塔塔顶闪蒸罐；3—裂解气第一干燥器；4—液相干燥器；5—高压脱丙烷塔；
6—高压脱丙烷塔回流罐；7—裂解气压缩机五段；8—前加氢反应器；9—裂解气第二干燥器

从碱洗塔塔顶闪蒸罐来的烃类凝液，经过液相干燥器进料泵加压后先进入液相干燥器的进料聚集器，除去烃类凝液中残余的游离水后再进入液相干燥器。在液相干燥器中烃类凝液由下而上通过干燥剂，干燥器出口的液体作为高压脱丙烷塔的进料。液相干燥器的干燥周期为48h，当一台干燥器在线使用时，另一台处于再生或备用状态。在干燥床层的顶部安装水分分析仪，以连续监测干燥器的操作直至干燥周期的末端。当干燥器运行至干燥周期的末端时，通过切换电磁阀将其切换进行再生，烃类凝液切至备用的干燥器。

(4)脱丙烷塔系统

在前脱丙烷五段压缩工艺流程中，一般均采用双塔脱丙烷流程，如图2－10所示。裂解气压缩机四段出口裂解气经脱除酸性气体后，再进一步干燥脱水。从裂解气干燥器来的裂解气通过高压脱丙烷塔进/出料换热器冷却后进入高压脱丙烷塔，塔顶所得碳三和碳三以下馏分送入裂解气压缩机五段压缩。裂解气压缩机的第五段与高压脱丙烷塔组成一个开式热泵，高压脱丙烷塔的塔顶气体经过高压脱丙烷进/出料换热器加热后再经过压缩机五段压缩，五段压缩出口气体经冷却后进入前加氢反应器脱炔，再经裂解气第二干燥器干燥脱水，干燥后的气体经丙烯冷剂冷却而部分冷凝后进入高压脱丙烷塔的回流罐。回流罐的气相送至分离单元的脱甲烷系统；冷凝液一部分作为高压脱丙烷塔的回流，另一部分则进入预脱甲烷塔。

为避免高压脱丙烷塔塔釜温度过高而产生聚合物的堵塞问题，需将其塔釜温度控制在80℃以下，由于塔压较高，塔釜液中含有相当量的碳三馏分。含有碳三和碳三以上重组分的釜液送至低压脱丙烷塔，低压脱丙烷塔的塔顶气体经丙烯冷剂冷凝为液相后进入低压脱丙烷塔回流罐，回流罐中的部分液体作为回流返回低压脱丙烷塔，其余的在液位控制下去碳三加氢系统。低压脱丙烷塔塔釜液为碳四和碳四以上重组分，送至分离单元的脱丁烷塔。

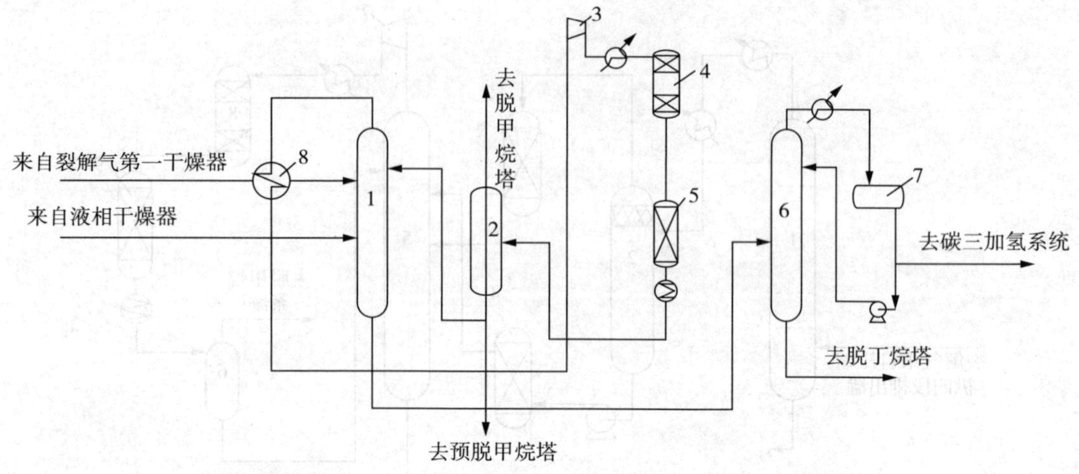

图 2－10　前脱丙烷前加氢双塔脱丙烷工艺流程示意图

1—高压脱丙烷塔；2、7—回流罐；3—裂解气压缩机五段；4—前加氢反应器；5—裂解气第二干燥器；6—低压脱丙烷塔；8—高压脱丙烷塔进出料换热器

(5)前加氢反应系统

在前脱丙烷前加氢工艺流程中，前加氢反应器位于高压脱丙烷塔和裂解气压缩机五段出口的下游，该系统的主要作用是将乙炔加氢生成乙烯，同时，通过加氢除去部分丙炔和丙二烯。S&W 公司前脱丙烷前加氢反应系统的工艺流程如图 2－11 所示。

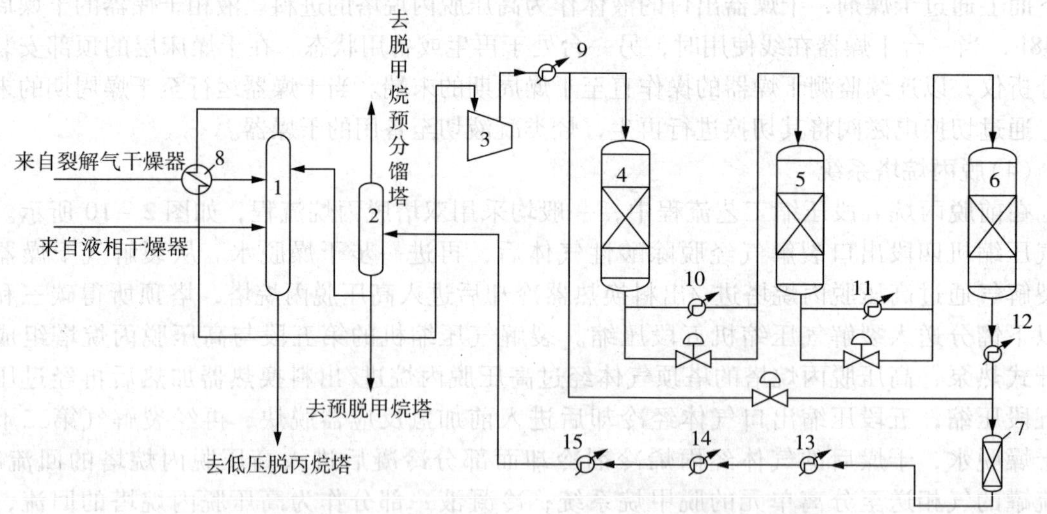

图 2－11　S&W 公司前加氢反应系统工艺流程示意图

1—高压脱丙烷塔；2—回流罐；3—裂解气压缩机第五段；4～6—加氢反应器；7—裂解气第二干燥器；8—进出料换热器；9—进料加热/冷却器；10—第一段间冷却器；11—第二段间冷却器；12—加氢后冷却器；13—产品乙烯加热器；14—回流冷凝器；15—冷凝器

来自高压脱丙烷塔塔顶的气体进入裂解气压缩机五段压缩后，在前加氢反应器进料冷却器中用冷却水冷却。经过脱砷床的裂解气经反应器进料加热器加热后进入第一反应器。加氢反应为放热反应，第一反应器生成的反应热由一段中间冷却器的冷却水带走后，进入第二反应器。第二反应器的出口气体经二段中间冷却器用冷却水冷却后进入第三反应器，第三反应器的出口气体在加氢后冷器中由冷却水冷却后，进入裂解气第二干燥器，脱除裂解气中可能

存在的水分。

所有反应器的入口温度维持在大约相同的温度。在开始运行阶段，催化剂的活性较强，所需入口温度不是很高，从压缩机来的裂解气几乎全部走进料加热器旁通进入反应器而无需加热。在催化剂使用时间较长以后，由于催化剂的活性下降所需的入口温度相对较高，一般为 80～90℃。在运行末期，从压缩机来的气体必须在进料加热器中用低压蒸汽加热后才能进入第一反应器，以保证足够高的入口温度。为保证有效的转化率，第二和第三反应器需要进行温度控制以调节入口温度，可通过控制两个中间冷却器的旁通来实现温度控制。当温度超出高温设定范围时，前加氢反应器停车直至达到安全条件。

因为反应器的进料中含有过量的氢气，故不需要再补入氢气。由于氢气的分压较高，正常的操作温度比较低，形成的绿油很少，而且聚合物的大部分在高压脱丙烷回流罐中被送回高压脱丙烷塔。

加氢反应的主反应是乙炔加氢生成乙烯、丙炔和丙二烯加氢生成丙烯；副反应是乙烯、丙烯加氢生成乙烷、丙烷。因此，必须在低的床层温度下操作，以保证较高的乙炔转化率，减少乙烯损失。

在前脱丙烷前加氢流程中，分离系统的工艺流程与顺序分离的流程相同或相似，差别较大的部分主要在分离冷区的冷箱/脱甲烷塔系统和乙烯精馏塔/热泵系统，本节将对这两个系统作简要介绍，其他系统的流程可参见顺序分离流程中的相应单元，在此不再赘述。S&W公司前脱丙烷前加氢工艺分离冷区的流程示意图如图 2－12 所示。

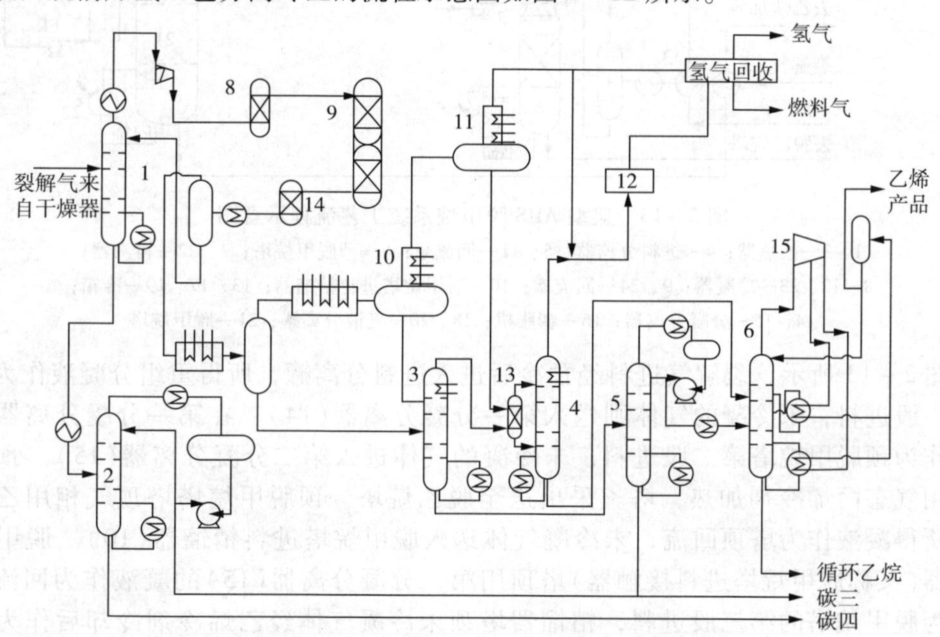

图 2－12　S&W 工艺分离冷区流程示意图

1—高压脱丙烷塔；2—低压脱丙烷塔；3—预脱甲烷塔；4—脱甲烷塔；5—脱乙烷塔；
6—乙烯精馏塔；7—裂解气压缩机五段；8—脱砷反应器；9—前加氢反应器；10—No. 1 分凝分离器；
11—No. 2 分凝分离器；12—膨胀机；13—进料接触器；14—干燥器；15—乙烯制冷机

(6)冷箱/脱甲烷塔系统

S&W 公司在 20 世纪 80 年代中期以前均采用带涡轮膨胀机的前脱氢高压脱甲烷工艺流程，该流程与简单前脱氢高压脱甲烷工艺流程相似，采用裂解气逐级冷凝分离的方法脱除裂解气中的氢和部分甲烷，使得脱甲烷塔进料中甲烷量减少，H_2/CH_4之比很低。为进一步达到节能的目的，S&W 公司对前述流程进行了改进，采用带预脱甲烷并设膨胀机的高压脱甲烷流程。该流程在裂解气被部分冷凝以后，除掉了全部残存的干燥剂颗粒才进入冷箱；同时，合理选用换热器的结构，有效地防止了冷箱的结垢问题。此外，带预脱甲烷并设膨胀机的高压脱甲烷流程还具有以下特点：①设计中采用有塔顶精馏器的脱甲烷塔，保证了乙烯在燃料气中的损失可以忽略不计；②由于增设了预分馏塔，减少了脱甲烷塔的负荷，并采用了更有效的脱乙烷塔操作，节能效果显著。从 1985 年开始，S&W 公司设计的冷箱/脱甲烷塔系统采用分凝分离器，形成先进回收系统（Advanced Recovery System）的工艺流程，简称为 ARS 工艺技术。其流程示意图如图 2－13 所示。

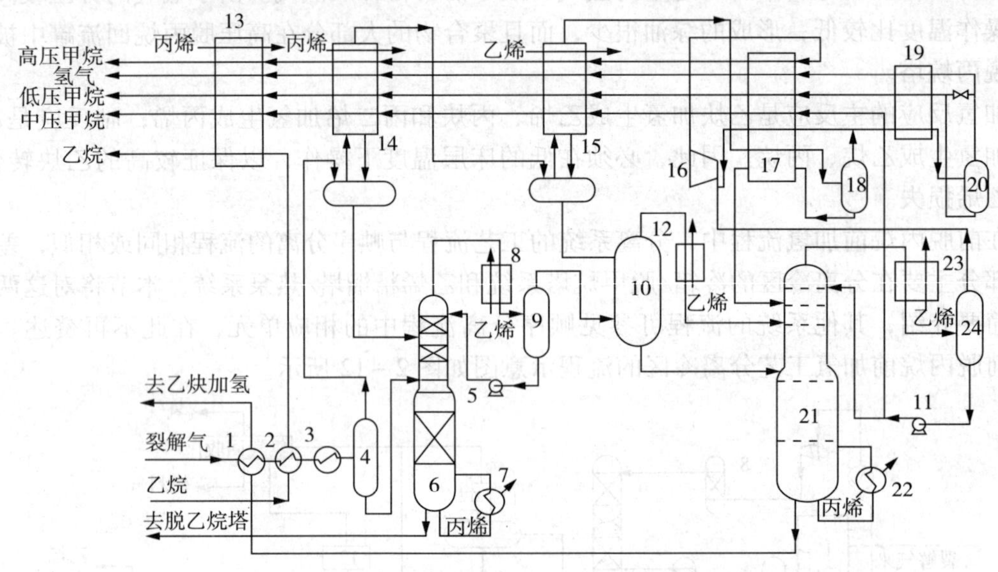

图 2－13　典型 ARS 脱甲烷系统工艺流程示意图

1～3—换热器；4—进料分离器；5、11—回流泵；6—预脱甲烷塔；7、22—再沸器；8、12、23—冷凝器；9、24—回流罐；10—脱甲烷塔进料精馏器；13、17、19—冷箱；14、15—分凝分离器；16—膨胀机；18、20—气液分离罐；21—脱甲烷塔

如图 2－13 所示，裂解气进料经预冷后进入进料分离罐，所得重组分凝液作为预脱甲烷塔第一股进料，未冷凝的气体则送入第一分凝分离器（14）。在第一分凝分离器中分离的凝液作为预脱甲烷塔第二股进料，未冷凝的气体进入第二分凝分离器（15）。预脱甲烷塔塔釜用气态丙烯冷剂加热，塔釜采出送至脱乙烷塔。预脱甲烷塔塔顶气相用乙烯冷剂冷凝，所得凝液作为塔顶回流，未冷凝气体送入脱甲烷塔进料精馏器（10）。脱甲烷塔进料精馏器（又称脱甲烷塔进料接触器）塔顶用第二分凝分离器（15）的凝液作为回流，塔釜液体作为脱甲烷塔的第三股进料，精馏器塔顶未冷凝气体经乙烯冷剂冷却后作为脱甲烷塔的第二股进料。

第二分凝分离器未冷凝气体经冷箱（17）冷却后送入气液分离罐（18），所得凝液经冷箱回热后作为脱甲烷塔的第一股进料，未冷凝气体部分经冷箱（19）冷却后进入气液分离罐（20），经气液分离后，气相为富氢气体，液相经减压节流回收冷量后作为低压甲烷产品送出。脱甲烷塔塔顶气相经部分冷凝后送入回流罐（24），回流罐中的液体部分作为回流，部分经减压回收冷量后作为中压甲烷产品送出。回流罐中的未冷凝气体经涡轮膨胀机等熵膨胀，并回收冷量后作为高压甲烷产品送出。脱甲烷塔塔釜液直接送至前加氢脱炔系统，由此可使脱乙烷塔负荷降低，达到增产和节能的目的。

此流程与20世纪80年代中期S&W公司采用的带预脱甲烷并设膨胀机的高压脱甲烷流程的不同之处是采用了ARS技术，它的主要特点如下：

①在脱甲烷塔的激冷系统采用分凝分离器，分凝分离器在传热的同时还起到传质作用，使裂解气在进入脱甲烷塔之前分离出氢气和大部分甲烷。

②分离出一股不含碳三的碳二馏分，不经脱乙烷塔直接经脱炔系统后去乙烯精馏塔，不仅降低了脱乙烷塔的负荷，而且也降低了丙烯制冷机的负荷。

③由于在前加氢脱炔系统中已除去部分MAPD，因此大大降低了碳三加氢的负荷。

④由于采用了分凝分离器，在脱甲烷塔前预分离了氢气和大量的甲烷，可减小尾气中的乙烯损失。

⑤此流程带有尾气膨胀机，可进一步降低尾气温度，回收更多的冷量。

⑥采用该先进分离流程，不仅降低了丙烯制冷机的负荷，而且降低了乙烯制冷机的负荷。

分凝分离器的技术特点是传质和传热相结合，以自身冷凝的液体在翅片上形成膜状向下流动，与上升气流逆向接触进行传质和传热过程。分凝分离器技术应用于相对挥发度相差大的气体分离，效果更好。由于其翅片面积很大，使气液达到了充分接触，从而大大增加了气液分离效率。

(7) 乙烯精馏塔/热泵系统

在S&W公司设计的前脱丙烷、ARS深冷分离流程中，乙烯精馏塔与乙烯制冷压缩系统形成开式热泵。在开式热泵乙烯制冷系统中，乙烯制冷剂与乙烯产品共存于一个循环系统。采用开式热泵乙烯制冷系统时，乙烯精馏塔均为低压操作。当乙烯压缩机为四段压缩时，常将乙烯精馏塔设置在三段入口；当乙烯压缩机为三段压缩时，大多将乙烯精馏塔设置在二段入口或出口。图2-14为采用三段压缩的开式热泵乙烯制冷系统。

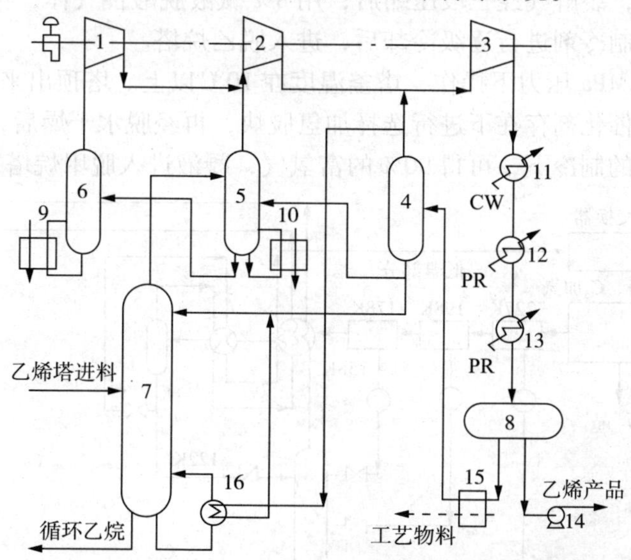

图2-14　乙烯精馏塔与乙烯制冷机构成的开式热泵系统流程图

1~3—乙烯压缩机一段、二段、三段；4—第一分离罐；5—第二分离罐；6—第三分离罐；7—乙烯精馏塔；8—乙烯储罐；9、10—乙烯冷冻用户；11—水冷却器；12—丙烯冷却器；13—冷凝器；14—乙烯产品泵；15—过冷器；16—再沸器

如图所示，乙烯压缩机三段出口的乙烯制冷剂分别经水冷却器和丙烯冷却器冷却后，再经冷凝器中的丙烯冷剂冷凝，冷凝的液态乙烯送入乙烯储罐。乙烯储罐中的部分乙烯作为产品输出，部分乙烯作为制冷剂循环使用。乙烯冷剂经过冷器过冷后送入第一分离罐，分离罐中闪蒸的气相乙烯返回乙烯压缩机三段入口，液相乙烯冷剂一部分送至乙烯精馏塔作为回流，其余部分则送至第二分离罐。用乙烯压缩机二段出口的气相乙烯加热乙烯精馏塔再沸器，气相乙烯在此冷凝后送至塔顶作为回流，由此构成开式热泵系统。

乙烯精馏塔塔顶气体送至第二分离罐，在此，与减压闪蒸和冷量用户蒸发的气相乙烯一起返回乙烯压缩机二段入口。第二分离罐中的液态乙烯除供给该温度级的冷量用户外，均减压节流至第三分离罐。第三分离罐的液态乙烯作为该温度级冷量用户的冷剂，汽化的气态乙烯则返回乙烯压缩机一段入口。

在乙烯装置中，乙烯精馏塔塔顶冷凝器是丙烯制冷系统的最大用户，其用量约占丙烯制冷总功率的60% ~70%，采用乙烯热泵流程不仅可节约大量的冷量，而且可省去低温下操作的换热器、回流罐和回流泵等设备。因此，在前脱丙烷和前脱乙烷流程中，乙烯热泵的应用较为广泛。

2.2.5 前脱乙烷前加氢流程

前脱乙烷流程炉区和急冷区流程与顺序流程基本相同。前脱乙烷流程系裂解气经五段压缩后，先把比 C_3轻的馏分和比 C_3重的馏分分开，然后分别进行分离得甲烷、氢气、乙烯、丙烯等产品。脱炔一般采用前加氢，此法适用于含有较大量 C_3^+ 的气体。采用此流程的代表性技术是林德法。它按脱甲烷塔操作压力的不同分为高压法（操作压力 3.35MPa）和低压法（操作压力 1.18MPa）两种。

（1）低压法

如图 2－15 所示，裂解气经三段压缩后，用 8% 碱液脱酸性气体，再进入压缩机四、五段，干燥后，用丙烯制冷剂进行逐级冷却后，进入脱乙烷塔。

脱乙烷塔在 3.17MPa 压力下操作，塔釜温度在 10℃以上。塔顶出来的 C_2^- 馏分送入管式加氢反应器，在钯系催化剂存在下进行选择加氢脱炔，再经脱水干燥后，进入冷箱系统。在乙烯冷剂和节流膨胀的制冷下，可得 90% 的富氢气，凝液进入脱甲烷塔。

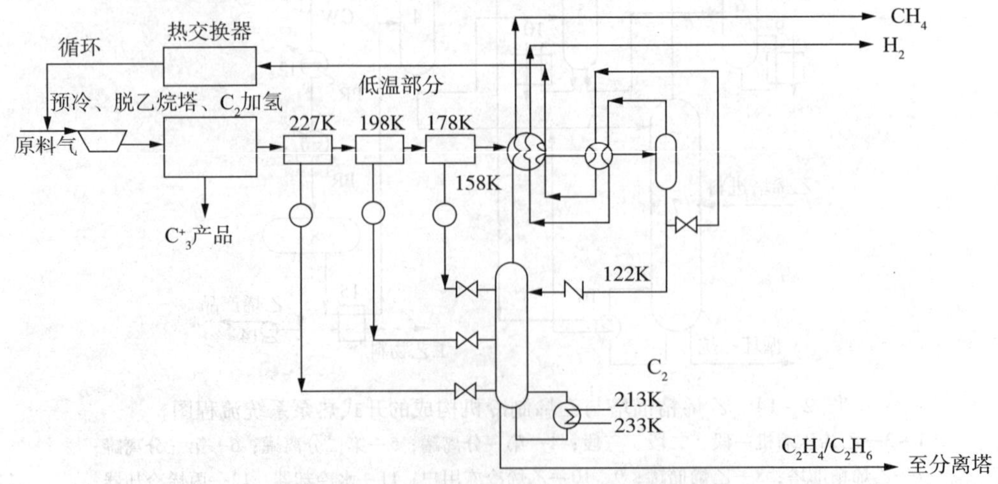

图 2－15　林德公司低压脱甲烷低温分离流程

脱甲烷塔的操作压力为1.18MPa，由于操作压力较低，故需要增加甲烷制冷压缩机或者蒸发富甲烷冷凝物(此冷凝物然后必须循环至压缩机)，以补偿低压脱甲烷塔顶约-120℃的温度要求。

脱丙烷塔顶分出C_3馏分，并进入C_3管式加氢反应器除去丙二烯和丙炔。加氢后的气体用C_3烃洗涤绿油，干燥后送入丙烯塔。

丙烯塔分上下两塔，上塔操作压力为1.17MPa，下塔操作压力为2.45MPa，比采用一个塔(塔压为1.77MPa)精馏丙烯，可节省一半的冷量。

(2)高压法

林德公司提出了高压脱甲烷和增设C_2提浓塔的工艺流程(如图2-16)，高压脱甲烷塔的操作压力较高，约3.3MPa。从各种制冷步骤分出的冷凝物与提浓塔底产物一起送至脱甲烷塔，部分回流用做气相提浓塔的冷却介质。冷甲烷产物的冷量尽可能在脱甲烷塔顶加以回收，这样乙烯损失相当低。

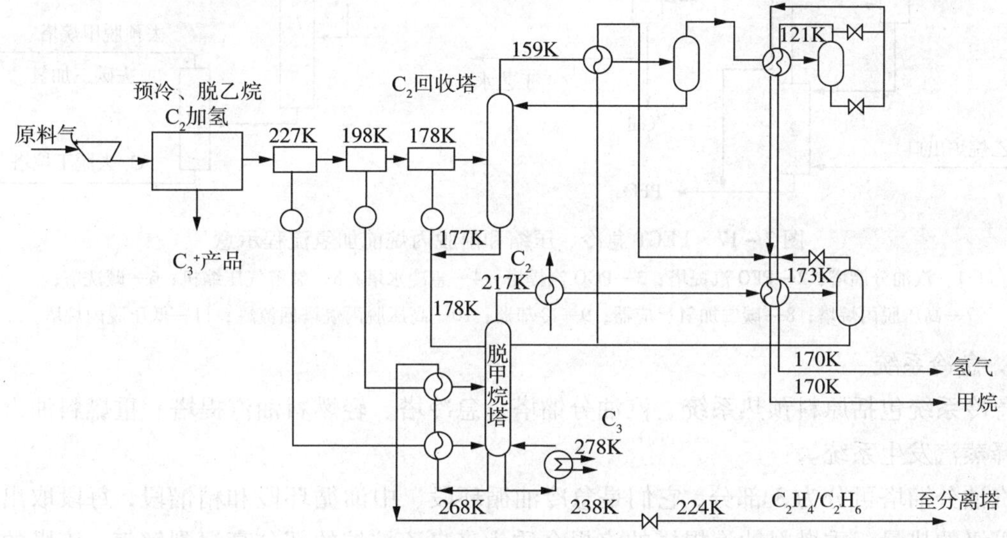

图2-16 林德公司高压脱甲烷低温分离流程

高压法与低压法的比较如表2-7所示，三机总功率消耗减少7%，投资节省5.5%。近年来，鲁姆斯公司通过改进、推断和计算，认为高压法节能约2600kW(300kt/a装置)。

表2-7 乙烯装置脱甲烷工艺比较

项目	低压法(压缩段间间接冷却)	高压法(压缩段间用直接水洗冷却)
氢产品/(Nm^2/h)	32100	26900
甲烷产品/(Nm^2/h)	47900	52500
甲烷产物中乙烯损失/(Nm^2/h)	670	350
脱甲烷塔压力/MPa	1.2	3.35
裂解气压缩机/kW	42000	35000
乙烯压缩机/kW	17000	17000
丙烯压缩机/kW	9200	11000
三机总输入/kW	68000	63000

2.2.6 低能耗乙烯分离技术流程

由中国石化开发的低能耗乙烯分离技术(LECT, Low Energy Consumption Technology)采用前脱丙烷技术方案，在急冷系统、冷分离和热分离系统充分考虑了能量的合理利用，利用先进的分配分离原理开发的冷箱及脱甲烷系统可使三机总功率较国外技术降低3% ~5%，同时通过对流程的优化降低了装置的投资。其流程如图2－17所示。

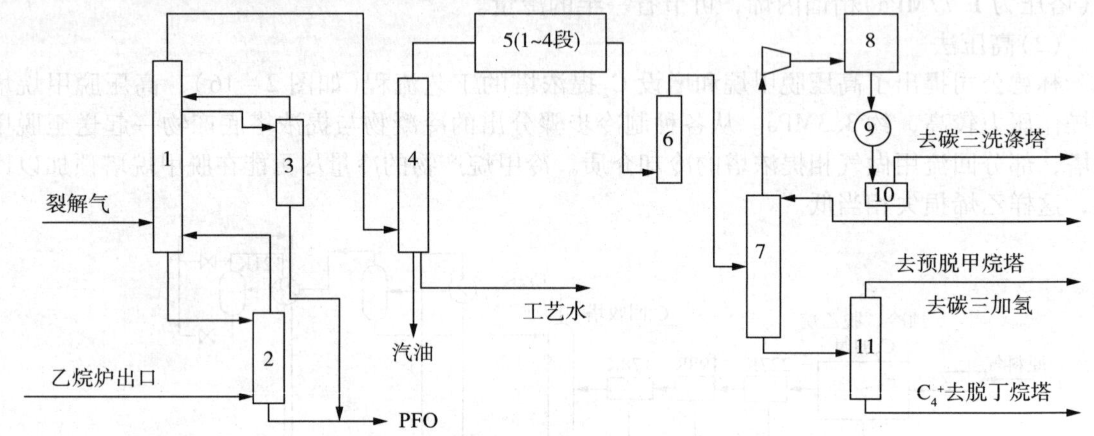

图2－17　LECT急冷、压缩和前脱丙烷前加氢流程示意

1—汽油分馏塔；2—PFO汽提塔；3—PGO汽提塔；4—急冷水塔；5—裂解气压缩机；6—碱洗塔；7—高压脱丙烷塔；8—碳二加氢反应器；9—冷却器；10—高压脱丙烷塔回流罐；11—低压脱丙烷塔

1. 急冷系统

急冷系统包括原料预热系统、汽油分馏塔、急冷塔、轻燃料油汽提塔、重燃料油汽提塔和稀释蒸汽发生系统。

汽油分馏塔可分为3部分，它们是急冷油循环段、中油循环段和精馏段，每段取出不同温度等级的热量。重燃料油汽提塔的汽提介质为来自乙烷炉的部分高温裂解气，该塔的操作温度较高(>250℃)，目的是有效脱除急冷油中的重组分，降低急冷油的黏度，提高汽油分馏塔釜的温度(通常可提高15~20℃)，进而降低急冷油循环泵的负荷。本系统的其他部分与常规流程类似。

急冷系统的特点：①汽油分馏塔设置盘油循环取热，使塔内的温度分布更合理，同时也可为下游的脱丙烷塔提供再沸器热源。以往的设计仅采用底部的急冷油取热和顶部的回流汽油取热，效果不佳，塔顶部和底部温度常常偏离设计值，成为装置长周期运转的瓶颈。其原因是进入该塔的物料组成非常复杂，相对分子质量分布范围从2~300以上，不同相对分子质量的重组分在塔内从底部往上陆续放热，采用适当的介质及时取热才能确保塔内温度分布合理，实现长周期运行。增加盘油取热后可以更有效地取出裂解气的热量，塔釜温度可提高5~10℃，顶部回流汽油量可减少20%以上。②使用重燃料油汽提塔作为减黏塔，用高温乙烷炉裂解气对急冷油进行汽提，使黏度较低的中间组分返回急冷系统循环，重质组分裂解燃料油作为产品采出，从而达到控制急冷油黏度、提高汽油分馏塔釜温度的目的。通过研究蒸汽汽提法、真空闪蒸法、液体炉裂解气汽提法和乙烷炉裂解气汽提法等4种降低急冷油黏度的方法，发现蒸汽汽提法效果较差；真空闪蒸法虽效果不错，但其对真空度的要求不适用于大型乙烯装置；液体炉裂解气汽提法由于汽提介质本身组成复杂，效果一般，且容易发生堵塞。因此最后确定采用高温乙烷炉裂解气汽提法以控制急冷油黏度。

2. 压缩及前脱丙烷前加氢系统

裂解气经过五段压缩，将压力提高到3.850MPa，以满足深冷系统的要求。压缩机的四段出口设置碱洗塔以脱除酸性介质 CO_2 和 H_2S，然后经干燥器进入脱丙烷系统。采用五段压缩的原因是，前四段压缩比较小，每段出口温度不超过90℃，降低了压缩机内的结焦趋势。高压脱丙烷塔将全部的碳二和部分碳三分离到塔顶，塔釜不含碳一的物料进入低压脱丙烷塔。高压脱丙烷塔与裂解气压缩机五段形成开式热泵系统，碳二加氢反应器位于压缩机五段下游的热泵回路内，这样可保证反应器的空速不会过低，反应器内采用北京化工研究院开发的催化剂。加氢后的物料冷却后进入高压脱丙烷塔回流罐，回流罐闪蒸的气相进入下游的冷分离系统，液相一部分作为高压脱丙烷塔的回流，另一部分也进入冷分离系统。低压脱丙烷塔的塔顶碳三进入碳三加氢系统。

压缩及前脱丙烷前加氢系统的主要技术特点：①裂解气压缩机采用五段，压缩比低，减缓了裂解气在压缩机内的结焦；裂解气压缩机前四段采用注水冷却技术降低压缩机内部裂解气温度，从根本上抑制压缩机内的结焦趋势，并结合压缩机注油技术可延长压缩机连续运行的周期。②采用双塔双压前脱丙烷系统减缓了塔釜再沸器的结焦；通过将低压脱丙烷塔塔顶碳三馏分返回高压脱丙烷塔的措施，在碳二前加氢系统中不仅脱除了全部的乙炔，同时也脱除了50%以上的甲基乙炔和丙二烯（MAPD），降低了碳三加氢系统的负荷；在LECT技术中，碳二加氢反应器采用三段串联的绝热固定床反应器，比国外专利商采用的等温反应器投资低约20%。③在碳二加氢系统中采用中国石化北京化工研究院开发的碳二加氢技术，该技术具有投资少、选择性高等优点；同时，装置开车期间不需要深冷系统分离出的氢气，也不需要从界外引氢气，开车方便。

3. 冷分离系统

冷分离系统是LECT技术的核心，包括冷箱、碳一分离和碳二分离。它利用分配分离的原理对来自脱丙烷系统的裂解气进行处理，改进了流程，如图2-18所示。来自高压脱丙烷塔回流罐的气相（-21~-17℃）经过进一步冷却（-37~-35℃）后进入组分分配单元，该分配单元将进料中的全部碳三、大部分碳二（通常≥55%）和部分碳一（通常≥10%）洗涤到底部，使离开顶部的气相仅含有碳二、甲烷、氢气和少量CO，以使下游负荷降低。这部分气相经冷箱和乙烯冷剂（通常≤-76℃）冷却后，进入脱甲烷塔进料罐No.1闪蒸。闪蒸后的液相进入脱甲烷塔，气相经冷箱和-101℃乙烯冷剂冷却后进入脱甲烷塔进料罐No.2闪蒸。闪蒸后的液相同样进入脱甲烷塔，气相经冷箱冷却后进入碳二洗涤塔下部。该塔将进料中的全部碳二洗涤到塔釜，并送到脱甲烷塔上部，塔顶的气相进入下游的氢气分离系统。前述组分分配单元的釜液和高压脱丙烷塔回流罐的液相进入预脱甲烷塔的不同部位。组分分配单元可采用满足分配要求的任何设备，如蒸馏塔、洗涤塔、分凝分离器和分凝分馏塔等。

预脱甲烷塔分出不含碳三的塔顶气和不含碳一的塔釜液，分别进入脱甲烷塔和脱乙烷塔。脱甲烷塔将碳一和碳二分离，塔顶甲烷经冷箱回收冷量后作为裂解炉燃料，塔釜碳二进入乙烯塔上部。脱乙烷塔将碳二和碳三分离，塔顶碳二进入乙烯塔下部，塔釜碳三与低压脱丙烷塔顶碳三一同进入碳三加氢系统。由于脱乙烷塔的进料只来自预脱甲烷塔釜，所以其处理量只是全部碳二的20%~45%，比常规脱乙烷塔的负荷小。

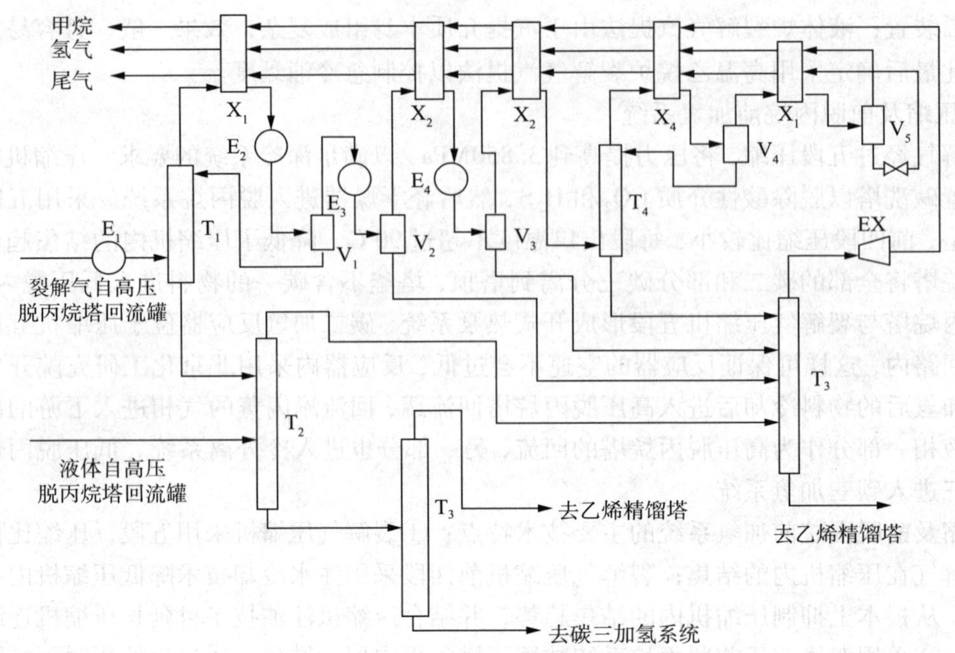

图 2－18　冷分离系统流程示意

E_1—进料急冷器；E_2—1[#]急冷器；E_3—2[#]急冷器；E_4—3[#]急冷器；T_1—组分分配单元；T_2—预脱甲烷塔；T_3—脱乙烷塔；T_4—碳二洗涤塔；T_5—脱甲烷塔；V_1—组分分配单元回流罐；V_2—1[#]脱甲烷塔进料罐；V_3—2[#]脱甲烷塔分离罐；V_4—碳二洗涤塔回流罐；V_5—氢气罐；X_1～X_5—冷箱；EX—膨胀机

本流程采用的碳三洗涤塔和碳二洗涤塔可采用普通的板式塔或填料塔，由于达到分离要求所需要的理论板数很少，且不需要再沸器，所以，塔高度不会超过25m，相应的投资不多。乙烯塔采用低压塔，并和乙烯机组成开式热泵系统，有效地降低了－40℃丙烯冷剂的负荷。另外，由于乙烯塔的进料分别来自脱甲烷塔和脱乙烷塔，比常规的单股进料节能。

4. 热分离系统

热分离系统包括碳三加氢、丙烯塔和脱丁烷塔。碳三加氢采用一段加氢技术和滴流床反应器，并采用中国石化北京化工研究院开发的催化剂，具有投资少、选择性高、再生周期长的特点。丙烯塔和脱丁烷塔与现有技术的流程相同。

5. 制冷系统

制冷系统采用乙烯和丙烯复迭制冷流程，其中丙烯冷剂设 4 个温度级位，分别为25℃、－1℃、－21℃、－40℃。由于脱甲烷塔塔釜液相可为碳三洗涤塔和预脱甲烷塔提供冷量，所以乙烯冷剂设 3 个温度级位，分别为－62. 5℃、－82℃、－101℃，并和乙烯塔组成开式热泵系统。

2. 2. 7　其他分离流程

在乙烯装置的分离流程中，除上述介绍的顺序分离流程和前脱丙烷前加氢流程外，还有渐进分离流程和油吸收分离流程，下面简单介绍一下这两种分离流程。

(1)渐进分离流程

德西尼布(Technip)集团公司开发的渐进分离流程(称为 Slip flow)，是建立在严格的热力学原理基础上的一种具有自身特点的分离流程。渐进分离前脱甲烷流程示意图说明了其分离原理，见图 2－19。

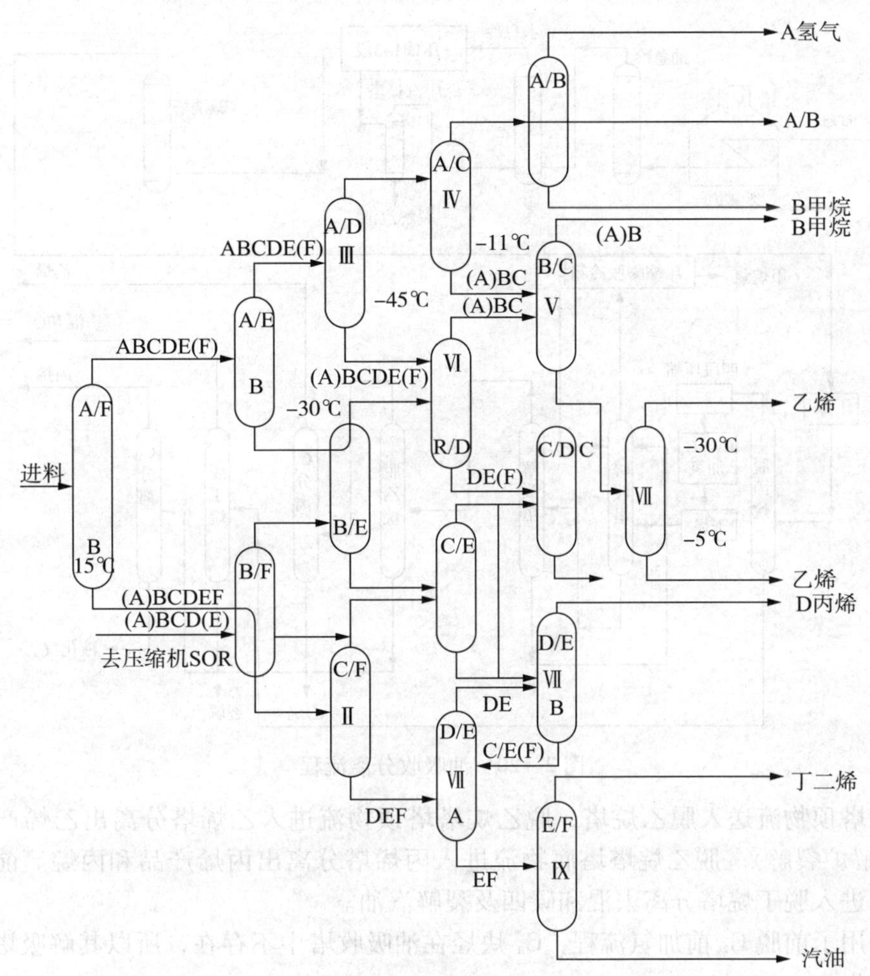

图 2－19　渐进分离流程

A—氢气；B—甲烷；C—C_2 馏分；D—C_3 馏分；E—C_4 馏分；F—汽油

(2)油吸收分离流程

布朗路特公司提出的新的溶剂吸收和分离脱甲烷工艺，是对原有的油吸收进行改进，与前加氢和前脱丙烷结合起来，除去 C_4 及 C_4 以上馏分之后，再进行油吸收脱甲烷的流程，并且结合现代的低温分离的优点，这样将对乙烯分离工艺作出较大的改进，无论对新建乙烯装置和老装置的改扩建都有深远的意义。其流程简图如图 2－20 所示。

油吸收分离流程与布朗路特公司的前脱丙烷流程的主要区别，在于前者脱甲烷采用油吸收工艺。

油吸收脱甲烷系统主要由吸收塔、再生塔和乙烯回收系统组成。来自前脱丙烷和前加氢系统的部分裂解气经冷却后进入吸收塔。在该塔中用溶剂将 C_2 及更重的组分吸收下来，自塔底送入解吸塔中。在解吸塔内用塔釜的再沸器加热使溶解的 C_2 及更重组分与溶剂分离，解吸出来的 C_2 及更重组分由解吸塔顶进入脱乙烷系统。塔底的溶剂经冷却后返回吸收塔重复使用，由吸收塔顶出来的甲烷尾气进入乙烯回收系统。乙烯回收系统设有一小冷箱和甲烷膨胀压缩机，用来回收尾气中的乙烯，甲烷尾气送入燃料系统，回收乙烯的物料返回到裂解气压缩机。

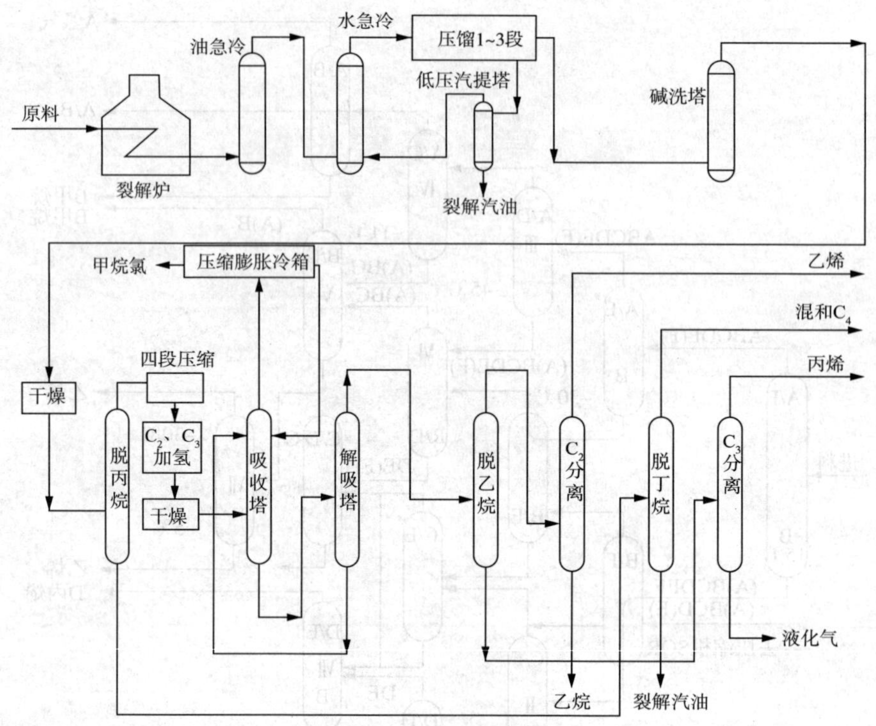

图 2－20　油吸收分离流程

解吸塔塔顶物流送入脱乙烷塔，脱乙烷塔塔顶物流进入乙烯塔分离出乙烯产品和乙烷（返回到裂解炉裂解）。脱乙烷塔塔底物流进入丙烯塔分离出丙烯产品和丙烷。前脱丙烷塔塔底物流则进入脱丁烷塔分离去混和碳四及裂解汽油。

由于采用了前脱 C_3 前加氢流程，C_4 炔烃在油吸收塔中不存在，所以其解吸塔的结焦问题也不会产生。

第3章 主要设备

3.1 裂解炉

裂解区是乙烯装置主要组成部分之一，其能耗占整套装置能耗的70% ~85%，其具体数值根据裂解原料、裂解炉的先进性及工艺流程等因素决定。裂解炉是裂解区的核心设备，目前工业生产使用的裂解炉均为管式裂解炉。

管式裂解炉按外型分，有方箱式炉、立式炉、门式炉、梯台式炉等。按炉管布置方式分，有横管式和竖管式。按燃烧方式分，有直焰式、无焰辐射式和附墙火焰式。按烧嘴位置分，有底部燃烧、侧壁燃烧、顶部燃烧和底部侧壁联合燃烧等，图3-1是管式裂解炉的结构示意图。

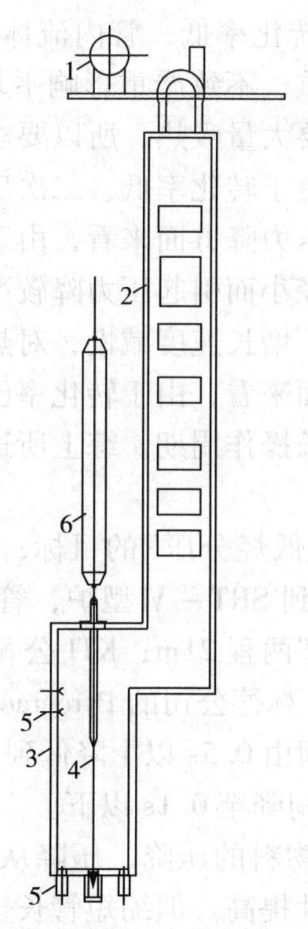

图3-1 裂解炉示意图

1—高压汽包；2—对流段；3—辐射段；4—辐射炉管；5—燃烧器；6—急冷锅炉

管式炉虽有不同的类型，但从结构上看，都是由炉管、管架、燃烧器、炉墙和炉架等组成，主要由对流段和辐射段两部分组成。裂解原料和水蒸气混合后进入对流段炉管内被加热升温到横跨温度后，进入辐射段炉管发生高温裂解反应。生成的裂解气从炉管出来马上进急冷换热器。燃料在烧嘴燃烧后生成高温燃烧气，先经辐射室，然后进入对流室，烟道气从烟囱排空。

烃类原料经高温裂解，可生成乙烯、丙烯、丁烯、丁二烯、炔烃和芳烃等组分。这些组分在裂解温度下，其化学热力学状态是很不稳定的。在高温区停留时间稍长，就要发生二次反应，使烯烃的收率降低，重质焦油量增加。因此，为了提高裂解反应目的产物的收率，并有利于裂解操作的正常进行，需要采取有效的工艺措施。生成的裂解气要迅速冷却，以防止二次反应的发生，并回收裂解气的热量，使裂解气在常温下进入裂解气压缩机，这个操作过程称为“急冷”。

3.1.1 辐射段

裂解原料乙烷、丙烷直到常压柴油和减压柴油，在裂解炉中被加热到高温时，会发生碳链断裂化学反应，产生低相对分子质量烯烃。但是，这个热裂解过程是个十分复杂的多种反应的组合，除去生成所希望的烯烃(如乙烯、丙烯、丁二烯)以外，同时还会发生脱氢、异构化、环化、叠合和缩合等二次反应，因此，裂解反应产物是个组分众多的混合物。

如何控制反应条件，使反应产物中所希望的烯烃为最多，国内外长期研究结果表明，烃类裂解在高温、短停留时间、低烃分压的条件下，对生产烯烃是有利的。因此，在考虑裂解炉的辐射管结构时，大多从管径、路数和管的长短等方面来满足裂解反应的需要。在反应的初期，从压力降方面看，由于反应转化率低，管内流体体积增大不多，以致线速度增大不多，由于管径小而引起压力降不严重，不致严重影响平均烃分压的增大；从热强度方面看，由于原料升温，转化率增长快，需要大量吸热，所以要求热强度大，管径小可使比表面积增大，可满足要求；从结焦趋势看，由于转化率低，二次反应还不能发生，不致结焦，可以允许管径小一些。在反应的后期，从压力降方面来看，由于此时转化率较高，管内流体体积增大较多，以致线速度增大较多，管径小而引起压力降较严重，故以采用较大管径为宜；从热强度方面来看，由于转化率已较高，增长速度减慢，对热强度要求不高，故管径大一些，对传热的影响不显著；从结焦趋势方面来看，由于转化率已较高，二次反应已在进行，结焦可能性较大，故要用较大管径，以延长操作周期。综上所述，反应初期时宜采用较小管径，反应后期时宜采用较大管径。

为了实现“高温、短停留时间、低烃分压”的目标，几乎所有构型的新炉管均采用了缩短管长的办法，如 SRT－Ⅰ型发展到 SRT－Ⅵ型炉，管长由八程 73m 缩至两程 25m 左右；USC 型炉由 W 型四程 45m 改为 U 型两程 21m；KTI 公司 GK 型炉则由 GK－Ⅲ型四程 40 多米缩短至 GK－Ⅴ型两程 25m 左右；林德公司的 Pyroeraek 型炉则由 4－2 型六程 70m 左右缩短至 1－1 型两程 20 多 m，停留时间由 0.5s 以上降低到 0.15～0.25s。而毫秒炉采用单程炉管，管长缩短为 12m 左右，停留时间降至 0.1s 以下。

缩短管长同时也降低了炉管中物料的压降，压降从原来的 0.15MPa 左右降到 0.04MPa 或更低，由于烃分压下降，使选择性提高。但缩短管长也带来了传热面不足的缺点，为解决这个问题一方面可增加比表面(缩小管径)；另一方也可寻求耐更高温的炉管材料，增加炉管表面的热强度。例如，炉管材料从 HK－40(耐温 1020℃)发展到 HP－40(耐温 1065℃)和 28Cr48Ni 钢(耐温 1200℃)。

经过改进，乙烯收率均有明显提高。20 世纪管式炉裂解技术的发展见表 3－1。

为了增大炉管的处理能力，又能合理地使管径和质量流速不超过允许范围，就要增加炉管的路数和组数。在相同质量流速下，辐射炉管越长，压降越大，因此烃分压增加，且停留时间也增加，这对裂解是不利的。斯通－韦伯斯特、鲁姆斯、凯洛格、KTI 等公司从裂解基本原理出发，研究辐射炉管的管径、路数和管的长度等，提出了不同结构的炉型。

立管式裂解炉的辐射盘管大多采用单排管，由此保证辐射盘管受热均匀。也有采用双排盘管的，由此可在较低投资前提下获得较大的单炉乙烯生产能力，综合单排盘管和双排盘管的优缺点，也有采用混排辐射盘管的。

单排布置的辐射盘管因受双面辐射，辐射传热效果最好，但在同样长度的辐射室中，所布置的炉管数最少；双排布置的辐射盘管因互相之间受到影响，其辐射传热效果最差，炉管表面管壁温度差较大，容易引起炉管变形，但可布置较多的炉管；而混排布置则介于上述两者之间。

表3-1　管式炉裂解技术的发展

年代	20世纪60年代	20世纪70年代	20世纪80和90年代
特点	中等深度	高深度，高选择性	高深度，高选择性，大生产能力
裂解温度/℃	760~780	800~860	800~920
停留时间/s	0.8~1.2	0.25~0.60	0.03~0.25
乙烯生产能力/(kt/a)	10~15	25~35	40~120
乙烯收率(石脑油单程收率)/t%	18~24	23~30	24~34
辐射段炉管平均热强度/[MJ/(m^2·h)]	167.5	210~293	293~356
炉管金属允许温度/℃	950	1000~1050	1050~1150
炉管形状	卧式	立式	立式
炉管构型	等径管	等径管，变径管	等径管，变径管，椭圆管
炉管材料	Cr18Ni18	Cr25Ni20	Cr25Ni20，Cr25Ni35NbW，28Cr4985W，35Cr45Ni

3.1.2　高温裂解气的急冷和热量回收

裂解炉辐射盘管出口的裂解气温度高达800℃以上，为抑止二次反应的发生，需将辐射盘管出口的高温裂解气快速冷却。

冷却高温裂解气的方法有两种：一种是用急冷油(或急冷水)直接喷淋冷却；另一种是用换热器进行冷却。用换热器冷却时，可同时回收高温裂解气的热量而副产高位能的高压蒸汽，常称为急冷锅炉。在管式裂解炉裂解轻烃、石脑油和柴油的情况下，目前均采用急冷锅炉冷却裂解气并副产高压蒸汽。经急冷锅炉冷却后的裂解气温度尚在400℃以上(馏分油裂解时)，此时可再由急冷油直接喷淋冷却。在预分馏系统中可进一步回收急冷油的热量，副产低位能的低压蒸汽。

不同裂解原料裂解时急冷锅炉终期出口温度大不相同，裂解原料越重，急冷锅炉终期出口温度越高。根据裂解原料的情况，对高温裂解气冷却和热量回收有图3-2所示的四种方案。

1. 方案一

如图3-2(a)所示，设置一级急冷锅炉。裂解炉辐射盘管出口的高温裂解气进入一级急冷锅炉，在此裂解气被高压锅炉给水冷却，并副产高压蒸汽。经一级急冷锅炉冷却后的裂解气进入急冷器，在此用急冷油直接喷淋而进一步冷却后送入预分馏系统。

气体原料裂解装置中往往不设急冷油系统，此时，急冷锅炉出口气体可集中用急冷水喷淋冷却后送入水洗塔。石脑油裂解时，急冷锅炉出口温度可限制在460℃以下，此时多将各台裂解炉经急冷锅炉冷却后的裂解气集中送入一台急冷器用急冷油喷淋冷却。柴油裂解时，急冷锅炉出口温度一般限定在初期400℃左右，末期500～600℃，此时大多在每台裂解炉单独设置急冷器，经急冷油喷淋冷却后的裂解气再汇合于裂解气总管，然后送入预分馏系统。通常一级急冷方式采用斯密特或包西格锅炉。

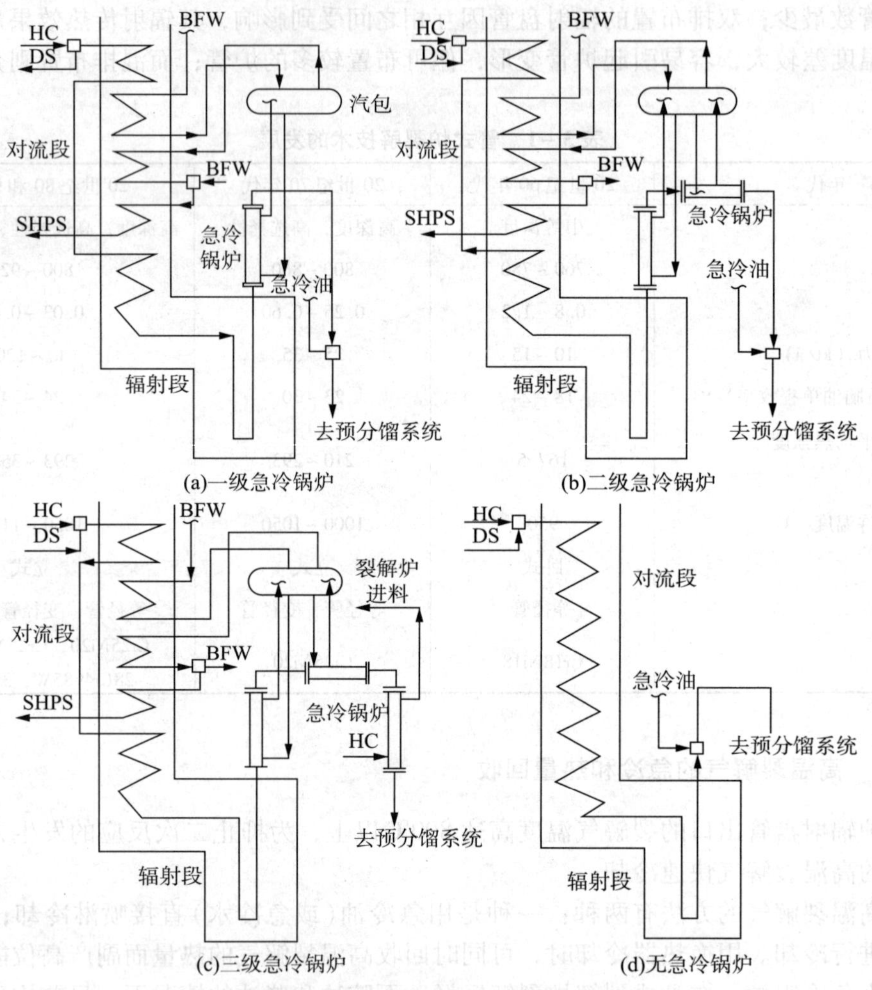

图3－2　高温裂解气热量回收方案

HC—烃进料；DS—稀释蒸汽；BFW—锅炉给水；SHPS—过热超高压蒸汽

2. 方案二

如图3－2(b)所示，设置二级急冷锅炉。裂解炉辐射盘管出口的高温裂解气进入第一级急冷锅炉，在此冷却至580℃左右(随裂解原料不同而有所变化)并副产高压蒸汽。经第一级急冷锅炉冷却后的高温裂解气再送入第二级急冷锅炉继续冷却裂解气，并副产高压蒸汽。第二级急冷锅炉出口裂解气进入急冷器用急冷油进行喷淋冷却，与方案一相同，对不同裂解原料，急冷器的设置也有所不同。

采用二级急冷锅炉是与采用小管径辐射盘管的裂解炉相匹配的。为了缩短停留时间并提高裂解温度，裂解炉辐射盘管向短长度、小管径的方向发展。相应，其单炉生产能力降低，为达到给定的单炉生产能力，单炉的辐射盘管数大大增加。在这种情况下，为降低辐射盘管出口至急冷锅炉入口之间高温裂解气的停留时间，提高裂解的选择性，采用二级急冷锅炉是行之有效的方法。正因为如此，斯通－韦伯斯特、凯洛格、布朗路特(Brown&Root)等公司均曾采用二级急冷锅炉与其单程或双程的小管径辐射盘管的裂解炉配套。

3. 方案三

如图3－2(c)所示，设置三级急冷锅炉。在轻烃裂解装置中，可在二级急冷锅炉的基础上设置第三级急冷锅炉以进一步回收高温裂解气的热量。在轻烃裂解的情况下，已可通过二级急冷锅炉使裂解气冷却至400℃以下，为进一步冷却裂解气，第三级急冷锅炉不再副产高压蒸汽。第三级急冷锅炉回收的热量多用于预热裂解原料，或用于预热锅炉给水，或用于发生中压蒸汽。布朗路特公司在裂解轻烃、乙烷、丙烷时就采用三级急冷锅炉的方法来回收热量。

经三级急冷锅炉冷却的裂解气温度可降至240℃左右，此时无需设置急冷器，而将裂解气直接送入预分馏系统。

4. 方案四

如图3－2(d)所示，不设置急冷锅炉，在裂解炉出口直接用急冷油喷淋冷却裂解气。在裂解BMCI值较高的重质裂解原料时，急冷锅炉终期出口温度可高达650℃以上。此时，急冷锅炉可以回收的热量占高温裂解气总热量的份额大大减小，从投资和效益的比较来看设置急冷锅炉未必经济。此时可以不设置急冷锅炉而采用直接喷淋急冷的方案。

采用直接急冷而不设置急冷锅炉时，高温裂解气的热量回收全部转移至急冷油系统。从回收的总热量看，与设置急冷锅炉的情况并无差别，但回收热量的能位是不同的。设置急冷锅炉可回收部分高位能热量(副产高压蒸汽)，不设置急冷锅炉时只能回收低位能热量(副产低压蒸汽)。

综上所述，一级急冷具有压降低、布置简单及投资省的优点，二级急冷则具有能提高乙烯收率、快速中止二级反应及多回收超高压蒸汽的优点。

采用二级急冷锅炉的主要缺点是设备和配管系统相对复杂，投资较高。对此，新近开发的双程套管急冷锅炉克服了这些缺点。斯通－韦伯斯特公司设计的乙烯工厂已采用双程套管急冷锅炉，改变了长期采用的二级急冷锅炉方案。

3.1.3 管式裂解炉供热方式

管式裂解炉的供热由烧嘴来实现，烧嘴因其所安装的位置又分为底部烧嘴和侧壁烧嘴。管式裂解炉的供热方式有以下三种：全部由侧壁烧嘴供热，全部由底部烧嘴供热，由底部和侧壁烧嘴联合供热。

1. 全部由侧壁烧嘴供热方式

管式裂解炉采用侧壁烧嘴供热时，炉膛温度较为均匀，炉膛宽度可以较小。但是烧嘴数量多，燃料气配管复杂、投资高、操作调整及维修工作量大，并且只能使用气体燃料(包括汽化后的C_3和C_4液化气)。

2. 全部由底部烧嘴供热方式

全部由底部烧嘴供热的裂解炉，由于烧嘴的数量减少，使得烧嘴的布置和燃料配管的设计大为简化，而且投资省，操作调整简便，维修工作量少。

此外，它使裂解炉对燃料的灵活性增加，更适合于与燃气轮机的联合。但是，由于底部烧嘴的供热高度有限，全部采用底部烧嘴使炉膛高度受到限制，且温度分布不够均匀。因此，需要采用一定措施改善炉膛内沿高度的温度分布。

3. 底部烧嘴和侧壁烧嘴联合供热方式

由于侧壁烧嘴供热方式中烧嘴数量多且不能烧液体燃料，而底部烧嘴供热方式中炉膛温度又不够均匀，底部烧嘴和侧壁烧嘴联合供热方式则克服了上述两种方式的缺点。采用底部烧嘴和侧壁烧嘴联合供热的方式时，在辐射段上部的侧墙通常设置几排侧壁烧嘴，在底部则设置底部烧嘴。侧壁烧嘴使用气体燃料，底部烧嘴为油气联合烧嘴，可以烧油也可以烧气。底部烧嘴供热的能力范围为40% ~85%。

3.1.4 对流段、辐射段及急冷锅炉之间的配置

对流段与辐射段之间的配置有以下两个方面：一是对流段中物料的流路(通道)与辐射段炉管组数的关系，对流段中物料的流路数通常为4或6的倍数，相应辐射段中的炉管组数也应为4或6的倍数；二是一个对流段配置几个辐射段，通常一台裂解炉由一个对流段和一个辐射段组成，此时，大多采用两台裂解炉布置成门字形，这样可以一台裂解炉设置一台引风机，也可以两台炉共用一台引风机。少数工厂也采用所有裂解炉共用一个烟囱的方案，不过这种方式现在已很少采用。随着单台裂解炉生产能力的提高，近来也有一个裂解炉采用一个对流段配置两个辐射段的方案。

急冷锅炉的数量通常与对流段的物料的流路数或调节阀的数量有关：对一级急冷方案，急冷锅炉的数量则与其数量相等或是其的倍数，而二级急冷锅炉则与小容量的炉管相匹配比较好。

3.1.5 裂解炉规模

随着乙烯装置规模的不断扩大，乙烯装置裂解炉规模也相应扩大。不同时期乙烯装置生产能力与相应的裂解炉能力比较见表3-2。

表3-2 不同时期乙烯装置生产能力与相应的裂解炉能力比较

年代	乙烯装置规模/(kt/a)	裂解炉规模/(kt/a)	国内装置
20世纪60~70年代	100~300	20~30	天津、中原、辽化、吉化
20世纪70~80年代	300~600	30~60	茂名、齐鲁
20世纪80年代至今	600~1000	60~150	燕山、福建、天津、镇海

由表3-2可以看出，裂解炉大型化是当今世界裂解炉发展的大趋势，也是各专利商技术开发的重点。裂解炉大型化的优点为：

①可节省投资；

②由于炉子台数减少，便于管理、维修；

③可以更有利于实现优化控制；

④操作费用亦可相应降低。

当裂解炉规模大型化之后，为了确保装置的长期平稳运行，在材料选用、工程设计方面也有相应提高。主要特点包括以下几个方面：

①采用线性急冷锅炉，以减少机械清焦次数；

②采用火焰向上的侧壁烧嘴或采用一、二排常规侧壁烧嘴，以降低侧壁烧嘴的数量，甚至全部采用底部烧嘴供热的方式；

③采用更好的合金钢，如35Cr45NiNb或28Cr48NiW，以能耐更高温并改善其蠕变性能；

改善辐射炉管的支撑系统，如鲁姆斯的SRT－Ⅵ的A－H型支架；

④采用先进控制，以优化裂解深度、裂解炉负荷、稀释蒸汽比、各组COT平衡、供热控制等。

但是，裂解炉大型化也是有一定的限制因素的，不能盲目追求大型化。裂解炉大型化的限制因素有：

①操作弹性：保证在任何一台裂解炉停车时(清焦或检修)，不会对下游的压缩、分离装置引起波动；

②机械限制：为实现扩大裂解炉的能力，需要延长设备长度、宽度、高度等，然而机械设计应满足有关规范、标准，并易于维修；

③工艺性能：在小型裂解炉得到证实的技术，在用于大型裂解炉时，应确认是否可行。

结合乙烯装置的大型化的需要，开发与之相配的裂解炉，是各管式炉裂解工艺专利商开发工作的重点。

3.2 压缩机

压缩机在石油化工生产中的用途十分广泛，是化工装置中的关键设备。压缩机的种类很多，最常用的有离心式压缩机和往复式压缩机。在乙烯装置中，有裂解气压缩机、制冷压缩机、燃料气压缩机和火炬气压缩机等。本节主要介绍裂解气压缩机和制冷压缩机。

3.2.1 裂解气压缩机

裂解气压缩机将裂解气升压，以达到分离各组分需要的条件。目前，大型乙烯生产工厂均采用多级离心式压缩机，其机组由主机和辅助系统组成。主机包括汽轮机和压缩机，汽轮机主要由机壳、隔板、转子、轴承、主汽阀、调速阀、抽气阀、调速系统、盘车器等零部件组成，压缩机主要由机壳、转子、轴承、隔板、轴封、联轴节等零部件组成；辅助系统包括复水系统、油系统和密封系统。图3－3是某装置裂解气压缩机机组高压缸的结构示意图。

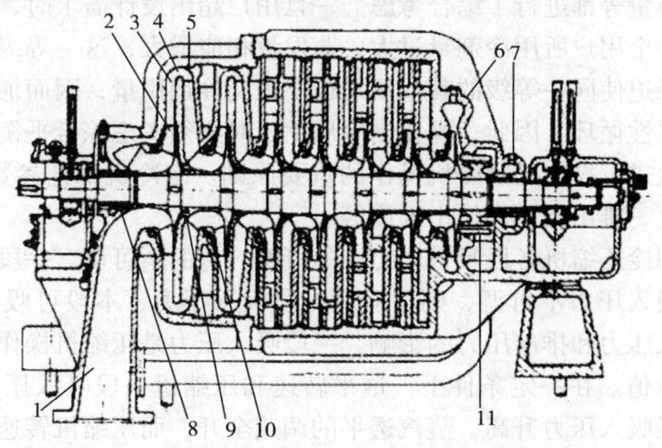

图3－3　某装置裂解气压缩机高压缸的结构示意图

1—吸入管；2—叶轮；3—扩压器；4—弯道；5—回流器；6—蜗轮；
7—后轴封；8—前轴封；9—级间轴封；10—口环密封；11—平衡盘

离心式压缩机的基本工作单元称为级，它是由一个叶轮和与之相匹配的固定元件(包括扩压器、弯道、回流器)构成的。一台压缩机可以由若干缸串联而成，每缸可以有若干段，每段可以由一个级，也可由若干级组成。所谓段是指压缩机在压缩过程中每经过一次冷却就是一段，即 N 段压缩过程应有 $N-1$ 次冷却。

与其他型式压缩机相比，离心式压缩机具有许多自身的特点，主要表现在：①流量大，结构紧凑，占地面积少；②结构简单，易损件少，检修方便；③转速高，使用寿命长，可以单机连续生产；④工艺介质流通部分无润滑油，输送介质不会被润滑油污染；⑤可用高速汽轮机直联，实现高速旋转；⑥运转平稳，振动小，噪音低；⑦机组功率大，技术要求高；⑧稳定工况区比较窄，不适用于小流量，相对于往复式压缩机来说，其能量损失较大，经济性较差。但随着机械制造技术的不断发展和化工装置的持续扩大，上述缺点已逐步得到改进。

3.2.2 制冷压缩机

3.2.2.1 乙烯制冷压缩机

(1)乙烯制冷压缩机的作用

乙烯制冷压缩机提供裂解气低温分离装置所需 -40 ~ -102℃各温度级的冷量。多数乙烯制冷压缩机为多段压缩、多级节流的封闭循环系统，并与丙烯制冷压缩机系统构成复迭制冷，相应提供三个温度级的冷剂。

有的装置采用开式热泵的乙烯制冷系统，其特点是乙烯冷剂和乙烯产品混合在一起，组成一个循环系统。乙烯制冷压缩机三段出口的乙烯冷剂分别经水冷却器和丙烯冷却器冷却后，经冷凝器用丙烯冷剂使其冷凝。一部分乙烯作为产品采出，一部分乙烯作为制冷剂循环使用。用乙烯制冷压缩机二段出口气体加热乙烯精馏塔再沸器，气相乙烯在此冷凝后送至塔顶作为回流，构成开式热泵系统。

(2)乙烯制冷压缩机运行的影响因素

乙烯制冷压缩机服务于深冷分离工艺，它的正常运行必须建立在综合平衡基础之上，为各深冷分离用户提供不同等级的冷剂(或热源)。制冷机设计时，对分几个等级，有多少用户，每个用户的需要量等都进行了综合考虑。一旦用户超出设计需求时，将破坏整个压缩系统的平衡。例如，一个用户所用冷剂量过大，蒸发量相应增大，这一等级的吸入压力受设计限制无法调节，结果迫使同一等级的其他用户也要提高冷剂用量，因而加剧了这一等级吸入压力的升高，出现恶性循环。因此，操作制冷压缩机时必须考虑综合平衡。

按设计工艺参数进行操作是制冷机操作的重要原则。制冷机工艺参数应包括吸入流量、吸入压力、吸入温度、排出压力和排出温度等。

①吸入压力。制冷压缩机各段吸入压力有的可调，有的不可调。一段吸入压力往往是可调的，如果后几段吸入压力不可调，则将受到一段吸入压力、本段可吸入流量、本段蒸发量、压缩机末段吸入压力和排出压力的影响。一段吸入压力是压缩机操作的重要参数，操作时应努力靠近其设计值。在一定条件下，透平转速和压缩机一段吸入压力有着一一对应关系。如果压缩机一段吸入压力升高，蒸汽透平的调速全开，而压缩机转速又上不来，则可能是蒸汽品质不合要求，或是透平机本身功率因结垢或真空度下降等原因使之不能满足压缩机的需要。

②吸入温度。制冷机的吸入温度同吸入压力一样，有几段吸入就有几个吸入温度，有的可以直接控制，有的则不能。一般地说，不管是乙烯制冷压缩机还是丙烯制冷压缩机，前两段吸入温度都可直接控制，但以一段吸入温度最为重要。这是由一段吸入量占压缩总量的比

例，以及一段吸入温度对后几段工况产生的影响所决定的。一段吸入温度往往通过喷淋操作而实现调节，即在进入压缩机吸入罐前的气体管线中喷入液体，使过热气体降温达到或接近该压力下的气体饱和温度。在实际操作中，要特别注意两个问题，一是喷淋用的罐液面不能过低，要保证喷淋所用的液体供给；二是喷淋量不能过大，否则将导致压缩机吸入罐液体不平衡而过剩、液面上涨，以至触动高液位联锁停车。

③排出压力。制冷压缩机应在设计压力下运转，但作为保安措施往往设有安全阀及超压联锁停车设施。制冷压缩机排出压力过高，特别是骤然升高，将会引起平衡活塞的压差变化而导致轴位移。引起排出压力升高的原因可能是压缩机出口冷凝器冷剂量不足或供给中断，冷凝器冷凝的液体送出不畅或液位过高使冷凝面积变小，压缩气体轻组分过多在冷凝器中不能冷凝等。所有这些现象，在操作中都应努力避免。

④排出温度。制冷压缩机的排出温度应低于设计温度。超温运行将会导致压缩机联锁停车。排出温度越限时对压缩机转子和缸体等部位的热膨胀不利，会加剧转子的振动。引起排出温度高的原因主要有吸入温度和排出压力超高。

⑤喘振点。喘振对压缩机十分有害，喘振时由于气流强烈的脉动和周期性振荡，会使叶片强烈振动发出特殊吼声，导致整个机组和管网发生强烈振动，驱动机也处于不稳定工作状态，止逆阀忽开忽关产生撞击，排气压力和流量发生周期性变化。严重时会造成转子失去平衡，叶轮损坏、轴瓦烧毁。

压缩机的喘振点取决于压缩机的转速和吸入流量。对于一台控制在某一转速下的压缩机，在其最高工作压力时，有一相应的高于最低质量流量的流量，这个质量流量便是喘振流量。在实际操作中，必须考虑气体相对分子质量和吸入温度对气体实际流量的影响。在实际生产中通常有三种防喘振方法：第一种，旁路返回，确保最小流量；第二种，通过转速调整喘振点，根据压缩机特性曲线，当压缩机转速降低时，喘振点向左移动，压缩机最小流量减少，从而达到防止喘振的目的；第三种，加大喷淋，降低吸入温度增加质量流量，这种方法可在制冷机上采用。

3.2.2.2 丙烯制冷压缩机

(1)丙烯制冷压缩机的作用

丙烯制冷压缩机是利用丙烯作介质，通过多级压缩，提高其压力，使其在较高的温度下冷凝，然后进行节流膨胀，在较低的温度下汽化，以获得深冷分离所需的冷量。在乙烯装置中，丙烯制冷系统为裂解气分离单元提供 -40℃以上各温度级的冷量，其主要冷量用户为裂解气的预冷、乙烯制冷剂冷凝、乙烯精馏塔、脱乙烷塔、脱丙烷塔塔顶冷凝等，各部分冷量用量随分离流程不同而不同。丙烯制冷系统的最大用户为乙烯精馏塔塔顶冷凝器，其量约占丙烯制冷系统总功率的60%~70%，乙烯制冷剂的冷凝和冷却所耗冷量约占丙烯制冷系统总功率的17%~20%。

(2)丙烯制冷压缩机运行的影响因素

丙烯制冷压缩机运行的影响因素同乙烯制冷压缩机。

3.2.2.3 二元制冷压缩机

(1)二元制冷压缩机的工作过程

二元制冷是混合制冷的一种，混合冷剂原应用于天然气液化工厂，法国德希尼公司于1976年首先提出了混合制冷循环应用于乙烯装置。乙烯装置使用的二元混合冷剂的典型组成为：甲烷49.5%(摩尔分数)、乙烯49%(摩尔分数)、氢气1.5%(摩尔分数)，二元冷剂经压缩冷却后，一次全部冷凝，再经过冷、节流膨胀向工艺流体供冷。二元制冷压缩机是一个三段离心式压缩机，在一段和二段出口设置了段间冷却水换热器。来自两个压力位的双制冷剂分别在一段和三段吸入口进入，压缩机出口热蒸汽通过尾气交换器中的尾气来降温，－40℃的丙烯冷剂使制冷剂在冷却器中部分冷凝，制冷剂在乙烯中沸器内也发生降温。双制冷剂在冷却器中约冷凝三分之一，其余的制冷剂是在尾气交换器内通过把液态制冷剂排回三段吸入罐来冷凝的。

(2)二元制冷机的作用及特点

在乙烯装置中，二元制冷压缩机可以替代乙烯制冷压缩机和甲烷制冷压缩机，提供给分离单元所需不同等级的冷量。乙烯装置中的二元混合冷剂主要用于裂解气，即脱甲烷塔进料气的预冷，丙烯冷剂除供混合制冷系统一部分冷量负荷外，还承担了除脱甲烷塔以外的全部低温塔顶冷凝器的冷负荷。

冷冻级位不可能无限增加，这里有一个最佳选择的问题，通常采用有限级位供应相应冷量的用户。对裂解气来说，冷却过程的物料流冷却曲线是连续而平滑的，冷剂供冷曲线(即蒸发曲线)是非连续的，即级跃式。因此，由于只以一定级位冷剂向工艺流体供冷量，故平均传热温差较大，说明传热过程不可逆性较大，即能量利用效率不高。反之，减少平均温差，则可提高能量利用效率，使制冷机的功耗降低。采用混合制冷，可以大大降低制冷剂与工艺流体的平均温差，从而提高热力学效率。

在实际生产中，虽然混合冷剂的蒸发制冷曲线与工艺流体的冷却曲线接近，但是混合冷剂在换热过程中出现气液二相流，使传热过程大为复杂，并导致两相平衡的扰乱。

3.2.2.4　三元制冷压缩机

今以某装置的三元制冷压缩机为例，介绍三元制冷压缩机的作用、控制和特点。

(1)三元制冷压缩机的作用

三元制冷压缩机是一台带有段间冷却的三段离心式压缩机。该系统能够在一台压缩机系统上满足甲烷、乙烯、丙烯三种级别冷剂的制冷需要。三种冷剂的传统级别为：丙烯，18℃、2℃、－23℃和－40℃；乙烯，－62℃、－75℃和－101℃；甲烷，－140℃。三元制冷系统是设计用来在三元冷箱中提供原有制冷系统无法提供的或增加的冷量负荷，其在正常操作状况下可以完全独立于其他的制冷系统。系统提供了轻冷剂、中冷剂和重冷剂三元冷剂来有效地制冷，并以比较稳定的组成返回压缩机，使大部分重冷剂和轻冷剂重新混合后进入一段吸入，较好地分配了负荷，使系统能够稳定运行。

三元冷剂的典型组成为：甲烷10%～15%，乙烯10%～15%，丙烯75%(均为体积分数，下同)。某装置三元制冷系统冷剂组成为氢气0.11%，甲烷8.99%，乙烯8.30%，丙烯82.6%，是一个三段离心式压缩机，最终排出压力为2.89MPa，压缩机段间和最终排出物料由冷却水冷却和部分冷凝，其他冷凝和过冷所需要的冷量由自身冷剂提供并回收冷量。由冷却水冷凝的重冷剂替代丙烯冷剂，主要用于温度比较稳定的乙烯精馏塔塔顶冷凝器，比较接近的温度使系统效率大大提高。

(2)三元制冷压缩机的控制

离心式三元制冷压缩机的主要控制系统如下：①三元制冷压缩机一段吸入罐的压力控制蒸汽透平的转速来维持设定压力；②最小流量控制控制压缩机的最小流量，分别用来维持自一段吸入罐和二段吸入罐去压缩机的流量，减小负荷，避免喘振；③压缩机的排出压力由控制从轻冷剂收集罐到三元冷剂冷凝器的三元冷剂液体量来控制，由压力控制阀限制去三元冷剂冷凝器的液体冷剂最大流量为6.0t/h，当达到最大流量时压缩机排出压力就会上升；④压缩机排出气体温度在控制压力下为75℃，在三元冷剂冷凝器中被冷却水激冷并部分冷凝至39℃，部分冷凝的物流进入重冷剂收集罐，经气液分离后分为罐顶的气相和罐底的重冷剂。重冷剂罐的液位通过控制去三元冷剂冷凝器的冷却水量实现，在冬季冷却水温度过低的时候，可通过手动控制旁路一部分热的三元冷剂气体来实现重冷剂罐的液位控制。

(3)三元制冷压缩机的特点

与上节介绍的二元制冷压缩机一样，采用三元混合冷剂可使其蒸发曲线与工艺流体冷却曲线十分接近，能大大缩小传热平均温差，提高冷量利用效率，降低压缩机功耗。三元混合制冷的传热平均温差明显缩小，提高了传热过程的热力学效率，从而使脱甲烷塔进料气的预冷效率较高。

3.2.2.5　甲烷制冷压缩机

现以某装置的甲烷制冷压缩机为例，介绍甲烷制冷压缩机的特点、结构、作用、操作注意事项、自控与联锁和常见故障的原因分析。该甲烷制冷压缩机是往复式压缩机，是依靠气缸容积的变化吸入压缩气体，使容积缩小而提高气体压力。

(1)甲烷制冷压缩机的特点

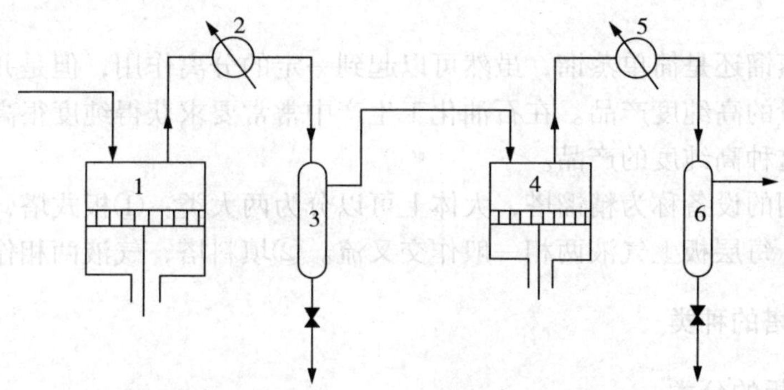

图3-4　甲烷制冷压缩机流程示意图

1、4—气缸；2—中间冷却器；3、6—油水分离器；5—出口气体冷却器

该装置甲烷制冷压缩机为对称平衡型二级无油润滑压缩机，段间设置冷却器，其流程示意图如图3-4所示。正常生产时，一台运行，另一台处于备用状态。

(2)甲烷制冷压缩机的结构

甲烷制冷压缩机主要由机身、气缸、活塞和气阀等组成，现分述如下：

①机身。甲烷制冷压缩机的机身用铸铁制成且和2个十字头箱连接。曲轴箱亦被用作润滑油储槽，润滑油通过装在曲轴箱中的供油管传给主轴承，通过油孔流至曲轴销。轴承有2种，一种为拥有装在联轴器侧的止推轴承的主轴承，另一种为不带止推轴承的轴承，主轴承为精密平面轴承，由2片组成，为碳钢内衬巴氏合金。

②气缸。各级气缸均通过隔离室稳固地联到十字头箱体上。二级气缸均有水夹套，并配有气缸套。吸排气阀均布置在气缸的上、下两侧。

③活塞。活塞为灰铸铁制成，活塞环和托环材料为聚四氟乙烯制成。第一级活塞环2道，第二级4道。

④气阀。第一级气缸吸排气阀均为6个，第二级气缸吸排气阀均为4个。所有的吸气阀均配有卸荷装置。这样，压缩机可以通过卸荷器的控制来实现零负荷、25%、50%、75%和

100%的负荷。

(3)甲烷制冷压缩机的作用

甲烷制冷系统可采用开式循环系统，也可采用闭式循环系统。开式循环系统中作为制冷介质的甲烷与脱甲烷分离系统中的馏分相通，而闭式循环系统中作为制冷介质的甲烷在封闭系统中循环。这两种系统相比，开式循环系统的功耗略高，但其投资比闭式循环系统低。开式循环系统的操作简单、可靠，尤其在要求输出高压甲烷量较大时，其应用比闭式循环系统更为广泛。

该装置使用的是一个开环式制冷系统。它在工艺中的作用为：将脱甲烷塔顶气体压缩和液化，生成的液态甲烷直接用作脱甲烷塔的回流和冷箱的冷剂，以使低压脱甲烷塔塔顶温度达到－134℃以下。送往甲烷制冷压缩机的部分脱甲烷塔顶气体先预热到常温，然后在压缩机中压缩。压缩机出料先经水冷却器换热冷却，然后用进压缩系统的脱甲烷塔顶气体与乙烯冷剂冷却、冷凝和过冷，过冷的甲烷液体送往脱甲烷塔回流罐。回流罐中的一部分液体在压力作用下流入脱甲烷塔作回流，其余的液体去冷箱提供最低温度级的冷量。

3.3 精馏塔

无论是平衡蒸馏还是简单蒸馏，虽然可以起到一定的分离作用，但是并不能将一混合物分离为具有一定量的高纯度产品。在石油化工生产中常常要求获得纯度很高的产品，通过精馏过程可以获得这种高纯度的产品。

精馏过程所用的设备称为精馏塔，大体上可以分为两大类：①板式塔，气液两相总体上作多次逆流接触，每层板上气液两相一般作交叉流。②填料塔，气液两相作连续逆流接触。

3.3.1 精馏塔的种类

3.3.1.1 塔板的分类

板式塔是一种应用极为广泛的气液传质设备，它由一个通常呈圆柱形的壳体及其中按一定间距水平设置的若干塔板所组成。板式塔正常工作时，液体在重力作用下自上而下通过各层塔板后由塔底排出；气体在压差推动下，经均布在塔板上的开孔由下而上穿过各层塔板后由塔顶排出，在每块塔板上皆储有一定的液体，气体穿过板上液层时，两相接触进行传质。

板式塔种类繁多，通常可分类如下：

①按塔板结构分，有泡罩板、筛板、浮阀板、网孔板、舌形板等等。历史上应用最早的有泡罩塔及筛板塔，20世纪50年代前后，开发了浮阀塔板。目前应用最广的是筛板和浮阀塔板，其他不同型式的塔板也有应用。一些新型塔板或传统塔板的改进型也在陆续开发和研究中。

②按气液两相的流动方式分，有错流式塔板和逆流式塔板，或称有降液管塔板和无降液管塔板。有降液管塔板应用极广，它们具有较高的传质效率和较宽的操作范围；无降液管的逆流式塔板也常称为穿流式塔板，气液两相均由塔板上的孔道通过。塔板结构简单，整个塔板面积利用较充分。目前常用的有穿流式筛板、穿流式栅板、穿流式波纹板等。

③按液体流动型式分，有单流形、双流形、U形流形及其他流形(如四流形、阶梯形、环流形等)。

单流形塔板应用最为广泛，它结构简单，液流行程长，有利于提高塔板效率。但当塔径或液量过大时，塔板上液面梯度会较大，导致气液分布不均，或造成降液管过载，影响塔板效率和正常操作。

双流形塔板宜用于塔径较大及液流量较大时，此时，液体分流为两股，可以减少溢流堰的液流强度和降液管负荷，同时，也减小了塔板上的液面梯度。但塔板的降液管要相间地置于塔板的中间或两边，多占一些塔板传质面积。

U 形流形的塔板进出口堰均置于塔板的同一侧。其间置有高于液层的隔板。以控制液流呈 U 形流，从而延长液流行程，此种板型在小直径塔及低液量时采用。

四流形、阶梯流形则适于更大直径的塔和很大的液量情况。

3. 3. 1. 2　填料的分类

填料塔是以塔内装有大量的填料为相间接触构件的气液传质设备。填料塔于 19 世纪中期已应用于工业生产，此后，它与板式塔竞相发展，构成了两类不同的气液传质设备。

填料塔的塔身是一直立式圆筒，底部装有支承板。填料以乱堆或整砌的方式放置在支承板上。在填料的上方安装填料压板，以限制填料随上升气流的运动。液体从塔顶加入，经液体分布器喷淋到填料上，并沿填料表面流下。气体从塔底送入，经气体分布装置(小直径塔一般不设气体分布装置)分布后，与液体呈逆流连续通过填料层的空隙。在填料表面气液两相密切接触进行传质。填料塔属于连续接触式的气液传质设备，两相组成沿塔高连续变化，在正常操作状态下，气相为连续相，液相为分散相。

当液体沿填料层下流时，有逐渐向塔壁集中的趋势，使得塔壁附近的液流量逐渐增大，这种现象称为壁流。壁流效应造成气液两相在填料层分布不均匀，从而使传质效率下降。为此，当填料层较高时，需要进行分段，中间设置再分布装置。液体再分布装置包括液体收集器和液体再分布器两部分，上层填料流下的液体经液体收集器收集后，送到液体再分布器，经重新分布后喷淋到下层填料的上方。

填料是填料塔的核心构件，它提供了气液两相接触传质的相界面，是决定填料塔性能的主要因素。填料的种类很多，根据装填方式的不同，可分为散装填料和规整填料两大类。

1. 散装填料

散装填料是一粒粒具有一定几何形状和尺寸的颗粒体。一般以散装方式堆积在塔内，又称为乱堆填料或颗粒填料。散装填料根据结构特点不同，又可分为环形填料、鞍形填料、环鞍形填料及球形填料等。较为典型的散装填料主要有：拉西环填料，鲍尔环填料，阶梯环填料，弧鞍填料，矩鞍填料，金属环矩鞍填料，球形填料。

2. 规整填料

规整填料是一种在塔内按均匀几何图形排列，整齐堆砌的填料。该填料的特点是规定了气液流径，改善了填料层内气液分布状况，在很低的压降下，可以提供更多的比表面积，使得处理能力和传质性能均得到较大程度的提高。

规整填料种类很多，根据其几何结构可以分为格栅填料、波纹填料、脉冲填料等，现介绍几种较为典型的规整填料。

(1)格栅填料

格栅填料是以条状单元体按一定规则组合而成的，其结构随条状单元体的形式和组合规则而变，因而具有多种结构形式。工业上应用最早的格栅填料为木格栅填料。目前应用较为普遍的有格里奇格栅填料、网孔格栅填料、蜂窝格栅填料等，其中以格里奇格栅填料最具代表性。

格栅填料的比表面积较低，因此主要用于要求低压降、大负荷及防堵等场合。

(2)波纹填料

波纹填料是一种通用型规整填料，目前工业上应用的规整填料绝大部分属于此类。波纹填料是由许多波纹薄板组成的圆盘状填料，波纹与塔轴的倾角有30°和45°两种，组装时相邻两波纹板反向靠叠。各盘填料垂直装于塔内，相邻的两盘填料间交错90°排列。

波纹填料的优点是结构紧凑，具有很大的比表面积，其比表面积可由波纹结构形状而调整，常用的有125、150、250、350、500、700等几种。相邻两盘填料相互垂直，使上升气流不断改变方向，下降的液体也不断重新分布，故传质效率高。填料的规则排列，使流动阻力减小，从而处理能力得以提高。波纹填料的缺点是不适于处理黏度大、易聚合或有悬浮物的物料，此外，填料装卸、清理较困难，造价也较高。

波纹填料按材质结构可分为网波纹填料和板波纹填料两大类，其材质又有金属、塑料和陶瓷等之分。

(3)脉冲填料

脉冲填料是由带缩颈的中空棱柱形单休，按一定方式拼装而成的一种规整填料。脉冲填料组装后，会形成带缩颈的多孔棱形通道，其纵面流道交替收缩和扩大，气液两相通过时产生强烈的湍动。在缩颈段，气速最高，湍动剧烈，从而强化传质。在扩大段，气速减到最小，实现两相的分离。流道收缩、扩大的交替重复，实现了"脉冲"传质过程。

脉冲填料的特点是处理量大，压力降小，是真空精馏的理想填料。因其优良的液体分布性能使放大效应减少，故特别适用于大塔径的场合。

3.3.2 乙烯装置塔器

乙烯装置中的塔设备数量多、规模大，要求的分离精度高，对装置的稳定运行、产品质量、装置能耗起着很重要的作用。

3.3.2.1 乙烯装置塔器的性能特征和主要使用塔盘类型

乙烯装置分离系统主要塔设备的性能特征和常用塔盘类型如表3-3所示。

表3-3 乙烯装置主要塔设备的性能特征和常用塔盘类型

塔名称	主要特征	常用塔盘
汽油分馏塔	气体通量大、要求压降小、易堵塞	填料、固阀、波纹板
水洗塔	气体通量大、要求压降低、传热好	填料、波纹板
黏度控制塔	弹性大、黏度大	旋液分离器，无塔盘
工艺水汽提塔	易腐蚀	浮阀、填料
汽油汽提塔	弹性大	浮阀
碱洗塔	吸收塔、易堵塞	水洗段泡罩、碱洗段填料或浮阀
脱甲烷塔	进料多、温度低、易发泡	低压塔多用填料、高压塔多用浮阀
脱乙烷塔	两股进料	浮阀、筛板
乙烯塔	液体通量大、精度要求高	浮阀、筛板、MD筛板、ECMD筛板
脱丙烷塔	易堵塞	筛板、浮阀
丙烯塔	液体通量大、精度要求高	浮阀、筛板、MD筛板、ECMD筛板
脱丁烷塔	易堵塞	浮阀、筛板

3.3.2.2　塔内件应用简单分析

裂解气分离技术主要有三种分离流程：一是以 Lummus 公司为代表的顺序分离流程；二是以 Linde 公司为代表的前脱乙烷前加氢流程；三是以 Stone Webster 公司和 KBR 公司为代表的前脱丙烷前加氢流程，中国石化的 LECT 技术也是采用的前脱丙烷前加氢流程。尽管裂解气分离流程不同，但各种流程中所设置的分离塔数量基本相当，以下对顺序分离流程的主要塔器：汽油分馏塔及水洗塔、碱洗塔、脱甲烷塔、脱乙烷塔、乙烯塔、脱丙烷塔、丙烯塔、脱丁烷塔等结合各塔的操作情况分别对其进行简要介绍。

1. 汽油分馏塔及水洗塔

20 世纪 80 年代以前的乙烯装置中，汽油分馏塔和水洗塔大多是：塔的上部采用浮阀塔板或筛孔塔板或波纹筛孔塔板，下部采用折流挡板或角钢板。实际操作中汽油分馏塔的全塔压降为 12 ~ 15kPa，水洗塔全塔压降为 6 ~ 10kPa。

为了降低能耗和提高乙烯产量，后来对这两个塔有两种改进方案：一是采用新型填料对油洗塔和水洗塔进行改造。塔的上部采用 IMTP、CMR、NUTTER RING 散堆填料或 MELLAPAK、GEMPAK 规整填料替代塔板，下部采用折流挡板或 GRID 填料。这种改造方案使油洗塔的压降由 12 ~ 15kPa 降低为 6 ~ 10kPa，使水洗塔的压降由 6 ~ 10kPa 降低为 3 ~ 5kPa，塔的处理能力可提高 30% 左右。改进后能力提高、压降降低，但是堵塞的危险性增加。这一改造方案在国内外均有一定的改造经验。第二种改进方案是，用高效固定阀塔板，塔的上部采用高效固定阀板替代原 F1 型浮阀塔板，下部采用折流挡板或角钢 GRID。这种改进方案使汽油分馏塔和水洗塔的压降降低为板式塔的 50% ~ 60% 左右，塔的处理能力可提高 30% 左右，虽然塔压降降的没有填料多，与用填料改造相比能耗高一些，但一次性投资少，不堵塞，可延长检修时间 3 ~ 5 年，效果也不错。近期的大型乙烯装置汽油分馏塔采用固阀的较多，水洗塔大多采用填料，这样既减少了汽油分馏塔的堵塞问题又减少了系统的压降，在保证长周期和节能方面做到了有效平衡。

2. 碱/水洗塔

目前国内大多乙烯装置中，裂解气压缩单元均采用碱洗脱酸气工艺。为了提高碱液的利用率和碱洗效果，碱洗工艺一般采用两段法或三段法，如 KTI/TPL 的两段碱洗工艺；Lummus 公司的三段法碱洗流程；Stone Webster 公司的三段碱洗流程。几种典型碱洗工艺采用的塔设备结构和操作工艺参数如表 3 - 4 所示。

表 3 - 4　几种典型碱洗工艺采用的塔设备结构和操作工艺参数

工艺技术	塔结构		操作压力/MPa	操作温度/℃
	水洗段	碱洗段		
KTI/TPL	泡罩	鲍尔环	1.00	42
LUMMUS	泡罩	鲍尔环或浮阀	0.97	41
S&W	波纹筛板	波纹筛板	1.55	49
KELLOGG	筛板	筛板	2.03	43

碱洗塔的操作压力取决于压缩机三段（或四段）的出口压力，在碱液浓度相同的条件下，碱液利用率随着塔板数增加而增加。所以在操作压力、操作温度、碱液浓度不变的条件下，采用新型高效塔内件来增加碱洗塔的理论塔板数，则能够提高碱液利用率，降低碱液循环量，从而提高该塔的处理能力。但碱洗塔处于裂解气压缩机段间，碱洗塔压降的增加直接增

加裂解气压缩机功率。目前许多装置在易结垢的弱碱段采用浮阀或筛板，在强碱和中碱段采用填料以降低全塔压降，此方案对装置节能有很大好处。同时为减少废碱的排放，三段碱洗可按长尾曹达法操作。

3. 脱甲烷塔

脱甲烷塔的进料组成和操作条件取决于所采用的分离流程。在顺序分离流程中，进入脱甲烷塔物料为氢气、甲烷至碳五以上的烃类；在前脱乙烷前加氢流程中，进入脱甲烷塔的物料为氢气、甲烷和碳二烃类；在前脱丙烷前加氢流程中，进入脱甲烷塔(及预脱甲烷塔)的物料为氢气、甲烷、碳二和碳三馏分。

不管采用哪一种分离流程，脱甲烷塔的轻关键组分为甲烷，重关键组分为乙烯，该塔的主要目的是塔顶分离出甲烷、氢气馏分，并希望塔顶采出的甲烷、氢气馏分中乙烯含量尽可能低，而塔底产物中的甲烷含量尽可能低。

脱甲烷系统目前普遍采用的是前脱氢工艺流程，根据脱甲烷塔的操作压力，一般分为三种类型：一是高压脱甲烷，操作压力为3.0~3.2MPa；二是中压脱甲烷，操作压力为1.05~1.25MPa；三是低压脱甲烷，操作压力为0.6~0.7MPa。从工艺流程上考虑，脱甲烷塔具有多股进料的特征，高中压脱甲烷塔采用的塔内件以浮阀和筛板为主，低压脱甲烷塔以散堆填料为主。

4. 脱乙烷塔

不管采用哪一种分离流程，脱乙烷塔的轻关键组分为乙烷，重关键组分为丙烯，该塔的主要目的是塔顶分离碳二和比碳二轻的馏分，并希望塔顶采出的碳二馏分中丙烯含量尽可能低，塔底产物中的乙烷含量尽可能低。

目前普遍采用的是前脱丙烷前加氢和顺序分离工艺流程，脱乙烷塔的操作压力为2.00~2.85MPa，塔顶温度为-15~-10℃。前脱乙烷流程的脱乙烷塔一般采用高压和低压的双塔脱乙烷流程。脱乙烷塔采用的塔内件以浮阀和筛板为主。

5. 乙烯精馏塔

乙烯精馏塔的目的是将乙烯和乙烷及少量杂质，通过精馏的方法分离，获得高纯度的聚合级乙烯产品。

乙烯精馏系统目前国内采用较多的是高压精馏工艺。高压乙烯精馏塔的操作压力为1.9~2.3MPa，塔顶温度为-20~-25℃。

除采用高压乙烯精馏外，前脱丙烷前加氢流程可采用低压乙烯精馏和热泵相结合的乙烯分离流程。其操作压力为0.4~0.8MPa，塔顶温度为-70~-60℃。

乙烯精馏塔普遍采用的塔内件为浮阀和筛板，装置改造需要增加负荷时大多采用UOP的MD或ECMD塔板。由于乙烯对乙烷的相对挥发度随乙烯浓度的增加而下降，所以，在乙烯塔内靠近抽出层下面的塔板各层塔板上乙烯浓度的增加十分缓慢，当要求乙烯产品的纯度达到99.95%时，乙烯塔的回流较大。乙烯塔具有塔板数多、塔内负荷大、液相密度低(高压精馏塔一般在410~450kg/m^3，低压精馏塔一般在480~500kg/m^3)、气相密度高(高压精馏塔一般在31~34kg/m^3，低压精馏塔一般在12~15kg/m^3)等特点。

6. 脱丙烷塔

在顺序分离流程和前脱乙烷前加氢流程中，进入脱丙烷塔的物料是脱乙烷塔塔底的碳三至碳五以上的烃类，脱丙烷塔塔顶分离出碳三馏分，碳三馏分进一步由丙烯塔分离为丙烯和丙烷产品；脱丙烷塔塔底为碳四和碳四以上馏分，再经脱丁烷塔进一步分离为碳四馏分和裂解汽油。

在前脱丙烷前加氢流程中，进入脱丙烷塔的物料是经过预分馏和净化处理的裂解气，脱丙烷塔塔顶分离出的氢气、甲烷、碳二和碳三馏分，经过脱甲烷塔、脱乙烷塔、乙烯塔、丙烯塔进一步分离得到甲烷和氢气、乙烯、乙烷、丙烯、丙烷产品；脱丙烷塔塔底为碳四和碳四以上馏分，经脱丁烷塔进一步分离为碳四馏分和裂解汽油。

脱丙烷塔的轻关键组分为丙烷，重关键组分为丁二烯，该塔的主要目的是塔顶分离碳三和比碳三轻的馏分，并希望塔顶采出的碳三馏分中丁二烯含量尽可能低。

典型的双塔脱丙烷采用的塔内件以浮阀和筛板为主。

7. 丙烯精馏塔

丙烯塔的主要目的是将经过加氢脱炔处理后的碳三馏分通过精馏的方式，从塔顶分离出获得高纯度聚合级丙烯产品，从塔底分离出丙烷产品。

丙烯精馏流程一般分为高压精馏流程和低压精馏热泵流程，国内采用高压精馏流程的占多数，丙烯塔具有塔板数多(180～240 层)、回流比大、塔内气相密度大($40kg/m^3$ 以上)、液相密度小($460kg/m^3$ 左右)、塔内负荷均匀、对塔板材质要求低等特点，采用的塔内件以浮阀和筛板为主。

8. 脱丁烷塔

脱丁烷塔的目的是将脱丙烷塔来的物料分离为碳四馏分和含有碳五的裂解汽油馏分。

脱丁烷塔的操作压力一般为 0.45～0.50MPa，塔顶采用循环冷却水冷凝，塔釜用低压蒸汽加热。

因裂解原料变化对脱丁烷塔的处理量影响较大，一般该塔原设计的余量都较大，塔盘多采用浮阀或筛板。

3.3.3 精馏塔的操作

3.3.3.1 板式塔的操作

1. 塔板的性能评价

对各式塔板进行比较，作出正确的评价，对于了解每种塔板的特点，合理选择板型，具有重要的指导意义。对各种塔板性能进行比较是一个相当复杂的问题，因为塔板的性能不仅与塔型有关，还与塔板的结构尺寸、处理物系的性质及操作状况等因素有关。塔板的性能评价指标有以下几个方面：

①生产能力大，即单位塔截面上气体和液体的通量大。

②塔板效率高，即完成一定的分离任务所需的板数少。

③压降低，即气体通过单板的压降低，能耗低。对于精馏系统则可降低釜温，这对于热敏性物性的分离尤其重要。

④操作弹性大，当操作的气液负荷波动时仍能维持板效率的稳定。

⑤结构简单，制造维修方便，造价低廉。

应予指出，对于现有的任何一种塔板，都不可能完全满足上述的所有要求，它们大多各具特色，而且各种生产过程对塔板的要求也有所侧重。譬如减压精馏塔则对塔板的压力降要求较高，其他方面相对来说可降低要求。上述塔板性能评价指标是塔板研究开发的方向，正是人们对于高效率、大通量、高操作弹性和低压力降的追求，推动着塔板新结构型式的不断出现和发展。

2. 塔板上的异常操作现象

塔板的异常操作现象包括漏液、液泛和雾沫夹带等，是使塔板效率降低甚至使操作无法进行的重要因素。因此，应尽量避免这些异常操作现象的出现。

(1)漏液

在正常操作的塔板上，液体横向流过塔板，然后经降液管流下。当气体通过塔板的速度较小时，气体通过升气孔道的动压不足以阻止板上液体经孔道流下时，便会出现漏液现象。漏液的发生导致气液两相在塔板上的接触时间减少，使得塔板效率下降，严重的漏液会使塔板不能积液而无法正常操作。通常，为保证塔的正常操作，漏液量应不大于液体流量的10%，漏液量达到10%的气体速度称为漏液速度，它是板式塔操作气速的下限。

造成漏液的主要原因是气速太小和板面上液面落差所引起的气流分布不均匀，在塔板液体入口处，液层较厚，往往出现漏液，为此常在塔板液体入口处留出一条不开孔的区域，称为安定区。

(2)雾沫夹带

上升气流穿过塔板上液层时，必然将部分液体分散成微小液滴。气体夹带着这些液滴在板间的空间上升，如液滴来不及沉降分离，则将随气体进入上层塔板，这种现象称为雾沫夹带。

液滴的生成虽然可增大气液两相的接触面积，有利于传质和传热，但过量的雾沫夹带常造成液相在塔板间的返混，进而导致板效率严重下降。为维持正常操作，需将雾沫夹带限制在一定范围，一般允许的雾沫夹带量为 $e_v < 0.1$kg(液)/kg(气)。

影响雾沫夹带量的因素很多，最主要的是空塔气速和塔板间距。空塔气速减小及塔板间距增大，可使雾沫夹带量减小。

(3)液泛

塔板正常操作时，在板上维持一定厚度的液层，以和气体进行接触传质。如果由于某种原因，导致液体充满塔板之间的空间，使塔的正常操作受到破坏，这种现象称为液泛。液泛的产生有以下两种情况：①当塔板上液体流量很大，上升气体的速度很高时，液体被气体夹带到上一层塔板上的量剧增，使塔板间充满气液混合物，最终使整个塔内都充满液体，这种由于雾沫夹带量过大引起的液泛称为夹带液泛；②当降液管内液体不能顺利下流，管内液体必然积累，当管内液位增高而越过溢流堰顶部时，两板间液体相连，塔板产生积液，并依次上升，最终导致塔内充满液体，这种由于降液管内充满液体而引起的液泛称为降液管液泛。

液泛的形成与气液两相的流量相关。对一定的液体流量，气速过大会形成液泛；反之，对一定的气体流量，液量过大也可能发生液泛。液泛时的气速称为泛点气速，正常操作气速应控制在泛点气速之下。

影响液泛的因素除气液流量外，还与塔板的结构，特别是塔板间距等参数有关，设计中采用较大的板间距，可提高液泛速度。

3. 塔板的负荷性能图

前已述及，影响板式塔操作状况和分离效果的主要因素为物料性质、塔板结构及气液负荷，对一定的分离物系，当设计选定塔板类型后，其操作状况和分离效果便只与气液负荷有关。要维持塔板正常操作和塔板效率的基本稳定，必须将塔内的气液负荷限制在一定的范围内，该范围即为塔板的负荷性能。将此范围在直角坐标系中，以液相负荷 L 为横坐标，气相负荷 V 为纵坐标进行绘制，所得图形称为塔板的负荷性能图，如图3-5所示。

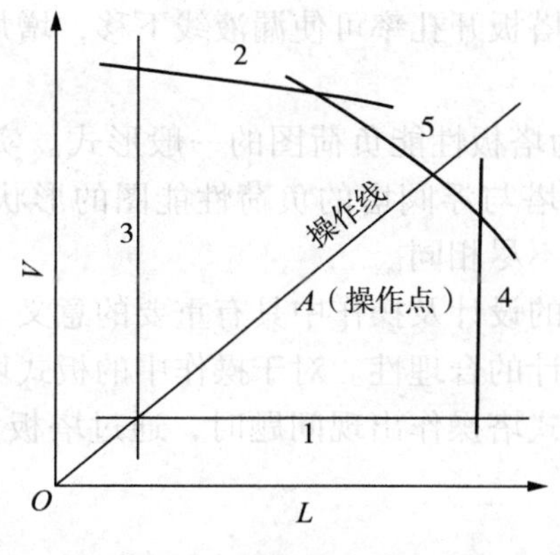

图3－5　塔板负荷性能图

负荷性能图由以下五条线组成。

(1)漏液线

图中线1为漏液线，又称气相负荷下限线。当操作的气相负荷低于此线时，将发生严重的漏液现象。此时的漏液量大于液体流量的10%。塔板的适宜操作区应在该线以上。

(2)雾沫夹带线

图中线2为雾沫夹带线，又称气相负荷上限线。如操作的气液相负荷超过此线时，表明雾沫夹带现象严重，此时雾沫夹带量 $e_v>0.1$kg(液)/kg(气)。塔板的适宜操作区应在该线以下。

(3)液相负荷下限线

图中线3为液相负荷下限线。若操作的液相负荷低于此线时，表明液体流量过低，板上液流不能均匀分布。气液接触不良，易产生干吹、偏流等现象，导致塔板效率的下降。塔板的适宜操作区应在该线以右。

(4)液相负荷上限线

图中线4为液相负荷上限线。若操作的液相负荷高于此线时，表明液体流量过大，此时液体在降液管内停留时间过短，进入降液管内的气泡来不及与液相分离而被带入下层塔板，造成气相返混，使塔板效率下降。塔板的适宜操作区应在该线以左。

(5)液泛线

图中线5为液泛线。若操作的气液负荷超过此线时，塔内将发生液泛现象，使塔不能正常操作。塔板的适宜操作区在该线以下。

4. 板式塔的操作分析

在塔板的负荷性能图中，由五条线所包围的区域称为塔板的适宜操作区。操作时的气相负荷 V 与液相负荷 L 在负荷性能图上的坐标点称为操作点。在精馏塔中，回流比为定值，故操作的气液比 V/L 也为定值。因此，每层塔板上的操作点沿通过原点、斜率为 V/L 的直线而变化，该直线称为操作线。操作线与负荷性能图上曲线的两个交点分别表示塔的上下操作极限，两极限的气体流量之比称为塔板的操作弹性。设计时，应使操作点尽可能位于适宜操作区的中央，若操作点紧靠某一条边界线，则负荷稍有波动时，塔的正常操作即被破坏。

应予指出，当分离物系和分离任务确定后，操作点的位置即固定，但负荷性能图中各条线的相应位置随着塔板的结构尺寸而变。因此，在设计塔板时，根据操作点在负荷性能图中的位置，适当调整塔板结构参数，可改进负荷性能图，以满足所需的操作弹性。例如：加大板间距可使液泛线上移，减小塔板开孔率可使漏液线下移，增加降液管面积可使液相负荷上限线右移等。

还应指出，图3－5所示为塔板性能负荷图的一般形式。实际上，塔板的性能负荷图与塔板的类型密切相关，如筛板塔与浮阀塔的负荷性能图的形状有一定的差异，对于同一个塔，各层塔板的负荷性能图也不尽相同。

塔板负荷性能图在板式塔的设计及操作中具有重要的意义。通常，当塔板设计后均要作出塔板负荷性能图，以检验设计的合理性。对于操作中的板式塔，也需作出负荷性能图，以分析操作状况是否合理。当板式塔操作出现问题时，通过塔板负荷性能图可分析问题所在，为问题的解决提供依据。

3.3.3.2　填料塔的操作

1. 填料的性能评价

填料的几何特性是评价填料性能的基本参数。填料的几何特性数据主要包括比表面积、空隙率、填料因子等。

(1)比表面积

单位体积填料层的填料表面积称为比表面积，以 a 表示，其单位为 m^2/m^3。填料的比表面积愈大，所提供的气液传质面积愈大，因此，比表面积是评价填料性能优劣的一个重要指标。

(2)空隙率

单位体积填料层的空隙体积称为空隙率，以 ε 表示，其单位为 m^3/m^3，或以百分数表示。填料的空隙率越大，气体通过的能力大且压降低。因此，空隙率是评价填料性能优劣的又一个重要指标。

(3)填料因子

填料的比表面积与空隙率三次方的比值，即$\frac{a}{\varepsilon^3}$，称为填料因子，以 φ 表示，其单位为 $1/m$。填料因子有干填料因子与湿填料因子之分，填料未被液体润湿时的$\frac{a}{\varepsilon^3}$称为干填料因子，它反映填料的几何特性。填料被液体润湿时，填料表面覆盖了一层液膜，a 和 ε 均发生相应的变化，此时的$\frac{a}{\varepsilon^3}$称为湿填料因子，它表示填料的流体力学性能，φ 值越小，表明流动阻力越小。

填料性能的优劣通常根据效率、通量及压降三要素衡量。在相同的操作条件下，填料的比表面积越大，气液分布越均匀，表面的润湿性能越优良，则传质效率越高；填料的空隙率越大，结构越开敞，则通量越大，压降亦越低。

2. 填料塔的流体力学性能

填料塔的流体力学性能主要包括填料层的持液量、填料层的压力降、液泛、填料表面的润湿及返混等。

(1)填料层的持液量

填料层的持液量是指在一定操作条件下，单位体积填料层内，在填料表面和填料空隙中所积存的液体之体积量，一般以 m^3 液体/m^3 填料表示。

持液量可分为静持液量 H_s，动持液量 H_o 和总持液量 H_t。总持液量为静持液量和动持液量之和，即

$$H_t = H_s + H_o$$

总持液量是指在一定操作条件下存留于填料层中的液体总量。静持液量是指当填料被充分润湿后，停止气液两相进料，并经适当时间的排液，直至无滴液时存留于填料层的液量。静持液量只取决于填料和流体的特性，与气液负荷无关。动持液量是指填料塔停止气液两相进料时流出的液量，它与填料、液体特性及气液负荷有关。

填料层的持液量可由实验测出，也可由经验公式计算。一般来说，适当的持液量对填料塔的操作稳定性和传质是有益的，但持液量过大，将减少填料层的空隙和气相流通截面，使压降增大，处理能力下降。

(2)填料层的压降

在逆流操作的填料塔内，液体从塔顶喷淋下来，依靠重力作用在填料表面成膜状下流，液膜与填料表面的摩擦及液膜与上升气体的摩擦构成了液膜流动阻力，形成了填料层的压降。很显然，填料层压降与液体喷淋量及气速有关，在一定的气速下，液体喷淋量越大，压降越大；在一定的液体喷淋量下，气速越大，压降也越大。

(3)液泛

在泛点气速下，持液量的增多使液相由分散相变为连续相，而气相则由连续相变为分散相，此时气体呈气泡形式通过液层，气流出现脉动，液体被大量带出塔顶，塔的操作极不稳定，甚至会被破坏，此种情况称为淹塔或液泛。影响液泛的因素很多，如填料的特性、流体的物性及操作的液气比等。

填料特性的影响集中体现在填料因子上。填料因子 φ 值在某种程度上能反映填料流体力学性能的优劣。实践表明，φ 值越小，液泛速度越高，也即越不易发生液泛现象。

流体物性的影响体现在气体密度、液体的密度和黏度上。液体的密度越大，因液体靠重力下流，则泛点气速越大；气体密度越大，相同气速下对液体的阻力也越大；液体黏度越大，流动阻力增大，故均使泛点气速下降。

操作的液气比愈大，则在一定气速下液体喷淋量愈大，填料层的持液量增加而空隙率减小，故泛点气速愈小。

(4)液体喷淋密度和填料表面的润湿

填料塔中气液两相间的传质主要是在填料表面流动的液膜上进行的。要形成液膜，填料表面必须被液体充分润湿，而填料表面的润湿状况取决于塔内的液体喷淋密度及填料材质的表面润湿性能。

液体喷淋密度是指单位塔截面积上，单位时间内喷淋的液体体积量，单位为 $m^3/(m^2\cdot h)$。为保证填料层的充分润湿，必须保证液体喷淋密度大于某一极限值，该极限值称为最小喷淋密度。

填料表面润湿性能与填料的材质有关，就常用的陶瓷、金属、塑料三种材质而言，以陶瓷填料的润湿性能最好，塑料填料的润湿性能最差。

实际操作时采用的液体喷淋密度应大于最小喷淋密度。若喷淋密度过小，可采用增大回流比或采用液体再循环的方法加大液体流量，以保证填料表面的充分润湿；也可采用减小塔径予以补偿；对于金属、塑料材质的填料，可采用表面处理方法，改善其表面的润湿性能。

(5)返混

在填料塔内，气液两相的逆流并不呈理想的活塞流状态，而是存在着不同程度的返混。造成返混现象的原因很多，如：填料层内的气液分布不均；气体和液体在填料层内的沟流。液体喷淋密度过大时所造成的气体局部向下运动；塔内气液的湍流脉动使气液微团停留时间不一致等。填料塔内流体的返混使得传质平均推动力变小，传质效率降低。因此，按理想的活塞流设计的填料层高度，因返混的影响需适当加高，以保证预期的分离效果。

3.4 反应器

3.4.1 碳二加氢反应器

碳二加氢反应器的作用是脱除碳二组分中的乙炔，以满足乙烯装置目标产品聚合级乙烯对乙炔含量的要求。

根据乙炔加氢反应器和脱甲烷塔在工艺流程中的先后次序不同，将乙炔加氢反应器位于脱甲烷塔之后的称为后加氢反应器，反之称为前加氢反应器。

前加氢反应器又包括前脱乙烷前加氢反应器和前脱丙烷前加氢反应器。前脱乙烷前加氢反应器位于脱甲烷塔之前，脱乙烷塔之后，将脱乙烷塔分离出来的碳二及轻组分进行选择加氢。脱丙烷前加氢反应器位于脱甲烷塔之前，脱丙烷塔之后，将脱丙烷塔分离出来的碳三及碳三以下轻组分进行选择加氢。

前加氢反应器特点：

①前加氢反应器进料中乙炔体积百分含量通常为0.3%～1.2%。

②前脱乙烷前加氢反应器的原料气中，除含有乙烯、乙烷、乙炔外，还含有氢气、一氧化碳和甲烷；前脱丙烷前加氢反应器的原料气中，除上述组分外，还含有丙烯、丙烷、丙炔、丙二烯。

③前加氢反应器不需外加氢气，也无需补加一氧化碳来调节前加氢催化剂的选择性。

④前加氢反应器一般没有备用床。

⑤前加氢反应器的缺点是由于物料中含有大量的氢气和一氧化碳。一氧化碳含量波动时，如果操作应对不当，反应器存在飞温和漏炔的危险。

前脱乙烷前加氢反应器为列管式等温床反应器。碳二原料走管程，冷却介质走壳程，采用的冷却介质一般为甲醇。前脱丙烷前加氢反应器为绝热式固定床反应器，反应器一般采用三段加氢，段间采用换热器冷却，从而控制段间进料温度。前加氢绝热床反应器装填时一般采用顶部或侧部人孔装填。装填先后次序一般为：底部支撑隔栅-瓷球-丝网-催化剂-丝网-瓷球-上部隔栅。前加氢等温床反应器装填时单管一一装填，测定各管压降，保证各管压降在允许的范围内。国内乙烯装置中，采用前脱丙烷前加氢反应器的有上海石化、茂名石化、武汉石化等。中国石化北京化工研究院开发的前脱丙烷前加氢催化剂BC-H-21B在上述乙烯装置均得到工业应用。采用前脱乙烷前加氢反应器的有独山子石化和吉林石化。

后加氢反应器特点为：

①后加氢反应器进料中乙炔摩尔分数通常为0.5%～2.5%。

②后加氢反应器所需氢气和一氧化碳是根据炔烃含量和催化剂运行情况定量供给，温度容易控制，不易飞温。

③后加氢反应器中常通过加入适量的CO以提高催化剂的选择性。

④后加氢反应器运行周期相比前加氢反应器短，需要再生，必须有备用反应器。

后加氢反应器包括列管式等温床反应器和绝热式固定床反应器。等温床反应器中气相碳二原料走管程，冷却介质走壳程，采用的冷却介质一般为丁烷。

固定床反应器中段间采用换热器冷却，从而控制段间进料温度。后加氢反应器根据进料中乙炔含量的高低，一般采用单段加氢、二段加氢、三段加氢。后加氢绝热床反应器装填时一般采用顶部或侧部人孔装填。装填先后次序一般为：底部支撑隔栅－瓷球－丝网－催化剂－丝网－瓷球－上部隔栅。后加氢等温床反应器装填时单管一一装填，测定各管压降，保证各管压降在允许的数值内。后加氢反应器一般应用在Lummus公司的顺序流程中。国内乙烯装置中采用后加氢反应器的主要有：扬子石化、齐鲁石化、镇海炼化、天津中沙、福建炼化等。中国石化北京化工研究院开发的后加氢催化剂BC－H－20B在上述乙烯装置均得到工业应用。

3.4.2 碳三加氢反应器

碳三加氢反应器的作用是脱除碳三馏分中的丙炔和丙二烯。工艺上一般采用单台操作，设置一台备用反应器，当催化剂活性降低或中毒时可以在线切换。

碳三加氢反应与碳二加氢反应一样都是非均相反应，一般采用气固反应或液固反应。气相加氢需将碳三馏分加热汽化，呈气态通过催化剂床层；而液相加氢时，碳三馏分以液态通过反应器催化剂床层，催化剂的液相空速大，与气相加氢相比，催化剂用量可以大大减少，则反应器体积相应减小。由于液相加氢的反应热容易被带走，所以液相加氢可在较低的温度下进行，反应容易控制而安全；与气相法相比，液相法不易发生副反应，绿油生成量少。同时，液相加氢时，反应物料以液态流经催化剂床层，反应产生的聚合物也很容易被带走，不易在催化剂表面积聚，使催化剂使用寿命大大延长。此外，液相加氢还有流程简单，节省能耗，投资省，操作维修方便，运转稳定等优点。因此，目前大多数乙烯厂均采用液相加氢法脱除丙炔和丙二烯。

碳三馏分选择加氢存在气相和液相加氢两种工艺。

碳三液相加氢反应器特点：

①碳三液相加氢反应器进料为气、液混合进料，反应物料在固体催化剂表面进行反应。

②碳三液相加氢反应器在较低的温度下进行，一般为10～60℃。

③碳三液相加氢反应器体积小、催化剂再生周期较长、工业应用较广。

④碳三液相加氢反应器有备用床。

碳三液相加氢根据使用的催化剂的性能差异的不同，一般分为双段式、单段式绝热床两种工艺。采用单段床工艺具有节省投资，简化流程的作用。碳三液相反应器上部采用气液分布器改善混合物料的分布。

碳三液相加氢绝热床反应器装填时一般采用顶部或侧部人孔装填。装填先后次序一般为：底部支撑隔栅－瓷球－丝网－催化剂－丝网－瓷球－上部隔栅－气液分布器－进料板（口）。

国内乙烯装置中采用碳三液相加氢反应器的有辽宁石化、大庆石化、扬子石化、齐鲁石化、广州石化、上海石化、SECCO、中原石化、天津石化、镇海炼化、天津中沙、福建炼化、武汉石化等。特别是从20世纪80年代起新建的乙烯装置，均采用碳三液相加氢反应器。上述乙烯装置均使用了中国石化北京化工研究院开发的碳三液相加氢催化剂BC－L－83或BC－H－30A。

碳三气相加氢反应器特点：

①碳三气相加氢反应器进料前需要加热，碳三馏分汽化后呈气态通过催化剂床层。

②碳三气相加氢反应器在较高的温度下进行，一般为40～150℃。

③碳三气相加氢反应器体积较大、催化剂周期相对较短、国内工业应用少，国外仍在使用的早期装置应用较多。

④碳三气相加氢反应器有备用床。

碳三气相加氢根据进料中入口 MAPD 高低，一般分为双段式、单段式绝热床两种工艺。碳三气相加氢绝热床反应器装填时一般采用顶部或侧部人孔装填。装填先后次序一般为：底部支撑隔栅－瓷球－丝网－催化剂－丝网－瓷球－上部隔栅。国内乙烯装置中采用碳三气相加氢反应器的主要有：吉林石化小乙烯装置等。

3.4.3 甲烷化反应器

甲烷化反应一般是指在催化剂的作用下将氢气中的一氧化碳或者二氧化碳转变为甲烷和水的过程。其主要反应方程式为：

$$CO + 3H_2 = CH_4 + H_2O \quad \Delta H = -206.2\ kJ/mol$$

$$CO_2 + 4H_2 = CH_4 + 2H_2O \quad \Delta H = -165.0\ kJ/mol$$

该过程为强放热反应，在典型甲烷化反应条件下，每 1% CO(体积分数)转化的绝热温升为 72℃，每 1% CO_2(体积分数)转化的绝热温升为 60℃。

甲烷化反应过程使用的催化剂称为甲烷化催化剂，主要分为贵金属和非贵金属两个系列催化剂。贵金属催化剂以负载型 Ru 金属催化剂为主，非贵金属催化剂以负载型 Ni 金属催化剂为主。由于 Ru 金属价格较贵，目前工业装置几乎都使用负载型 Ni 金属催化剂。使用 Ni 金属甲烷化催化剂的过程需要防止生成易挥发、剧毒物质羰基镍[由四个一氧化碳分子与一个镍原子络合生成的络合物，又称四羰基镍，$Ni(CO)_4$]，高温工艺一般要求反应温度大于 230℃，也有新的催化剂要求大于 204℃；低温工艺均要求高于 140℃。

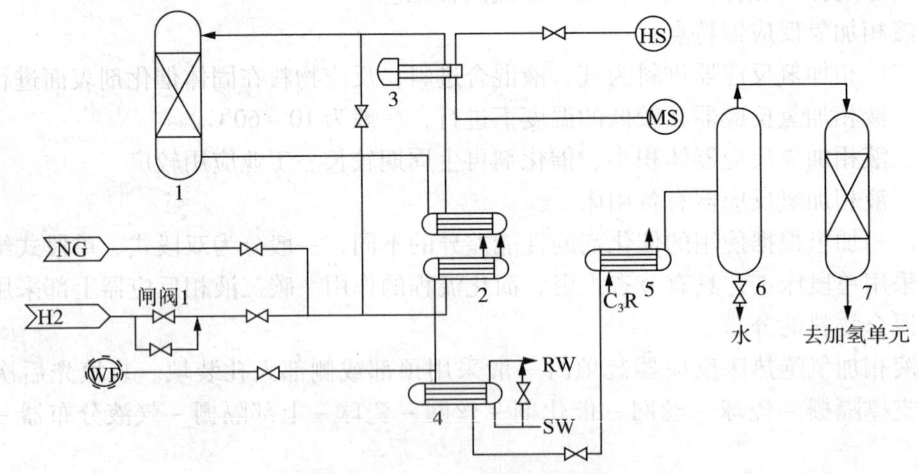

图 3－6 高温甲烷化反应工艺流程简图

1—甲烷化反应器；2—进出物料换热器；3—进料加热器；4—出料冷却器；5—丙烯急冷器；6—分离器；7—氢气干燥器

甲烷化工艺(如图 3－6 所示)目前主要应用于乙烯中粗氢的提纯过程，该过程要求将粗氢中所含的 0.15% ~0.5%(体积分数)碳氧化物脱除到小于 5×10^{-6} 以下。甲烷化反应压力通常为 3.0 ~3.5MPa，现有工艺按照反应温度可以分为高温甲烷化工艺和低温甲烷化工艺，高温工艺的反应温度一般为 250 ~300℃，使用超高压蒸汽作为进料加热器的加热介质，在高温高压生产操作过程中粗氢原料进料加热器容易泄漏着火，安全性低、能耗大、维护成本高。低温工艺的反应温度一般为150～200℃。近几年，因低温甲烷化工艺具有投资少，操作成本低，生产安全性高的优势，越来越受到市场的青睐。目前采用高温工艺的工业装置已经陆续改用低温甲烷化催化剂。

北京化工研究院的BC－H－10低温甲烷化催化剂，是负载于氧化铝载体上的镍基催化剂，采用大孔容、低压降、高比表面的齿球氧化铝为载体，并添加稀土助剂组分提高了催化剂在低温和高空速下的活性和稳定性。反应温度为150～200℃，采用中压蒸汽或高压蒸汽作为加热介质即可满足工艺要求，可显著降低操作成本，提高生产安全性。目前，BC－H－10已经成功应用于中原(180kt/a)、广州(200kt/a)、天津(200kt/a)、扬子(450kt/a)、武汉(800kt/a)和福联(1100kt/a)等乙烯装置。

乙烯装置甲烷化单元多采用固定床绝热反应器，反应物料经过蒸汽加热到一定温度进入反应器。由于甲烷化反应为强放热反应，甲烷化反应器需要耐高温。

3.5 冷箱

冷箱是指将多台单只板翅式换热器用铝合金管道串联或并联起来所组成的大型板翅式换热器的组装体。因为其经常在低温下工作(可达－100℃以下)，因此称之为冷箱。

3.5.1 冷箱的结构

冷箱是将几台钎焊铝制板翅式换热器和配管放置在密闭的钢制箱体内，并在箱体与箱内设备之间充填满珠光砂。板翅式换热器内部为密闭结构，外部结构由型钢和碳钢板制成，这一组装过程在制造厂内进行，并经过耐压和气密试验后出厂。在箱体的顶部和底部各设一人孔，以便检修和充填珠光砂时使用。另外，箱顶还设有压力调节盒。在板翅式换热器与支撑梁相接触的部位，放置隔热材料。珠光砂在安装现场充填，以达到保冷的目的。

图3－7为某装置一台冷箱的结构示意图。冷箱内部板翅式换热器由钎焊方法制作，所有受压部件均采用焊接相连，而不采用法兰和螺纹连接。外部管道与冷箱采用铝法兰形式连接。板翅式换热器的基本结构是由翅片、隔板和封条的单元体叠积而成。波纹翅片置于两块平隔板之间，并由侧封条封固，许多单元体进行不同组叠并用钎焊整体焊牢就可得到常用的逆流、错流或逆错流布置的组装件，称为板束或芯体。图3－8为错(逆)流布置的芯体。冷、热流体在相邻的单元体的通道中流动，通过翅片和与其连成一体的隔板进行热交换。一般情况下，从换热器的强度、绝热和制造工艺等要求出发，板束的顶部和底部还有若干层假翅片层，又称强度层。在板束两端配置适当的流体进出口集流箱，集流箱外填上保温材料，即构成板翅式换热器。

3.5.2 冷箱的作用和特点

在乙烯装置中，冷箱主要用于回收低位冷量以分离沸点极低的甲烷和氢气。利用其传热效率高，可实现多股物料同时换热，可以最大限度地利用余热和余冷，降低能耗，提高产品收率。

冷箱的主要优点有：传热性能好。由于翅片在不同程度上促进了湍流并破坏了传热边界层的发展，故传热系数很大。冷、热流体间的传热不仅仅以隔板为传热面，大部分热量是通过翅片传递的，结构高度紧凑，传热面积可达2500m²/m³，最高可达4300m²/m³。通常板翅式换热器采用铝合金制造，因此换热器的重量轻。由于铝合金在低温条件下的延展性和抗拉强度均很高，因此板翅式换热器适用于低温和超低温操作场合；同时，由于翅片对隔板的支撑作用，其允许的操作压力也较高，可达5MPa。此外，板翅式换热器还可用于多种不同介质在同一换热器内进行多股流换热。冷箱的全钎焊结构，安全可靠性高，换热效率高，占地面积小，重量轻，操作成本低。

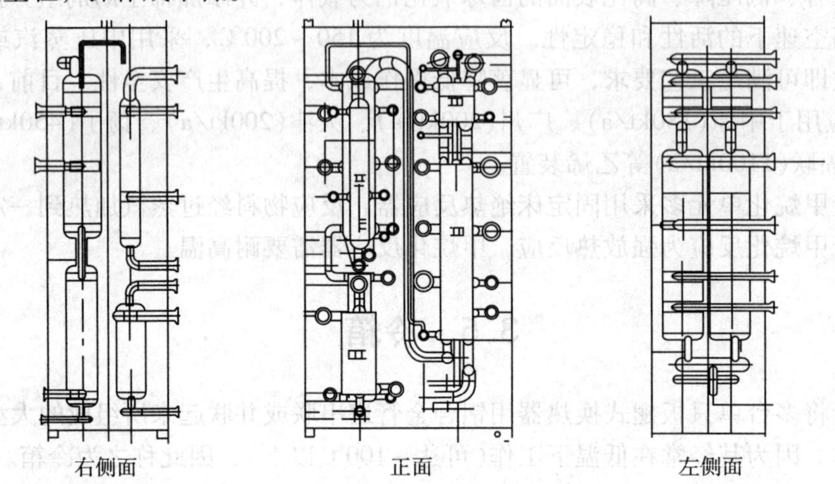

图3－7　某装置冷箱结构示意图

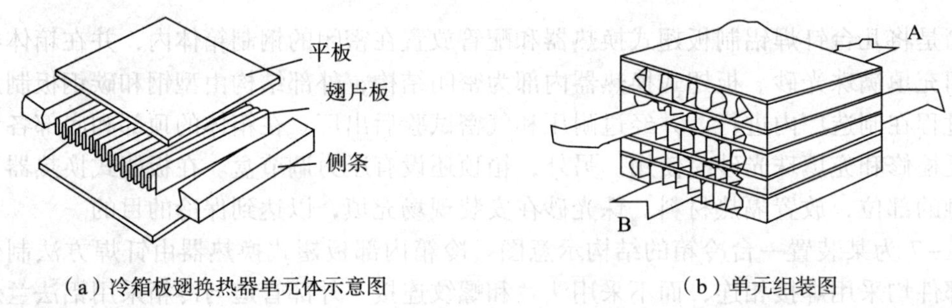

（a）冷箱板翅换热器单元体示意图　　（b）单元组装图

图3－8　冷箱芯体示意图

冷箱的主要缺点有：结构复杂、造价高；流道尺寸小，容易堵塞，而且检修和清洗困难，因此所处理的物料应洁净或预先净制。另外，由于隔板和翅片均由薄铝板制成，一旦腐蚀造成内漏很难发现和检修，故要求换热介质对铝材无腐蚀性。

3.5.3　冷箱使用的注意事项

冷箱具有高效，结构紧凑，适用于多相流等特点，但其流道小，易堵塞，不耐腐蚀。在使用中要注意入口流体的组分和纯度，在入口按设计要求安装一定目数的过滤网或过滤器；并在冷箱进出口安装精密压力表，定期监测，当压差增大到一定程度时即需要将冷箱切出清理滤网，或者需要注入甲醇等物质解冻。跑冒滴漏也是板翅式换热器使用中常见的现象，这是因为板翅式换热器在低温下收缩，有可能引起某些法兰处气体泄漏，因此，对于在－100℃以下操作的法兰，应进行螺栓冷把紧。通常是当板翅式换热器逐步降温至－30℃以下时，拧紧所有的法兰螺栓。当达到正常操作温度而法兰未发现泄漏时，就不要将法兰螺栓拧得太紧，以免损坏垫片。当产生结霜现象影响冷把紧时，常用的办法是在螺栓上注以甲醇溶液。

除此之外，还应注意做到以下几点：①操作人员必须严格按照操作规程进行操作。②在开车初期，应逐渐缓慢地向冷箱系统增加裂解气流量，确保脱甲烷及冷箱系统温度下降是均匀的，并使操作人员容易监控冷箱系统的压力。③对于采用 S&W 工艺的装置来说，初次开车冷却分凝分离器的降温速率应限制在规定范围内(一般为 30℃/h)。④当发生异常情况时，要迅速查明原因，及时处理，在保护操作人员和设备安全的原则下，尽可能避免停车事故。⑤冷箱出口设有低温联锁保护的装置，如发生联锁动作，外操人员要对被隔离的管线进行必要的泄压处理。⑥系统在投用前要仔细检查导淋阀、安全阀的旁路是否已全部关闭。必须勤于检查系统物料泄漏的情况，发现问题及时与相关人员联系。

第4章 工艺操作

4.1 乙烯装置开车准备

4.1.1 乙烯装置开车进程安排

乙烯装置开车进度安排是倒排序，主体分为裂解炉单元、急冷单元、压缩单元和分离单元四个部分进行开车进程安排。整个开车进度安排涉及公用工程和工艺系统预运转两个主要方面。其中，公用工程是所有开车准备工作的前提，涉及仪表、电气、蒸汽和水等方面的工作，只有公用工程具备了条件，才能进行 DCS 投用、调节阀校对、联锁试验、电气关系到电机转向调试(如果检修期间电气更换了配电柜)、电动阀的行程调节、压缩机油运、试车等工作。下面是各生产单元需要具备的开车条件。

1. 公用工程

在装置内各蒸汽透平试运行之前开始公用工程引入的准备工作。首先，乙烯装置，包括开工锅炉，要引入冷却水，同时开工锅炉的连续排污系统要具备使用条件；第二，当上述条件具备后，开工锅炉点火升温、产汽，并将各等级蒸汽引入装置进行暖管工作；同时，各蒸汽透平通入冷却水。所有条件都具备后，才可以开始机泵蒸汽透平的试运工作，这些关系到压缩机试车工作进度，是检修开车过程的重要控制节点。

2. 工艺物料系统

工艺物料系统的开车准备工作依据各压缩机试车、开车进度，急冷系统接水、接油进度为主要参考指标，进行倒排序，其中的标志性指标是点火炬。在点火炬之前，所有与火炬相连的工艺系统都要氮气置换合格，防止火炬点火后有大量空气进入火炬系统，产生爆鸣；另外，需要根据各系统氮气置换的时间，确定界区内盲板彻底拆除的时间；当各工艺系统氮气置换合格、气密合格、干燥合格后，才能拆除相关的界区盲板。尤其要注意需要干燥的冷区和制冷机系统，因系统干燥时需要大量的现场排放，在系统干燥合格前不能拆与物料相关的界区内盲板和界区盲板，否则物料内漏，干燥工作将无法正常进行。

4.1.2 乙烯装置各项开车准备

在工艺系统引入物料前，乙烯装置需要进行大量的各项开车准备工作。由于开车准备过程错综复杂，各个环节衔接紧密，且各种可能情况都会发生，因此，要求仪表、电气的各项开车准备工作要在工艺系统引入物料前完成。

1. 冷却水

循环上水、循环回水、中间冷却水进装置的总阀打开，打开各冷却水用户的上下水隔离阀，冷却水换热器的回水线排气阀稍开，循环水厂启动冷却水循环泵，进行冷却水系统的循环。通过冷却水用户循环上水线上的倒淋是否有水，冷却水系统的压力和温度指示，判断冷却水是否开始进入装置，各冷却水换热器回水排气阀无气体排出后，全部关闭。打开机泵冷却水夹套供水阀，先从倒淋排放，干净后再向机泵冷却水夹套供水。

在接水过程中，冷却水压力要逐渐升压，如果在接水的开始阶段升压过快，有可能会导致换热器的水侧隔板单侧受压过大，导致隔板撕裂；冷却水压力逐渐升高至正常压力，并且所有冷却水换热器用户的回水放空阀都有水排出后，冷却水接水工作完成。

2. 蒸汽

接入蒸汽的过程实际是蒸汽暖管，即用缓慢加热的方法将蒸汽管道逐渐加热到接近其工作温度的过程。暖管的目的，是通过缓慢加热使管道及附件均匀升温，防止出现较大的温差应力，并使管道内疏水顺利排出，防止出现水击现象。一般蒸汽暖管的速度控制以蒸汽界区阀(或调节阀)旁路全开的量为最大，不以温度到多少度为标准考核，工业上一般是根据管内有无冷凝液积存做为标准判定暖管是否结束的依据。

常规蒸汽暖管操作是先向管道内缓慢地送入少量蒸汽，对管道进行一段一段的预热，使蒸汽管线的沿途倒淋逐渐排凝、见汽，直到用户端和管线末端凝液排尽，再投用疏水器。暖管过程要根据管网压力、温度指示，逐步关小并最后关闭已预热管线的放空，将管道内压力、温度慢慢升上来；通常在蒸汽管线正式投用前，管线末端的倒淋要保持排放，使流动的蒸汽保持管线温度不降低。适当控制升温速度，当蒸汽管线温度从饱和向过热转换的温度区间，升温还要缓慢些，此时最容易发生水击和泄漏。例如，1.0MPa(G)蒸汽升温到160~200℃时，还要缓慢些，这个区间是饱和向过热转换的过程。暖管过程中应特别注意检查管线的热膨胀，管道的滑动，弹簧支吊架等的变形情况是否正常。

典型的开车接入蒸汽过程如下：打开蒸汽管网的超压放空调节阀的上游阀，设定压力投自动。检查关闭蒸汽各用户的主隔离阀和旁通阀(如果是接入中压蒸汽的超高压蒸汽，还要关闭各裂解炉超高压蒸汽线与超高压蒸汽总管相连的截止阀)，打开装置内蒸汽干线上的所有倒淋阀；然后稍开蒸汽界区阀的旁通阀，接入蒸汽进行暖管，当各倒淋无凝液见蒸汽后，将旁通阀慢慢打开。旁通阀全开后，可稍开外接蒸汽总阀，继续暖管2~3h。

引入低压蒸汽和工艺蒸汽与其他蒸汽略有不同，在引入低压蒸汽和工艺蒸汽前，凝液系统具备接收条件，低压蒸汽、工艺蒸汽各疏水器投用。中压蒸汽接进装置后，先将低压蒸汽和工艺蒸汽管线上的所有倒淋打开排液，装置内各个公用工程站上的蒸汽阀微开。低压蒸汽管网超压放空阀的上下游阀打开，旁通阀关闭。将中压蒸汽变低压蒸汽调节阀的前后倒淋打开排液，无液体后打开该调节阀的旁通进行暖管。当无水锤现象发生时，手动缓慢打开该调节阀，低压蒸汽慢慢升压，并将该调节阀的压力设定在0.3MPa(G)，超压放空调节阀的压力设定在0.35MPa(G)。各公用工程站排液完成后，关闭倒淋阀。

3. 仪表

DCS系统投用；所有调节阀现场为自动状态，都要动作无卡涩现象，室内外的阀位需一一对应(通常室内外校对0、20%、50%、70%、100%5个阀位，正向、反向各一次)，必须保证调节阀能正常关闭；仪表的各项指示均投用并可以正常使用，仪表的现场一次阀全部打开，尤其是塔压差表的引压阀要开对，防止开车和正常生产时的不真实指示。调节阀及其旁通阀均关闭，上、下游阀打开。

校验各系统的联锁，相应的联锁动作正常。在检修过程中如果没有更换相应的现场信号远传设备或线路，可以由仪表输入状态信号“0”和“1”校验联锁是否动作，如果更换了现场信号远传设备或线路，相应的联锁信息必须由仪表现场输入模拟信号，在校验联锁动作的同时检查电流传输过程中是否有不正常衰减。在校验联锁动作过程中，要注意电磁阀的开关动作和电磁阀开/关位置指示是否正确。

4. 电气

在电气完成传动试验后，工艺要确认各电动阀是否可以正常开关，全开/全关的远传信号是否正常；如果电气更换了低压配电柜、电机，必须现场逐个试验相关的机泵转向是否正确；校验与电气相关的联锁动作和控制逻辑，如压缩机进、出口电动阀的开度联锁、裂解炉风机联锁、裂解气大阀开关对烧焦程序的影响。

5. 氮气、仪表风和杂用风

接收氮气：接氮气前应关闭所有用户的隔离阀和各公用工程站的氮气阀，打开各界区阀，从装置各区域的氮气总管末端排放，并取样分析。氮气纯度达到99.5%（体积分数），露点 < −70℃为合格，否则继续排放直至合格。当用于压缩机干气密封的氮气投用时，氮气跨到普通氮气的阀门禁止打开，要防止中压氮气压力过低，损坏压缩机干气密封。

接收仪表风：接收仪表风前，先将仪表风管线的排气阀关闭，然后与调度联系缓慢打开界区阀。注意有其他装置用气时，要合理安排仪表风的使用，不要造成仪表风系统的波动。

接收杂用风：接收杂用风前，先关闭各用户的根部阀和各公用工程站的杂用风阀，然后与调度联系开界区阀即可。

6. 气密

当系统内的所有法兰口都已经封闭后，即可开始气密和氮气置换工作。为了充分利用检修时间，当每个子系统检修交出后，即可开始气密和氮气置换，这里需要强调的是为了防止某个系统氮气充压时，氮气串入其他正在进入受限空间检修的其他系统，带来不必要的安全隐患，“子系统”通常是由各工艺系统间的盲板进行划分的。

各系统的气密压力要求不同，属于常压系统的原料罐、凝液罐等设备、管线的法兰只要把紧即可，但要重点检查各法兰口新安装的垫片尺寸是否对，主要方法是检查垫片的外环与法兰四周的螺栓是否有大的间隙；急冷系统的低压部分氮气充压至0.1MPa(G)即可以进行气密。高压部分需要充压至接近操作压力气密；压缩和分离的操作压力高，有条件的系统通常要进行2个不同压力的气密，首先充压至0.2MPa(G)进行气密，在各压缩机氮气试运转时，系统压力升高，再进行一次气密，冷区在裂解气压缩机氮气试运时充压，通常充压至0.7MPa(G)后进行一次高压力气密；有条件的乙烯装置，在开车前，氮气通过裂解气压缩机升压后，对冷箱系统升压、氮气预冷，正式投料前完成冷把紧。

7. 氮气置换

氮气置换前要确认系统气密合格，流程一定要设定好，系统盲板、垫片安装正确，系统间要严密隔离。一般系统较大时，多采取反复升降压的方法，进行涨压式置换，不要边充边放，排放点远离充压点，泄压时流程的各端末用户和管线的导淋一定要排放，防止出现死角。置换合格标准是 O_2 <0.2%，最高、最低导淋和流程末端用户取样分析。

只有氮气量大且流程简单时，可以采用连续吹扫并在死角点排放的方法。采用压涨式置换可以加快氮气置换速度，同时可以避免大型设备内死角存留的氧气，并节省开车准备阶段宝贵的氮气资源，采用压涨式置换不能将流程末端用户和管线的氧气置换出来，因此压涨式置换的同时必须从流程的各端末用户和管线的导淋一定要排放，防止出现死角。这里需要提醒的是，流程末端用户不只是1个，例如，流程复杂的丙烯制冷系统，丙烯换热器基本都是末端用户，在分析系统氮气是否合格时，丙烯制冷系统的所有换热器、丙烯凝液罐和吸入罐都要取样分析。

8. 系统干燥

在乙烯装置中干燥是一个极其重要的准备工作，如果干燥不合格会在低温系统出现冻堵，冻堵严重时，甚至必须停车处理。在乙烯装置需要干燥的系统有各制冷机系统、冷箱、脱甲烷塔、乙烯精馏塔等低温系统；同时高/低压脱丙烷塔，丙烯精馏系统也要进行干燥，否则装置开车后的一段时间丙烯产品会带水。

为了更好地理解干燥，首先要明确压力露点的概念，湿空气被压缩后，水蒸气密度增加，温度也上升。压缩空气冷却时，相对湿度便增加，当温度继续下降到相对湿度达100%时，便有水滴从压缩空气中析出，这时的温度就是压缩空气的“压力露点”。在“压力露点”相同情况下，“压缩比”越大，所对应的常压露点越低。例如：0.7MPa(G)的压缩空气压力露点为2℃时，相当于常压露点为-23℃。当压力提高到1.0MPa(G)时，同样压力露点为2℃时，对应的常压露点降到-28℃。同样，以乙烯精馏塔为例，正常运行时系统内最低温度约为-33℃，但操作压力高，如果干燥后的常压露点不低于-55℃，当系统升高到正常操作压力时就会有水凝结出来，冻堵塔盘。

干燥的合格标准：裂解气干燥器的设计标准是干燥器出口裂解气的水含量<1μg/g，1μg/g水对应的常压露点为-72℃。在装置分析的露点通常为常压露点，因此深冷系统干燥合格标准是露点<-70℃，丙烯精馏系统露点<-40℃，

干燥的方法：干燥工作实际上是将检修期间，随空气进入设备内部的水分置换或吹扫出来。因此，虽然干燥工作是在系统气密合格之后进行的，但实际上是从系统气密、氮气置换时即已经开始了。

由于在检修过程中，水分随空气进入工艺系统后会冷凝下来，单纯的氮气压涨式置换，仅能置换出气相游离水，凝结水无法置换出来，因此干燥工作采用氮气连续吹扫的方式进行，从系统的各低点排放，靠气体流动将凝结水汽化，并吹扫出系统。干燥时的排放点包括塔釜、罐、换热器的液体排放线倒淋，塔回流线低点的倒淋，同时要注意机泵的干燥情况。

9. 压缩机试车

压缩机试车是个系统工作，包括润滑油系统运行、复水系统运行、油系统的油运、压缩机透平单试、压缩机氮试。在压缩机试车前，要先完成润滑油系统的联锁校验，保证润滑油系统可以正常运行，油系统油运完成且全部更换为新油，复水泵可以正常运行且自启动联锁校验完毕，复水器可以建立真空度。由于压缩机开车前的准备工作较多，具体内容将在压缩机开车部分进行详述。

10. 机泵

在确认冷却水洁净后逐个投用机泵轴承夹套冷却水；各机泵的润滑油、润滑脂添加好，油杯液位正常；所有带密封液的机泵要确认缓冲罐中已添加密封液至合适位置；有干气密封的机泵通入氮气，确认机泵干气密封的进气压力和二级密封的密封腔压力在正常范围；向各低温泵的机械密封供给防潮氮气；向电机轴承温度易高的机泵供给降温氮气；所有机泵送电。

各机泵的自启动联锁校验完毕，汽泵可正常使用，并进行超速跳闸试验。如果汽泵的入口蒸汽线有电磁阀，要确认电磁阀的动作与阀门开关指示是否相同。

11. 换热器

各冷却水换热器接冷却水，打开冷却水的上水、回水阀，由回水管线上的排气阀排尽其中空气；各急冷水换热器接急冷水，打开急冷水的上水、回水阀，由回水管线上的排气阀排

尽其中空气；各工艺蒸汽、超高压蒸汽用户预热好，凝液排放流程畅通；火炬系统的液体排放汽化器预热好后投入使用。

12. 三剂

碱罐接入新鲜碱至80%液位，硫、各类阻聚剂、各类防腐蚀剂、消泡剂等三剂加入到罐内，用各自的三剂注入泵将三剂填充至三剂注入管线内，且加压至系统压力，当装置开车时，保证三剂随时可以注入。

13. 其他准备工作

各紧急切断阀(EMV 和 XV)及其上、下游阀、旁通阀为关闭；伴热蒸汽投用；确认外接丙烯线已具备送料条件，接丙烯界区阀和需要接丙烯的各用户阀门均为关闭状态；接乙烯系统具备条件。

4.2 装置正常开车

由于各工艺系统开车前都需要氮气置换、气密、拆盲板、仪表调校等工作，前面已有详细介绍，本部分内容只介绍各系统有针对性的开车准备工作。

4.2.1 裂解单元正常开车

4.2.1.1 原料系统

1. 工艺系统重点准备工作

呼吸阀和补氮气线具备正常使用条件，系统盲板已经拆除，原料去各裂解炉的根部阀关闭，原料盲板拆除。

由于原料罐是常压罐，呼吸阀能否正常工作，是保证开车过程中，原料罐不被破坏的重要保证。如果呼吸阀不能正常使用，当原料罐接料时，多余气体无法及时排出，罐内压力升高，会使原料罐发生“吹气球”现象；如果原料罐液位降低，空气无法通过呼吸阀进入原料罐内，罐内压力会下降，大气压会将原料罐“压扁”。另外，有些原料罐设有氮气线，由自力式调节阀控制，在罐内压力下降时，会自动补充氮气，防止罐内压力持续降低。

2. 接原料

原料罐接原料工作在开车投料前完成即可。接入液体裂解料后，定期打开倒淋检查排水。当液面达 70% ~80% 后停止接料。原料泵进行带料试运转，确认原料泵上量正常。

原料泵的低压自启动联锁动作在接原料之前即可进行，由仪表给状态信号，确认泵是否动作；当原料罐接原料后，原料泵带料运转可以校验实际自启动联锁值与设计值的差别。

在启动原料泵之前，一定要由泵体、排气阀排气，排气后关排气阀，进行灌泵。灌泵时将排气阀稍开，同时微开入口阀，向泵体内充原料，从排气阀排气。当排气阀见液体时关闭排气阀，全开入口阀。启泵前要先全开原料系统压力控制调节阀，泵启动并全开出口阀后，再根据实际需要逐渐提高原料系统压力，进行循环操作，将备用泵挂自启动联锁。在启动石脑油原料泵时，要快速开原料泵出口阀，要注意避免石脑油在泵壳内汽化。在裂解炉投料过程中，室内监视原料罐液位变化，注意原料罐进料调节阀阀位开度。

4.2.1.2 燃料系统

1. 流程准备

①接收燃料气之前，应先点燃火炬长明线。此时，火炬长明线用燃料由界区外供给。

②切断分离系统来的甲烷/氢去裂解炉燃料系统的阀门，防止外接燃料倒串入冷区，导致冷区干燥等工作无法进行。

③打通外接燃料流程，各调节阀关闭，调节阀的上、下游阀和旁通阀关闭；如果外接液化气，液化气汽化器提前预热；燃料气过热器提前预热。

2. 开车注意事项

①慢慢打开界区接燃料阀门，检查有无泄漏。

②由于开车初期没有大量燃料消耗，注意外接燃料量，防止燃料系统超压放火炬。

③通知分离岗位切换火炬长明线，打开燃料气出界区阀门，将火炬长明线切换为本系统供气，或是改为外接天然气供气。

3. 自产燃料气的切换

①当分离系统具备向燃料系统送甲烷/氢的条件后，慢慢打开外接分离甲烷/氢的进气阀。切换过程一定要慢，避免燃料系统的波动，并避免对裂解炉出口温度和超高压蒸汽过热温度带来的负面影响。

②上述阀门切换的同时，控制室内应注意监视燃料系统的压力，避免波动大。

4.2.1.3 裂解炉

1. 开车前的检查和准备工作

①检查确认燃料、稀释蒸汽、原料、急冷油、废锅、裂解气大阀和烧焦阀等工艺系统的盲板已拆除，相关的根部阀关闭；检查锅炉给水系统，确认含磷及无磷高压锅炉给水具备开车条件。检查废热锅炉和急冷器具备使用条件。

②确认底部烧嘴考克和手阀、侧壁烧嘴考克和常明线考克关闭，风门开度适当。防止可燃气体进入炉膛导致空间爆炸。

③检查确认辐射段炉管导向管，确认未卡死，移动自如；炉内耐火材料和隔热材料完好无损；检查炉管弹簧吊架，记录冷态位置；炉门封好；看火孔门开启灵活并关闭；清焦阀开，裂解气大阀关。

④检查高压锅炉给水现场有限位；现场开超高压蒸汽汽包压力控制阀前去消音器放空的闸阀。现场关废热锅炉降液管集管倒淋阀(大腿阀)，确认准备好接收连续排污及间断排污。

准备汽包排污流程，是裂解炉开车流程检查的重点。汽包及其附属管线和阀门的压力等级是 PN25 或 PN42。而连续排污和间断排污线的压力等级，从汽包根部阀后变为压力等级是 PN2 的管线。因此，如果连续排污线和间断排污线位于总管的根部阀未开，一旦汽包升压到一定压力，会使排污线爆管。

2. 裂解炉点火升温

(1)裂解炉停车联锁复位和点火

如下情况确认正常后，裂解炉停车联锁复位。操作室内在控制盘上将相应裂解炉的状态置于清焦位置；室内和现场手动紧急停车按钮没有触发；风机运行正常；辐射段炉膛负压正常；燃料管线内氧含量低于 0.2%，燃料系统气密完成，炉膛测爆合格；裂解炉进料流量低和稀释蒸汽流量低联锁摘除。

将底部燃料气调节阀手动打开，均匀地逐个点燃底部火嘴，用底部燃料气流量调节器控制裂解炉升温速度(该温度是指裂解炉横跨段烟气温度)，如果不需要烘炉，通常以 50℃/h 升温，最大升温速度不超过 100℃/h。在升温期间，调节锅炉给水维持汽包液位，防止汽包空导致废热锅炉"干锅"。

(2）裂解炉升温

裂解炉的横跨烟气温度为200℃时，将稀释蒸汽管线暖管到调节阀前，全开稀释蒸汽根部阀，根据各炉型的要求向各组炉管中通一定量的稀释蒸汽。通入稀释蒸汽前，各组稀释蒸汽管线要彻底排凝，否则通入稀释蒸汽时管线会发生水锤；根据升温过程中汽包压力的控制要求，调节蒸汽放空量，进行高压蒸汽系统升压。横跨烟气温度横跨烟气温度达到300℃时，投用防焦蒸汽；横跨烟气温度达到600℃时，检查系统泄漏情况，进行热把紧。当高压蒸汽系统的压力达到8.0MPa(G)（横跨段烟道气温度约650℃）时，汽包液位由现场旁通控制切换为室内串级控制，投用汽包液位联锁。现场开无磷锅炉水根部阀和手动切断阀，投用高压蒸汽减温器，高压蒸汽温度调节器从手动切换到自动，设定值为520℃，投用过热蒸汽温度高高联锁；裂解炉升温到800℃，此时所有底部烧嘴要投用。当裂解炉升温到200℃、400℃、600℃、800℃时，要进行目视观察并用测温仪测量炉管管壁温度。检查炉管导向器和支撑，确保炉管可自由移动和膨胀。

(3)超高压蒸汽并网

高压蒸汽系统压力达到11.8MPa(G)时，将超高压蒸汽并网阀前的高压蒸汽管线暖管后，慢慢打开并网阀，同时慢慢减小超高压蒸汽的放空量，将高压蒸汽切到超高压蒸汽总管，将超高压蒸汽去消音器的压力调节器的设定值设为12.4MPa(G)投自动。超高压蒸汽并网前及并网后一定要注意以下几点：①控制汽包液位，如汽包液位高造成超高压蒸汽带液，会损坏压缩机透平；②控制蒸汽过热温度，防止裂解炉因超高压蒸汽温度高联锁；③注意锅炉给水流量，部分裂解炉设有锅炉给水低流量联锁。投用汽包的连续排污阀，使连续排污量约为蒸汽量的2%。

表4-1 GK-V型炉的横跨段烟气温度和相应稀释蒸汽流量及汽包压力

横跨段烟道气温度/℃	蒸汽压力/MPa(G)	总的稀释蒸汽流量/(t/h)
150		0
200		4
250	0.5	8
300	1	8
400	2	10
500	3	12
600	6	14
700	10	16
800	12	16

(4)裂解炉烘炉

新裂解炉建成，或裂解炉辐射段炉膛内衬大面积更换后，裂解炉要进行烘炉操作，下面是典型的裂解炉烘炉操作：

①按照点火顺序点燃两个底部烧嘴。没有点燃的烧嘴的风门应全开，以便把水分带出去。在烘炉的开始阶段，只点燃几个烧嘴，切换烧嘴以检查每个烧嘴都能正常使用，同时使炉膛内的热量分布尽可能地均匀。室内利用燃料调节阀控制底部燃料气量，根据点燃的火嘴个数控制裂解炉横跨段烟气温度，以≤10℃/h的速度升温，当横跨段烟气温度达到150℃时，停止升温并保持24h。如果出现热斑，表明有水分积累，应再恒温一段时间。检查炉管

位移、吊架、导向管的变化情况，炉内耐火材料是否有裂缝等。现场调节火嘴及风门使其各组温度接近。火嘴点燃一定要均匀，否则会导致炉膛内部热量分布不均，局部水分蒸发不彻底，升温过程中炉墙倒塌。

②微开稀释蒸汽根部阀，将稀释蒸汽管线暖管到调节阀前，全开稀释蒸汽根部阀，以最大10℃/h的速度把横跨烟气温度从150℃提高到300℃。当横跨烟气温度达200℃时，慢慢打开稀释蒸汽流量调节阀通入稀释蒸汽，每组炉管2.0t/h。并观察辐射段炉管入口/出口温度，确认相关的仪表有指示。逐渐关上汽包放空阀，用汽包压力控制阀控制汽包压力在1.0MPa(G)。(汽包压力控制阀必须保持一定开度)。当汽包内的压力超过下游排污系统的压力，可以打开连续排污阀。当横跨段烟气温度达到300℃时，恒温24h。当炉出口温度为200℃时，通防焦蒸汽。

③恒温24h后，继续点燃烧嘴，以最大20℃/h的速度把横跨烟气温度从300℃提高到550℃。在500℃时，稀释蒸汽的流量提高到每组炉管3.0t/h，观察辐射段炉管入口和出口的温度及各组稀释蒸汽流量。当横跨段烟气温度达到550℃时，恒温12h，汽包压力约为3.0MPa(G)。

④横跨段烟气温度在550℃下恒温12h后，以不超过20℃/h的速度提高横跨段烟气温度，横跨段烟气温度在650℃时，投用过热蒸汽温度高高联锁，汽包液位高联锁，汽包液位低联锁。稀释蒸汽量提高到每组3.5t/h，高压蒸汽压力提高到6.0MPa(G)后，用测温仪测量炉管管壁温度，检查是否有过热点，确认所有的辐射段炉管都可自由膨胀，横跨段烟气温度达到600℃时，检查系统泄漏情况，进行热把紧。

⑤ 当高压蒸汽系统的压力达到8.0MPa(G)(横跨段烟道气温度约650℃)时，汽包液位由现场旁通控制切换为室内串级控制。现场开无磷锅炉水根部阀和手动切断阀，投用高压蒸汽减温器，高压蒸汽温度调节器从手动切换到自动，设定值为520℃。在升温过程中，风机转速不能过高，否则热量大量上移导致超高压蒸汽温度高。

⑥ 投用汽包的连续排污阀，使连续排污量约为蒸汽量的2%。

⑦ 裂解炉升温横跨段烟气温度到800℃，此时所有底部烧嘴要投用。

⑧ 在炉出口温度为820℃时，稀释蒸汽量提高到每组4.0t/h，高压蒸汽压力提高到11.8MPa(G)。接入烧焦空气进行炉管内表面的预氧化，各组烧焦空气流量调节阀缓慢提高烧焦空气量(杂用风)至每组1.5t/h，同时用1h以上的时间把稀释蒸汽流量降低到每组3.0t/h。维持24h以钝化辐射段炉管的内表面。24h后，切出烧焦空气，把稀释蒸汽流量提到每组4.0t/h。检查炉管位移、配重、导向管的变化情况，炉内耐火材料是否有裂缝，检查废热锅炉、急冷器、汽包等设备的运行情况。当超高压蒸汽压力高于10.0MPa(G)后进行安全阀定压，记录安全阀启跳压力及回座压力。

当裂解炉升温到200℃、400℃、600℃、800℃时，要进行目视观察并用测温仪测量炉管管壁温度。检查炉管导向器和支撑，确保炉管可自由移动和膨胀。

4.2.1.4 急冷系统正常开车

1. 急冷水系统

在丙烯精馏塔开车及裂解炉升温之前，应进行急冷水的循环和加热以便丙烯精馏塔的塔釜提供加热，为稀释蒸汽发生系统供水。

(1)急冷水系统准备工作

① 准备合格除盐水。

② 将急冷系统补压控制器设定在 0.05MPa(G) 投入自动。急冷系统超压控制器设定 0.07MPa(G)投入自动。

(2) 急冷水的接收和循环

① 打开下列阀门：急冷水岗位各调节阀的上下游阀，各急冷水换热器的急冷水进出口阀。

② 打开急冷水循环泵入口的除盐水接收阀，使急冷水塔塔釜的液面达液面计全量程的 90%。

③ 打开急冷水泵的入口阀及出口阀的旁通阀，微开出口阀，将水充至急冷水冷却器换热器及管线，用急冷水的换热器同时充水，排气，待设备管线充满水后，急冷水的液面维持在塔釜液面计全量程的 60%，然后暂停接收除盐水。

在急冷水系统充水时，如果泵出口总线的最高点高于塔釜液面，则需要启动急冷水泵向后系统充水。

在用泵向后系统充水的过程中，一定要避免急冷水系统充水速度过快，否则急冷水塔釜液面下降过快，可能会导致急冷系统抽真空。

④ 启动急冷水泵，按下述流程进行循环：

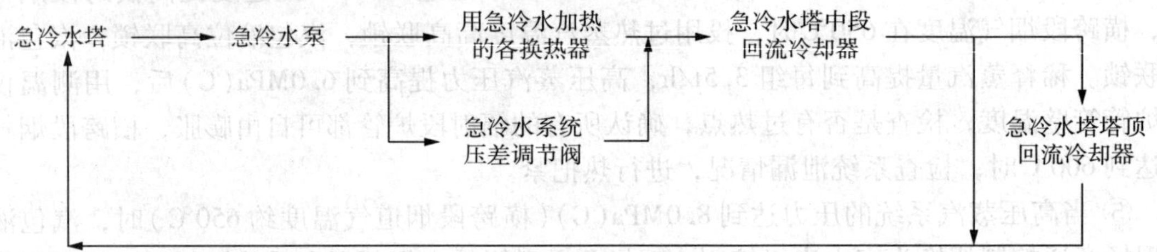

⑤ 循环过程应注意以下几点：

(a) 急冷水塔塔釜液面，循环期间应使其保持在 50% ~70%，由于循环量低，注意防止泵出口压力过高。

(b) 保证急冷系统补压阀的压力设定值不低于 0.04MPa(G)。

(c) 观察急冷水泵的入口压力，及时清理入口过滤器。

(d) 检查泵的机械运转情况，如振动、轴承温度、密封泄漏等。

(e) 急冷水系统压差调节器设定在 0.30MPa(G)。

(3) 急冷水升温

① 急冷水升温方法。在开车准备阶段，通过工艺水汽提塔直接加热蒸汽，给急冷水升温。当裂解炉蒸汽切入急冷系统后，可以根据实际水温情况，停直接加热。

② 急冷水升温调整步骤。

(a) 由工艺蒸汽供直接蒸汽给急冷水加热，经工艺水汽提塔顶线进急冷水塔釜，根据丙烯精馏塔加热的需要调节直接加热蒸汽量，控制急冷水的温度。

(b) 当急冷水釜温达 65℃时，调整直接加热蒸汽量，维持塔釜温度。如用户少，温度高，可启用急冷水冷却器，由急冷水塔顶回流量和中段回流量调整急冷水温度。但是在急冷水塔釜升高到需要温度前，一定不要投用急冷水冷却器，否则急冷水升温速度慢。

(c) 注意急冷水塔塔釜液面，如塔釜液位高，由急冷水塔水侧倒淋排水，以保障急冷水的正常液位。

2. 急冷油系统

(1) 接收调质油的准备工作

接收调质油前关闭下列阀门：各急冷油换热器的急冷油进出口阀；急冷油系统调节阀的上下游手阀；各急冷油过滤器的进出口阀；急冷油泵的泵体冲洗油阀(自身密封油阀不开，防止油黏堵塞)；裂解炉急冷油最小流量返回的流量计的旁通阀。

(2)接收调质油

① 通过停车倒空时急冷油泵出口的倒空流程，反向接收调质油。

② 将仪表的汽油分馏塔塔釜液位计投用，由罐区送调质油。

当汽油分馏塔塔釜液位达90%以上时(此时应与现场玻璃板对照)，打开急冷油泵出口阀向后系统充油。

③ 在整个充油期间，注意检查急冷油系统的泄漏情况，并从急冷油过滤器、急冷油换热器和各台裂解炉急冷油最小流量返回的放空阀排气。在急冷油系统充油时，如果泵出口总线的最高点高于塔釜液面，则需要启动急冷油泵向后系统充油。在用泵向后系统充油的过程中，一定要避免急冷油系统充油速度过快，否则汽油分馏塔塔釜液面下降过快，可能会导致急冷系统抽真空。

(3)急冷油系统油循环

当汽油分馏塔塔液面达90%时，启动急冷油泵，出口阀开度视汽油分馏塔塔釜液面及急冷油泵电流而定，如液面降至10%以下，则应停泵对流程进行检查。急冷油系统按下述流程进行循环：

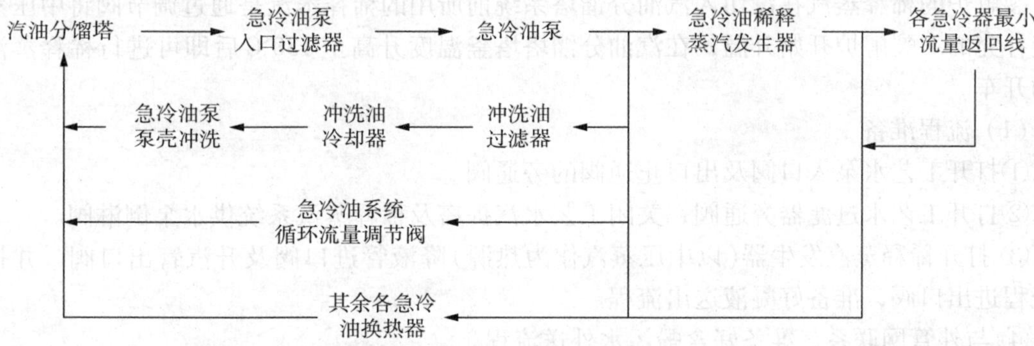

循环过程中应通过急冷油过滤器、急冷油换热器和裂解炉急冷器最小流量返回线的放空阀，将残存气体排放干净；同时，各裂解炉的急冷油最小流量返回阀，最小流量返回总管与急冷油总管连同的阀等流程必须打通，否则可能会造成急冷油系统局部堵塞。

当急冷油循环稳定后，各急冷油泵的切换，轮流运转，继续进行循环。当急冷油塔釜塔液面达95%并稳定以后，可暂时停接调质油。但是在开车过程中，裂解炉投料后，从各裂解炉急冷器至汽油分馏塔之间的管线还会填充一定量的急冷油。因此，通常裂解炉投料前汽油分馏塔塔釜液面达到100%后再继续接一段时间调质油(该时间由装置实际情况决定)，以保证开车的裂解炉投料过程中急冷油系统的平稳运行。

(4)调质油加热

① 准备工作。

工艺流程：打开急冷油稀释蒸汽发生器的壳程出口阀，同时打开这些的壳程倒淋及稀释蒸汽汽液分离罐的底部倒淋。

稀释蒸汽总管暖管：打开炉区稀释蒸汽总管上倒淋阀，确认炉区稀释蒸汽根部阀关闭。微开中压蒸汽补稀释蒸汽系统调节阀(简称稀释蒸汽系统补压阀)的上游阀，并由调节阀前的倒淋排凝液，确认无凝液后关此阀。将疏水器投入使用，微开稀释蒸汽系统补压阀的旁通阀，对稀释蒸汽总管进行暖管(至裂解炉根部阀前)，并由倒淋排凝；稀释蒸汽总管预热并升压至0.56MPa(G)后，全开稀释蒸汽系统补压阀的上游阀，关闭其旁通阀，手动调整稀释蒸汽系统补压阀，保持稀释蒸汽压力，压力稳定后给定在0.56MPa(G)投入自动。

② 调质油的加热循环。

(a) 关稀释蒸汽汽液分离罐的倒淋，慢慢打开稀释蒸汽过热器出口止逆阀的旁通阀，将中压蒸汽引入稀释蒸汽汽包进行调质油的加热。

(b) 根据加热情况调整急冷油稀释蒸汽发生器壳程倒淋阀开度。

(c) 当汽油分馏塔釜温升至130℃后，调整急冷油稀释蒸汽发生器加热量，使此温度维持在130~150℃，准备接收裂解炉送来的稀释蒸汽。

(d) 调质油加热循环的过程中，注意汽油分馏塔塔釜液面。如液面下降至50%，应补充调质油。

(e)调质油加热循环的过程中应注意对设备的使用情况和泄漏情况的检查，同时控制调质油的黏度在0.25~5Pa·s。

(f)调质油加热过程中，防止温度升降过快。

3. 稀释蒸汽系统

裂解炉的稀释蒸汽在没切入汽油分馏塔系统前所用的稀释蒸汽是通过调节阀将中压蒸汽直接补充的。裂解炉开始升温，在汽油分馏塔塔釜温度升高至130℃后即可进行稀释蒸汽系统的开车。

(1) 流程准备

①打开工艺水泵入口阀及出口止逆阀的旁通阀。

②打开工艺水过滤器旁通阀，关闭工艺水汽提塔及稀释蒸汽系统供水泵倒淋阀。

③ 打开稀释蒸汽发生器(以中压蒸汽作为热源)降液管进口阀及升汽管出口阀。并打开其壳程进出口阀，准备好凝液送出流程。

④ 与外管网联系，准备好含酚污水外送流程。

(2)稀释蒸汽的发生

① 启动工艺水泵，向工艺水汽提塔送水(通过工艺水过滤器的旁通)，工艺水汽提塔塔釜液位达50%后启动稀释蒸汽系统供水泵，向稀释蒸汽汽包送水。此时，控制稀释蒸汽汽包和工艺水汽提塔液面不能过低，并注意工艺水汽提塔及时由补水阀补水。

② 慢慢打开稀释蒸汽发生器的加热蒸汽调节阀的上游阀，并由倒淋排凝液。待稀释蒸汽汽包液面达50%后关闭倒淋并将疏水器投入使用，再慢慢打开稀释蒸汽发生器的加热蒸汽调节阀进行加热。

③ 分析凝液合格后，将凝液切入除氧器。

④ 在急冷水塔及工艺水汽提塔塔釜液面稳定后，将工艺水汽提塔进料调节阀投自动。

⑤ 稀释蒸汽汽包液面稳定后，稀释蒸汽汽包进料调节器设定在60%，由手动改为自动控制。与外管网联系，含酚污水排污线投用。

4.2.1.5 裂解炉与急冷系统的连接和运转

1. 汽油分馏塔接收裂解炉来的稀释蒸汽之前的准备工作

①使汽油分馏塔塔釜温度维持在130~150℃。若汽油分馏塔塔釜温度低于110℃，通入

稀释蒸汽后会造成急冷油带水。

②维持急冷水系统的循环，保持急冷水塔釜温度为65℃以上，工艺水汽提塔釜温维持在110～113℃。

③稀释蒸汽发生系统由中压蒸汽为热源的稀释蒸汽发生器发生蒸汽。

④联系罐区急冷水接收裂解汽油，确认汽油接满后从汽油槽侧溢过隔板进入急冷水侧，并建立油水界面。待油水界面稳定后，控制油水界面指示为40%，汽油液面指示为90%。然后暂时停接罐区来的裂解汽油。此项工作应在裂解炉投油前的24h进行。

2. 开始接收裂解炉来的稀释蒸汽

①当裂解炉的出口温度达760℃时，将裂解炉的稀释蒸汽切入汽油分馏塔。同时将相应的急冷器投入使用。

②汽油分馏塔开始回流操作。

a. 汽油分馏塔塔顶温度升至110℃之后，启动汽油分馏塔回流泵向汽油分馏塔塔顶送回流汽油，控制塔顶温度在110～115℃。

b. 汽油分馏塔开始回流后，应由界区外补充汽油，使急冷水塔内的油水界面液面保持在50%左右。液面稳定后，停止从界区外接收汽油。

c. 根据油水的界面情况，逐步关小补水阀。蒸汽开车的裂解炉稀释蒸汽全部切入汽油分馏塔之后，将此阀全关。并将工艺水汽提塔加热蒸汽改为间接加热。

d. 确认急冷水现场玻璃板液面计指示的油水界面与室内仪表一致。同时也确认稀释蒸汽包和工艺水汽提塔的液面计与室内仪表一致。

③急冷油系统的调整。

a. 采用间接加热法加热急冷油时，当裂解炉的稀释蒸汽切入汽油分馏塔之后，逐步关小急冷油稀释蒸汽发生器的壳程倒淋。汽油分馏塔的釜温达到160℃时，此时应关稀释蒸汽过热器出口的止逆阀的旁通阀。

b. 调整急冷水冷却器，使急冷水釜温维持在75～80℃，顶温在(38±2)℃。注意急冷水系统的压差，保证分离系统加热需要。

c. 逐台接收各裂解炉送来的稀释蒸汽并按上述方法调整温度、液位及流量。

d. 开车初期，为防止急冷油“飞黏”，应控制汽油分馏塔塔釜温度较低，建议维持在180～190℃。分析急冷油馏程、黏度，注意急冷油过滤器使用情况。

4.2.2 压缩单元正常开车

4.2.2.1 压缩机开车总体进程

压缩机开车过程是一个系统过程，各公用工程投用时间，乙烯装置的开车进程，在很大程度上是由压缩机开车需要进行倒排序。因此，压缩机开车在乙烯装置开车过程中占有重要位置。

以一台有复水器的压缩机为例，压缩机正常运转需要超高压蒸汽，必须保证润滑油压力和调速油压力正常，而润滑油泵运行需要中压蒸汽，同时需要冷却水；复水器建立真空度需要冷却水冷却泄漏蒸汽，中压蒸汽作为真空泵汽源，0.3MPa(G)蒸汽作为透平启动前的外供密封蒸汽。压缩机的总体开车进程如下：

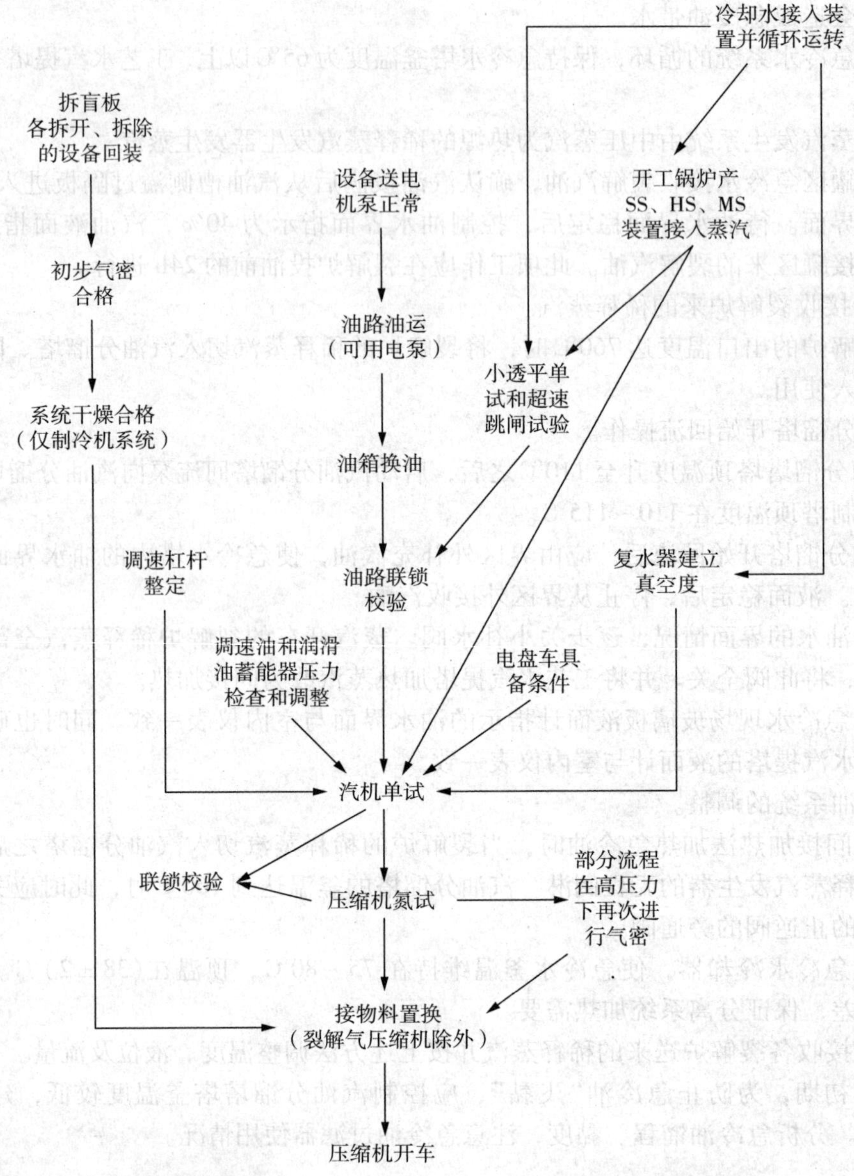

4.2.2.2　开车前的准备工作

1. 公用工程和系统准备标准

除了前面提到的开车前公用工程、气密、氮气置换等准备工作外，压缩系统还有一些单独准备工作。

①二次水源投入备用；

②各机泵、盘车马达、裂解气压缩机一段吸入罐的入口电动阀送电（裂解气压缩机润滑油电泵，送电前应将电泵开关放到手动位置）；

③压缩机油箱液面达95%，油质分析合格；

④按蒸汽透平和压缩机试运方案进行透平单机试运、压缩机 N_2 试运，这两项工作必须在开车前完成并将试车过程中出现的问题解决。

2. 密封系统投用

现在压缩机的密封系统采用带密封油的浮环式密封和干气密封两种形式，其中浮环式密封属于接触型密封，现在国内通常只有部分裂解气压缩机采用浮环密封；干气密封是非接触型的新式密封。现在国内乙烯行业的制冷压缩机基本都采用干气密封，裂解气压缩机也部分采用了干气密封。

(1)浮环密封

在启动密封油泵前要做好以下准备：打开油气分离器的进油阀、出油阀，气体排火炬阀(此阀待压缩机开车正常后，再切至去压缩机一段吸入罐)，否则从迷宫密封出来的油不能正常排出；机体及工艺系统充压至0.05MPa(G)(主要与各浮环密封的设计要求有关)，否则密封油中流向内浮环的油量会特别大，严重时油将跑到压缩机缸体里面去，背压高了，往里面内浮环漏油少了。在开车前的充压要选择氮气，而不是工艺气体。

投用浮环密封时先开润滑油泵，上述准备工作完成后再开密封油泵，并分别打开去高位油槽的充油阀，进行冷态充油至规定值。

(2)干气密封

干气密封通常是串联式干气密封，一级密封气使用的是工艺气体，二级密封气为氮气，用氮气做隔离气，使用在油封上面，防止润滑油进入干气密封。二级干气密封漏气与隔离气混合放空。干气密封系统投用顺序是：机组油运前，投隔离气，防止润滑油进入干气密封系统污染密封面；机组进行充压前投一级密封，其压力由一级密封与平衡管压差控制，一般保证一级密封压力高于平衡管压力0.2MPa(G)，二级密封气和一级密封放火炬线在启动压缩机前投用。下面是常规的干气密封投用方法。

开车前确认自身密封气阀关闭，密封用氮气引至隔离阀前，压缩各仪表引压阀开。启动油泵前必须确认压缩机干气密封的隔离气体投用(隔离气低压联锁投用)。

油泵运转之前，检查过滤器入出口阀开，旁通阀关，慢开隔离氮气的隔离阀，全开针型阀，检查压力正常。等压缩机运转稳定后，用针型阀控制隔离氮气流量在设计值。确认隔离氮气、过滤器压差处于正常控制范围[典型的压力为隔离气压力≥0.29MPa(G)，隔离气过滤器压差<180kPa]。

压缩机升速前，投用主密封气。此时的主密封气通常是外供密封气，例如丙烯制冷机开车前选用低压乙烯为主密封气。确认另外两种密封气隔离阀关闭(通常为自身密封气和氮气)，开一台过滤器上下游手阀，另外一台备用(主密封气过滤器压差<180kPa)。慢开低压乙烯隔离阀，开针型阀，检查压力处于正常范围。等压缩机运转稳定后，进气调节阀调至40~50kPa，用针型阀控制主密封气进气流量在正常值，确认干气密封泄漏量处于正常控制范围(注：主密封气流量和干气密封泄漏量，由厂家提供)。压缩机运转稳定后改为自身密封，并将密封氮气阀打开备用。

3. 油路系统循环

①开泵前准备工作。

压缩机润滑油箱内加入符合指标的透平油，油液面达玻璃液面计的95%，处于完好的氮封状态；

润滑油冷却器、润滑油过滤器、调速油过滤器、密封油过滤器(仅针对浮环密封的油路流程)的三通阀位置，其中一台使用，一台处于备用状态；

油路系统各调节阀的上下游阀打开，旁通阀关闭，设定到规定值投自动；

打开去润滑油蓄能器的阀门；打开去调速油蓄能器的阀，蓄能器预先充N_2到设定值的80%；

打开油气分离器的进油阀、出油阀，气体排火炬阀；此阀待压缩机开车正常后，再切至去一段吸入罐；打开密封油回油去脱气罐的阀，脱气罐去润滑油箱的阀(注：仅限于密封油系统)。

如果压缩机采用干气密封，确认干气密封的隔离气已经投用，相关联锁正常投用。

②启动润滑油泵。启动润滑油泵，开压缩机前另一台润滑油泵挂低压自启动联锁备用，确认润滑油压力正常。

如果压缩机采用浮环密封，当润滑油泵已升压，立即关闭油箱去密封油泵入口阀，否则润滑油会通过该阀返回油箱，系统无法建立压力。

③检查油系统有无泄漏、将油冷却器油侧、各油过滤器中的气体排放掉。

④调整润滑油冷却器的冷却水量及油箱加热蒸汽量，使油温保持在35℃，并通过每一个窥视口检查油循环情况。

⑤储压器性能试验良好。润滑油高位油槽建立正常液位，回油正常。

⑥当机体及工艺系统充压至0.5kg/cm^{2}时，分别打开去密封油高位油槽的充油阀，冷态充油至规定值。打开密封油高位油槽液位调节阀的上游阀给压缩机提供密封油，同时将外供密封气阀打开。观察油气分离器的运行情况，注意保持液面。调整密封油高位油槽液位至正常位置，使油系统处于正常状态。将备用泵切入自动，处于备用状态。(注：仅限于密封油系统，如果工艺系统没有充压，则压缩机的气气密封压差无法建立。)

4. 透平暖管

下面的暖管操作以超高压蒸汽作为动力源的蒸汽透平为例。

①检查并关闭下列阀门：主汽阀、调速阀、抽汽阀、抽汽止回阀。抽汽阀和抽汽止回阀仅在抽汽冷凝式压缩机有。

②打开主隔离阀后超高压蒸汽管线上的倒淋和主汽阀前的倒淋，全开去消音器的根部阀(第一道阀)，稍开去消音器的阀门(第二道阀)，然后稍开主隔离阀旁通进行暖管。注意：阀门应逐步开大，避免造成管线水锤。

③当倒淋无液排出时，逐渐全开旁通阀，然后再微开主隔离阀，超高压蒸汽经消音器排放，超高压蒸汽暖管约4h以上，透平入口线温度>370℃，暖管合格。关小各超高压蒸汽倒淋阀，并全开主隔离阀，适当提高去消音器的排放量，保证超高压蒸汽温度，同时关闭旁通阀。注意：提高去消音器的超高压蒸汽量时应注意蒸汽开工锅炉的负荷。

④外供密封蒸汽管线上阀门稍开，蒸汽去复水器来完成暖管。

5. 复水器建立真空度及透平暖机前的准备

①确认压缩机复水器已通冷却水。

②打开去复水器的除盐水阀，当液面达90%时停止供除盐水。

③在大气安全阀复位后，向大气安全阀供除盐水进行水封，观察大气安全阀水封液位及是否有回水。同时向复水泵泵轴封、泵入口压盖供除盐水。打开复水调节阀的上、下游阀和复水泵进、出口阀。打开真空泵排汽冷凝器凝液回复水器的下游阀。打开一级、二级真空泵排汽冷凝器的复水线进出口手阀。打开透平的机体倒淋。

④启动复水泵，复水器液面控制器设定50%投自动，并将备用泵投自动。此后，可以试验复水器的高液位联锁。复水的正常连续运转是建立复水器真空度的必要条件，如果复水无法正常运转，真空泵抽出的不凝气无法冷却，复水器无法建立真空度，蒸汽透平的排气温度高，严重时会导致透平转子变形。

⑤挂上盘车装置，供润滑油，启动盘车电机，透平进行盘车30min，并向透平两侧供氮气(氮气的作用：防止蒸汽透平轴端泄漏蒸汽，进入轴承箱，使润滑油变质)。

压缩机开车前盘车目的：防止蒸汽由主汽门漏到汽轮机内，导致汽缸上下部升温不均而引起的热变形；可以提前送轴封汽；使轴瓦过油；冲动转子减少惯性力；判断有无机械故障。

⑥打开通向泄漏蒸汽冷凝器的泄漏蒸汽阀，泄漏蒸汽冷凝器供冷却水，并向U型管内注水。开喷射器，入口压力在0.5MPa(G)即可。

⑦启动开工喷射器，使其真空度为-60kPa。

⑧盘车完成后，停盘车电机，手动退出盘车装置。

⑨向外供密封蒸汽压力调节阀的顶部灌水，逐渐打开外供密封蒸汽阀，并确认该调节阀工作无误，密封蒸汽压力控制在0.01~0.02MPa(G)。

⑩全面检查油路系统、复水系统、调速系统、机械等处于正常状态。

4.2.2.3 压缩机开车

1. 裂解气压缩机

(1)工艺流程准备

关闭一段吸入罐进料线的电动阀及其旁通阀；各段间换热器均通冷却水进行循环，注意各循环水阀初始微开即可，在开车过程中再根据实际情况逐渐调整。

外接超高压蒸汽和自产超高压蒸汽的能力维持开车过程中的超高压蒸汽平衡；冷区、热区各系统已具备接料条件。

建立正确的开车流程，相应调节阀的上下游阀则全开，旁通阀则关闭，室内手动调整使其处于关闭状态，油液面和油水界面设定合适控制值投自动。各放火炬调节阀的上下游阀打开。

油路系统循环正常，密封系统运行正常，复水器建立真空度；各其他系统和用户、下游装置返系统的手阀打开。

(2) 工艺系统的预循环

急冷系统进行急冷水运转、急冷水加热，急冷油用户接急冷油进行循环；各制冷机已运转稳定。

具备随时接20%浓度新鲜碱液的条件，并使碱罐液面达到80%；碱洗塔的水洗段接裂解炉的连续排污水(水不足时接中压除氧水补充)；碱洗塔各碱洗段接新鲜碱建立各段碱循环。

对于前脱丙烷流程，先打通流程后进行调整，才能实现低排放开车。在裂解气压缩机开车前，低压脱丙烷塔回流罐在投料前引入丙烯或丙烷建立回流，提前为高压脱丙烷塔提供回流的准备。

(3) 裂解气压缩机开车

裂解气压缩机开车时可以预先接入天然气进行循环升压，然后再接入裂解气；或者在裂解气压缩机暖机阶段接入氮气进行循环运转，暖机结束后，升速前再大量接入裂解气，然后再逐渐停接氮气。

采用第二种方式开裂解气压缩机时，如果为了减少火炬排放，降低损失，需要裂解炉投料和压缩机升速的时机配合较好。通常，在裂解气压缩机低速暖机阶段开始裂解炉投料，利用裂解气给急冷系统充压。

在裂解气压缩机升速后的开车过程中，就是物料逐渐填充系统的过程，沿着流程顺序，从前到后，一处工艺操作指标达到正常运行条件后，物料进入下一段流程。由于各乙烯装置都有自己的详细开车方案，及开车的各阶段的合格工艺指标标准不同，这里只对开车过程中的要点进行重点分析(前脱丙烷前加氢流程的加氢反应器开车要点，单独进行介绍)。

裂解炉出口温度：在开车过程中，裂解炉出口温度要按正常裂解深度要求控制，加工液体裂解料，如果裂解炉出口温度比正常控制指标低的过多——经验值是低30℃以上，裂解气中重烃组分变化较大，通常导致裂解气压缩机段间罐中油类组分过多，甚至出现严重的油水乳化现象，易导致裂解气压缩机因吸入罐液位高联锁。

急冷水塔顶温：急冷水塔塔顶温度高，过多的汽油组分进入裂解气压缩机系统，容易导致裂解气压缩机一段罐排出液面高。

防喘振：在开车过程中注意控制压缩机各段流量不低于最小流量要求，防止压缩机出现喘振。

段间罐液位：裂解气压缩机各段间罐有多个测量油水界面的仪表液位计。在裂解气压缩机开车过程中，由于段间罐内油类物料的密度波动大，导致测量油水界面的仪表液位计出现测量误差，易导致裂解气压缩机因吸入罐液位高联锁停车。因此，在裂解气压缩机开车过程中要多次室内外核对压缩机段间罐液位。

汽油汽提塔：汽油汽提塔的塔釜温度设计标准是控制釜液不含碳四组分。但在开车过程中，整个工艺处于不平稳过程，温度波动大，如果为了满足汽油汽提塔塔釜温度的要求，会导致大量油类组分汽化并返回压缩机段间罐，不利于开车过程中裂解气压缩机段间罐液位的控制。

裂解气压缩机开车几个阶段的关键控制点：①碱洗塔：碱洗之后的裂解气中CO_2和H_2S含量低于1×10^{-6}后，裂解气才能进入后系统，否则会引起催化剂中毒。②凝液汽提塔：凝液汽提塔在顺序分离流程中才有。凝液汽提塔塔釜物料中的C_2组分含量不能高(各装置没有统一的指标)，否则导致丙烯产品中碳二组分超标。③高压脱丙烷塔(前脱丙烷前加氢流程)：塔顶物料不含碳四组分后，塔顶气相才能进入冷区，否则重组分后移，使一些冷换热设备的换热效果变差。④加氢反应器(前脱丙烷前加氢流程)：在开车初期，裂解气低流量，加氢反应产生的热量不容易被除去，催化剂易发生过热。设计上，在压缩机的五段出口设置了最小流量回路以确保足够的流量，保证反应器足够的空速。

段间冷却器的调整：开车期间，室内外操作人员应严密监视各段进、出口温度和各罐液面，调整冷却水，合理分配各段间罐凝液。

2. 制冷机

由于各装置的制冷系统和流程不同，包含的制冷机也不同，下面只介绍一些共性内容。

(1) 辅助流程准备

① 工艺系统已用N_2置换、干燥合格，工艺系统因流程长，注意不要留有死角。其氧含量≤0.2%，常压露点满足要求(丙烯制冷系统，露点＜－45℃；乙烯制冷和二元制冷等温度等级更低的系统，露点＜－70℃)。系统保压0.03MPa(G)。

② 系统置换：丙烯物料由丙烯精馏塔引入气相丙烯(通常丙烯精馏塔先接入液相丙烯，汽化丙烯后供制冷系统进行物料置换)，乙烯物料可以从乙烯球罐接释放气置换N_2。在进行系统物料置换时，工艺侧和机体分开置换，防止压缩机反转。制冷机现在通常采用干汽密封。

分析 N_2 含量≤2%合格，氮气分析合格后接入液相丙烯或液相乙烯，如果需要接入甲烷，只能等到脱甲烷塔塔顶物料中不含碳三后接入相应的制冷系统(具体接入何种物料，与制冷系统所用物料有关)。在接液体丙烯和乙烯时，系统压力保证0.3MPa(G)以上，以免丙烯液体或乙烯液体节流后温度过低，损坏设备、管线。

③ 润滑油箱充油至90%液面，油路系统按要求对其仪表进行调校，并确认仪表联锁设定值无误；电子调速器调试完毕，透平调速杠杆整定完成，检查油路系统储压器氮气胶囊的压力情况；复水系统试运，真空试验完成，并确认真空泵好用。

④ 透平大修需单机试运，压缩机解体大修需 N_2 试运，且出现的问题整改完毕。

(2) 工艺系统准备

制冷系统开车属于无负荷开车，在开车准备过程中油系统、复水系统、密封系统的准备工作与裂解气压缩机基本相同，但还有一些自己的特点，分别如下：

① 喷淋所需的冷剂：制冷机开车过程及无负荷运行期间，需要开最小流量循环阀保证压缩机不发生喘振，同时配合开喷淋降低压缩机吸入温度，防止压缩机出口温度高联锁。因此，制冷机开车前，提供喷淋的冷剂罐要接入足够多的冷剂，通常冷剂液面要达到80%以上。

② 冷剂用户对冷剂要求：制冷系统的工艺流程特点是各液相冷剂用户的调节阀均布置在各冷剂罐附近，这就要求在制冷机开车前，各冷剂用户的壳程必须接入一定液位的冷剂，否则在制冷机开车过程中，各吸入罐内的冷剂不能满足系统填充的需求。

③ 排放氮气：开车准备过程中用实气置换系统中的氮气，但是系统中仍会存留一定量的氮气，由于氮气是不凝气组分，在制冷机开车过程中易导致出口压力高联锁停车。因此，在接液相物料过程中，注意从压缩机出口冷凝器的排不凝气阀放火炬，排除系统中 N_2。

④ 出口冷凝器的冷却水阀调整：丙烯制冷压缩机出口有多台并联的冷却水冷凝器，在制冷机开车前要将各冷却器的冷却水阀开度调整合适，否则在开车过程中，丙烯在各换热器壳程的冷凝程度不同，个别换热器会出现气相丙烯短路，导致压缩机出口压力无法控制——超压放火炬。三元制冷压缩机也存在同样问题。

⑤ 工艺系统干燥：接物料前的工艺系统干燥合格，否则在制冷系统开车后会出现局部冻堵，影响装置正常运行，甚至停车。干燥的合格标准在前面已有叙述，具体干燥方法在第一节的第二部分已有叙述。

(3) 制冷机开车

确认蒸汽透平暖管结束、密封系统、油路系统、复水系统、调速系统、工艺系统、机械等处于正常状态，压缩机电盘车正常。

停盘车电机脱开盘车装置，压缩机机组复位，开制冷机各吸入和排出管线的电动阀(压缩机各段吸入管线的电动阀是否都开，根据各制冷机系统的实际情况决定)。全开主汽阀，启动压缩机，使其在低转速的情况下暖机(注：采用干气密封的压缩机暖机转速为1000r/min，采用浮环密封的压缩机暖机转速为500r/min)，暖机过程中注意对机体排液。暖机时间30～40min，透平排汽温度≤120℃。

暖机合格后，按照压缩机升速曲线进行升速和机体预冷，在制冷机升速到最低动作转速之前，喷淋流程具备使用条件，压缩机吸入罐的倒液流程具备条件。在制冷机运转过程中一定要注意防喘控制，防喘振的最小流量是指质量流量。因此，制冷机防止喘振不仅要保证吸入流量不低，同时要保证吸入温度不高。

(4) 加氢反应器开车(前脱丙烷前加氢流程)

在前脱丙烷前加氢流程中，加氢反应器的开车属于裂解气压缩机系统开车的一部分，也是开车成功的一个关键点。

在前脱丙烷前加氢的流程中，加氢反应是利用裂解气中自身含有的氢气进行加氢反应，从脱炔加氢反应来看，不要求分离装置对氢气进行精制净化处理，因而装置开车进程较快。

加氢反应器的开车受催化剂性能影响很大，催化剂抗 CO 波动能力差时，CO 含量增加，如不及时调整操作温度，乙烯产品会不合格；当 CO 浓度急剧减少时，床层容易飞温，甚至造成装置停车。另外，在低流量条件下加氢反应产生的热量不容易被除去，也容易造成床层飞温。

因此，在反应器引入裂解气之前首先用乙烯气充压，以防止在引入裂解气时因经过反应器床层的裂解气空速较低而造成床层温度不必要的上升。在开车初期，通过最小流量返回线，保证反应器的空速在合理范围内。另外，为了防止因催化剂初次投用，活性过高而发生飞温现象，可以在反应器入口管线上注入 CO。

4.2.3 分离单元正常开车

4.2.3.1 接物料建立循环

在确认工艺系统干燥合格后，部分系统可以接物料建立全回流循环，主要有两个方面的作用：一是加快开车进度，缩短产品合格时间；二是为制冷系统的开车准备或平稳运转提供支持。

脱乙烷塔：预先接入乙烯或乙烷，并用乙烯球罐的释放气给脱乙烷塔充压，使脱乙烷塔在进料之前，建立碳二物料的全回流运转，缩短开车过程中乙烯产品的合格时间。如果在进料前，脱乙烷塔没有升高塔压并建立全回流运转，则物料进入塔内后闪蒸、降温，大量碳二组分未经过提馏段塔盘逐级蒸馏而直接进入塔釜，造成塔釜碳二组分含量过高，如果此时直接进入脱丙烷塔系统，必然最终造成丙烯精馏塔内碳二组分过多，丙烯产品长时间不合格。

乙烯精馏塔：从节能角度考虑，乙烯精馏塔采用低压开式热泵或高压闭式热泵流程，不论是开式热泵技术还是闭式热泵技术，乙烯精馏塔在开制冷机之前接入乙烯，配合制冷机开车建立全回流运转，是制冷机正常运行的必要条件或是制冷机平稳运行的重要保障。

丙烯精馏塔：丙烯精馏塔通常在丙烯制冷机或三元制冷机进行物料置换前接入物料，并进行加热升压，为制冷机的工艺系统提供置换氮气所需的气相丙烯；另外，丙烯精馏塔进料前建立全回流运转，可以加快丙烯产品合格时间。

4.2.3.2 冷箱预冷

冷箱预冷通常是指裂解炉投料前，裂解气压缩机通过加压氮气，在深冷系统建立接近工艺控制压力下的流动状态，利用制冷机的冷量，氮气的节流、降温，给冷箱降温，以缩短裂解炉投料后乙烯装置产品合格时间，减少开车时的物料损失。

裂解炉投料前的冷箱氮气预冷还有两个好处。一个好处是通过系统中未经降温冷却氮气的流通，对低温系统进行全流程最后充分的干燥，彻底消除装置首次或大型检修开车前系统中存在的干燥死角，确保装置实物料开车中不发生冻堵事故。经过裂解气干燥器脱水后，氮气露点可达到 -75℃，控制常温干燥的氮气物流在低温系统流通 30min 以上，充分利用建立后系统氮气工作压力的过程，对系统露点不合格的死角或低温系统中残余水分进行彻底干燥。另一个好处是在冷箱氮气预冷降温过程中，可以进行冷把紧，避免了实物料开车的安全风险。

冷箱预冷操作有两个前提条件：①要有足够的外接超高压蒸汽用于裂解气压缩机和制冷机的运转，如果需要用裂解炉蒸汽开车补充超高压蒸汽，显著增加了开车成本，在经济上需要核算冷箱氮气预冷是否合适；②裂解气压缩机一段吸入补充的氮气流量要能够满足初期操作，裂解气压缩机和冷箱在短时间内建立压力。另外，冷箱氮气预冷还需要建立一套完整的闭路循环体系。否则氮气从裂解气压缩机吸入口进入，在流程后部放空，造成氮气不必要的大量损失，增加开车成本。

冷箱预冷操作的注意事项：①确认系统中露点完全合格后，逐步分级投用系统各级别冷剂，使系统逐渐降温。投用冷剂过程要注意保证制冷机运行稳定，控制冷剂液位，防止带液发生；②防止氮气在冷箱内部分液化，氮气液化必然要从裂解气压缩机入口补充大量氮气，才能保证系统压力稳定，造成氮气大量浪费；③系统中大量液化氮气的存在，将带来后期系统实气置换的困难，从而造成长时间实物料排放损失；④在氮气预冷过程中提前进行冷把紧，避免发生实物料降温过程中的泄漏，既保证了安全平稳开车，又避免了实物料泄漏损失。

4.3 装置正常操作

4.3.1 裂解单元正常操作

4.3.1.1 水系统的 pH 值控制

急冷水系统、工艺水系统和裂解气压缩机碱洗塔前，通常需要注入碱性物质，控制水的 pH 值，否则相应的系统会呈酸性，腐蚀设备，是乙烯装置的重大安全运行隐患。

(1) 水系统 pH 值呈酸性的原因

因裂解原料中不同程度地含有硫化合物，或者为了延长炉管使用寿命，需要在裂解料中加入硫化物，这些化合物高温裂解后，转化为 H_2S 等酸性物质，经过水洗后酸性物质部分溶于水中，部分随气相进入裂解气压缩机系统。

裂解料高温裂解生成 H_2S 同时，还会生成 CO_2，CO_2 同样部分溶于急冷系统的水中，部分随气相进入裂解气压缩机系统。H_2S 和 CO_2 最终都会在裂解气压缩机系统的碱洗塔内，与 NaOH 溶液反应生成盐类，作为废碱送出。

另外，由于部分原油中氯含量高，如果脱氯不好，其相应的液相裂解料也会含有一定量氯。在 H_2S 水溶液中，如有氯离子存在，可大幅促进 H_2S 的腐蚀作用。根据经验，裂解料中氯的平均含量不超过 3×10^{-6}，水系统的 pH 值较易控制，不会产生设备腐蚀。

(2) 控制水系统 pH 的意义和监控指标

水系统的 pH 值呈酸性时，会腐蚀碳钢材质，表现为急冷水中铁离子浓度较高；当水系统的 pH 值大于 8.5 时，碳钢材质产生缝隙腐蚀，尤其是系统中含有氯离子时，会加快缝隙腐蚀的速度。下面是 pH 值对不同水系统的不同影响。

急冷水：pH 值太高，会导致急冷水乳化。

工艺水：工艺水汽提塔很难除尽 H_2S 等酸性介质，尤其是氯离子，腐蚀主要表现为酸性腐蚀，尤其是 H_2S 腐蚀；pH 值高，会对稀释蒸汽发生系统带来负面影响(将在后面进行详细介绍)。

裂解压缩机段间凝液罐的凝液：裂解压缩机段间凝液罐凝液的 pH 值与急冷水 pH 值同

步变化，并有一定的对应关系。其 pH 值低会引起金属的酸性腐蚀。

各装置的水系统 pH 值控制指标略有差异，但急冷水的 pH 值都不超过 9。某乙烯装置的控制指标：急冷水，7～8；工艺水，7.8～8.5；稀释蒸汽发生系统，8.5～9.0。

(3) 碱性物质的注入方案

碱性物质的注入点各装置设计上都有不同，下面是两种典型的注入流程。

一种是在急冷水泵入口注入 NaOH，控制急冷水的 pH 值；在工艺水汽提塔进料泵入口注入 NaOH，控制工艺水的 pH 值；在工艺水汽提塔顶出口预留 NH_3 注入点；稀释蒸汽发生器罐底设有 NaOH 注入点。

另一种是在工艺水汽提塔进料线注入 NaOH，通过汽提蒸汽作用的分配 NaOH，实现对急冷水、工艺水和稀释蒸汽的 pH 值控制；在急冷水塔顶气相线注入 NH_3，控制裂解气压缩机段间凝液罐凝液的 pH 值。

上述水系统 pH 值控制方案都是采用注入一定浓度的 NaOH 溶液控制各个水系统的 pH 值，通过注入氨水控制裂解气压缩机段间罐凝液的 pH 值。该方案有两个重要缺点：第一，由于 H_2S 和 CO_2 在水中的溶解度，随着压力和温度的不同发生变化。在实际生产中，从急冷水塔至碱洗塔之前的裂解气压缩机段间罐凝液，都有 H_2S 和 CO_2 溶解于其中，使水呈酸性，因此传统的 NaOH 和氨水的注入，无法有效控制裂解气压缩机段间罐的凝液 pH 值，相应的系统也会产生腐蚀。第二，NaOH 溶液的碱性强，该注入方案会使相应的水系统 pH 值波动较大。传统注入方案的两个缺点是乙烯装置长周期运行的重要安全隐患。

为了解决上述问题，乙烯装置开始在急冷系统注入中和缓蚀剂。中和缓蚀剂主要成分为有机胺和有机酰胺，具有中和与成膜双重作用，其活性成分带有极性基团。其中的中和成分可以中和 H_2S 释放的氢离子，中和成分在汽液两相当中有个分配比，能随 H_2S 等酸性汽体冷凝或汽化，从而达到汽液两相的中和作用；其中的成膜成分是某种表面活性物质，其分子是由头尾两部分组成的，分子的头部是吸附在金属上的极性基，尾部主要功能是吸附流过金属表面的某些油分及其他烃类组分。成膜成分尾部吸附的油分就会构成防止腐蚀性溶液侵蚀基体金属的一种机械隔层。

中和缓蚀剂一般有两种注入方案：一种是分别注入在工艺水汽提塔进料线和稀释蒸汽发生罐进料线上；另一种是注入在急冷水塔的进料线上。

(4) 控制 pH 值的注意事项

注入 NaOH 溶液控制 pH 值时，要防止间歇性操作，防止 pH 值波动。注入中和缓蚀剂控制 pH 值时，只要注意药剂的平稳注入即可。但是，中和缓蚀剂中的有效成分要根据各装置裂解气中的酸性成分和含量，进行调整；成膜成分的需要量，是由与被保护的金属表面相接触的水流总量以及在该金属表面形成一层致密的保护膜在水中所需要的最低浓度决定的。

4.3.1.2 稀释蒸汽品质的控制

稀释蒸汽是由工艺系统内循环的水发生，是裂解炉正常运行的必要条件，因此稀释蒸汽品质的控制，不仅关系到稀释蒸汽发生系统正常运行，也会影响到裂解炉的正常运行。

稀释蒸汽的品质除了从 pH 值，还要从稀释蒸汽系统连续排污水的酚、油含量两个方面进行控制，在采用注入 NaOH 溶液控制 pH 值时，还要注意防止稀释蒸汽带液。稀释蒸汽系统的 pH 值控制在前面都已提及，这里就不再详述。稀释蒸汽的酚含量主要通过连续排污实现，稀释蒸汽系统的含酚污水连续排放量是稀释蒸汽发生系统进水量的 5%～8%，如果排污量不够，可以往水系统补入中压除氧水。

在控制稀释蒸汽系统 pH 值时，建议注入中和缓蚀剂，不注入 NaOH 溶液。因为，注入 NaOH 溶液不仅使系统的 pH 值容易波动，当稀释蒸汽系统的除沫效果不好时，还会使稀释蒸汽大量夹带 Na^+。这些钠离子进入裂解炉对流段，会附着在稀释蒸汽过热段、原料混合预热段等对流段管的内表面，并使相应的位置局部过热，形成垢下腐蚀；钠离子进入裂解炉辐射段炉管，会在辐射段炉管内表面形成无机盐焦，使裂解炉的运行周期急剧缩短——通常只有十几天，这类焦无法采用常规的烧焦方法清除，只能停炉后向辐射段炉管内注水，通过浸泡、溶解的方法除去无机盐焦。

4.3.1.3 急冷油的黏度控制

（1）急冷油黏度控制的意义

急冷油是重要的热载体，一方面可以将裂解炉出口的裂解气温度降低；另一方面又发生稀释蒸汽，供裂解炉使用。急冷油循环系统的正常运转，是裂解炉、汽油分馏塔以及稀释蒸汽发生系统正常运转基本条件之一。

合理的急冷油黏度是保证乙烯装置正常运行的一个重要指标，乙烯装置正常运行时，急冷油黏度一般控制在 2000mm²/s 以下——设计为 500mm²/s（50℃），如果黏度超过 2000mm²/s，则需补充调质油减黏。急冷油黏度高会使其传热性能变差，减少了稀释蒸汽发生器吸收的热量，从而使得进入裂解炉急冷器的急冷油温度升高，流量加大，操作费用增加；另外急冷油黏度大，会影响急冷油循环泵的运行效率，导致泵出口压力下降；急冷油黏度过高会导致急冷油黏结在汽油分馏塔塔釜，堵塞管道，危及装置的安全稳定运行。

生产运行表明，当急冷油黏度超过 4000mm²/s 时，急冷油循环将受到威胁，急冷油的传热系数将有较大下降，系统运行恶化，发生堵塞现象。急冷油循环系统发生堵塞事故国内均有发生，其影响和损失十分巨大，而且处理非常困难。

（2）急冷油黏度增长的机理

急冷油的主要馏程范围在 220～500℃，富含大量易聚合的芳香族物质。在循环过程中，由于自身含有大量烯烃、二烯烃及环烯烃等不饱和烃和杂环化合物，例如苯乙烯、茚类、萘类和蒽类等，在急冷器中与高温裂解气接触时，发生缩合、结焦反应，生成更大的化合物分子。随着循环的进行，此缩合、结焦反应不断进行，芳烃组分减少，胶质和沥青质增加，使急冷油的黏度不断升高。

由于急冷油黏度高，组分重，其中又含有细小的固体焦粒，当汽油分馏塔或急冷油系统的局部温度超过急冷油热稳定温度时，急冷油易发生聚合结焦，发生“飞黏”现象，最终导致设备堵塞，影响装置的正常运行。

（3）影响急冷油黏度变化的因素

影响急冷油黏度变化的因素很多，除了有裂解原料性质等方面的因素外，还和系统的操作条件有着密切的关系。

① 裂解原料组成和急冷油循环量对急冷油黏度的影响。裂解原料在裂解炉内进行高温裂解反应生成乙烯、丙烯等目标产品的同时，还有部分重质馏分产生。这些重质馏分的初馏点很高（一般在 290℃以上），随着裂解气以及急冷油在汽油分馏塔内冷凝，进入急冷油循环系统。为保持系统物料平衡，必须采出部分急冷油，经过汽提后，作为装置副产品裂解燃料油送出。

裂解原料不同，工艺控制参数不同，裂解炉出口产物中的重质裂解产物含量也不同，不同原料裂解时的裂解燃料油收率见表 4－2。

表 4-2　裂解产品中裂解燃料油收率(%)统计表

裂解炉出口温度/℃	重柴油(HGO)	加氢尾油(HVGO)	石脑油(NAP)	乙烷
785	6.99	—	—	—
790	—	2.15	—	—
820	—	—	1.55	—
840	—	—	—	0

从表4-2可知，在不同裂解原料及裂解工艺条件下，裂解燃料油收率差异很大。乙烯装置的急冷油循环系统容量一定，燃料油量收率不同，急冷油在系统中的循环时间也不同。燃料油收率高，急冷油循环时间短；反之，急冷油循环时间就长。研究表明，急冷油在210℃恒温循环状态下，循环时间逐步延长到400h以上，胶质含量从5%~6%上升到18%~20%，沥青质含量从约20%上升到28%以上，而饱和烃+芳香烃的含量从75%下降到52%左右。由此可知，胶质和沥青质的增加是造成急冷油黏度上升的主要因素。稳定急冷油中饱和烃+芳香烃的含量在较高值可以控制并稳定急冷油的黏度。因此，急冷油循环时间长，接触从废热锅炉出口高温裂解气的次数增加，急冷油黏度高。急冷油黏度随循环时间变化曲线见图4-1。

以石脑油为裂解原料时，塔釜温度一般控制在190℃左右；以柴油为裂解原料时，一般控制在200℃左右。

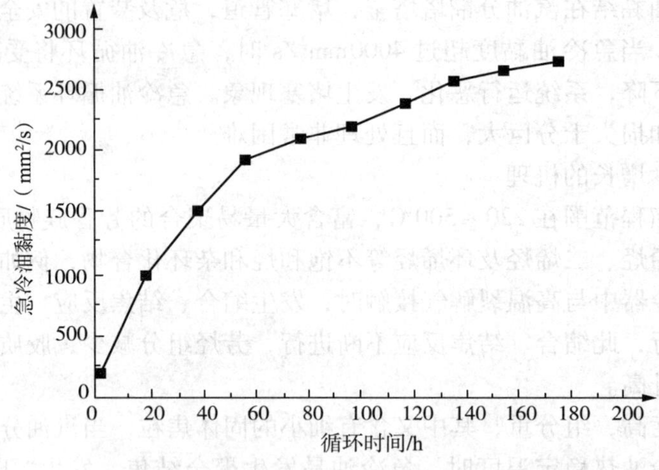

图4-1　急冷油黏度随循环时间变化曲线图

② 裂解反应深度对急冷油黏度的影响。通常情况，在相同的裂解压力下，裂解气组成随裂解深度的不同而变化，炉出口温度高，则裂解深度高，液相收率降低，但液相产物中的重组分含量上升；同时，急冷油在系统内的循环时间增加。这些都导致急冷油的黏度升高。

调整裂解炉的裂解深度，使裂解产物的重质稠环芳烃量与重燃料油汽提塔采出的重质稠环芳烃量相当，以维持急冷油中重质稠环芳烃比例，从而稳定急冷油黏度。通常以石脑油为主要裂解原料的装置采用此方法。在原料构成稳定且满足设计条件的情况下，仅需小幅调整裂解深度即能起到稳定急冷油黏度的作用，可最大限度发挥重质燃料油汽提塔作用。但此方法在裂解原料构成复杂，轻重比例变化较大，尤其是投入裂解的原料重于设计使用的原料时，不易控制。

③ 汽油分馏塔釜温度、裂解柴油采出量的影响。汽油分馏塔釜温度高低对急冷油的黏度有直接的影响。在其他因素固定的条件下，塔釜产品重组分的浓度取决于塔釜温度。塔釜温度升高，汽化更多的物料，降低釜液中轻组分的浓度，造成塔釜急冷油黏度升高。

④ 装置实际的生产负荷的影响。急冷油循环系统的容量一定，其热容也就一定。如果装置负荷过高，那么进入汽油分馏塔的裂解气与急冷油的温度就很高，造成塔釜温度高。从塔底采出的急冷油温度很高，受到换热器传热面积的制约，被冷却返回汽油分馏塔的急冷油和去裂解炉急冷器的急冷油温度都很高。这种恶性循环将使得汽油分馏塔釜温升高到难以控制，严重威胁到装置安全稳定运行。如果是因为装置负荷太高，造成急冷油系统黏度过高，无法控制，可以适当降低生产负荷或注入调质油控制黏度。

（4）减黏工艺设计

针对前文所述的影响急冷油黏度变化的因素，都有相应的急冷油黏度调整方法。例如，为了降低汽油分馏塔塔釜温度，可以适当降低稀释蒸汽系统压力，增加稀释蒸汽发生量；调整侧线采出的裂解柴油量；塔釜兑入减黏油；改变装置的投料结构。但这些调整方法多数情况下只适用于急冷油黏度的微调，或者对生产具有较大的局限性。因此，要想从根本上解决急冷油黏度问题，需要在系统中加入减黏剂，或者设置减黏工艺流程。这既可保证急冷油黏度正常，也提高汽油分馏塔的塔釜温度，多发生稀释蒸汽，降低装置能耗。这里只介绍减黏工艺流程。

减黏系统的减黏机理：通过换热方法，提取出急冷油中 240 ~350℃之间的组分。这些组分是维持汽油分馏塔较高塔釜温度和急冷油正常黏度的有用组分。

减黏系统的作用：提高急冷油中 240 ~350℃组分的比例，改善急冷油的性质，从而可降低汽油分馏塔循环急冷油的黏度。急冷油黏度的降低，使换热效果增加，可有效地利用其低位热能，多发生稀释蒸汽，减少中压蒸汽的补入量；同时，系统急冷油的循环量随之下降，可以减少急冷油循环泵的开启台数，减少蒸汽量或用电量，大大降低设备维护检修费用。目前国内减黏流程通常有两种：设置减黏塔汽提出急冷油中的减黏组分；设置闪蒸塔，闪蒸出减黏组分进入汽油分馏塔。

减黏塔：气体炉的裂解气作为汽提介质，部分循环的急冷油作为汽提塔进料，汽提出急冷油中的减黏组分返回汽油分馏塔，重组分冷却至 80℃，作为裂解燃料油送出。由于急冷油经过高温汽提后，焦质和重质油含量增加，黏度升高，需要配入一定量的裂解轻柴油，降低黏度后再冷却外送。减黏塔的优点是减黏效果好，缺点是汽油分馏塔气相负荷高。

减黏塔运行时要注意以下几点：①汽提介质温度、介质量与汽提塔进料量的配比，防止对进料的过度汽提，否则会造成汽提后的重质、高黏度组分带来堵塞问题；②在减黏塔与汽油分馏塔之间要设置循环线，以保证在不减少减黏塔进料情况下，急冷油系统的油平衡；③塔釜一定要配入一定量的裂解轻柴油后，再作为裂解燃料油送出，否则会因黏度高堵塞裂解燃料油送出冷却器。

闪蒸塔：闪蒸塔可以与汽油分馏塔分开设计，也可以一体化设计，相当于汽油分馏塔分为上下两塔，下塔主要起到闪蒸塔作用。闪蒸塔塔釜的重组分，根据系统的油平衡，一部分配入裂解轻柴油做为裂解燃料油外送。

通过合理调节急冷油的分配、提高裂解气进闪蒸塔的温度，利用闪蒸技术进行急冷油轻重组分分离。利用减压操作，可以在提取大量轻组分的同时，将闪蒸塔塔釜本身的操作温度保持在较低的状态，使急冷油在闪蒸塔内不易发生聚合等使黏度增加的反应；而且由于闪蒸塔内急冷油组分的变化，使塔内取热接近于平衡取热，由原来的完全汽液接触的显热传热过程，部分转化为潜热传热过程，传热效果得到大幅度提高。减黏组分返回汽油分馏塔进行减黏，提高了汽油分馏塔釜温，降低了汽油分馏塔的急冷油循环量，同时改善稀释蒸汽发生系统的传热效果。并在闪蒸塔的侧线抽出萘油馏分作为提取工业萘的原料，从而提高装置的经济效益。

4.3.1.4 汽油干点控制

汽油分馏塔塔顶温度控制着塔顶出口物料的组成，一般应控制在105~110℃，最高不超过120℃，最低不小于100℃。汽油分馏塔塔顶温度超过120℃后，裂解柴油混入裂解汽油中，裂解汽油干点提高，会增加急冷水塔的热负荷，油水沉降分离效果变差，急冷水易乳化。汽油分馏塔塔顶温度低于100℃，水蒸气就可能冷凝下来，如果回流汽油大量带水，会造成塔顶温度过低，过量的水带到塔釜中将有可能造成塔釜暴沸，引起急冷油循环泵不上量，塔釜温度明显降低，最终导致部分裂解炉停炉或装置全面停车。

理论上，汽油分馏塔分馏段中下部侧线位置采出一定量的轻柴油，只要分馏段理论板数能够满足要求，传质情况良好，一般不会出现问题。如果分馏段传质、传热正常，而汽油干点高，造成此种状况的原因主要还是取热量不平衡引发的分馏段“发高烧”现象直接导致的。

汽油分馏塔通常分为两种：一种是两段式工艺；另一种是三段式工艺。其中三段式工艺中设有盘油循环段，能够有效避免分馏段温度高的问题；老的两段式工艺，通常由于设计问题，导致分馏段下部温度在135~140℃范围内，在此温度区域内裂解气本身含有的苯乙烯、茚类、二乙烯基苯等不饱和双键烯烃富集，容易发生聚合反应。再加上分馏段固有的液相负荷低的弱势，造成聚合物不易被液相冲洗下来，并逐渐积聚。进入21世纪后，老式两段塔多在分馏段下部采用多层大孔穿流塔盘等新技术，进行技术改造。该类技术改造，使135~140℃温度段处于大孔穿流塔盘层，增加聚合物的冲洗效果，使聚合物不易聚集。同时增加裂解气进入分馏段前的移热效果，降低汽油分馏段的温度，有效改善了汽油干点高的问题。

因此，控制汽油干点的关键是控制汽油分馏段的温度不高；同时保证裂解轻柴油的正常采出，防止柴油组分进入裂解汽油中，并可以避免过量裂解轻柴油进入塔釜，大量汽化吸热、降低塔釜温度，既增加了塔内负荷，又减少了稀释蒸汽发生量。

4.3.2 压缩单元正常操作

4.3.2.1 裂解压缩机出口温度控制

裂解气压缩机的各段出口都设有出口温度高联锁值，但在实际生产中裂解气压缩机各段出口温度一般不会达到温度高联锁值，实际对裂解气压缩机出口温度的控制，更多的是从裂解气压缩机长周期运行角度考虑的。裂解气中的丁二烯、苯乙烯等烯烃会发生聚合反应，形成垢层累积在叶轮、流道、换热器中，造成机组效率下降。

（1）裂解气压缩机聚合物产生机理

裂解气中不饱和烃发生的聚合反应大多是自由基反应，引起该反应的首要因素是温度，因为这些自由基都是二烯烃在受热后产生的，过氧化物受热后也会产生自由基和二烯烃发生聚合反应。阻止或减少这些聚合反应的关键是减少自由基的生成及降低聚合反应的速度。从表4-3可以看出，随着温度的升高，聚合反应的速度也增高，当温度超过85℃后，聚合反应的速度会增加很快。

表 4-3 聚合反应速度常数与温度关系

温度/℃	相关反应速度常数
57	1.0
60	1.5
68	6
79	32
88	105
99	473
110	1950

(2) 裂解气压缩机出口温度控制

根据裂解气压缩机的结垢机理，阻止和降低压缩机系统聚合结焦的最有效途径是降低压缩机的出口温度，控制出口温度不超过85℃，聚合反应就发生的比较少。通常采用调整压缩机段间冷却器的冷却水用量和压缩机级间注水量，调节裂解气压缩机出口温度。

通过对出口循环水换热器冷却水流量调节，控制下一级压缩的入口温度，控制出口温度。

裂解气压缩机级间注水后，很大程度上改变了压缩的热力学过程，各段由近似的绝热压缩过程改变为典型的多变压缩过程。当水注入压缩机内时，压缩裂解气所产生的热量被水汽化的潜热所吸收，实现了压缩过程中不断取出压缩热的多变压缩的热力学过程，这样的过程与等温压缩过程更为接近。这样，在裂解气组成、压缩比、吸入温度不变的前提下，使裂解气压缩机各段的排气温度得以较大幅度的降低。需要特别注意，压缩机的注水要经过除油处理，否则会堵塞注水喷嘴，也会造成压缩机结垢。

4.3.2.2 复水器真空度调整

真空度指大气压力与系统绝对压力间的差值，表示系统压力低于大气压力。凝汽系统是指与汽轮机的乏汽凝结为水的有关热力设备组成的系统。乏汽的热量通过表面冷凝器被循环冷却水所吸收，自身凝结成水，通过复水泵送回锅炉循环使用。当乏汽凝结成水时，体积大量缩小，表面冷凝器形成真空。

对于抽汽冷凝式或全凝式汽轮机，其真空度对压缩机能否正常或高负荷运行起着极其重要的作用。

(1) 真空度影响因素

① 乏汽量大，蒸汽做功不彻底，透平末端乏汽温度高，不凝乏汽量大，造成复水真空低，复水温度高。

② 复水换热器换热能力不够，或循环冷却水进水温度高，透平末端乏汽不能冷凝，造成复水真空低，复水温度高。

③ 真空泵能力下降，复水热井内的不凝气不能抽出系统，造成复水真空度低。为保证凝汽系统正常工作，通常设置开工、一级和二级喷射泵，以便把冷凝器中的空气抽走。

④ 系统密封不严，从凝汽系统不严密处漏入的空气和乏汽中的空气不能凝结，它们的逐渐积聚会影响乏汽凝结，并使表面冷凝器真空度降低。

(2) 真空度调整

① 降低压缩机转速，降低驱动蒸汽使用量，降低乏汽温度，进而提高复水真空度。

② 降低热井换热器所用循环冷却水温度，增加热井换热器的制冷能力，降低乏汽温度，进而提高复水真空度。

③ 增加喷淋设施，利用喷淋水直接冷却乏汽，降低乏汽温度，进而提高复水真空度。

④消除复水器漏点，减少复水器内的不凝气量，增加复水真空度。

⑤ 增加真空泵的能力，减少复水器内的不凝气量，增加复水真空度。定期检查、清理喷嘴。

4.3.2.3　碱洗操作

原料中硫含量较低，可采用鲁姆斯碱洗法进行酸性气体（CO_2、H_2S）脱除。

鲁姆斯采用三段碱洗工艺流程，用 NaOH 溶液洗涤裂解气，在洗涤过程中 NaOH 与裂解气中的酸性气体发生化学反应，生成的碳酸盐和硫化物溶于废碱液中。影响碱洗效果的主要因素包括：

（1）碱浓度

碱洗分为三段碱洗和一段水洗。控制各段碱的浓度是确保碱洗合格的重要保证。各段碱液的浓度自下而上逐渐升高，碱液浓度越高，则中和能力越强。但同时使底段生成物 Na_2CO_3、Na_2S 和其他硫化物浓度也增高，容易结晶析出而堵塞设备和管道。一般各段碱浓度控制为：一段，1%～2%；二段，5%～7%；三段，10%～15%。

（2）入口温度

在裂解气中含有很多重组分，因此，在碱洗过程中应控制好碱洗温度，特别是入口温度，温度过低将使部分重组分冷凝，冷凝物在碱性条件下会形成乳化物而影响反应效果。因此裂解气在碱洗前需适当预热。但是碱洗温度不能过高，过高的温度将导致裂解气中的重烃聚合，聚合物的生成会堵塞设备和管道，影响装置的正常操作。另外，热碱（>50℃）对设备有腐蚀性。因此碱洗塔的操作温度一般控制在42℃左右。

（3）操作压力

提高碱洗塔的操作压力有利于反应的进行，同时可相应缩小设备尺寸和各段碱的循环量，但对设备的压力等级也相应提高。同时操作压力过高，会使裂解气中的重烃的露点升高，重烃在碱洗塔中冷凝。因此碱洗操作通常在0.8～1.0MPa（G）下进行。

（4）碱利用率

提高碱利用率会降低新鲜碱液的加入量，当碱液循环比不变时，为保持气液相的良好接触，必须增加塔板数。因此，随着碱利用率的提高，所需塔板数要增加，若不增加塔板数，就要增大碱液的循环次数，这会提高操作费用。

（5）黄油

黄油过多积聚在塔釜也将影响碱洗效果。因此应定期排放塔釜积累的黄油；或者注入黄油抑制剂，减少或阻止黄油生成。

4.3.2.4　加氢反应的床层温度控制（前脱丙烷前加氢流程）

前脱丙烷前加氢流程中，加氢反应是在有大量过剩氢气和 CO 的环境下进行的加氢反应。在操作状态稳定的情况下，床层温度是不可能发生很大变化的。当反应器的流量增加时，由于反应热被裂解气带走较多，床层温度会有所下降。相反，当流量减少时，反应热被裂解气带走较少，床层温度会有所上升。故当流量改变时，应小心地监视催化剂的床层温度并及时调整入口温度。特别是当裂解炉进行切换时，应预先进行入口温度的调整。一旦床层温度开始上升，再立即将入口温度调至原来的值并严密监视床层温度的变化。

物料中 CO 含量影响催化剂性能明显时，为了保证乙烯产品合格，需要多种方法进行调节。当物料中 CO 含量增加时，可以通过提高入口温度来补偿催化剂活性的下降；为了物料中保持 CO 含量的稳定，也可以在裂解炉的进料中增加 DMDS 注入量，以控制 CO 的生成量。

4.3.2.5　分离系统对制冷系统操作的影响

制冷系统是保障分离系统的正常运行的必要条件，反之，分离系统的操作也会对制冷系统的运行带来影响。

制冷系统采用卡诺循环原理进行工作，从分离系统吸收热量使液态冷剂汽化，同时向分离系统提供冷量。同种物质液体分子的平均距离比气体小得多。汽化时分子平均距离加大、体积急剧增大，需克服分子间引力并反抗系统压力作功。因此，汽化要吸热。单位质量的液体转变为相同温度的蒸气时吸收的热量称为汽化潜热。

由于冷剂通过相态的变化释放冷量，决定了冷剂与各个用户主要在釜式换热器内进行换热——冷剂在换热器的壳程内汽化。液态冷剂的汽化过程是沸腾过程，汽化在液态冷剂的内部和表面同时发生，最终在釜式换热器壳程的蒸发空间内形成喷雾流(注：如图 4－2 所示，喷雾流在汽化过程中属于缺液区)。当冷剂液面与釜式换热器的最高处换热管持平时，提供的冷量最大；当冷剂液面高于换热管时，高出的液面反而会影响冷剂的汽化，严重时会发生气相流带液。

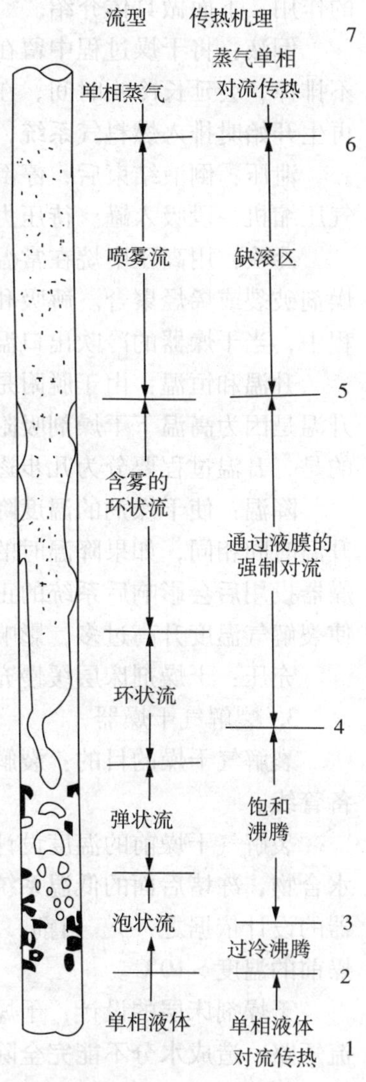

图 4－2　液体汽化过程图

因此，分离系统在操作过程中，一定要注意防止釜式换热器的壳程冷剂液面过高，过高的冷剂液面既不利于分离系统的高负荷运行，也会增加制冷机系统的功耗。制冷机的一段吸入罐设计不带液，如果制冷机的一段吸入罐带液，会威胁到制冷机的安全运行。

分离系统的操作重点是轻、重组分的分离，如果轻重组分切割不好，有时也会造成相应的釜式换热器壳程液位过高。以乙烯精馏塔为例，如果脱甲烷塔塔釜中甲烷组分过多，或者碳二加氢反应器的配氢量大(前脱丙烷前加氢流程不存在配氢量大的问题)，使乙烯精馏塔内氢气、甲烷等不凝的轻组分偏多，导致塔压升高，塔顶冷凝器的冷剂液位会受到塔压高的超弛控制，壳程冷剂液位不断升高。

另外，当装置低负荷操作时，要注意制冷机的最小循环量。当生产负荷下降时，制冷压缩机系统内的循环气相量下降，下降到一定程度后，制冷压缩机防喘振控制开始作用，最小流量返回阀开、鼓泡和喷淋系统开始作用，维持制冷压缩机在喘振区以上运转。

这里还需强调裂解气干燥器的再生操作。干燥气再生的最后一步是降温操作，如果裂解气干燥器降温不彻底就投用，会在短时间内升高裂解气温度较多，相应的冷剂负荷同样快速增加，影响制冷机系统的平稳运行。

4.3.3 分离单元正常操作

4.3.3.1 干燥器

1. 干燥器的作用

由于分离系统冷区的低温操作特点和乙烯、丙烯等产品质量的要求，在分离系统设有裂解气干燥器、氢气干燥器、碳二干燥器、碳三干燥器。因此，干燥器是日常生产过程中的一个重要操作对象，干燥器操作的好坏，不仅能影响产品质量，而且也会影响燃料气系统。

2. 干燥器再生

干燥器再生要依次经过倒液、泄压、冷吹、升温、恒温、降温和冲压等7步，氢气干燥器还要增加置换步骤，每步骤具体时间由干燥剂厂家提供。干燥器再生的每一步都有其重要的作用，下面做具体介绍。

倒液：将干燥过程中留在干燥器内的液体排向前系统的低压区——通常是急冷水塔，如不排掉，会延长冷吹时间，在高温再生过程中，重烃可能会在干燥剂表面结焦。而且液体在再生开始时排入燃料气系统，影响燃料气的热值。

泄压：倒液结束后，停倒液操作，通过泄压流程向前系统的低压区泄压——通常是裂解气压缩机一段吸入罐。待压力接近于再生系统压力，停止泄压操作。

冷吹：用高压甲烷在常温下把干燥剂表面的液体汽化、解吸，以免再生时温度升高后干燥剂破裂或烯烃聚合。解吸和汽化为吸热反应，冷吹出口温度低于冷吹入口温度。在冷吹过程中，当干燥器的冷吹出口温度不再下降时，即说明冷吹操作合格。

升温和恒温：由于脱附是吸热过程，高温操作有利于已吸附的水分子脱附出来。因此，升温是因为高温下干燥剂吸附能力弱，脱附能力强；恒温是为了保证脱水彻底。尤其要注意的是，升温过程要分为几步逐渐升温，否则干燥剂易因急速升温而破裂、粉化。

降温：使干燥剂的温度降至略高于冷箱出口的高压甲烷温度。干燥器的降温时间通常与升温时间相同，如果降温时的冷甲烷量不够，需要延长降温时间。如果降温效果不好，新干燥器投用后会影响后系统的正常运行。例如，裂解气干燥器投用前没有彻底降温，投用后会使裂解气温度升高过多，影响制冷机的运行。

充压：干燥剂床层缓慢充压至操作压力，避免投用时对系统冲击。

3. 裂解气干燥器

裂解气干燥的目的：裂解气在深冷前必须先行干燥，以防止低温时形成水合物而堵塞设备管线。

裂解气干燥前的温度设计：设计上裂解气干燥前被降温至15℃，如果温度过低会形成水合物，冻堵后面的低温系统；温度过高会增加裂解气干燥器的负荷(该温度是裂解气干燥器的设计依据之一)。目前，认为当裂解气温度 <8℃时会形成水合物，有时设计裂解气干燥前的温度 >10℃。

干燥剂床层的设计：干燥剂床层约80%用于吸附水分，其余部分用作保护区，防止气流短路，造成水分不能完全除尽。在干燥剂床层的这两部分之间，设置在线水分分析仪。干燥剂的保护区可以弥补在线水分分析系统滞后或操作不正常时，仍能保持装置正常操作，并使裂解气水含量在 1×10^{-6}以下。

4. 其他干燥器

氢气干燥器：氢气干燥是为了满足乙烯装置内加氢反应器和下游装置加氢反应器的用量

需求。需要强调的是氢气干燥器再生后投用前，一定要对床层进行氢气置换。因为再生甲烷含有至少几百 μg/g 的 CO，若不置换，将使氢气中的 CO 超标，在碳二加氢反应器配氢时，若不能及时加大配氢比，使反应器出口乙炔超标，严重时会使反应器温度下降，使乙烯产品不合格。

碳二馏分干燥器：碳二馏分干燥器的作用只是为了保险，其目的在于脱除开车时设备、管道死角处于干燥不良而带来的水分、正常操作时由进料干燥不良带来的水分，或在顺序分离流程中因氢气干燥器干燥不良带来的水分，以及碳二加氢反应器用蒸汽再生时残留的水分。此外，干燥器的另外一个作用是除去进料中可能含有的微量绿油。

碳三干燥器：碳三干燥器主要作用是干燥低压脱甲烷塔返回高压脱甲烷塔的物料，该物料中的水分是从裂解气压缩系统的凝液汽提塔塔釜带来的。另外，有些装置设有丙烯产品干燥器。操作和再生操作注意事项与其他干燥器相同。

4.3.3.2　乙烯产品质量控制

现在的乙烯装置都生产聚合级乙烯产品，对产品中的烷烃、乙炔、CO、CO_2、水等杂质都有严格的要求。乙炔、CO、CO_2、水等杂质的控制，在工艺流程设计上都已经做了充分考虑；关于乙烯产品中烷烃含量的控制，由于在回流罐中甲烷会同乙烯一起被冷凝下来，因此在乙烯精馏塔设计上乙烯产品从塔顶某层塔板侧线采出而不是从塔顶采出，该层塔板上的甲烷含量因回流物流中甲烷的采出而降低，氢气也降到 $<5\times10^{-6}$ 的水平。另外，还要注意控制脱甲烷塔塔釜不能带大量甲烷，否则会造成乙烯精馏塔塔压高，乙烯产品中甲烷含量高，此时将以增加塔釜乙烯损失为代价，保证乙烯产品中烷烃含量不高。

4.3.3.3　丙烯产品质量控制

丙烯产品质量控制的重点是前系统的轻重组分清晰分割，使丙烯精馏系统进料中碳二组分不超标。在顺序分离流程中，重点是控制脱乙烷塔的灵敏板温度不低，裂解气压缩系统中的凝液汽提塔塔釜温度不低。

4.4　装置正常停车

由于各装置的情况不一样，都有自身详细的停车倒空方案，尤其是现在很多装置根据自身装置的特点实现了低排放停车，其共同点是需要在停车前准备好开车所需的调质油、裂解重汽油、乙烯、丙烯等物料。同时，由于停车倒空方案不涉及过多的原理，下面只介绍重点设备的停车及后续处理。

4.4.1　急冷系统的倒空

在乙烯装置检修前的倒空置换阶段，急冷系统的倒空是一个工作难点，对于大型乙烯装置，急冷系统的倒空置换还关系到装置的整体倒空置换的时间进度。同时，急冷系统的油类组分较重，不易倒空干净，该系统在检修期间动火时，安全风险大。

4.4.1.1　停车前的准备工作

急冷系统工艺特点决定了停车前需要做好多项准备工作，下面是具体内容：

急冷油黏度高：①停车前通过降低负荷、加入减黏剂等方法，降低急冷油黏度；②降低急冷水塔的油水界面，多存储汽油，用于油洗急冷系统；③罐区存储裂解重汽油，停车期间接入，存储量保证可以油洗急冷油系统一次；④急冷油用户向地罐排放的倒淋要提前确认通畅，不通畅要提前处理；⑤无法向地罐排放急冷油的用户，要提前配好倒空线。

急冷水乳化：准备好破乳剂，在急冷水倒空前加入。

4.4.1.2　急冷系统倒空的总体安排

总体原则是“先倒油，后倒水”，急冷油系统至少要经过3次倒空、1～2次油洗，然后进行汽油分馏塔、减黏塔的煮塔操作——将塔内的塔盘、填料层等处积存的油，用蒸汽加热汽化后进入急冷水塔。

急冷水系统的倒空要从两个方面与急冷油系统相配合。首先，在急冷油系统油洗、倒空期间，进行急冷水降温、油水静置分离，将静置出来的油类用于急冷油系统油洗。这个工作在急冷油系统最后一次油洗前完成；第二，在汽油分馏塔、减黏塔的煮塔过程中，急冷水系统保持循环运转，把上述两塔蒸煮出的油类冷凝在急冷水塔内，防止油类积存在急冷水塔塔顶气相线内，否则极难倒空、置换干净。

4.4.1.3　急冷油系统倒空

急冷油系统倒空要做好三个方面的工作：①通常用裂解重汽油油洗1～2次；②在倒空和油洗过程中，流程上不存留死点；③煮塔要彻底，流程上不存在死点。

以急冷油系统两次油洗为例，急冷油系统的倒空可以简单地归结为系统首次倒空、系统首次油洗、系统第二次倒空、系统第二次油洗、系统第三次倒空、氮气持续吹扫、煮塔、低点排油、地罐倒空等几个阶段。

油洗：洗塔的目的是利用裂解重汽油的低黏度和溶解性，将急冷油系统内的急冷油黏度降低，同时将设备和管线内壁附着的高黏度油类洗涤下来，达到彻底倒空的目的。在汽油分馏塔倒空后，将急冷水塔内的裂解重汽油打入汽油分馏塔，然后轮流启动急冷油泵，对系统进行油洗。两次油洗，都采用急冷塔内停车前存的裂解重汽油和从界区外接的裂解重汽油。通常接裂解重汽油的操作，在急冷油系统第一次油洗和第二次倒空期间进行，在此过程中还有急冷水降温、静置分油的操作。对于大型乙烯装置，由于急冷油系统容量大，前两次倒空仅是倒空汽油分馏塔的塔釜，最后一次倒空才是全系统倒空，否则外接裂解重碳九的量过多，延长了倒空置换时间。正因为如此，停车前急冷油保持低黏度非常重要。

煮塔：煮塔的作用是利用来自裂解炉的蒸汽(出口温度为400℃)和中压蒸汽，对汽油分馏塔和减黏塔进行蒸煮，将塔盘和填料层存的油类汽化，并进入急冷塔内冷凝，最终蒸煮出的油类通过裂解重汽油外送线外送界区，煮塔是保证急冷系统能够氮气置换合格的一个重要保证。由于在煮塔前，汽油分馏塔和急冷油系统用裂解重汽油清洗，塔内油组分的干点接近裂解重汽油的干点——干点设计值是205℃，因此选择中压蒸汽和来自裂解炉的蒸汽温度，可以保证塔内油类的汽化，同时还不会超过系统材质允许的温度。

在急冷油系统油洗和倒空过程中，容易忽略多个死点，通常是急冷油泵出口止逆阀的旁通线，急冷油过滤器的旁通线，裂解炉急冷器的急冷油最小流量返回线，地罐倒空泵出口返回汽油分馏塔的管线，急冷油换热器的旁通线，裂解炉炉区急冷油总管和急冷油最小流量返回线间的联通线，汽油分馏塔塔压差线(汽油分馏塔仪表塔压差测量的正压室一般设有2～3个引压点，用于测量汽油分馏塔的各段塔压差)。为了避免存在倒空死点，除了要打通流程外，还要在油洗阶段，轮流启动急冷油泵，这样才能达到全流程油洗的目的。

在煮塔前，虽然各裂解炉急冷器的急冷油最小流量返回线的放空阀接氮气进行了吹扫，最小流量返回线和炉前急冷油总管末端也用中压蒸汽吹扫了，但在煮塔过程中还要不间断地吹扫。在煮塔结束后，很多油组分与蒸汽一同冷凝在系统的低点，汽油分馏塔和减黏塔的塔釜倒淋，这两塔的附塔管线的低点倒淋都要进行排放。由于管线和设备内壁附着的油水混合物沉积下来需要一定时间，这些低点的排油工作，每隔一段时间就要进行一次，直到低点的倒淋无油排出、见气。

另外，还有很多乙烯装置在急冷油系统倒空、置换的最后阶段，还用水洗一遍系统。

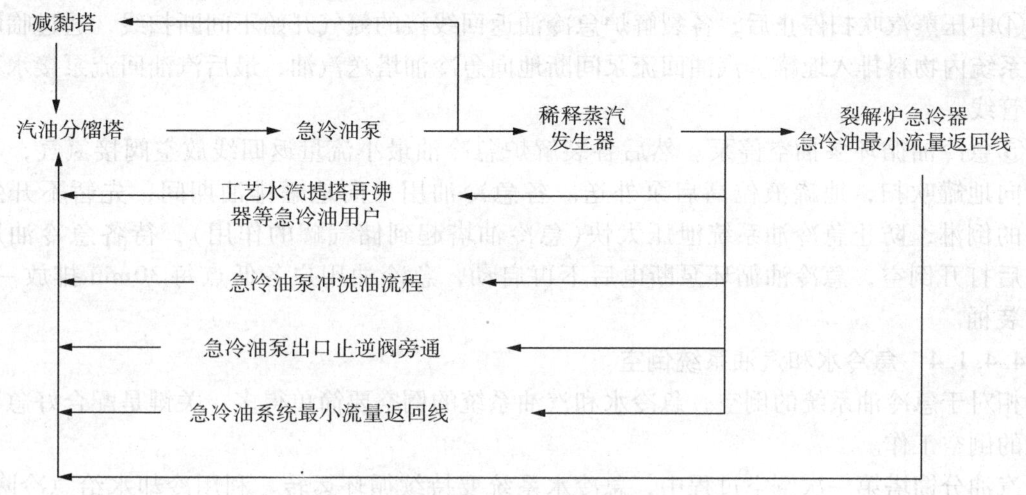

图 4-3　典型的急冷油系统油洗流程示意图

为了更明确地说明急冷油系统的倒空过程，下面是一个典型的急冷油系统倒空方案的案例：

(1) 全部裂解炉切出急冷油塔后，急冷油塔开始第一次倒空

属于常规操作，这里不做详述。

(2) 急冷油系统第一次油洗，急冷油塔开始第二次倒空

①启动汽油回流泵，向急冷油塔送汽油。当急冷油塔釜液面达到 30% 左右后，可以启动急冷油循环泵对急冷油系统进行第一次油洗，急冷油循环泵分别间断运行 30min。

②油洗期间，减黏塔上塔保持进料进行油洗，渣油外送泵将减黏塔上塔塔釜物料送回急冷油塔。此时，渣油泵的出口阀微开，渣油泵循环启动防止出现死角，每小时切换一次。

③油洗顺序。汽油从急冷油塔顶汽油返回线返回到该塔，后经循环泵升压输送到各用户，最终从炉前返回到急冷油塔，以此顺序对急冷油系统进行油洗。油洗期间应注意：打开急冷油塔三层填料间的连通阀，同时各急冷油用户换热器、过滤器以及急冷油循环泵返回等的进出口手阀打开油洗。

④急冷水塔汽油侧无液面(急冷水塔水侧通水将液面提高，目的是将悬浮在急冷水上的汽油顶到急冷水塔的油侧)，即汽油回流泵抽空，代表急冷油系统第一次油洗结束。

⑤急冷油循环泵分别循环运转 30min 后，启动急冷油循环泵(该泵配有倒空线的倒空外送泵)，边循环清洗边外送，液面快送空时停泵。第一次油洗以及第二次倒空共历时 4h。(注：在急冷油塔第二次倒空期间，急冷水塔水侧接水，提高油水液面，将汽油顶入汽油槽，同时联系储运向急冷水塔接汽油。)

(3) 急冷油系统第二次油洗，急冷油塔开始第三次倒空，急冷油系统倒空

①洗塔方法同第一次，此次油洗结束后，确认急冷油系统各泵的出口阀旁通阀开。

②急冷油循环泵分别循环运转 30min 后，启动急冷油循环泵(该泵配有倒空线的倒空外

送泵)，边循环清洗边外送，泵抽空后停泵。

③开裂解炉的急冷油管线中压蒸汽吹扫线，向急冷油塔吹扫急冷油，吹扫2次，每次约30min，当急冷油塔液面不再上涨时，停止吹扫。急冷油循环泵(该泵配有倒空线的倒空外送泵)外送物料。

④中压蒸汽吹扫停止后，各裂解炉急冷油返回线接的氮气开始不间断扫线，通过临时管线将系统内物料排入地罐。汽油回流泵间断地向急冷油塔送汽油，最后汽油回流泵接水冲洗汽油管线。

⑤急冷油循环泵抽空停泵。然后各裂解炉急冷油最小流量返回线放空阀接氮气，不间断地向地罐吹扫，地罐液位高启泵外送。各急冷油用户向地罐排油期间，先暂不开急冷油塔的倒淋，防止急冷油系统泄压太快(急冷油塔起到储气罐的作用)，待各急冷油用户倒完后打开倒空，急冷油循环泵断电后不再启动，急冷油用户各低点每30min排放一次，见油装桶。

4.4.1.4　急冷水和汽油系统倒空

相对于急冷油系统的倒空，急冷水和汽油系统的倒空要简单得多，关键是配合好急冷油系统的倒空工作。

汽油分馏塔第一次倒空过程中，急冷水系统要持续循环运转，利用冷却水给急冷降温。当急冷水温度降下来后，停止水系统循环，静置分油。然后再进行急冷水的循环运转，将换热器和管线内静置出来的油循环回急冷水塔内。

在汽油分馏塔第一次倒空后，将急冷水塔汽油槽内存储的汽油全部打入汽油分馏塔，然后外接汽油再打入汽油分馏塔内，通常汽油分馏塔塔釜至少要接30%液位的汽油。由于汽油分馏塔塔釜距急冷油泵入口有一定高度，实际塔釜液位有10%，即可启动急冷油泵进行油洗。

急冷油系统第二次油洗前，确认急冷水系统静置分出的油已经返回到急冷水塔内，急冷水塔需要接水提高油水界面，将汽油顶入汽油槽内，同时外接汽油。外接汽油量，以能够满足第二次油洗即可。

在汽油分馏塔和减黏塔煮塔期间，急冷水务必保持循环运转，以便将上述两塔汽化出来的油组分冷凝在急冷水塔内，不进入急冷水塔塔顶气相线。煮塔结束后，要将冷凝下来的油组分全部顶入汽油槽，由汽油泵外送界区；在此过程中，注意要严密关闭汽油分馏塔的汽油回流线上的手阀，否则蒸煮出的油又会返回塔内。最后，整个汽油系统都要用水彻底洗一遍。

煮塔结束后，急冷水系统需要静置，从急冷水换热器的急冷水线的高点放空阀接胶管排油、装桶，无油后，水直排化污井，见油后再装桶。当整个急冷水系统都倒空后，急冷油系统和急冷水系统一同进行氮气置换。(注：工艺水系统和稀释蒸汽发生系统可以单独隔离，提前进行氮气置换。)

4.4.2　压缩机停车后的机组处理

乙烯装置的裂解气压缩机和制冷机都属于离心式压缩机，离心式压缩机停车的重点是防止压缩机反转、压缩机降温过程中的盘车。

4.4.2.1　防止压缩机反转

在停压缩机之前，一定要将最小流量返回阀全开，否则在压缩机停车时，最小流量返回阀如果不能及时全开，由于后系统压力高于前系统压力，会造成压缩机反转，这对于裂解气压缩机系统尤为重要。另外，有些制冷机出口有止逆阀，如果止逆阀无法完全关闭，在制冷机停车时，也会造成制冷机反转。

4.4.2.2　离心式压缩机盘车

离心式压缩机停车后要先进行电盘车——通常盘车8h，当温度降下来后，可以改为手动盘车，每隔0.5h手动盘车90°，持续8h。压缩机盘车期间要注意不可反盘车，其一，这是由于径向瓦和止推轴瓦有进油切入角，反盘使润滑油不能进入，在低转速时容易造成干磨；其二，对于干气密封的离心机是不允许反盘的。需要注意的是，在盘车期间不能停润滑油系统的运转。

离心式压缩机停车后盘车目的：防止上下汽缸的温差引起轴弯曲。另外，停机12h内轴弯曲度大时，不允许启动。由于在盘车低速状态，建立油楔的可能性比较小，长时间的低速盘车会磨损压缩机的止推瓦。因此，压缩机停车后要及时关闭蒸汽隔离阀，防止压缩机主汽阀内漏，透平机体温度无法下降，造成长时间低速盘车。

4.4.2.3　压缩机停车后，典型的机组处理

压缩机停车后，关闭超高压蒸汽、中压蒸汽总管主汽阀隔离阀，并确认压缩机进出口电动阀(通常只有制冷机进出口才有电动阀)为关闭状态。

压缩机停车，并且转速为零时，即可挂上盘车电机，并送润滑油开始盘车8h(视机体温度情况可适当延长电盘车时间)。然后改为手动盘车，每隔0.5h手动盘车90°，持续8h。

复水系统处理：停复水泵，将热井倒空；停全部喷射器并停止向大气安全阀补水；停喷射泵，当真空度降到零时，将N_2引入复水器加以保护；关闭透平两侧N_2阀，确认外供密封蒸汽阀关闭。

油系统的停车：压缩机机体泄压，利用干气密封系统的氮气线或由一段入口管线倒淋接氮气，从压缩机出口放火炬，进行N_2置换完毕。

盘车完毕后把润滑油泵停下来，根据情况确定是否停干气密封系统(此步处理在油泵停后进行)。将大油箱和回油脱气罐加热盘管蒸汽停掉。为了防止检修过程润滑油损失，可将连接油箱的阀门关闭。

4.4.3　冷箱倒空防氮氧化物爆炸

冷箱升温的潜在危险是氮氧化物爆炸。从深冷分离流程来看，N_2O_3形成在通常没有重质二烯烃的区域中，因此，NO_x胶质不会马上形成。但是，装置故障或操作波动会导致重质二烯烃到达更冷的一些区域。然后二烯烃将与N_2O_3快速发生反应(数分钟)，并且形成胶质，这些胶质稳定性极差，甚至在低温下能够分解爆炸。

如果重质二烯烃或氨由于装置故障或操作波动进入深冷系统，则胶质和盐可能积聚的区域是高压和-100℃以下的温度区域，最有可能的区域是冷箱中，特别是粗氢气分离相关系统。通常如果最冷段的温度上升到-90℃，则应从入口端放气，使深冷段减压。从冷端放气会带入重质物料。在停车期间，用氮气或甲烷对系统进行吹扫，并从深冷部分之前的换热器和罐，向后系统的低压高温部分配倒液线，将冷凝下来的重质烃连续不断地排出，不将重质烃带到深冷区的最冷部分，可防止氮氧化物爆炸。

4.5 装置异常现象的判断和处理

4.5.1 裂解炉系统

表4-4是裂解炉的各类故障或异常现象，仅限于单台裂解炉故障时的处理，不是全系统问题的处理。对于裂解炉常见的联锁动作处理，这里不再详述。

表4-4 裂解炉常见的异常现象、产生原因以及相应的处理办法

异常现象	异常原因	处理方法
稀释蒸汽中断	稀释蒸汽系统故障	1. 通过启动跳闸开关（也称做“停车按钮”）手动停裂解炉 2. 当停炉启动后，去裂解炉每组炉管的烃进料将自动停 3. 继续向预热盘管通入锅炉给水，这将通过液位控制阀的最小限位来确保，并确保汽包内的水不进入蒸汽管网 4. 调节风机转速或挡板以进行期望的冷却
锅炉给水中断（单台）	汽包液位快速下降，排烟温度升高	1. 进料阀关，稀释蒸汽流量将强制变为预设最小流量位置，所有的燃料阀（底部火嘴常明线阀除外）将关 2. 风机转速将保持在正常压力控制 3. 操作人员应保持稀释蒸汽流量在裂解炉跳闸预设值直到汽包低于高液位。此时应逐渐降低稀释蒸汽流量，以防止汽包液位过低，废热锅炉损坏 4. 可以预料排烟温度将在10min内升到约480℃，然后下降。在这种情况下，不需要对锅炉给水盘管泄压，防止锅炉给水大量汽化，锅炉给水盘管因缺水而烧坏。注意：随着裂解炉跳闸，密切观察排烟温度 5. 引风机转速和烧嘴风门应全开以加速降温 万一排烟温度不能维持在480℃以下，则必须给汽包泄压，通过放空蒸汽过热盘管至大气来手动泄压锅炉给水炉管。由于整个汽包系统以及该系统大量的钢材都处于约332℃，因而泄压不会很快（注：钢材的耐热温度与压力相关）
锅炉给水预热段炉管破裂	风机排出的烟气带有白色蒸汽。汽包液面迅速下降，汽包液位控制器将使锅炉给水液位控制阀开度很大。炉膛正压。严重时，汽包液位下降，对流段温度下降	1. 在控制室内关液位控制阀 2. 现场迅速关流量控制阀组处的截止阀，由于液位控制阀有最小限位，它仍将流过大量的锅炉给水 3. 如果裂解炉还没有自动跳闸，用停车按钮切断燃料和原料 4. 根据裂解炉降温过程调节稀释蒸汽流量，在首先关急冷油阀后，关裂解气大阀以隔离裂解炉，然后把稀释蒸汽通入清焦系统
废热锅炉套管破裂将导致大量高压锅炉给水进入裂解气	废热锅炉出口温度突然下降，锅炉给水量突增，急冷水塔油水界面快速升高，同时汽油分馏塔和急冷水塔定温升高	1. 通过高压蒸汽盘管把汽包泄压至大气。降低后的压差将减少进入裂解气的锅炉给水量 2. 关汽包连续排污截止阀避免中压蒸汽倒流 3. 手动跳闸裂解炉至停车状态，通过关控制阀（有最小限位），并手动操作控制阀上游的截止阀控制泄压后的汽包液位，必须维持锅炉给水流过预热盘管。需要两个操作人员在现场进行操作：一个在汽包观察液位，另一个调节液位控制阀的上游阀 4. 关急冷油阀并把稀释蒸汽切到清焦系统后，关裂解气管线的截止阀。裂解炉降温至安全温度然后停稀释蒸汽 5. 急冷水塔注意控制油水界面，防止汽油带水

异常现象	异常原因	处理方法
汽包液位低		不管是由废热锅炉套管或裂解炉过热盘管破裂还是由锅炉给水意外切断造成的汽包液位低都将造成裂解炉自动停车。按照“锅炉给水预热炉管故障”中描述的步骤进行
对流段稀释蒸汽管线漏	烟气带有白色蒸汽，稀释蒸汽调节阀开度比正常值大	正常停炉检修，更换对流段稀释蒸汽管线。（注：急冷水系统注入 NaOH 调节 pH 值时，如果稀释蒸汽带液，会形成稀释蒸汽对流段管线的垢下腐蚀）
高压蒸汽过热温度控制失灵		裂解炉全部停车，应维持至少50%正常稀释蒸汽流量以保护对流段 注：通常由注入水中断或温度控制器中的故障引起。如果维持裂解炉的正常操作，过热后出口的蒸汽温度提高到640℃，炉管金属温度将超过650℃，这将造成两个过热器炉管和外部配管严重超应力，必须避免
辐射段炉管破裂	烟囱处可看到黑烟甚至火焰；如果发生很大的破裂，大量原料和稀释蒸汽进入炉膛，甚至裂解气可能从裂解气管线倒流并提高燃料量，这将导致危险的正压，使火焰喷出炉膛	1. 按裂解炉停车按钮，切断裂解炉的原料和燃料，关急冷油阀 2. 稀释蒸汽阀将强制变为预设位置，并关上所有的燃料阀 3. 风机在负压控制下将继续运转 4. 为避免裂解气从裂解气管线通过破裂的炉管倒流到炉膛（只有在很大的破裂时才可能发生），关上裂解气大阀并把裂解炉切到烧焦罐 5. 裂解炉降温，然后切断所有的流量并停炉检修。如果只是小的泄漏，可以先烧焦后降温，防止带着焦层快速降温可能引起额外的应力并进一步损坏破裂的炉管。由于快速降温导致焦剥落可能堵塞辐射段炉管和废热锅炉套管 注：仅由看火孔观察到的，或可由流量不均匀或不稳定的炉出口温度观察到的小的泄漏不属紧急情况，可能不需要立即停炉，但应密切观察。另外，炉膛正压时，现场人员防止被烧伤
对流段原料预热段炉管破裂	原料混合物在对流段或横跨段燃烧，烟囱排出黑烟。如果在横跨段发生燃烧，混合预热段的出口温度将指示高	按“辐射段炉管破裂”处理
进料调节阀开度偏大	原料系统压力低	提高原料系统压力
	原料预热段局部堵塞	正常停炉检修：重点检查稀释蒸汽注入点和原料预热二段出口
进料流量异常波动	稀释蒸汽带液 注：稀释蒸汽带液量过大，由于水在对流段受热突然汽化，甚至可能导致裂解炉进料突然停止	1. 降低稀释蒸汽汽包液面 2. 稀释蒸汽系统加大 1.5MPa 蒸汽补入量，提高稀释蒸汽过热温度 3. 稀释蒸汽总管倒淋排液，单台裂解炉稀释蒸汽线倒淋排液
	保护蒸汽未关（注：部分炉型设计有原料预热段保护蒸汽，仅在烧焦时打开）	关闭保护蒸汽
	仪表风风压不稳，或放大器故障，导致进料调节阀波动	仪表检查、更换执行机构
	调节阀开度偏小，处于不稳定工作区间	重新进行设计

续表

异常现象	异常原因	处理方法
一台废热锅炉出口温度明显比其他出口温度高	废热锅炉管被焦炭或保温材料堵塞，换热面积减少温度升高	按正常步骤停车、停车后检修废热锅炉
裂解炉升温过程中，横跨段温度高	风门开度大	适当关小风门
裂解炉不易点着火	底部火嘴附近的风量过大	1. 适当降低炉膛负压 2. 关小相应的底部火嘴风门
裂解炉单组辐射段炉管管壁温升快	出口温度热偶指示偏低	更换热偶
横跨段压力明显高于正常值	辐射段炉管发生局部堵塞，同时局部或整根颜色过红	停炉烧焦，如果不能将炉管烧通，正常停炉检修
	辐射段炉管堵塞，同时废锅下封头局部有大块“红斑”	正常彻底停炉，检修辐射段炉管和废锅下封头内衬
	废热锅炉堵塞	正常停炉烧焦或彻底停炉机械清焦

4.5.2 急冷系统

表4－5列出了急冷系统常见的异常现象、产生原因以及相应的处理办法。

表4－5 急冷系统常见的异常现象、产生原因以及相应的处理办法

异常现象	产生原因	处理办法
汽油分馏塔顶温低于100℃	汽油回流带水	急冷水塔汽油侧排水，加大排污量，降低油水界面
	汽油回流量过大	降低回流量
急冷油泵上量不好	泵入口过滤器堵塞	清理过滤器
	泵内有不凝气	泵入口过滤器及泵体排气阀排气
	急冷油带水	提高汽油分馏塔塔釜温度
	汽油分馏塔塔釜无液面	侧线少采，加大回流，降低釜温，严重时可外接调质油
	密封油带水	密封油泵排水，急冷水塔汽油侧排水（急冷油泵常用汽油作为密封油）
急冷油泵出口流量波动大	汽泵运转时转速波动	1. 稳定1.5MPa蒸汽系统压力 2. 检修调速机构
	电泵运转时，泵的叶轮出现串量	停泵检修

续表

异常现象	产生原因	处理办法
急冷水乳化	急冷水温度过高	降低急冷水温度
	汽油中渗入了裂解轻柴油	降低汽油分馏塔顶温，急冷水中加入破乳剂
	急冷水 pH 值过高	1. 降低 pH 值 2. 加大排污量，同时接新鲜锅炉水，置换已乳化的急冷水 3. 如汽油不足，外接汽油
工艺水汽提塔及稀释蒸汽发生系统结垢(通常为苯乙烯类聚合物)	工艺水过滤器失效	1. 清理相应换热器 2. 检修工艺水过滤器
稀释蒸汽汽包的水变为红色	以急冷油为热源的稀释蒸汽发生器内漏	停用并检修内漏的换热器

4.5.3 压缩系统

表4－6列出了压缩系统常见的异常现象、产生原因以及相应的处理办法。表4－7和表4－8分别列出了裂解压缩机和制冷机的异常现象、产生原因以及相应的处理办法。

表4－6　压缩系统常见的异常现象、产生原因以及相应的处理办法

异常现象	产生原因	处理方法
油温过高	冷却水量不足	加大冷却水量，降低冷水温度
	油冷却器冷却水结垢	油冷却器进行切换、清洗
	加热伴管蒸汽漏	检查加热伴管
油箱液位降低	密封油泄漏(仅限于浮环密封系统)	调节油气分离器，或降低密封气供入量
	油系统泄漏	查明原因，进行修理
油箱液位升高	水漏入油系统中	停用盘管蒸汽
	加热盘管漏或 N_2 带水	查明原因，将水置换干净后投用，油箱倒淋排水
油压低或波动	油压调节阀工作不当	检查调整
	油温高	降低供油温度
	油管泄漏	堵漏
	油过滤器堵，压差增高	切换过滤器
	油泵不上量	切换油泵
	油箱液面低	油箱加油
	储压器气囊漏气，压力不足	补充压力，在开车前提前检查
复水器真空度下降	中压蒸汽压力低	联系调度提高中压蒸汽压力
	冷却水温高或流量不足	加大冷却水流量
	真空泵入口过滤器堵	运行开工真空泵，清理堵塞的真空泵入口过滤器
	复水器冷却水侧堵	单侧切换反冲，或装置降负荷，复水器“半肺”运行，进行清理
	大气安全阀水封无水	建立水封
	真空泵的水封阀没有密封水	向水封阀供密封水

续表

异常现象	产生原因	处理方法
复水器真空度下降	泄漏蒸汽冷凝器 U 形管无水封，喷射泵中压蒸汽压力高，或工作不正常	关小喷射泵中压蒸汽阀向 U 形管补水，调整中压蒸汽量
	主喷射泵工作状态不正常	调整喷射泵
	系统漏气	检查修理
	抽气量波动大(仅限于抽汽冷凝式蒸汽透平)	查明原因，稳定抽气量
复水器液面过高	送出调节阀故障	检修调节阀，走旁通控制
	复水泵不上量	启动备用泵，检修汽泵或清理入口过滤器
	复水量过大	增大抽汽量
复水电导增大	换热器列管漏	检修复水器
	蒸汽质量不合格	改善高压锅炉给水水质
压缩机喘振	吸入量过低	加大返回量，降低压缩机转速
	吸入量温度高	加大喷淋(仅限于制冷机)
	排出压力过高	降低压缩机出口压力(非紧急时刻不采用，否则系统还需补充物料)
蒸汽透平一级后压力增大	叶片发生结垢	1. 改善蒸汽品质 2. 停车处理 3. 降低蒸汽系统温度，达到近饱和态的蒸汽。利用蒸汽相变产生的振动除去叶轮表面的垢，处理时要密切注意机组的各项位移和振动值不过高

表 4－7　裂解压缩机常见的异常现象、产生原因以及相应的处理办法

异常现象	产生原因	处理方法
裂解气压缩机吸入罐液面超高	裂解气组分变化(通常是液体裂解料的裂解深度过低，在开车过程中常发生)	提高裂解炉出口温度
	急冷水塔顶温度高	降低急冷水塔顶温度
	段间温度过低，大量油组分冷凝	检查、调整冷却水，适当提高段间冷凝温度，重新分配油类组分
	水液面过高，油乳化	降低水液面
	送出的调节阀堵	走调节阀旁路，调节阀下线清理
	凝液送出管线堵(注：常规原因是油水混合，经过调节阀节流膨胀后，温度降低，形成水合物冻堵管线)	凝液从罐底倒淋排放，利用管线的伴热解冻处理
碱洗效果变差	碱浓度过低	提高碱液浓度
	碱液循环量小	增加碱液循环量。如果是碱循环段存碱量少，碱洗段需要增加新鲜碱和水补充量
	裂解气成分变化	1. 提高补碱量 2. 按原料种类检查炉出口 CO_2 含量，并对应采取停炉或切换罐区原料罐等措施

续表

异常现象	产生原因	处理方法
碱洗效果变差	黄油排放不佳，造成黄油乳化	排黄油，增大其用碱量从泵入口少量补水
	裂解气压缩机三段排出罐液面超高	降低液面，分配好段间凝液，增大补碱量
裂解气压缩机某段压缩比增大	段间冷却器壳程结垢严重	
	入口过滤网堵	
	吸入罐除沫网结焦严重	

表 4－8　制冷机的异常现象、产生原因以及相应的处理办法

异常现象	产生原因	处理方法
吸入罐液面升高过快	液面调节阀失灵	联系仪表修理
	冷剂组分过重	排除重组分
	喷淋阀开度大或内漏	关小喷淋阀或关闭现场手阀
	换热器液面过高而带液	适当调整用户冷剂液面
一段吸入罐持续带液	换热发生冻堵(通常玻璃板液位计能看到大量气泡不断冒出)	相应的冷剂用户进料线注入甲醇解冻
压缩机出口压力不稳定	出口冷凝器的冷量分配不均匀(主要发生在丙烯制冷机)	调整出口各冷凝器的冷却水量，使各冷凝器冷凝效果均匀
压缩机出口温度高、压力过高	压缩机出口冷凝器的移热量低	降冷却水温度，或调整制冷机出口冷凝器的冷却水用量，或其他冷剂用量
	吸入温度高或含有较轻的组分	调整吸入温度排除轻组分
	压缩机出口冷凝罐液面高	调整压缩机出口冷凝罐液面

4.5.4　分离系统

表 4－9 列出了分离系统常见的异常现象、产生原因以及相应的处理办法。

表 4－9　分离系统常见的异常现象、产生原因以及相应的处理办法

异常现象	产生原因	处理方法
仪表显示全部摆动	静电感应	联系仪表尽快消除
裂解气干燥器出口水份分析不合格	裂解气干燥器口水含量高	降低裂解气干燥器的入口温度
	再生条件不良或使用时间过长	严格控制再生条件
	干燥剂粉碎或表面结焦严重	更换干燥剂
甲烷化反应器床层温升高	气体炉的硫注入量少	增加气体炉的硫注入量
	裂解料中某些杂质引起的裂解气中 CO 含量升高	查明原因，停用相应的原料罐内物料
乙炔加氢不合格(顺序分离流程)	催化剂选择性差	适当提高粗氢注入量
	催化剂活性降低	适当提高入口温度
	氢炔比过低	提高氢炔比(注：氢气注入量大不会引起加氢反应器飞温，但要注意防止剩余氢多，乙烯精馏塔塔压不高)
	H_2S 中毒	检查并调整碱洗塔操作
	活性严重降低，调整无效	再生

续表

异常现象	产生原因	处理方法
冷箱系列压差过大温度分布异常	冷箱发生冻、堵	检查裂解气干燥器干燥状态，并相应注入甲醇 严重时停车处理 检查各过滤器网，并适当用木锤敲打
精馏塔压差过大，液面波动，塔顶重组分过多，温度分部异常	1. 冻塔 2. 液泛	注入甲醇，调整塔的操作状态 调整工艺条件
精馏塔釜温提不起来，釜液带轻组分	塔釜液面低，循环不良	提高塔釜液面
	回流量偏低	适当提高回流量
精馏塔塔压波动	塔顶温度和回流量调节不当	按指标调整
	塔顶冷凝器冷剂用量不稳	稳定操作
	塔顶冷凝器壳程冷剂有冻堵现象(仅限于低温冷剂)	注入甲醇
	塔釜加热量调节不当	调整加热量，稳定操作
	塔顶冷凝器是部分冷凝器，回流罐的气相采出量不稳	保证回流罐的气相采出量稳定
精馏塔塔压力偏高	塔釜再沸器或中沸器供热过大	适当调整塔釜加热量
	塔顶冷凝后的温度偏高	调整冷剂用量，或降低冷剂温度
	塔顶轻组分过多	增加轻组分排放量
精馏塔塔釜轻组分含量高	灵敏板温度偏低	加大塔釜加热，适当减少回流
	塔压偏高	参考塔压高的处理方法
	塔釜加热不好	检查塔釜加热器
	釜液面过高或过低	调整塔釜采出
精馏塔塔顶重组分偏多	塔内出现冻堵	注入甲醇解冻
	塔内液泛，或雾沫夹带	减少塔釜再沸器或中沸器的加热量
	仪表塔压差测量的正压室多个引压阀同时开(注：部分精馏塔可分段测量塔压差，所以正压室有多个阀)	仅开测量塔压差的仪表正压室的单个阀门

第5章 三剂

5.1 催化剂

5.1.1 催化剂的基本概念

催化剂是一种加入少量就能加速化学反应，而且在反应过程中自身不会被明显消耗的物质，有时也称之为触媒。催化剂只能影响反应速度，即改变达到反应平衡的时间，但不能改变化学反应的平衡常数。在可逆反应中，催化剂既可以加快正反应速度，也可以加快逆反应速度。

由催化剂对反应施加作用而发生的现象称为催化作用。由于催化剂并非所有部分都参与反应物到产物间的转化，那些参与的部分称为活性中心(活性位)，因此催化作用也可以描述为，催化活性中心对反应物分子的激发与活化，从而使反应物分子大大增加反应性能而进行反应。

5.1.1.1 催化作用分类

工业催化过程是多种多样的，根据反应物与催化剂存在的相态，可把催化作用分为3大类。

(1)均相催化

均相催化一般经历生成中间化合物或独立的中间反应过程。反应的加速是由于中间化合物的生成和分解或中间化合物进一步反应所需的活化能较原反应为低。均相反应中，反应加速的程度一般与催化剂的用量成正比。其时，催化剂和反应体系处于同一相中，例如H^+对酯类水解的催化作用即均相催化。由于原料、产品及催化剂混为一体，需要设置专门的产品分离过程，导致成本提高。工业上要求均相催化反应的转化率要高，这样就容易发生副反应，产品的选择性也会受到影响。

(2)多相催化

催化剂和反应体系不在同一相中，例如V_2O_5对SO_2氧化为SO_3的催化作用、Fe对合成氨反应的催化作用等都属于多相催化。此类催化过程在化工生产中居多数，由于催化剂很容易与反应物分离，因而较为经济。使用固定床催化剂还可以允许反应的单程转化率较低，未转化的反应物还可以循环使用。

(3)生物催化(或称酶催化)

制药、酿酒过程中的发酵都属于酶催化。由于酶是由蛋白质组成，而蛋白质分子很大，其分子的大小已达胶体粒子的范围，因此它既不同于均相催化也不同于多相催化，而是兼备二者的某些特征。酶催化的特点是催化活性和选择性都非常高，目前已经知道有若干种酶能在常温常压下对氮的固定有催化作用。而工业上的多相催化合成氨反应却需要高温高压。能否仿造酶催化的机理使合成氨在常温常压下进行反应，早已成为合成氨科研的非常吸引人的方向。

5.1.1.2　催化反应的分类

按照反应单元分类，即将反应过程及同类基团（或化学键）的同类变化归于同一类，如催化加氢、催化脱氢、催化氧化、催化裂化等。

按照反应机理分类，即按照反应机理中反应物分子被活化的起因可将催化反应分为三类，即酸碱型机理的催化反应，氧化还原型机理的催化反应和配合型机理的催化反应。

（1）酸碱催化反应

反应物分子与催化剂之间发生电子对的转移而出现反应物分子中化学键的非均裂，从而形成了高活性的反应活化物种，比如形成正碳离子、负碳离子等，此类反应中，所用催化剂通常为酸、碱，包括路易士酸碱，而反应物分子可看成其共轭酸碱。

（2）氧化还原催化反应

当催化剂与反应物分子之间发生单个电子转移，产生反应物分子中化学键的均裂，而形成反应活性物种，如形成自由基物种，催化剂在过程中会发生化学价的变化，所用的催化剂为过渡金属及其化合物，这类反应称为氧化还原型催化反应。

（3）配合催化反应

配合催化反应是由于反应物分子与催化剂之间的配位作用而使反应物分子活化。

5.1.1.3　催化剂的分类

工业上重要的催化剂大致可分为四大类。

（1）酸、碱、盐催化剂

此类催化剂用于酸碱型机理的催化反应，其起催化作用常与它们对于质子或电子对的亲和力有关。适用的反应有水解、水合和烷基化等。

（2）过渡金属氧化物、硫化物催化剂

此类催化剂常用于氧化还原型催化反应。过渡金属氧化物中的过渡金属离子容易改变原子价，即容易氧化还原，对于氧具有化学吸附的亲和力，适用于各种氧化反应的催化剂。

（3）金属催化剂

此类催化剂多为过渡金属元素，它们对于含有氢和烃的反应尤其有强的催化性能，常用于氧化还原型机理的催化反应。

（4）金属有机化合物催化剂

此类催化剂也称为过渡金属配合物催化剂，常用于配位催化剂机理催化反应中。

5.1.1.4　催化剂的特性

（1）催化剂可以改变化学反应的速率

降低反应的活化能而提高反应速率是催化作用的基本原理，适用于任何形式的催化作用，包括均相的、非均相的和酶催化。催化作用的强弱可用活性来表示。

催化剂的活性和使用期限不仅与其成分有关，而且与制备和活化方法密切相关。催化剂应当有大的表面积。然而，表面积越大，则越不稳定。活性过高的催化剂很快会丧失大部分活性，而且对毒物也过分敏感。因此，活性高的催化剂应有适当大而稳定的表面。

催化剂可以用沉淀法、浸渍法、熔融法、还原法等多种方法制备。制备时用浓的溶液、快速沉淀、强烈搅拌、迅速混合、较高和较快的焙烧温度等都有可能造成活化表面。

不同的催化剂活化的方法各不相同，其目的是在一定条件下使催化剂的活性组分的分散状态、表面结构与表面形状及化合价态达到反应的要求，此外还有清除表面污染物及水分的目的。例如铁铬催化剂使用前要用 CO 还原处理，烃类氧化催化剂在使用前一般需经过高温锻烧，而烃类加氢催化剂则必须经过在氢气气氛中还原处理才能使用。

催化剂活性主要取决于以下几个因素：①催化剂的化学组成，如化合物、金属等；②催化剂的微观结构，如分子结构、活性中心等；③催化剂的宏观结构，如比表面、孔体积、孔分布等。

根据使用目的不同，催化活性的表示方法也不一样。活性的表示方法可大致分为两类：一类是工业上用来衡量催化剂生产能力大小的指标；另一类是实验室用来筛选催化活性物质或进行理论研究的指标。

工业催化剂的活性经常用时－空产率来表示。时－空产率是指在一定的反应条件下单位体积(或质量)的催化剂在单位时间内生成产物的质量。其表达式为：

$$a=\frac{m_{产物}}{t\cdot V_{催}}$$

或

$$a=\frac{m_{产物}}{t\cdot m_{催}}$$

式中，a 为催化剂的活性；$m_{产物}$ 为产物的质量；t 为时间；$V_{催}$ 及 $m_{催}$ 分别为催化剂的体积和质量。用时－空产率来表示活性可直接给出反应设备的生产能力，在生产上使用很方便。但应指出这种方法是不确切的。在科学实验中，为了比较催化剂的活性，常常采用单位催化剂表面上催化反应的速率常数来表示活性，即

$$a=\frac{k}{S}$$

式中，S 为催化剂的表面积；k 为被催化反应的速率常数。

(2)催化剂具有催化选择性

催化剂的催化选择性，也就是其对复杂反应所具有的定向作用。对于具有几个反应方向的反应体系，反应物沿某一途径进行的程度，与沿其他途经进行反应的程度的比较，即为催化剂对某反应的选择性。工业上常利用催化剂对反应的选择性来控制反应物化学转变方向。适当地选择催化剂，能使化学反应朝我们希望的方向进行，这就是催化剂的选择定向作用。

催化剂的选择性首先由其功能决定，也部分取决于热力学平衡，并且经常随压力、温度、反应物料组成和转化率而变化。根据不同的目的产物要求，可以选择不同的催化剂和不同的反应温度、反应压力等条件来达到。如果要改善催化剂的选择性，可用加速目的产物的生成速度，或阻滞副产物的生成速度实现。例如在催化剂中加入助催化剂，或者加入选择性物质，可以提高选择性。催化剂的选择性常用下列指标来表征。

①速率常数之比。如反应物 a 在某催化剂上可由两个途经进行反应，即 a→b 和 a→c，且这两个途经有相同的速率表达式，速率常数分别为 k_b 和 k_c，则对第一途经生成 b 的反应的选择性 S_b 为：

$$S_b=\frac{k_b}{k_c}$$

而对生成 c 的反应的选择性 S_c 为：

$$S_c=\frac{k_c}{k_b}$$

②目的产物收率与反应物的转化率之比。选择性是反应物转化为目的产物的量占反应物总转化量的百分比。例如反应物 A 可有两个反应方向进行反应：A→B（Ⅰ）和 A→C（Ⅱ），反应物起始量为 N_{A0}，反应进行后 A 的剩余量为 N_A，则反应物 A 的转化率为：

$$C_A = \frac{N_{A0} - N_A}{N_{A0}} \times 100\%$$

反应Ⅰ所得产物 B 的收率为：

$$y_B = \frac{\text{A 转化为 B 的量}}{\text{A 的初始量}} \times 100\% = \frac{N_{A\to B}}{N_{A0}} \times 100\%$$

反应Ⅱ所得产物 C 的收率为：

$$y_C = \frac{\text{A 转化为 C 的量}}{\text{A 的初始量}} \times 100\% = \frac{N_{A\to C}}{N_{A0}} \times 100\%$$

催化剂对反应 I 的选择性 S_B 为：

$$S_B = \frac{y_B}{C_A} = \frac{N_{A\to B}}{N_{A0}} \div \frac{N_{A0} - N_A}{N_{A0}} = \frac{N_{A\to B}}{N_{A0} - N_A}$$

同理可得：

$$S_C = \frac{N_{A\to C}}{N_{A0} - N_A}$$

在催化加氢反应中，我们常遇到希望把加氢控制在一定程度和一定部位，并得到所需产物，这就是选择性加氢问题。例如在裂解气脱乙炔的加氢反应中，目的是使乙炔加氢成乙烯，但生成的乙烯不发生二次反应加氢成乙烷，就是加氢到一定程度的选择性加氢。做到这一点可以利用它们吸附能力的差异和加氢活性的差异选择催化剂。

由于钯（Pd）对不同的不饱和化合物的吸附能力有较大差异，比如乙烯与乙炔相比，Pd 对乙烯的吸附能力更差，这就使乙炔在 Pd 上优先吸附，乙炔加氢成乙烯后，立即被易吸附的乙炔置换而脱附，从而使乙烯不被加氢。这种由竞争吸附实现的选择性加氢叫热力学选择性。

由于乙炔加氢活性比乙烯高，单个活性氢先进攻被活化的乙炔，使乙炔加氢通过半加氢状态而进行。而乙烯的加氢需要双氢集团，所以，供氢中心少的催化剂有利于乙炔选择性加氢成乙烯，不利于乙烯进一步加氢。这种利用加氢反应速度不同而实现的选择性加氢叫动力学选择性。

活性和选择性是衡量催化剂性能的重要指标。活性指标只能反映原料转化的多少，而不能说明主产物生成多少，所以评价催化剂性能需将活性和选择性这两个指标综合考虑。生产中常以产物的单程收率来表示，三者之间的关系如下：

$$\text{产物的单程收率} = \text{原料的转化率} \times \text{催化剂的选择性} = \frac{\text{生成主产物的原料量}}{\text{参加反应的原料量}} \times 100\%$$

（3）催化作用不改变化学反应的平衡常数

当一个化学反应的反应物和产物的种类和状态（温度、压力）等一经指定，则该反应的热力学函数变化值 ΔG 和 ΔS 等亦随之确定，与催化剂的存在与否无关。从热力学可知：

$$\Delta G^\circ = -RT\ln K_p$$

催化剂的存在不会改变反应的 ΔG°，由上面的公式可看出，催化剂也不会改变反应的化学平衡，催化剂的作用只是加速反应平衡的到达。严格地说，催化剂在反应终止时基本不消耗，但其状态与反应始态时并不一定相同，或者说形态不一定相同。

既然催化剂的存在不改变化学反应的平衡常数，那么正反应和逆反应的速率常数之比也应保持不变。催化剂能使正反应速率常数增加，同样也应以同一因数使逆反应速率常数增加。这种说法仅限于简单的化学转化，其中不产生热力学上不稳定的中间物。需要注意的是，一个催化剂只能加速一个热力学上允许的反应，它不能引发一个热力学不可行的反应。如果一个反应可以生成若干个中间产物，那么每个中间反应都必须符合热力学要求。

5.1.1.5 催化剂的载体和助剂

固体催化剂通常由主催化剂、助催化剂和载体组成。有时为了便于制成所需要的形状，或改善强度和孔结构，还加入成型剂和造孔物质。

催化剂的有效组分常分散在具有较大表面积的载体上，如浮石、活性炭、硅胶、刚玉等。载体起以下的作用：

①节省催化剂有效组分的用量，尤其对铂、钯等贵金属。

②使催化剂有效组分分散，增大接触表面，使活性中心间的排布更为恰当，充分发挥其催化活性。但应指出，并不是所有的催化剂都要求过大的表面。催化剂组分在载体上分散后，减少了重结晶的机会，热稳定性也有提高。

③提高催化剂的机械强度、导热性等。

④使工业操作易于进行。如有些催化剂悬浮于液相中的反应，加入助剂后，催化剂的化学组成、化学结构、离子价态、酸碱性、晶体结构、分散状态等可能发生变化，影响催化剂的活性、选择性和使用期限。加入的助剂是一种，也可能是多种。

助剂加入后可起到下列作用：

①提高催化活性。如合成氨的纯铁催化剂，使用时活性迅速下降。添加少量 Al_2O_3 为助剂，使还原的铁成为海绵状多孔微晶 $\alpha-Fe$，增大了表面积。Al_2O_3 还在铁微粒间形成镶嵌性的薄膜，防止铁在500℃温度下烧结或重结晶。

催化剂助剂也可以改变活性组分的电子性质而使活性得到提高。如合成氨铁催化剂中添加 K_2O，K 起电子给予体的作用，Fe 起电子接受体的作用，增强了 Fe 的电子密度面使活性提高。

②提高选择性。加入助剂可消除催化剂的某种活性中心或改变活性中心的组合。例如乙烯氧化制乙醛的钯催化剂的活性组分是 Pd 本身，但当两个 Pd 相邻组成 $-Pd-Pd-$ 的双中心时，乙烯的两个碳原子都被吸附解离而被深度氧化，产物为二氧化碳。当 Au 加入钯催化剂中，隔开 Pd 活性中心，形成单中心吸附，即可使主要产物为乙醛。

③延长催化剂的使用期限。加入助剂使活性组分减少融结和结晶，如环氧乙烷的银催化剂中添加 BaO 和 $CaCO_3$。

很多物质可用做助剂，但常用的是碱金属、碱土金属和稀土元素的氧化物或化合物。

5.1.1.6 催化剂的活化与失活

(1)催化剂的活化

催化剂制备好后，需经过进一步处理，使其物理和化学性质发生变化，才能形成具有催化活性的状态，此处理过程称之为活化。活化的目的是使催化剂，尤其是催化剂表面，形成催化反应所需要的活性结构。

活化的机理按照活化所用的手段分为热活化和化学活化两类。热活化是在高温条件下处理催化剂，此过程可导致催化剂改变化学组成和影响其物理状态。化学活化是通过引入活化剂使催化剂上的活性组分发生化学变化，而形成活性化合物。如用还原剂将金属催化剂中的金属氧化物还原为金属，用氧化剂使低价金属氧化物氧化为高价氧化物，用硫化剂将氧化物硫化制得硫化物催化剂，另外，卤化、氨化等也用于不同的催化剂活化处理过程。当催化剂活性组分表面含有杂质时，常利用化学活化除去杂质以提高活性，如用氢气除去金属表面上的吸附氧等。

(2)催化剂的失活

催化剂保持长久的程度通常称为催化剂的稳定性。理论上催化剂在反应后不会损耗，似乎可以无限制地使用下去，但在实际使用过程中，催化剂的结构和组成等会逐渐遭到破坏，从而其活性或选择性逐渐降低，称为催化剂的失活。因此，催化剂都有一个使用寿命的问题，催化剂从开始使用到活性、选择性明显下降的这段时间称为催化剂的寿命。

催化剂寿命有两种表示方法：

催化剂寿命采用每千克催化剂从开始到终止所处理的原料量来表示。即：

$$催化剂的寿命=\frac{累计进料量(m^3)}{反应器的催化剂装填量(kg)}$$

催化剂寿命亦可用时间来表示，即在规定的操作条件下，催化剂能够维持生产的总的时间，一般用年表示。

引起催化剂失活的原因是多种多样的，实际工业运转中催化剂失活往往是综合作用的结果。催化剂失活的原因可分为两大类，一是催化剂化学组成发生了变化，如催化剂在反应过程中活性组分的化学组成发生变化，活性组分的流失和中毒等；二是催化剂的结构发生了变化，如活性组分在载体上分散度的变化，烧结和再结晶，表面覆盖和孔隙被堵塞等。

催化剂的中毒是指催化剂的活性和选择性由于微量外来物质的存在而明显降低的现象。外来的微量物质称为催化剂的毒物。中毒现象的本质是微量杂质与活性中心间发生了某种化学作用。毒化的机理通常有两种：一种是毒物强烈地吸附在催化剂的活性中心上形成覆盖层，减少了活性中心的浓度；另一种是毒物与构成活性中心的物质发生化学作用转变为无活性的物质。据此可以认为，催化剂的中毒是由毒物和活性中心的结构决定的。

催化剂中毒按照毒物与催化剂活性组分作用的强弱程度可分为两类。如果毒物在活性中心的吸附或化合较弱，可以用简单方法使催化剂活性恢复，则称为可逆中毒或暂时中毒；若毒物在活性中心上的吸附或化合较强，不能用一般方法使催化剂活性恢复，则称为不可逆中毒或永久中毒。

积炭亦可导致烃类催化转化反应中的催化剂失活。原料中含有的或者在反应中生成的不饱和烃在催化剂上聚合或者缩合，并且通过氢的重排，逐渐脱氢而生成含碳的沉积物。沉积的焦炭覆盖在活性中心上或者堵塞孔口而引起催化剂活性降低。另外，原料中的机械杂质覆盖催化剂表面，亦能导致催化剂的活性降低。

催化剂在高温下运转会发生烧结，这是引起催化剂失活的另一原因。烧结会导致催化剂比表面积缩小或负载型金属催化剂的金属晶粒长大，此类不可逆物理过程的发生，将导致催化剂活性降低。

催化剂在长期使用过程中，在温度、压力和各种氧化还原物质的作用下，活性组分可能会逐渐流失，导致催化剂活性降低。

5.1.2 乙烯装置的催化反应

5.1.2.1 碳二加氢催化剂

碳二加氢反应主要用于乙烯装置裂解气中乙炔的脱除，该催化加氢法包括前加氢和后加氢两种流程。后加氢流程又可分为全馏分加氢和产品加氢，选择何种方法主要是以加氢原料中乙炔浓度为依据的。当加氢反应器进料中乙炔含量在1.5%以下时，适宜采用产品加氢；而当原料中乙炔浓度在1.5%以上时，宜采用全馏分加氢。

(1)碳二加氢反应

在加氢催化剂存在条件下，乙炔加氢反应主要分三步进行：

第一步，乙炔和氢扩散到催化剂表面，并在活性中心上吸附一个乙炔或一个氢；

第二步，在活性中心上吸附的乙炔再吸附一个氢，或活性中心上吸附的氢再吸附一个乙炔进行反应，生成乙烯；

第三步，由于乙烯在活性中心上被吸附能力远比乙炔小，一旦乙炔转化为乙烯，便很快被脱附，不能及时脱附的还有可能进一步加氢生成乙烷然后再脱附，活性中心马上开始下一个乙炔加氢的反应。

活性中心上吸附了乙烯和氢以后也会进行加氢反应，生成乙烷。当温度高时，氢气被吸附的能力减弱，或者当氢气不足时，活性中心上可以同时吸附几个乙炔分子，此时会发生聚合反应，生成乙炔低聚物(绿油)。

(2)碳二加氢催化剂的特性

根据乙炔催化加氢原理，要求催化剂对乙炔加氢的选择性要好，对乙烯的吸附能力要低，以便生成的乙烯很快脱附，减少乙烯被进一步加氢生成乙烷的机会，降低乙烯损失。

催化剂对烃的吸附速度顺序为：炔烃 > 双烯烃 > 烯烃 > 饱和烷烃

催化剂对烃的解吸速度顺序为：饱和烷烃 > 烯烃 > 双烯烃 > 炔烃

乙炔加氢反应过程中生成的绿油，会污染催化剂，使催化剂加氢性能降低，使用周期缩短。因此，控制好碳二加氢反应器的操作条件，提高催化剂的选择性，减少副反应的发生，对延长碳二加氢催化剂的使用寿命显得十分重要。

影响加氢催化剂选择性的因素主要有以下几点：

①加氢选择性一般随温度的升高而下降，即提高温度，活性增加，而选择性降低。

②催化剂使用时间对选择性的影响，一般随着使用时间的延长，选择性下降。

③氢气浓度对加氢选择性的影响，总体上氢气浓度高时的选择性比氢气浓度低的选择性要差，所以要控制氢气浓度在适宜的范围内。

综上所述，为使加氢脱炔反应的产物尽可能为乙烯，需要选择性能优良的加氢催化剂，并且在适宜的工艺条件下操作。因此工业上常用的选择性加氢催化剂活性组分为Pd、Co、Ni。为使吸附的乙烯易于脱附，选择大孔径的$\alpha-Al_2O_3$、SiO_2作为载体，加入助剂金属提高乙烯选择性。目前，国内乙烯装置碳二加氢使用的催化剂大多为以钯为活性组分的Pd－助剂/Al_2O_3型催化剂。

5.1.2.2 碳三加氢催化剂

乙烯装置碳三馏分中丙炔(MA)、丙二烯(PD)的脱除，通常采用气相催化加氢或液相催化加氢的方法。由于液相加氢具有工艺流程简单，建设投资省，能耗低，反应温度低，绿油生成量少，催化剂使用寿命长等优点，目前装置大多采用液相法。

(1)碳三加氢反应

碳三馏分加氢，除发生丙炔、丙二烯加氢生成丙烯的主反应外，还发生丙烯进一步加氢生成丙烷以及聚合等副反应。丙炔、丙二烯加氢生成丙烯的反应是强放热反应，其含量越高，总反应热越大，若不能及时有效地移出反应热，就会使催化剂床层产生较大的温升，导致副反应的加快，造成丙烯损失增大。同时，由于低聚物或炭的生成，催化剂将会受到污染，活性下降，使用周期缩短。因此，在反应过程中，控制好温升是很重要的。

聚合物是丙炔和丙二烯在催化剂表面进行聚合反应的产物。它是由被吸附在催化剂上的半氢化状态自由基与相邻的被吸附的丙炔(或丙二烯)反应的结果。高温易促使自由基的生成，为避免副反应的发生，加氢反应最好控制在较低的温度。此外，原料中含有很容易聚合的重组分(如碳四等)，会形成覆盖催化剂活性表面的聚合物，所以加氢的碳三馏分中重组分含量需限制在0.5%以内。

(2)碳三加氢催化剂的特性

在碳三加氢工艺中，无论采用气相加氢，还是液相加氢，所使用的催化剂均属于钯系催化剂。下面以液相法为例，介绍碳三加氢催化剂的特性和作用等。

碳三液相加氢是指含丙炔、丙二烯的碳三馏分呈液态，在加氢催化剂的作用下，丙炔、丙二烯选择加氢得到脱除的过程。液相加氢时，碳三馏分以液态通过反应器催化剂床层，催化剂的负荷能力大，相对气相加氢而言，催化剂用量可以大大减少，反应器体积可相应减小。液相加氢时，由于部分反应物由液相变为气相移走了反应热，所以反应可在较低的温度下进行，与气相加氢相比，不易发生副反应，绿油生成量明显减少。此外，液相加氢时，反应物料以液态流经催化剂床层，催化剂的表面得到不断的冲刷，也能减少绿油的生成，使催化剂的使用寿命得到延长。

目前使用的碳三加氢催化剂主要是钯－氧化铝系催化剂，在该系催化剂上进行的反应是一个气、液、固三相的反应过程，同时存在气液相际、液固相际和固相内部的传质，是比较复杂的传质－反应交互作用的过程。

双膜理论对气液固三相反应过程的分析如下：①组分A从气相主体传递到气液界面；②组分A从气液界面进入到液相主体；③组分A在液相主体中的混合与扩散；④组分A从液相传递到催化剂表面；⑤组分A向催化剂内部传递并在内表面上进行反应。反应的活化能依赖于过程及催化剂特性。碳三液相加氢反应的活化能比气相加氢反应的活化能要低得多，因此，可以认为液相加氢较气相加氢更易发生。

碳三液相加氢反应过程中，影响丙炔、丙二烯和丙烯转化率的因素主要有反应温度和停留时间。温度对丙炔、丙二烯转化率的影响不同于对丙烯的影响，当温度升高时，丙炔和丙二烯的转化率降低，而丙烯的转化率则有轻微增加；停留时间对丙炔和丙二烯的转化有所影响，但是对丙烯影响不大。

5.1.2.3　甲烷化催化剂

(1)甲烷化反应

液态烃水蒸气裂解分离制取乙烯、丙烯的过程，伴随副产相当数量的富氢馏分，其中含有0.1%～1.0%的CO、CO_2等杂质。由于CO和CO_2的存在，会造成碳二、碳三加氢催化剂中毒失活，因而这种富氢不能直接作为加氢的氢源。

乙烯装置常用甲烷化法脱除富氢馏分中的CO和CO_2，即在甲烷化反应器内，富氢中的CO、CO_2与H_2发生反应转化为甲烷和水，达到CO、CO_2含量小于5×10^{-6}的规格指标。

CO、CO_2的甲烷化反应均是强放热反应，甲烷化反应器为绝热式反应器，所以富氢中的CO和CO_2含量不宜过高，而且，乙烯装置分离氢气过程应尽量避免富氢馏分中夹带有乙烯，以确保操作安全。因为乙烯加氢生成乙烷也是强放热反应，会加剧反应器的温升。高温时乙烯会裂解生成炭，附着在甲烷化催化剂上，降低催化剂的性能。

(2)甲烷化催化剂的特性

富氢馏分的净化所用的甲烷化催化剂通常是镍型催化剂，如NiO、NiO/Cr_2O_3、Ni－Mo、Ni－Co－Mo、Ru－Ni等，载体常用氧化铝和硅藻土。

顺序分离工艺的甲烷化催化剂在使用中需要注意以下几点：

①硫、氯、砷是甲烷化催化剂的毒物，所以特别要注意进入甲烷化反应器的气体不应含有上述毒物。在储存催化剂时，不可与上述化学品混装在同一仓库内。

②使用镍型高温甲烷化催化剂时，催化剂床层升温阶段，从室温到200℃，升温速度要快，以避免剧毒的羰基镍生成，并减少催化剂活性组分镍的损失。

③催化剂升温阶段，最好用纯度99.9%(体积分数)以上的氮气，温度达到200℃以后，再切换成富氢气体，以50℃/h的速率升温，使反应器温度达到要求值280～300℃。

④甲烷化反应器可承受的最高安全温度为410℃，虽然在此温度下催化剂仍有较好的活性，但应高度重视安全问题。若温度达到800℃，催化剂将会受损甚至不能使用。

⑤在降温过程中，当温度降至200℃时，应将富氢气体切换成氮气进行保压降温，以防止镍和CO反应生成剧毒性的羰基镍。

⑥当从反应器中卸出催化剂时，需要对催化剂进行钝化处理，待温度降至常温后，方可将催化剂卸出。在催化剂从甲烷化反应器卸出的过程中，周围环境应不含有CO气体，以免生成危及人体生命的剧毒羰基镍。

甲烷化反应采用低温镍型催化剂，载体为氧化铝。正常操作时，反应压力和温度分别控制在3.3MPa和160℃左右。

低温甲烷化催化剂在使用过程中需要注意以下几点：

①正常开车之前，甲烷化反应器中的催化剂是以氧化态存在的，因此，对于新装填的催化剂，在开车之前必须进行还原，使之完全达到活化状态。

②还原时升温速度不能过快，防止损坏催化剂。还原氢气的流量要严格控制，防止床层温度过高。

③正常运行状态下的甲烷化催化剂是金属态的Ni基催化剂，该催化剂极易与氧气反应产生燃烧现象，因此在对甲烷化反应器进行检修前，甲烷化催化剂必须进行钝化处理，钝化时空气注入量不要增加太快，防止催化剂床层温升过高。

④在低于150℃温度下催化剂中的Ni会和CO发生反应生成剧毒性的羰基镍化合物，在氢气流停止通过反应床层时，应立即通入氮气进行保压降温，以防止羰基镍的生成。

⑤由于甲烷化反应是强放热反应，为了保护甲烷化反应器不受损坏，反应器的最高温度不得超过240℃，由于这个原因，超温联锁停车值设定在200℃。

5.1.3 催化剂的干燥和还原

由于催化剂在运输、装卸过程中，会暴露在空气中，因而可能吸附空气中的水分。而水分的存在可能对催化剂的性能、加氢产品的质量以及系统的安全操作等造成一定的影响，所以在反应器(催化剂)投用之前，需要对其进行干燥。

催化剂的干燥通常采用高纯度氮气。干燥过程主要包括氮气冷吹、升温、恒温和降温四个过程。催化剂干燥后，经测定露点合格，需要对其进行还原。因为加氢催化反应过程需要催化剂以还原态形式存在，而烧焦、干燥后的催化剂为氧化态，所以要对催化剂进行还原操作，使其恢复活性和选择性。

5.1.3.1　碳二加氢催化剂

碳二加氢催化剂第一次使用或再生后的投用，需用氢气和甲烷进行还原。具体步骤简述如下：

①催化剂用甲烷干燥后，保持入口温度在150℃左右，而甲烷和氢气总量维持在一定的数值。

②观察催化剂床层温度并保持稳定。

③逐渐提高氢气注入量，同时减少甲烷量，并保持总量稳定直至分析氢气总含量达到50%时，维持一定时间。

④逐渐减少氢气量直至完全关闭氢气注入，同时保持一定的甲烷量。

⑤用冷甲烷将床层降温至30℃左右。

5.1.3.2　碳三加氢催化剂

碳三加氢催化剂第一次使用或者再生后的投用，同样需要进行还原，主要用氢气和氮气。具体步骤简述如下：

①催化剂用氮气干燥后，停注氮气，逐渐注入氢气直至一定数值；

②对床层升温至80℃并保持一定时间，同时观察并保持床层温度稳定；

③关闭氢气，并切换氮气通入反应器，对床层进行降温。

床层温度降至环境温度后，关闭氮气，反应器处于保压状态。

5.1.3.3　甲烷化催化剂

在顺序分离工艺中，由于甲烷化反应的原料是富氢，故甲烷化反应不需要专门的还原。当用氮气对催化剂床层进行干燥、升温达到设计要求以后，催化剂即可以进行稳定工作。

S&W 前加氢工艺则要求在开工前对甲烷化催化剂进行还原，还原步骤如下：

①打开氮气手阀，向甲烷化系统引入氮气。以小于等于30℃/h 的速度对甲烷化反应器的氮气进行升温，升温至130℃，恒温1～2h。

②打开外引氢气手阀，引氢气至反应器，在反应器出口放火炬。

③关闭氮气线，开始利用氢气对催化剂进行还原，维持氢气进料量，进料温度保持在130℃，直至催化剂床层底部温度达到120℃以上。

④以30℃/h 的速度把氢气温度升高至150℃，注意观察反应器床层温升，防止床层升温过快。在150℃的温度下保持30min，若无异常，以30℃/h 的速度继续提高进料温度直到200℃。在200℃温度下保持1h，若反应器内温度不再上升，即表示催化剂还原完成。

⑤以30℃/h 的速度对反应器进行降温，当反应器的温度降至130℃时，开氮气阀对反应器进行置换，并用氮气继续降温，准备接乙烯装置产氢气进行精制。

为避免在低于150℃的温度下，生成极毒的羰基镍，在对甲烷化反应器进行检修前，必须对甲烷化催化剂进行钝化处理。

甲烷化催化剂的钝化步骤如下：

①甲烷化反应系统停车后，系统氮气置换合格，全开氮气阀，在反应器出口放火炬。

②向氮气中配入1%～2%(摩尔分数)的空气。

③观察反应器床层的温升，严格控制反应器床层温度不要超过100℃。

④向氮气中慢慢以1%(摩尔分数)/h的速度配入空气，并观察反应器床层温升，直到氮气中的空气浓度达到10%(摩尔分数)。

⑤保持氮气中含10%(摩尔分数)浓度的空气注入反应器，持续几小时。

⑥联系化验人员取样分析反应器进出口氮气中的氧含量，当氧含量不再减少后，停止注入空气，继续通入氮气冷却催化剂床层。反应器床层温度降至常温后停氮气注入，钝化结束。

注意：①注入空气的速度不要太快，防止催化剂床层温升过高。②确认开工氢气线已加装隔离盲板，防止氢气反窜。③严密监视反应器床层温度的变化。

5.2 干燥剂

5.2.1 干燥剂的分类和作用

干燥剂在乙烯装置有广泛的应用，主要用于脱除裂解气、烃类和氢气中的水分等，按照乙烯装置单元操作的特点，干燥剂分为裂解气干燥剂、乙烯干燥剂、丙烯干燥剂和氢气干燥剂等。

5.2.1.1 裂解气干燥剂

由于在石油烃裂解过程中加入了稀释蒸汽，在冷凝和脱除酸性杂质过程中又有水洗，尽管裂解气在压缩过程中加压、降温，能脱除大部分重烃和水，但是裂解气中仍然含有约500mg/kg的水，而在深冷分离系统中，低温下微量水能与烃类形成白色结晶水合物，极易堵塞设备及管道，所以必须对裂解气进行干燥，以脱除其中的水分。

裂解气干燥器采用的干燥剂为3A分子筛、活性氧化铝或硅胶，应用较普遍的是3A分子筛和活性氧化铝。通过对两种干燥剂性能的比较发现，3A分子筛对裂解气和烃类的干燥较活性氧化铝有以下优点：

①3A分子筛对极性分子有极大的亲和力，易于吸附；而对氢气、甲烷和碳三以上烃类均不易吸附，所以烃的损失很少，减少了在高温再生时形成聚合物或结焦而使干燥剂吸附性能劣化的可能。相反，活性氧化铝可吸附碳四不饱和烃，不仅造成碳四烯烃损失，影响操作周期，而且再生时易形成聚合物或结焦而使干燥剂吸附性能劣化。

②3A分子筛的吸附能力大，约比活性氧化铝大三倍。

所以，在乙烯装置生产中，目前应用最广泛的裂解气干燥剂是3A分子筛。

5.2.1.2 乙烯干燥剂

在顺序分离流程中，碳二馏分在加氢脱除乙炔的同时，亦生成了少量的水(有少量CO存在)，水分的存在一方面会造成设备和管道堵塞，另一方面会影响乙烯产品的质量。因此需要设置乙烯干燥器脱除其中的水分，同时还能吸附脱除少量的绿油。

目前乙烯干燥器使用的干燥剂为3A分子筛和活性氧化铝，而如前所述，由于两者相比，3A分子筛有较大的优点，所以，目前3A分子筛的应用更为普遍。

5.2.1.3 丙烯干燥剂

顺序分离流程中，脱丙烷塔的一股物料来自压缩区，其中含有少量的水分，经过脱丙烷塔分离出的碳三馏分相应也带有少量水分。由于碳三物料中带有水分会对系统造成碳三加氢催化剂中毒、丙烯产品不合格等影响。因此，无论采用气相加氢技术，还是液相加氢技术，都需要设置丙烯干燥器，以脱除碳三馏分中的水分。同乙烯干燥剂类似，丙烯干燥剂也采用分子筛(包括3A和4A)和活性氧化铝。国内乙烯装置目前大多采用3A分子筛。

5.2.1.4　氢气干燥剂

来自冷箱的粗氢中含有少量的CO，经过甲烷化反应生成了微量水分，而水分能引起碳二、碳三等反应器催化剂中毒，所以必须脱除水分，制得合格的氢气。

同丙烯干燥剂一样，氢气干燥剂也采用分子筛(包括3A和4A)和活性氧化铝，而大多数装置使用3A分子筛。

5.2.2　分子筛吸附脱水的原理

吸附是用多孔性的固体吸附剂处理流体混合物，使其中一种或几种组分被吸附于固体表面上，以达到分离的目的。

分子筛是人工合成的一种高效能吸附剂，是具有稳定骨架结构的结晶硅铝酸盐。作为吸附剂，分子筛具有以下特点：①具有极强的吸附选择性；②具有较强的吸附能力；③吸附容量随温度变化；④吸附容量与气体线速度存在一定的关系。

根据分子筛所具有的特点，我们不难理解分子筛吸附脱水的原理。分子筛吸附水是放热过程，在高压低温下，能够将物料中的水分脱除得很彻底，所以，分子筛在常温下进行吸附，而在低压高温的条件下，由于吸附水容量很低，故可以进行脱附、再生。

5.2.3　干燥剂的失效与再生

对于上述的几类干燥剂，装置运行过程中，湿气自上而下通过分子筛床层，干燥后的气体从干燥器底部送出。分子筛经过一段时间会逐渐接近或达到平衡吸附量，此时分子筛已不能保证彻底吸附脱除湿气中的水分，即所谓失效，因而必须进行再生。分子筛的再生直接关系到其活性和使用寿命，分子筛的再生一般分为排液、泄压、预热、再生和冷却等几个步骤。下面以裂解气干燥器(A床再生)为例，简单介绍干燥剂的再生过程。

5.2.3.1　裂解气干燥剂的再生

裂解气干燥剂的再生可按以下步骤进行：

①排液泄压。打开排液阀，将床层的液体排尽。关闭排液阀，打开泄压阀，将床层压力降至接近再生气压力。关闭泄压阀。

②冷吹。打开再生气(通常为甲烷)阀，用冷甲烷对床层进行吹扫，缓慢升至设计再生气量，吹扫床层约2h。

③升温。当A床再生出口温度大于0℃后，改用热甲烷对床层按照设计速率进行升温，保持一定的升温速率，防止升温过快损坏干燥剂。当A床再生气出口温度达到设计温度(大于200℃)后，恒温约2h。

④降温。调节再生气温度，以设计速率对床层降温，将进出口温度降至30℃左右。

⑤备用。关闭再生气系统，对床层进行充压以作备用。

5.2.3.2　其他干燥剂的再生

其他几类干燥剂包括乙烯、丙烯和氢气干燥剂的再生方法和过程同裂解气干燥剂类似。几种干燥剂操作中需要注意区别以下几点：

①进料中水含量不同。裂解气中干燥剂的进料中水含量较高，乙烯、丙烯和氢气干燥器

进料组分较纯，水含量较低。

②再生周期不同。裂解气干燥剂的再生周期最短，氢气和丙烯干燥剂的再生周期其次，而乙烯干燥剂的再生周期最长，一般为一周左右。

③裂解气、乙烯和氢气干燥器为气体干燥器，而丙烯干燥器为液体干燥器。

④裂解气、氢气和丙烯干燥器均有备用台，定期切换再生，而乙烯干燥器仅设单台，再生期间，物料走干燥器旁路。

⑤再生步骤有所不同。裂解气干燥器和丙烯干燥器切出离线后，需要倒液，而乙烯和氢气干燥器则不需要倒液。

5.3 助剂

助剂又称添加剂，泛指某些材料和产品在生产和加工过程中，为改进生产工艺和产品的性能而加入的辅助物质。由于助剂能赋予制品以特殊性能，延长其使用寿命，扩大其应用范围，改善加工效率，能加速反应进程，提高产品收率等，而且，助剂在量和质上具有小批量、多品种、特定功能、复配使用的特点，因而在化工领域具有极为广泛的应用。乙烯装置所用的助剂主要有阻聚剂、破乳剂、结焦抑制剂、黄油抑制剂、抗垢剂等，下面简要介绍它们的作用机理、物性指标等。

5.3.1 结焦抑制剂

结焦抑制剂应用于裂解炉，以抑制裂解过程中焦炭的生成。由于烃类裂解结焦过程复杂，其影响因素很多，许多研究人员对其进行了广泛的研究。初步得到广泛认同的结焦机理为三类：一是炉管金属成分(主要是 Ni 和 Fe)对不饱和烃的催化结焦作用；二是烃类高温裂解自由基反应机理引起的结焦；三是烃类高温裂解生成的各种不饱和烃、稠环芳烃的聚合等反应引起的结焦过程。裂解反应条件不同，以上三种过程在裂解结焦中所起的作用也会不同。结焦抑制剂主要是抑制上述三种结焦过程，但是不同结焦抑制剂的作用机理是有所差别的。如硫磷复合物的结焦抑制剂作用机理是：与炉管金属键合，形成一层致密、牢固的膜而降低结焦速度，不仅可钝化金属表面，抑制非均相催化结焦，而且能破坏碳晶内 C—C 键的键能，达到疏松焦炭密度的目的，使焦变得松散、易于清除；硫磷复合物中的硫元素可与炉管金属表面的铁元素形成硫化亚铁膜层，阻止焦炭在管壁的附着和渗入，同时屏蔽炉管金属表层内部的镍、铁元素的催化结焦反应；硫磷复合物中的磷化物可改变焦的结构，降低稳态结焦速度，抑制由二次反应引起的自由基结焦，并能改善废热锅炉的结焦情况。

目前，国内外开发的结焦抑制剂的种类很多，主要有含硫化合物、含磷化合物、有机硫磷化合物、金属有机化合物、碱金属或碱土金属化合物、有机聚硅氧烷以及硼化物等。其中，目前工业上普遍的结焦抑制剂是含硫化合物、有机硫磷化合物。

5.3.1.1 硫化物

含硫化合物可以抑制炉管金属对结焦的催化作用。在以不含硫的轻烃(如乙烷、丙烷)为原料时，需要注入 100×10^{-6}的硫，以抑制结焦和 CO、CO_2的生成。加入的硫化物有：元素硫、噻吩、硫醇、Na_2S 水溶液、$(NH_4)_2S$，$Na_2S_2O_3$、$KHSO_4$、$(C_2H_5)_2SO_2$、$(CH_3)_2S_2$、$(CH_3)_2S$，CS_2，H_2S、二苯硫醚、二苯基二硫、*N*，*N*－二乙基硫脲等。工业中常采用$(CH_3)_2S_2$，其主要物性指标如表 5－1 所示。

表5-1 二甲基二硫主要技术指标

项　目	指　标
主要物理化学性质	淡黄色透明液体，有恶臭气味，不溶于水，溶于乙醇和醚
纯度/%	≥99.0
水含量/%	≤0.1
相对密度	1.0625~1.065
化学结合硫/%	≤0.05
熔点/℃	-84.7
沸点/℃	109.7
闪点/℃	16

5.3.1.2　有机磷硫化合物

有机磷硫化合物不仅可钝化金属表面，抑制非均相催化结焦，而且能破坏炭晶内C—C键的键能，达到疏松焦炭密度的目的，使焦变得松散、易于清除。该化合物为有机复配化合物，如某公司在胺中和的有机磷酸或亚磷酸酯基础上，以水溶性胺代替了非水溶性胺，并在使用硫代磷酸酯和咪哇啉类化合物等。某公司有机磷硫化合物主要物性指标见表5-2。

表5-2　某公司有机磷硫化合物主要物性指标

物理状态	液体	物理状态	液体
外观	无色到浅黄色	相对密度(15.5℃)	1.04~1.08
气味	硫黄味	水中溶解性	不溶解
闪点/℃	>93(PMCC)		

5.3.2　阻聚剂

乙烯装置脱乙烷塔、脱丙烷塔、脱丁烷塔以及凝液汽提塔系统容易结垢，主要是由于自由基反应形成的聚合物产生的。在上述系统塔釜和再沸器内，存在烯烃或者双烯烃等不饱和烃，与系统中不饱和烃热分解产生的自由基反应，生成聚合物，在塔内或再沸器内结垢。由于脱乙烷塔塔釜和再沸器温度较低，结垢不严重，基本上不影响生产，因此，乙烯装置阻聚剂主要应用于汽油分馏塔、裂解气压缩机、C_3分离系统(凝液汽提塔、脱丙烷塔)、脱丁烷塔、脱戊烷塔等。目前，普遍认为不饱和烃的聚合是自由基链反应，通常由链引发、链增长和链终止等基元反应组成。这种反应除可由引发剂引发外，热、光、辐射都能引发聚合，金属离子、微量氧和水也都能诱发这类反应。

常用的阻聚剂主要为胺类和酚类。其抑制聚合机理是：消除痕量氧，减少自由基产生；在金属设备表面形成保护膜以钝化金属表面，或络合溶解在介质当中的金属离子以阻止金属离子的催化作用；本身就是一种自由基，又相当稳定，能迅速消除介质中的自由基。下面列出了几种常用的阻聚剂技术指标。

1. 某阻聚剂A

化学组成：有机胺浓度30%~32%。

主要物理化学性质：外观为红色液体，呈碱性，对人体有刺激性，沸点120~250℃(混合物)。

主要物性指标见表5－3。

表5－3　某阻聚剂A主要物性指标

项目	指标	项目	指标
胺值/(mgKOH/g)	10.0～20.0	凝点/℃	≤－20
密度(20℃)/(g/cm³)	0.8～0.9	闪点(开口)/℃	>62

2. 某阻聚剂B

化学组成：芳烃、高温抗氧剂、分散剂。

主要物理化学性质：外观为褐色黏稠液体。

主要物性指标见表5－4。

表5－4　某阻聚剂B主要物性指标

项　目	指　标
黏度(40℃)/(mm²/s)	3～5
闪点(开口)/℃	≥70
密度(20℃)/(g/cm³)	900～950
凝点/℃	≤－30
机械杂质/%	≤0.02
水分/%	≤1.0

3. 某阻聚剂C

主要物理化学性质：外观为澄清的红色液体，属易燃液体。

主要物性指标见表5－5。

表5－5　某阻聚剂C主要物性指标

项　目	指　标
闪点(闭口)/℃	65.6
密度/(g/cm³)	0.91
倾点/℃	<－31.6
气相分压(37.8℃)/kPa	0.69

阻聚剂存放于储罐中，用注入泵升压后，注入各系统内。具体注入点各装置有所不同，但一般是注入到塔釜再沸器内。阻聚剂的注入方式为用助剂泵以纯助剂形式加注。

阻聚剂的使用注意事项：①阻聚剂有毒，对皮肤有刺激性。如接触皮肤，可用清水、肥皂或洗涤剂洗净。②储存、装卸时最高温度应不超过60℃，若长期储存，温度应不超过40℃，同时应远离火源，切勿进水。③应存放于阴凉通风处，并且容器要密闭，防止泄漏。

5.3.3　破乳剂

破乳剂是用于处理石油化工装置油类乳化的一种助剂。它是一种阳离子型表面活性剂，能够有效中和乳状液液滴表面所带的电荷，破坏电荷周围的双电层，促进液滴的絮凝、聚结，从而导致乳状液的分层、破乳。

一般乙烯装置的破乳剂主要用于急冷油系统中，防止或减轻急冷油的乳化现象。常用破乳剂的物性指标见表5-6。

表5-6 常用破乳剂的物性指标

项目	指标	项目	指标
外观	黄色透明液体	折射率	1.3~1.6
水溶性	全溶	pH值	8.0~10.0
密度(20℃)/(g/cm^3)	1.00~1.20	机械杂质/%	≤0.2
运动黏度(20℃)/(mm^2/s)	≤80		

破乳剂可通过助剂泵从汽油分馏塔的回流管线或者塔底出口至换热器进口之间注入系统中。注入浓度根据具体情况而定，一般配成1%浓度，约30~60mg/kg。

破乳剂的使用注意事项：①使用前最好先除去设备及管道中的积垢。②使用前几周添加量应是正常添加量的2倍左右。③应密封保存，防止混入杂质，保持通风，避免暴晒，禁止烟火。

5.3.4 黄油抑制剂

黄油抑制剂应用于碱洗塔，系统黄油产生的原因有两个：一是裂解气在碱洗过程中，冷凝或溶解在碱液当中的双烯烃或其他不饱和烃在痕量氧气的作用下，有可能诱发自由基，为交联聚合物的形成提供引发条件，最终产生黄油；二是裂解气中的醛或酮在碱的作用下，易引起Aldol缩合反应，即两分子α末碳原子上有活泼氢原子的醛或酮在NaOH等碱性催化剂的作用下，会引起加成反应，生成β-羟基醛，然后进一步加成生成一定相对分子质量的聚合物，即黄油。

黄油抑制剂主要由阻聚剂、抗氧剂、金属离子钝化剂和分散剂等成分组成，其作用机理为：还原溶解在碱液中的氧气，钝化碱液中的金属离子，防止自由基的生成，一旦自由基生成，可迅速与自由基反应，中止链增长，在碱液中分散黄油并清洗黄油。

某装置使用的黄油抑制剂的主要物性指标见表5-7。

表5-7 某黄油抑制剂的主要物性指标

项目	指标	项目	指标
外观颜色	无色或黄色液体	凝点/℃	≤-20
胺值/(mgKOH/g)	≥100	黏度(25℃)/mPa·s	≤50
密度(20℃)/(g/cm^3)	0.95~1.15	闪点（开口）/℃	≥42

5.3.5 抗垢剂

汽油分馏塔是乙烯装置的咽喉，汽油分馏塔处理的液相介质急冷油、盘油和轻质燃料油中含有大量的苯乙烯类、茚类、二烯烃、环烯烃等不饱和芳烃。这类化合物在高温条件下，在设备材质中微量金属元素的催化作用下，与裂解气中微量的氧发生自由基聚合反应，生成的聚合物将黏合裂解气夹带的焦粉，在塔板某些部位沉积下来，致使物料在这些部位形成滞流，又促进物料中的聚合物和焦粉沉淀，聚合物和焦粉越积越厚，直至堵塞通道，导致塔的处理能力下降，汽油分馏塔压差和顶温升高，影响了整个装置的安全稳定长周期运行。

为解决汽油分馏塔压差高的问题，许多装置对汽油分馏塔进行加注抗垢剂和分散剂，以减少聚合物的生成，减缓汽油分馏塔压差上升的趋势。

抗垢剂的作用机理主要如下：

①抗氧化作用：消除痕量氧，减少自由基的产生。

②钝化金属离子作用：在金属设备表面，形成保护膜以钝化金属表面，或络合溶解在介质当中的金属离子以阻止金属离子的催化作用。

③链终止作用：对于已经形成的自由基，使用阻聚剂终止链增长，在抗垢剂中，除了配有常用的阻聚剂，还配有高效阻聚剂。

④对于将生成的聚合物，抗垢剂还有分散清净作用，它能使聚合物分散在介质当中不会黏附在设备表面而堵塞通道，或者将已经黏附在设备表面的垢物清除下来，随介质流走。

抗垢剂的型号有很多种，型号不同，其物性指标也不尽相同。究竟采用那一种，要根据各装置的实际情况，结合价格因素作综合分析、调研后才能作出选择。抗垢剂外观一般为红色液体，无毒，呈碱性，储存时应远离火源。对人体有刺激性，若接触皮肤，应立即用清水冲洗10min。

抗垢剂分为分散型和阻聚型，为了清除汽油分馏塔填料上的聚合物，彻底解决汽油分馏塔压差高的问题，两者往往要配合使用。加注抗垢剂时，起初使用分散型抗垢剂，以清除填料上已生成的垢物，恢复正常的运行状况，然后改用阻聚型抗垢剂，以阻止垢物的生成，延长汽油分馏塔的运行周期。抗垢剂的注入点一般选择在汽油分馏塔汽油回流线上，因为助剂添加在此处可以自上而下流经整个汽油分馏塔，使整个急冷油系统达到阻聚效果。添加量以裂解汽油回流量为基准，浓度一般为$(5\sim50)\times10^{-6}$（质量分数）。

试验证明，乙烯装置汽油分馏塔使用抗垢剂对减少聚合物的生成、缓解塔压差的上升有一定效果。需要注意的是：在注入抗垢剂时要小心谨慎，注意观察急冷水是否出现乳化现象，如果出现，则根据实际情况，降低用量或停止添加；在加注分散型抗垢剂时尤其要小心，以避免分散作用过强造成堵塔现象。为适应乙烯装置长周期运行的需要，最好在装置检修后的开车初期就注入阻聚型抗垢剂，以使汽油分馏塔适应长周期运行的需要。

5.3.6 减黏剂

随着乙烯工业的发展，裂解原料的多样化及重质裂解原料的广泛使用，急冷油黏度控制技术得到了迅速发展，减黏技术在急冷油系统中得到普遍应用。目前世界新建和扩建的乙烯装置大多采用了减黏技术，但减黏塔操作参数不易控制。为了解决急冷油黏度高的问题，目前减黏剂的使用逐渐受到重视。通过加入急冷油减黏剂来抑制急冷油黏度，在国内乙烯装置上的应用取得了较好的效果，汽油分馏塔塔釜温度得以提升，减少了稀释蒸汽系统中压蒸汽补入量，系统整体运行平稳，取得了较好的工艺效果、节能效果和经济效益。

减黏剂通常具备以下三种作用：①阻聚作用：阻止自由基链反应的进行，使聚合反应停止，从而遏制粘度的增大。②分散作用：改变聚合物的物理性质和形态，使之松散，易于清除。③金属表面钝化作用：通过对金属表面的化学和物理吸附，在金属表面形成一层保护膜，把金属从结垢环境分隔出来。

第6章 安全、环保与节能

6.1 安全

6.1.1 乙烯装置安全生产的特点

乙烯装置流程长，且复杂，既有高温裂解反应，又有催化反应，高温高压、低温负压，物料大多为甲类危险品，过程中使用碱、氨等腐蚀性物质，物料中存在 H_2S 等有毒气体，所以易发生事故。除出现物料泄漏发生着火爆炸事故外，干燥剂粉尘、水合物等易造成冷箱冻堵，热区和裂解炉还会出现结焦、聚合等堵塞事故发生。因此，只有严格执行各项工艺指标和安全技术规程，才能保证安全生产和人身安全。

6.1.2 乙烯装置有毒有害物质的防护

乙烯装置存在许多有毒有害物质，当其浓度达到一定值时，便可对人体产生毒害作用。因此，在生产中预防中毒是极为重要的，现将乙烯装置工艺物料的毒性和防护措施归纳于表6-1。

表6-1 乙烯装置工艺物料毒性表

序号	名称	毒性分析	防护措施
1	氢气	氢气为生理非活性的气体，只有在浓度很高的情况下，由于氧气的正常分压降低，才引起窒息。氢气的麻醉作用只有在极高的压力下才表现出来	防止泄漏，加强通风，防止窒息和火灾爆炸事故。
2	硫化氢	强烈的神经毒物，对黏膜有强烈的刺激作用。高浓度时可直接抑制呼吸中枢，引起迅速窒息而死亡。长期接触低浓度的硫化氢，引起神衰症及植物神经紊乱等症状	生产过程中应加强通风排气。工作场所安装自动报警器，对工作环境接触硫化氢的工人进行预防中毒及急救知识教育。进入高浓度的硫化氢场所，应有人在危险区外监护，作业工人要戴防毒面具，身上系好救护带，并准备其他救生设备
3	硫醇	有强烈而持久的令人不愉快的刺鼻气味，有毒，对皮肤有刺激性	生产过程应密闭，储存时应封闭在严密的容器内，存放在通风良好、阴凉处，容器应防止遭受物理损坏，防止泄漏。处理这类化合物时应穿戴好劳动防护用品，生产现场应保持通风
4	甲烷	无色无味气体，对人最初的窒息征象为脉搏加快，呼吸量增大，注意力及细小肌肉运动协调衰退。严重的疾患应在甲烷含量达25% ~30%及更高时发生	防止泄漏，加强通风，防止窒息和“瓦斯爆炸”事故
5	乙烯	无色、带甜香味、对眼及呼吸道黏膜有轻微刺激作用。吸入高浓度乙烯可立即引起意识丧失。长期接触低浓度乙烯可有头昏、乏力等症状	工作场所要求空气流通，便于乙烯气体扩散稀释。液态乙烯球罐应定期检测，以防止发生意外事故
6	乙烷	无色、无臭、窒息性气体	室外注意风向，室内注意通风

续表

序号	名称	毒性分析	防护措施
7	丙烯	纯窒息剂和麻醉剂。具有轻微麻醉作用，高浓度下也会因把空气中的氧气稀释到不能维持生命的浓度而有致命危险。没有显著的毒性	工作场所要求空气流通，便于丙烯气体扩散稀释。液态丙烯球罐应定期检测，以防止发生意外事故
8	丙烷	无色、窒息性气体	防止泄漏，加强通风，防止窒息和爆炸事故发生
9	丙炔	具有不快气味的气体。是极弱的麻醉剂，可导致痉挛	工作场所要求空气流通，以便气体扩散稀释
10	丁二烯	无色无臭气体，具有麻醉及刺激作用。浓度高时，可引起急性中毒，较严重时，出现意识丧失和抽搐。浓度低时对黏膜有刺激作用，长期接触可引起慢性中毒症状。直接作用于皮肤，会引起皮肤冻伤或炎症	提高自动化和密闭化程序，加强通风排毒措施。加强设备维护保养，遵守操作规程，防止跑、冒、滴、漏。设备检修前要彻底吹扫，待丁二烯降到很低浓度水平，再进行检修。进入高浓度环境中工作时，要佩带好防毒面具和防护用品
11	苯	无色透明有芳香气味，吸入过量苯或皮肤与苯长期接触，将引起头痛、疲劳、食欲减退以及早期的血液损害，长期与低浓度苯接触有潜伏的毒害作用，即对细胞组织造成破坏和对血液造成不可挽回的破坏。吸入苯会导致衰老、支气管炎和肺炎。苯液体或高浓度的气相苯与眼睛接触能使眼睛发炎，是潜在的可疑致癌物	防止装置跑、冒、滴、漏，做好通风排毒。严禁用含苯溶剂洗手，接触高浓度苯蒸气应戴合适的防毒面具。定期进行健康体检，以便及时发现职业中毒患者，给予妥善处理
12	甲苯	芳香烃，无色液体，有苯的气味。对人体危害较大，暴露在 10×10^{-6} 甲苯蒸气中会产生疲劳、恶心、皮肤搔痒等症状。200×10^{-6} 以上对黏膜有刺激作用，能引起神经系统麻痹，眼睛发炎。急性中毒时引起头痛、恶心、呕吐、昏醉。过高浓度会引起精神错乱、失眠、剧烈恶心。长期接触会引起慢性积累中毒，对神经和肠胃系统有损害，使人感到浑身无力	生产过程密闭，加强通风排毒。空气中浓度超标时，佩戴防毒面具。紧急事态抢救或逃生时，建议佩戴自给式呼吸器。穿相应的防护服，戴防化学品手套，高浓度接触时戴化学安全防护眼镜
13	甲醇	中度危害毒物。对呼吸道及胃肠道黏膜有刺激作用，对血管神经有毒作用，引起血管痉挛，形成淤血或出血；对视神经和视网膜有特殊的选择作用，使视网膜因缺乏营养而坏死	严格储存、保管制度，防止误服；避免皮肤接触甲醇
14	NaOH	为强碱性物质，具有腐蚀和刺激作用。氢氧化钠会灼伤皮肤，还会使体内脂肪皂化，使组织胶凝化变为可溶性化合物，破坏细胞膜结构，使病变向纵深发展	灼伤大多是在意外事故中发生的，因而应加强设备的维修、管理，杜绝跑、冒、滴、漏。建立、健全安全操作制度，加强安全教育，应用有效的个人防护用具，避免直接用手接触
15	氨	属低毒类，主要对上呼吸道有刺激和腐蚀作用，浓度过高时还可使中枢神经系统兴奋性增强，引起痉挛，通过三叉神经末梢的反射作用引起心脏停搏和呼吸停止	急性中毒应立即脱离现场，吸氧，保持呼吸道通畅，防止肺水肿发生。皮肤灼伤，可用大量水及时冲洗，再用硼酸溶液洗涤，然后按一般灼伤处理。眼灼伤应及早用水冲洗，然后滴入橄榄油

6.1.3 乙烯装置火灾、爆炸危险性物质的防护

乙烯装置采用的原料有石脑油、乙烷、丙烷、C_5 馏分、抽余 $C_6 \sim C_7$ 以及来自烯烃转化单元的碳四等。装置最终产品有氢气、甲烷尾气、乙烯、丙烯、混合 C_4、裂解汽油、裂解燃料油等，它们均为易燃或易爆的介质。因此应严防泄漏和各种形式的火花出现。

大部分生产设备和管道中的介质是不同比例下的烃混合物。其主要危险性质见表6－2。火灾、爆炸性分析及灭火措施见表6－3。

表6－2 火灾、爆炸危险性物料性质表

序号	介质名称	闪点/℃	自燃温度/℃	爆炸极限/%(体积)	火灾危险性类别	爆炸危险性		车间最高允许浓度/(mg/m³)
						组别	类别	
1	氢气	<－50	570	4.1～74.2	甲	T1	ⅡC	—
2	甲烷	－188	537	5.0～15.0	甲	T1	ⅡA	—
3	乙烷	<－50	472	3.2～12.5	甲	T1	ⅡA	—
4	乙烯	－136	540	3.1～28.6	甲	T2	ⅡB	—
5	乙炔	<－50	335	2.5～80.0	甲	T2	ⅡC	—
6	丙烷	－104	446	2.4～9.5	甲	T1	ⅡA	—
7	丙烯	－108	410	2.0～11.0	甲	T2	ⅡA	—
8	正丁烷	－60	405	1.6～8.5	甲	T2	ⅡA	—
9	异丁烷	－76	465	1.9～8.4	甲	T1	ⅡA	—
10	1－丁烯	－79	371	1.6～9.3	甲	T2	—	100
11	异丁烯	－77	465	1.8～9.6	甲	T1	—	100
12	顺2－丁烯	－72	323	1.7～9.7	甲	T2	—	100
13	反2－丁烯	－72	324	1.7～9.7	甲	T2	—	100
14	1，3－丁二烯	－78	415	2.0～11.5	甲	T2	IIB	100
15	戊烷	<－40	260	1.4～7.8	甲B	T3	IIA	—
16	己烷	－22.8	244	1.1～7.5	甲B	T3	IIA	—
17	苯	－11	574	1.3～7.1	甲B	T1	IIA	40
18	甲苯	4.4	536	1.27～7.0	甲B	T1	IIA	100
19	汽油	<－20	225～530	1.1～5.9	甲B	T3	IIA	300
20	柴油	—	—	—	丙A	T3	IIA	—
21	燃料油	—	—	—	丙B	T3	IIA	—
22	石脑油	<－20	480～510	1.2～	甲B	T3	IIA	—

表6－3 乙烯装置火灾、爆炸危险性物料分析及灭火措施

序号	名称	火灾、爆炸性分析	灭火措施
1	氢气	无色无味气体，具有很宽的爆炸极限。氢气－空气混合物点燃，会爆炸性燃烧并产生很清洁几乎看不见的火焰	氢气发生火灾时，灭火之前首先应当切断氢气源以避免积累爆炸性混合气体。当氢气源被切断后，可采用常规的灭火方法(水，干粉)扑灭残火

续表

序号	名称	火灾、爆炸性分析	灭火措施
2	甲烷	无色无味气体，与空气混合能形成爆炸性混合物，遇明火、高热时能引起燃烧爆炸	当着火时，应切断气源，喷水冷却容器。可用雾状水、泡沫、二氧化碳灭火。若不能立即切断气源，则不允许熄灭正在燃烧的气体
3	硫化氢	与空气混合能形成爆炸性混合物。若遇高热，容器内压增大，有开裂和爆炸的危险	切断气源。若不能立即切断气源，则不允许熄灭正在燃烧的气体，喷水冷却容器，可用雾状水、泡沫灭火
4	乙烯	无色、带甜香味气体，能与强氧化剂发生强烈反应，属易燃易爆物质。使用时应防火防爆，清除火源。注意防静电积聚。仓库及工作区应彻底通风	乙烯引起的火灾可采取常规的灭火方法。火灾时应水冲容器降温，用水、干粉等灭火
7	乙烷	无色、无臭气体，无聚合危险。与空气混合能形成爆炸性混合物，遇明火、高热能引起燃烧爆炸	建议使用雾状水、二氧化碳和泡沫灭火
8	乙炔	无色气体。与空气混合或压力下受到打击均具有极大的爆炸危险，由于本装置的乙炔均以很低的浓度稀释在物流中，因此爆炸危险性显著降低	
9	丙烯	丙烯的蒸气密度大于空气，爆炸下限低，万一装置中某点发生泄漏，这些易燃气体很容易聚集在低洼处，形成具有爆炸危险的混合物	丙烯引起的火灾可以采取常规的灭火方法(水，干粉)
10	丙烷	丙烷的蒸气密度大于空气，爆炸下限低，万一装置中某点发生泄漏，这些易燃气体很容易聚集在低洼处，形成具有爆炸危险的混合物	建议使用雾状水、二氧化碳和泡沫灭火
11	丙炔	具有不快气味的气体。与空气混合或压力下受到打击均具有极大的爆炸危险	着火时切断气源。如不可能切断，在不影响周围环境的情况下让其自行燃烧，否则采用二氧化碳及干粉灭火。同时喷水保持容器冷却，直至灭火
12	丁烷	常温常压下为无色、无味的气体。丁烷气体比空气重，能在较低处扩散到相当远的地方，易产生着火的危险。由于丁烷的低导电性，流动、搅拌可产生静电	着火时切断气源。如不可能切断，在不影响周围环境的情况下让其自行燃烧，否则采用二氧化碳及干粉灭火。同时喷水保持容器冷却，直至灭火
13	丁烯	无色无臭气体，易燃，与空气混合在一定浓度范围内形成爆炸性混合物，遇明火、高热能引起燃烧爆炸。其蒸气比空气重，能在较低处扩散到相当远的地方，遇明火会引着回燃	
14	苯	无色透明有芳香气味的可燃性液体。正常储存条件下是一种稳定的化合物，不会聚合。与强氧化剂如臭氧、高锰酸钾、硫酸、硝酸、过氧化物等激烈反应	
15	甲苯	无色透明有芳香气味的可燃性液体。正常储存条件下是一种稳定的化合物，不会聚合。与强氧化剂如臭氧、高锰酸钾、硫酸、硝酸、过氧化物等激烈反应	

6.1.4 其他危害

6.1.4.1 噪声

乙烯装置裂解区和压缩区是噪声较大的区域，是大量气体流动、燃烧和压缩机运转时造成的。噪声对人体造成的危害也比较严重。根据《工业企业噪声控制设计规范》(GBJ 87—85)中的规定及中石化[2000]安技字12号文精神，工人每天连续接触噪声8h，噪声限制值为85dB(A)。

6.1.4.2 放射性危害

裂解炉膛的温度高、亮度大，操作人员如长期向炉膛观望，易对视力造成影响，需要采取适当的防护措施。

6.1.4.3 静电

静电可能产生火花引起泄漏物质爆炸，对液态烃的输送管线要求采取管道接地措施，对于防爆区的设备和非防爆区的关键设备也要采用静电接地保护。

6.1.4.4 腐蚀性物料

在裂解气碱洗系统，用氢氧化钠溶液对裂解气中的微量酸性气(如硫化氢)进行洗涤脱除。本装置内氢氧化钠的最大浓度为20%，与人体接触会造成腐蚀烧伤。此外，酸性气对设备有腐蚀性。

6.1.4.5 危险岗位分析

通常乙烯装置的岗位按生产流程功能划分可分为：裂解岗位、急冷岗位、压缩岗位、冷分馏岗位和热分馏岗位等。由于技术复杂、设备多、流程长，因此各岗位均具有不同类型、不同程度的危险性，具体如下：

(1)裂解岗位

裂解炉炉膛温度高达上千度，裂解炉产生的超高压蒸汽温度在500℃以上，裂解气温度最低也在400℃以上。这些介质的管道和设备遍布于裂解区，一旦发生泄漏并直接接触，会对人员造成严重烫伤危害；同时这些物质的泄漏可能导致设备、保温材料、电气元件及电缆的迅速燃烧或严重损坏，直接影响安全生产。

(2)急冷岗位

急冷油塔、轻燃料油汽提塔和重燃料油汽提塔的塔釜温度达195℃以上。塔釜介质一旦泄漏容易发生自燃或燃烧。稀释蒸汽系统温度接近200℃，它的泄漏也易对人员造成严重烫伤危害。

(3)压缩岗位

裂解气压缩机五段出口压力达3.79MPa(G)，丙烯制冷压缩机出口压力达1.6 MPa(G)，乙烯制冷压缩机的出口压力达2.7MPa(G)，属高压区。这些压缩机中的介质如发生泄漏，在适当的条件下会发生恶性爆炸事故。丙烯冷剂和乙烯冷剂的温度较低，最低达-101℃，它们的泄漏不但有恶性爆炸的危险，还有严重冻伤的危险。裂解气碱洗系统亦属于该岗位，碱洗以氢氧化钠溶液为洗涤剂，因此该岗位人员具有与碱直接接触并造成人员伤害的可能性。

(4)冷分馏岗位

甲烷、氢气、乙烯均产自该区，出于分离的目的该区均在低温操作，最低温度的物料为-165℃以下，因此泄漏后对人员有冻伤的威胁。该区物料多为低闪点、易燃易爆介质。

氢气泄漏后如发生燃烧，在白天肉眼难以看出，因此对人员有烧伤的威胁。甲烷化反应器如发生“飞温”现象极易导致反应器爆炸恶性事故。C_2 加氢反应器如发生“飞温”现象极易导致反应器爆炸恶性事故。

(5)热分馏岗位

该区主要介质为丙烯、丙炔、丙烷、C_4 和裂解汽油。它们的泄漏有可能导致恶性爆炸和燃烧事故。

(6)废碱处理岗位

该岗位人员具有与碱和酸接触并造成人员腐蚀伤害的可能性。

6.1.5 设备安全

1. 选用可靠的设备、材料

由于乙烯装置所处理的原料和生产的产品多为易燃、易爆的物料，采用高度连续化、自动化的生产工艺，同时高温高压、低温深冷辅助设施种类繁多，燃料系统复杂，装置所使用和产生的危险物料种类繁多，因此，对设备、材料的选择，应综合考虑以上各种因素，主要包括以下内容：

①爆炸危险环境应采用防爆型电器设备、材料或防护结构。

②设备选材主要依据设计压力、设计温度、工作介质及国内生产情况，采用不同的设备材质。

③对于酸、碱、硫化物及氢等介质，按其腐蚀性质选用相应的材料。

2. 泄压防爆、防火安全设施

①装置内(含裂解炉区)设置可燃气体监测警报器，并在控制室集中声光报警。

②操作温度高于60℃的设备、管道均按照规范设防烫或保温。

③在能够独立切出的罐、塔、反应器、换热器、管线等都装有安全阀，发生超压事故时物料可通过安全阀排入火炬系统。

④根据装置区域内设备布置，对重点危险设备设置水喷雾系统，并在装置区四周，设置足够的高压消防水炮和室外消火栓。

⑤在最不利火灾事故状态下，高压消防水系统应保证有充足的水源供水喷雾和高压消防炮同时使用。本装置设有独立的稳高压消防给水系统，供水压力为1.0MPa(G)。高压消防水炮围绕乙烯装置四周布置，用于保护整个装置区，与最近的危险区或保护设备之间应保持一定的安全距离(不少于15m)，以控制装置内可能发生的火灾事故。

⑥乙烯装置区内各单元区均设有移动式灭火器，用于扑灭初期小火灾。移动式灭火器有手提式和推车式两种干粉灭火器。

3. 报警、停车联锁和紧急停车设施

①乙烯装置仪表安全保护系统(SIS)独立于DCS系统和其他子系统单独设置，采用由TUV安全认证的双重化、三重化或四重化可编程序控制器(PLC)及其内部数据网络，完成乙烯装置的紧急停车(ESD)和紧急泄压(EDP)。原则上按照故障安全型设计。

②根据仪表安全保护功能的要求，确定安全仪表控制系统的SIL等级，即安全完整性等级。

③乙烯装置SIS系统具有报警事件顺序记录功能(SER)。

4. 可燃气体和有毒物质泄漏检测、报警措施

①乙烯装置在现场设置可燃气体检测器、有毒气体检测器，其信号送至火灾和可燃气体检测系统(FGS)。FGS系统通过内部逻辑处理，产生联锁信号驱动消防设备动作，并产生报警信号驱动现场报警灯和蜂鸣器进行现场报警。

②火灾和气体检测系统(FGS)独立于DCS系统、SIS系统和其他子系统单独设置，由双重化、三重化或四重化可编程序控制器(PLC)完成乙烯装置的火灾、可燃气体、有毒气体的检测、报警及由此产生的消防联动和装置的紧急停车。

③FGS系统通过系统内部的报警总线将报警信号送至控制中心、消防站等有专人值班的房间，操作人员可以通过FGS系统的报警工作站或大屏幕显示器对现场的火灾、可燃气体和有毒气体报警状态进行监视。

④FGS系统与DCS系统进行实时数据通信连接。在控制中心有一台DCS操作站专门用于乙烯装置的火灾、可燃气体、有毒气体的报警监视；同时有一台DCS控制台安装有手动开关，专门用于乙烯装置消防设备的手动联动。

5. 防雷、防静电接地措施

①乙烯装置防雷、防静电、工作、保护接地共用一个接地系统，DCS系统单独接地。

②在装置内和建筑物内要进行总等电位联结和辅助等电位联结，并注意保护线的重复接地。一般在电源进线附近设接地母排以利于进行等电位联结。每个单元均有自己的接地网，接地网间用接地线连接成一个整体。接闪器经引下线直接与接地网连接。

6. 建构筑物泄压、安全距离、疏散、急救通道等

①装置内各建筑物之间的安全距离均按照国家有关规范的规定设置。

②有爆炸危险的房间门窗采用安全玻璃。

③建筑物的抗震构造措施严格按照国家《建筑抗震设计规范》规定进行设计，为利于抗震，建筑物的平面、立面体形设计尽可能简单、规则、对称；除生产工艺需要外，楼层尽量不错层。

④装置内建筑物(除特殊情况外)的耐火等级不低于二级。防火墙(防爆墙)的耐火等级为一级。

⑤建筑物的安全出口数目按照《建筑设计防火规范》及《石油化工企业建筑设计规范》的要求设置。

⑥有防火、防爆要求的厂房，其墙上预留洞，洞口采用非燃烧体材料堵漏填实。

⑦承重钢框架、支架、裙座、管架均覆盖耐火层，覆盖耐火层的具体部位按《石油化工企业设计防火规范》的规定执行。

⑧凡高度超过1m的平台、人行通道、升降口等有跌落危险的场所，在其敞开的边缘处均装有高度不低于1050mm的防护栏杆(在疏散通道等特殊危险场所的防护栏杆适当加高，但不超过1200mm)。

7. 个人劳保用具、事故淋浴、洗眼器和有关医疗急救设施

①在酸碱设备区设有洗眼器及事故淋浴。

②对压缩机等高噪声设备采取消声及防噪声措施，满足国家噪声标准。

③操作人员均配有防护鞋、防护眼镜、防护服、自背式空气呼吸器、全面罩过滤式防毒面具、连体防化气密服等紧急事故处理人员保护用具。

④装置内佩有便携式可燃气体检测报警仪，用于及时检测发现可燃气体泄漏事故。

6.1.6 火炬系统

火炬系统由火炬气排放管网和火炬装置(简称火炬)组成。一般来说，各火炬支干管汇入火炬气总管，通过总管将火炬气送到界区外的火炬。乙烯装置可以单独使用一套火炬系统，也可以与其他石油化工装置公用一套火炬系统。在石油

化工联合企业常常见到几套石油化工装置公用一套火炬系统的情况。

6.1.6.1 防止回火

火炬系统自身就是一项安全设施，应保证其安全运转。高架火炬系统存在的潜在危险是回火或爆炸。火炬越高空气越易进入火炬筒内，因而形成爆炸性混合物，引起回火或爆炸。采取密封是防止回火或爆炸的重要手段，它包括火炬筒体的气体密封和火炬气管道上的液封，液封大部分是用水作为密封液体。火炬筒体的密封一般采用在火炬头中带有挡板以起密封作用，也有的是在火炬头下安装阻火器及分子密封器。早期采用在火炬气管道上安装阻火器来防止回火。

(1)气体密封

气体密封常用的是流体密封和分子密封两种形式。火炬头中带有挡板的密封型式称为流体密封，其工作原理是火炬筒体的入口管道上或水封罐入口通入相对分子质量较空气低的吹扫气体，向上流动的气体形成速度梯度，使得空气向下流的阻力大，这样使得空气不能进入压力较高的火炬头内，从而阻止了火炬头部燃烧着的火焰倒灌及发生内部爆炸事故。

在火炬环境条件下，不会达到露点的无氧气体都可用作吹扫气体，如天然气、甲烷、氮气和惰性气体等都是理想的吹扫气。若吹扫气体的相对分子质量小于28，那么吹扫气的体积要增加。另外，不推荐蒸汽作吹扫气体，因为蒸汽冷凝时体积会缩小，这样会将空气抽入火炬系统，且蒸汽的冷凝水会留在火炬系统内，将使部分系统堵塞，存在结冰的危险，同时潮湿将加快材料的腐蚀。

(2)液封

在火炬筒体前的火炬气总管上设水封罐是防止回火和爆炸的常用方法，是保护上游设备和管道的一项安全措施。在有火炬气回收设施时，水封罐还作为压力控制设备。其缺点是增加了火炬气的排放阻力，排放时可能引起水封罐周围管道的较大振动，在火炬气量小时，可能引起火焰形成脉冲，不能起到保护火炬筒体的作用。

水封罐的水封高度应根据排放系统在正常生产时能阻止火炬回火，在事故排放时排放气体能冲破水封排入火炬所需控制的压力而确定；当设有可能性气体回收设施时，还应根据用户需要或气柜所控制的压力综合考虑确定。

(3)阻火器

在火炬气管道上设阻火器也是一个防止回火的措施。其工作原理是：易燃易爆混合气体火焰不能通过狭窄的细缝和间隙传播。因为火焰在这些缝隙中会很快地冷却到着火温度以下。国内炼油厂采用过阻火器。由于阻火器容易发生堵塞，被腐蚀掉，或被烧掉，而且当火炬气排放先热后紧接着被冷却时，空气有可能通过阻火器而被倒吸入到火炬系统，因此阻火器用于火炬系统上的效果较差，一般不宜采用。阻火器仅被推荐用于火炬气是非腐蚀的、干燥的不含有任何可能凝结液体的情况，显然这种条件是很难遇见的。

6.1.6.2 防止烧坏火炬头

火炬在点燃的情况下，在火炬头处保持连续供应一定量蒸汽，对火炬头起冷却保护作

用，即使无排放气体时，也不允许停止保护蒸汽的供应。当排放量较大时，应及时调节控制阀加大蒸汽量。

6.1.6.3　防止下火雨

火炬下火雨是火炬气中带液燃烧造成的，这种情况极易引起事故，尤其是火炬设在装置区内时。防止下火雨的根本方法是严格控制装置的排放，可燃液体必须经蒸发器后才允许放入火炬系统，同时严格禁止向火炬系统排放重烃液体。在设计分液罐时应保证有足够的容积，还应经常检查凝液泵入口滤网，防止杂物、聚合物堵塞泵入口，并经常检查分液罐的液位。

6.1.6.4　其他安全防护措施

①排放低温物料时速度不能过快，排放速度过快易造成火炬管线冷淬，特别当分液罐和管线有水时，可造成冻堵。

②绝对禁止误将工艺空气排入火炬系统。

③火炬应避免布置在窝风地段，以利排放物的扩散。火炬产生的热辐射、光辐射、噪声及污染物浓度应不超过有关标准规定值。高架火炬应按规定设置航标灯。厂外火炬及其附属设备应用铁丝网或围墙围起来。

6.2　三废及处理

环境污染主要分为大气污染、水域污染、土壤污染、放射性污染和噪声等。乙烯装置产生的污染主要来自各种工业废水、废气和固体废弃物的排放以及噪声。为了尽可能减少乙烯生产对环境造成的影响，需要严格控制各种污染物的排放量，并对它们采取有效措施，进行妥善处理。

6.2.1　废气的处理

乙烯装置产生的废气主要包括裂解炉烟气、裂解炉清焦烟气、反应器催化剂再生废气及废碱氧化单元所排工艺废气等。其中只有裂解炉烟气和废碱氧化单元所排工艺废气为连续排放，其他均为间断排放，排放周期与各自装置单元的运转周期相关。

6.2.1.1　废气污染源

(1)裂解炉烟气

裂解炉烟气来自裂解炉、急冷锅炉(TLE 或 SLE)加热用燃料的燃烧。燃料有乙烯装置自产燃料气(甲烷、干气、混合 C_4)、商品天然气或液体燃料(重油、PFO 等)。在乙烯装置中，裂解炉消耗的燃料占装置综合能耗的 85% ~90%，或者更高，可见用量之大。

裂解炉烟气为乙烯装置中最大的废气污染源，该烟气中 SO_2 的浓度与裂解炉燃料中的含硫量密切相关。如采用乙烯装置自产甲烷氢为燃料，由于该燃料基本不含硫，故所排放烟气中基本不含 SO_2；如果采用乙烯装置所产 PFO、C_5、重油或外购 LNG 等为燃料，由于燃料中含硫且含量不同，故需根据不同情况进行计算得出对应的 SO_2 浓度。NO_x 的浓度则主要与烧嘴的结构及燃烧温度有关。

(2)清焦废气

在裂解反应的同时，由于炔烃的脱氢和芳烃的脱氢缩合，会在辐射炉管和急冷锅炉管壁上生成焦垢，影响工艺控制，所以裂解炉必须进行定期清焦。清焦的介质为蒸汽和空气。先通入蒸汽，再逐渐加入空气，最后完全用空气把焦清除。

在清焦过程中会排出清焦废气，其中含有 PM_{10}、CO 等污染物。裂解原料不同，两次清焦操作之间的时间间隔也不同。一般说来，石脑油为 60 天，轻柴油和加氢尾油为 45 天，乙烷可达 70 天或更长。

(3)再生废气

C_2、C_3、C_4加氢反应器的催化剂在使用 6 个月以上后，催化剂的活性将会下降，这时应使用蒸汽和空气对催化剂进行再生，再生过程中将会排出含有痕量 VOC 的尾气。由于污染物含量很低，符合相关标准的限值要求，由排气筒直接排入大气。

(4)废碱氧化尾气

裂解气经碱洗处理以去除裂解气中的酸性气，碱洗塔中产生废碱液，先经来自汽油汽提塔的汽油洗涤，然后送入废碱氧化单元。经过氧化的废碱和尾气混合物通过减压后进入分离罐，分离罐出来的尾气进行焚烧处理。

(5)火炬气

为保护设备和人身安全，乙烯装置在开停车、非正常工况及事故下排放的可燃及易燃气体将排入火炬系统。

6.2.1.2　废气防治

1. 裂解炉烟气

裂解炉在正常操作工况下燃料燃烧后产生的烟气由引风机引至烟囱高空排放。对于裂解炉烟气中污染物的控制主要有以下两点：

①二氧化硫。裂解炉烟气中二氧化硫的控制通过选择不同硫含量的燃料来实现。一般说来，如果利用乙烯装置自产的燃料气为燃料，其中含硫量很低，烟气中 SO_2的含量可以控制在每标准立方米几毫克以下；如果采用商品天然气为燃料，烟气中 SO_2的含量可以控制在每标准立方米十几毫克以下；如果用重油等液体物质做燃料，烟气中 SO_2的含量通过燃料中的硫含量计算得出。如果烟气中二氧化硫的排放不能满足相关标准要求，或者所排二氧化硫超过总量控制指标，那么就应选择更为清洁的燃料。

②氮氧化物。为了降低燃烧废气中氮氧化物的排放量，裂解炉一般采用低氮燃烧器，这是目前在国内石化行业应用较多的氮氧化物控制手段。如果地方法规要求更低的 NO_x 含量，可以在裂解炉的对流段增设一个催化剂床层，通过化学反应脱除烟气中大部分 NO_x，欧洲有的乙烯装置采用了这种方法。

利用燃气轮机排出的高温烟气作为裂解炉的助燃空气，可以显著降低裂解炉的燃料消耗，进而减少排入大气的污染物。

2. 清焦废气

乙烯装置的裂解炉清焦时排出的清焦废气中污染物含量很低，可由排气筒高空排入大气。

采用清焦气返回炉膛的技术可减少清焦废气中少量焦粉、VOC 和 CO 对大气环境的污染。具体做法是将清焦废气返回裂解炉辐射炉膛，把焦粉和可燃气体烧掉，减少大气污染。节省了一部分燃料的同时，也消除了清焦罐排水池产生的焦渣和污水。

另外，采用结焦抑制技术也可以减少清焦废气的产生。结焦抑制技术包括辐射炉管内表面的结焦抑制涂层和向裂解原料中加入结焦抑制剂，这两种技术均有较好的抑制结焦效果。

3. 废碱氧化尾气

乙烯装置在正常工况下需要进行处理的废气一般说来仅包括废碱氧化单元的尾气，在废碱氧化过程中，硫化物几乎全部被氧化成硫酸盐，尾气中的主要组分为 N_2，H_2S 的含量小于 1×10^{-6}(体积分数)，但尾气中烃的含量较高($<3000\times10^{-6}$)，所以不能直接排入大气，一般将其送到全厂的动力中心锅炉或其他焚烧设施焚烧处理。

4. 火炬气

在装置开停车、非正常工况及事故情况下，乙烯装置将排出大量烃类气体，将被送往全厂火炬系统进行焚烧处理，将污染降至最低。火炬系统主要由分液罐、水封罐、塔架、火炬头和点火系统等部分组成。

另外，为了节能减排，近期乙烯厂建设的火炬系统一般都设有火炬气回收设施，最大限度地对全厂装置正常工况下连续稳定排放或局部小事故状况下排放的火炬气进行回收，进入全厂燃料气系统用作燃料。回收系统一般包括气柜、螺杆压缩机、气体冷却器、气体分离器和后冷器等。

6.2.2 废水及废液的处理

乙烯装置产生的生产污水主要来自稀释蒸汽发生器或稀释蒸汽罐、裂解气脱酸部分碱洗塔水洗段、废碱液氧化单元、急冷锅炉水力清焦及清焦罐排污、初期雨水和地面冲洗含油污水。另外，乙烯装置产生的清净废水主要来自高压蒸汽包的连续排污、急冷锅炉及高压蒸汽包的间断排污水。

乙烯装置排出的废液主要为废碱液，其中含有 Na_2S、NaHS、Na_2CO_3、NaOH 和少量的 Na_2SO_3、$Na_2S_2O_3$等。另外，还含有硫醇等有机硫化物，因而使废碱液具有难闻的臭味。在碱洗过程中会发生部分烃类的冷凝和溶解，因此在废碱液的上面存在一层黄色的油状物(即黄油)。这种黄油是以油包水型的乳状液存在的，而在废碱液层中也有少量的黄油以水包油的形式存在，故需进一步处理。

6.2.2.1 废水污染源及预处理方法

1. 稀释蒸汽排污

稀释蒸汽排污来自乙烯装置的工艺水系统，工艺水与物料一起在系统中循环，所以其中含有少量有机成分，为了去除工艺水中杂质保证稀释蒸汽质量、减少对设备的腐蚀，对工艺水进行汽提，塔底排出污水，污水中含有石油类、酚等污染物。污水中酚浓度与裂解原料的种类直接相关，一般说来，烷烃裂解污水含酚低，芳烃裂解污水含酚高。

稀释蒸汽排污在排出装置界区前应先进行冷却，一般情况下冷却至40℃之后排入全厂污水处理场进行后续处理。

2. 碱洗塔排污

乙烯装置的碱洗塔排污来自裂解气中的酸性气的脱除。裂解气中的酸性气主要是指 CO_2、H_2S 和其他气态硫化物。通常采用碱洗或用一乙醇胺和二乙醇胺吸收剂脱除，目前国内装置采用碱洗工艺较多。不管是两段碱洗还是三段碱洗工艺，其碱洗塔顶部为水洗段，该水洗段一般利用蒸汽凝液或锅炉给水进行洗涤，产生污水，该股污水中含有碱及硫化物等污染物。

碱洗塔排污目前一般的治理方法如下：

①如 KTI/TPL 采用的两段碱洗工艺及斯通－韦伯斯特公司曾采用的三段碱洗工艺，其

水洗段产生的污水一般直接并入碱洗段产生的废碱液一并进行处理。关于废碱液的处理工艺见本章相关部分内容。

②如鲁姆斯公司20世纪90年代末曾采用三段碱洗工艺流程，其水洗段排出的污水并入经过处理后的废碱液再进一步进行后续处理，这种工艺流程可以减少废碱液的处理量，因此可能减少该部分的投资。一般说来，该股污水量约占废碱液量的1/10，由于目前废碱液处理大多采用湿式空气氧化(WAO)工艺，而WAO工艺至今仍需利用国外专利商的工艺，因此可减少WAO部分的投资。

③ABB鲁姆斯近年来采用的碱洗工艺进一步降低了该股污水排放的可能，即在正常工况下，水洗段所排出的污水用于调节补充碱液的浓度而不外排。但是根据补充碱液稀释的需求，该股污水如有剩余则需排出界区外进行后续处理。在此情况下，该股污水中含有大于1%的夹带碱液，一般将进入废碱氧化单元进行处理。

3. 清净废水

乙烯装置的清净废水主要来自高压蒸汽包的排污及急冷锅炉的排污，该股废水COD浓度较低，一般小于15mg/L，其他如TDS、TSS含量也不高，分别在50mg/L和20mg/L以下，因此可用作不同用途的回用。

高压蒸汽包的连续排污一般不经处理直接回到乙烯装置内的碱洗/水洗塔作为补充水。

急冷锅炉及高压蒸汽包的间断排污水温度较高，一般先经换热降温后再进入凝结水回收处理系统，达到脱盐水水质后回用。

此外，乙烯装置还有部分生活污水排出，排放量按定员可估算出。生活污水的处理一般是直接送至全厂综合污水处理场。

4. 含油污水

乙烯装置的含油污水包括初期雨水和地面冲洗含油污水等。污水中的油类物质一般以三种状态存在。①游离状态：该部分占总含油量的80%～90%，以悬浮态存在，能够自然浮上液面，容易从污水中分离出来，一般采用重力分离；②乳化状态：该部分占总含油量的10%～15%，油呈乳化状态存在，均匀分散在污水中，粒径一般在0.05～25μm之间，一般先破乳后再气浮分离；③溶解状态：有很小部分油品在水中呈现溶解状态，这部分油可在生化处理设施中被微生物氧化分解为二氧化碳和水加以去除。

对于含油污水的预处理，通常采用重力分离，其设施包括：平流隔油池、斜板隔油池等。

(1)平流隔油池

平流隔油池是炼化厂最常用的设施，池型一般为矩形，分进水段、分离段和出水段。污水从进水段进入，通过布水设施，经消能和整流以降低涡流和均匀的配水。污水以很低的、均匀的、恒定的水平流速流向出水段。平流隔油池主要去除污水中游离状态的油，不宜用于去除乳化油和溶解状态的油。去除的油珠粒径一般大于150μm。

平流隔油池内污水的水平流速宜采用2～5mm/s，有效水深不应大于2m，单格池宽不大于6m，停留时间一般采用1.5～2h。

平流隔油池的主要设备有集油管、刮油刮泥机、排泥底阀及方型闸板阀等。隔油池内分离出的浮油和泥渣要及时排出，油层厚度应控制在一定范围内，油层太厚影响出水含油量，泥层太厚影响分离段的过水段面。

污水中油珠粒径的分布是除油效率的关键参数，对于隔油池的进水应尽量减少用泵提升，避免由于机械搅拌使油珠颗粒分散变小或形成乳化液。必须提升时宜采用容积式泵或选用转速小于1500r/min的离心泵。平流式矩形隔油池构造简单，隔油效果稳定，便于管理，但占地面积较大。

(2)斜板隔油池

斜板隔油池是基于“浅池沉淀”理论发展而来的另一种除油设施，一般由进水段、布水栅、板组、出水段几部分组成。油粒黏附到斜板后即可归并为大油粒去除，因此分离上浮距离大大缩短，分离面积则成倍增加，分离效率高于平流隔油池。此外，斜板的存在增大了湿周，缩小了水力半径，因而雷诺数(Re)较小，创造了层流条件，同时弗劳德数(Fr)较大，提高了油水分离效果。去除的油珠粒径可达60μm。

斜板隔油池的表面负荷一般取0.6～0.8$m^3/(m^2 \cdot h)$；板间流速3～7 mm/s；污水在斜板板体内的停留时间一般为5～10min；板间水力条件$Re<500$，$Fr>10^{-5}$；板组倾斜角度45°；平行波纹板易发生塌落，因此宜采用对峰波纹斜板组。

当污水中含有高浓度的悬浮物时，悬浮物可能黏附在斜板上，影响隔油效果，因此斜板隔油池宜用于悬浮物不大的场合。

基于斜板隔油池发展而来的一种称为“重力式自动油水分离器”在实际中得到较好的应用，它利用油水密度差原理实现自动收油而不需借助任何界面仪器。并且还利用斜面罩覆盖整个池面形成一个密封盖，防止油气挥发，实现了密闭自动收油。

6.2.2.2　废液预处理方法

裂解气碱洗塔的废碱液通过专用管线去废碱液处理单元，温度为55～60℃，目前常用的处理方法有湿式氧化法(分高温和低温两种方式)、酸碱中和法、CO_2中和法等，处理合格后排入污水处理系统。

6.2.3　固体废物的处理

乙烯装置所形成的固废主要由废催化剂、废渣、废干燥剂、废吸附剂、脱水污泥和废黄油等组成。其中，催化剂大部分采用Al_2O_3或SiO_2载入Ni、Pd等金属，在使用一段时间后活性降低需要更换；活性炭、干燥剂、合成分子筛等吸附剂使用一段时间后功能下降需要卸出更换；乙烯裂解炉运行过程中会积累焦渣，需定期清出；同时在急冷油过滤器中会析出游离的焦粒，也需要定期清出；脱水污泥是所排放的废液、废水经污水处理站絮凝、浓缩、过滤等脱水过程产生的，其含水量在75%～85%左右，为半固态物，需要处理；废黄油是碱洗塔排出的黏稠高聚烃类和机泵漏出的废机油、污油需要处理。

6.2.3.1　清焦水分离罐排出的焦炭

裂解炉运行到一定时间之后，必须进行清焦操作。随清焦水从清焦水分离罐排出的焦炭，温度基本上为环境温度，是一种主要由小晶粒组成的坚硬的固态碳，通常是湿的，含有一些高相对分子质量的耐熔融烃。现处理方法为送废渣堆埋场掩埋，条件许可的情况下可考虑综合利用。

6.2.3.2　急冷油过滤器吸入滤网排出的焦炭

裂解炉的每一清焦周期，由于从辐射段炉管剥落产生的焦粒被送至汽油分馏塔，正常操作期间，这些焦炭经过转输线在急冷油过滤器吸入滤网处积累，需定期清理。对这些焦炭的处理方法为送废弃物处理公司作焚烧处理，或送废渣堆埋场掩埋，或送外厂作燃料。

6.2.3.3　废催化剂和废干燥剂

乙烯装置使用的催化剂有甲烷化反应催化剂，主要活性成分为镍；碳二、碳三加氢催化剂，主要活性成分为钯。这些催化剂一般要使用3～5年，通常是在催化剂失效情况下，安排在装置停车大修时进行更换。更换下来的废催化剂送回制造厂或由有资质的单位接收，回收其中的有效成分。

乙烯装置的干燥器有裂解气干燥器、乙烯干燥器、丙烯干燥器、氢气干燥器。这些干燥器的干燥剂型号一般为3A分子筛及氧化铝球。干燥剂使用年限一般为3～5年，通常是在干燥剂失效情况下，安排在装置停车大修时进行更换。更换下来的废干燥剂送防渗堆埋场深埋。

6.3 节能措施

乙烯装置是高耗能生产装置，降低乙烯装置的能耗是降低乙烯生产成本的重要途径之一。乙烯装置的设计和技术改造，重要的课题之一就是降低能耗。乙烯装置的耗能部位主要是裂解炉和压缩机，做好整个装置的蒸汽平衡，减少减温减压器的使用，是节能降耗的有效措施。本节将结合生产实际，分裂解炉、急冷、压缩、分离几个系统介绍乙烯装置的节能途径。

6.3.1 裂解炉的节能措施

裂解炉是乙烯装置的能耗大户，其燃料消耗占全装置能耗的75%～80%，扣除部分外送蒸汽，能源消耗约占乙烯装置总能耗的42%左右。因此，降低裂解炉的能耗是降低乙烯生产成本的重要途径之一。随着能源价格的不断上涨，国内外研发机构均加强了裂解炉节能措施的研究。裂解炉的能耗在很大程度上取决于裂解炉系统本身的设计和操作水平，近年来，裂解炉技术向高温、短停留时间、大型化和长运转周期方向发展。通过改善裂解选择性、延长裂解炉运行周期、提高裂解炉热效率和与燃气轮机联合等措施，使裂解炉能耗显著下降。

6.3.1.1 改善裂解选择性

对相同的裂解原料而言，在相同工艺设计的装置中，乙烯收率提高一个百分点，单位能耗、物耗大约能降低3%。因此，改善裂解选择性，提高乙烯收率是决定乙烯装置能耗的最基本因素。通过裂解选择性的改善，不仅达到节能的效果，而且相应减少裂解原料消耗，在降低乙烯生产成本方面起到十分明显的作用。

(1)采用新型裂解炉

裂解炉的核心是辐射段炉管，辐射段炉管的构型很大程度上决定着裂解炉的裂解性能和处理能力，新型裂解炉就是通过改进辐射段炉管构型，从而增加炉子的处理能力、提高裂解选择性，使裂解炉保持高选择性的同时尽可能提高运行周期，从而降低投资和成本，降低原料消耗和能耗。

目前新型裂解炉采用两程分支变径或两程不分支变径高选择性炉管，将反应停留时间控制在0.15～0.25s。第一程采用小直径炉管，利用其比表面积大的特点达到快速升温的目的；第二程采用较大直径的炉管以降低对结焦的敏感性，同时，由于裂解反应的进行造成反应物体积迅速增大，管径增大有利于减小管内压降。其中停留时间最短为0.1s的单程小直径炉管，由于比表面积大，升温速度快，裂解温度高，因此裂解选择性高，与0.3～0.4s停留时间的裂解过程相比，可使乙烯收率提高10%～15%，能耗也相应得到降低。高选择性炉管与原有的低选择性炉管的能耗对比见表6－4。从表中可以看出，使用高选择性炉管后能耗降低了6.56%，物耗降低了7.64%。

表6－4　高选择性炉管与原有的低选择性炉管的能耗对比[①]

项目	低选择性炉管	高选择性炉管
稀释比（蒸汽与烃质量比）	0.5	0.5
裂解出口温度/℃	820	850
原料单耗/（t/t）	1.546	1.275
乙烯收率/%	28.20	30.53
乙烯综合能耗（标油）/（kg/t）	560.57	521.79

①裂解原料为全馏程石脑油。

（2）选择优质的裂解原料

在相同工艺技术水平前提下，乙烯收率主要取决于裂解原料的性质。原料性质不同导致裂解性能不同，所得产物分布差别较大。在石油烃裂解反应过程中，正构烷烃最容易生成乙烯等目的产物，而芳烃最难生成烯烃。表6－5和表6－6分别显示了不同裂解原料的典型乙烯收率和设计能耗。

表6－5　不同原料的典型乙烯收率

原料名称	原料消耗/（t/t乙烯）	乙烯收率/%
乙烷	1.29	77.73
丙烷	2.37	42.01
正丁烷	2.50	40.00
石脑油	2.98	31.62
常压柴油	1.86	25.92
减压柴油	4.88	20.49

表6－6　不同裂解原料的设计能耗

原料	设计能耗/（GJ/t）		
	1970	1980	1996
乙烷	26.36	21.34	12.97
丙烷	28.45	21.43	15.90
石脑油	39.33	25.94	19.66
轻柴油	44.35	31.47	21.85

由表6－5和表6－6可以看出，选择烷烃尤其是正构烷烃含量较高的原料作为裂解原料可以提高乙烯收率，并可降低物耗和能耗。

①加强炼化一体化。为了得到优质裂解原料，除了选择合适的石蜡基原油外，优化炼油加工方案、加强炼化一体化原料互供是一种切实可行的好方法。

炼油厂生产的重整拔头油和抽余油、加氢尾油和轻烃等都是较好的乙烯原料，可以通过原料互供进入乙烯装置。另外还可从炼厂干气中回收乙烯，炼厂二次加工装置的干气中有很大一部分烯烃，还含有乙烷、丙烷和C_4。这些副产的气体经分离后，得到粗的乙烯、丙烯直接进入裂解的产品精制部分，分离出的乙烷、丙烷等轻烃送回裂解装置做乙烯原料，甲烷和氢气可以作为燃料或替代石脑油作为制氢原料。通过充分利用可利用的资源，可以使乙烯原料得到必要的补充，同时也有利于提高装置的整体效益。

②原料预处理。由于条件限制，并不是每个企业都能得到优质原料。对常规原料进行预处理，分离掉芳烃等裂解性能较差的烃组分，降低原料的 BMCI 值，对改善原料的裂解性能、提高乙烯收率、降低生产能耗具有非常重要的作用。

工业上对于原料中芳烃的分离，主要有芳烃抽提和吸附分离两种方法，其中应用最为广泛的是芳烃的溶剂抽提法。其主要原理是利用同碳原子数的烃类中，芳烃在溶剂中的饱和度远大于其他烃族组分，从而使得芳烃被分离出来。

对裂解原料进行预处理的工艺有很多，例如 UOP 公司的 MaxEne 工艺，主要利用吸附分离的方法将 $C_5 \sim C_{11}$ 石脑油分离成富含正构烷烃的物流和含少量正构烷烃的物流；乙烯咨询公司的 Napex 工艺主要利用芳烃抽提和加氢处理脱除等级较差的石脑油中的芳烃；国内如中国石化石油化工科学研究院、华东理工大学、中国石化北京化工研究院都在进行相关的技术研究和开发。目前裂解原料预处理的技术尽管很多，但都在研究和开发过程中，大规模工业化应用尚未见报道。

(3)优化工艺操作条件

一般来说，不同的裂解原料对应于不同的炉型具有不同的最佳工艺操作条件，通过优化裂解炉工艺操作条件，可以使乙烯/双烯收率最大化，从而降低装置的物耗和能耗。

对于一定性质的裂解原料与特定的炉型来说，在满足目标运转周期和产品收率的前提下，都有其最适宜的裂解温度、进料量与汽烃比。如果裂解原料性质与原设计差别不大，裂解炉最优化的工艺操作条件可以参照设计值，反之，则需要利用裂解试验装置对原料重新评价，或者采用有关模型进行模拟计算，以确定最佳的工艺操作条件。

6.3.1.2　延长裂解炉运行周期

(1)采用先进的清焦技术

烃类高温热裂解生产乙烯时，管式裂解炉辐射段炉管内表面和废热锅炉(急冷锅炉)套管内表面伴随着焦炭的形成。这种高温条件下形成的焦炭是热的不良导体，会使管内传热阻力增大，管内径变小，导致炉管外壁表面温度升高，炉管内流体压降增大。当管外表面温度达到炉管材质所能承受的最高温度或者压降达到裂解炉的最大压降时，裂解炉必须停止进烃料，按照裂解炉清焦程序进行清焦，清除炉管内的焦炭以后才能再次进行生产。好的清焦技术可以加快清焦速率，缩短清焦时间，从而增加有效生产时间。

随着热裂解技术的日益成熟，管式裂解炉清焦技术也随之发展成熟。管式裂解炉的清焦一般分为两个部分：一个是辐射段炉管清焦；另一个是废热锅炉清焦。

辐射段炉管清焦一般都采用水蒸气和空气混合物或者水进行清焦，即按照清焦程序，在不同的时间段内，向辐射段炉管内通入一定比例的水蒸气和空气的混合物或者一定量的水，并按照一定的温度顺序，将炉管内的焦炭以缓慢氧化燃烧或者水煤气反应的方式除去。

废热锅炉清焦技术经历了两个阶段，即：水力清焦(机械清焦)和在线清焦。水力清焦是将管式裂解炉停车以后，将管式裂解炉废热锅炉与辐射段炉管分开，然后向废热锅炉里通入高压水，用高压水把废热锅炉里的焦炭冲刷出来。在线清焦技术即 BASF 公司提出的纯空气清焦技术，实现了不停炉进行辐射段和废热锅炉的清焦。自从 BASF 公司的在线清焦技术出现以后，由于它具有较高的经济性，实施维护简易，清焦效果好，并实现了不停炉清焦，是目前国内外使用最普遍的清焦技术。

①在线清焦技术。BASF公司提出的纯空气清焦技术即在线清焦技术，实现了不停炉进行辐射段和废热锅炉的清焦，其设计原理是：先按照一定的时间、空气和水蒸气量、COT顺序，将管式裂解炉的辐射段炉管的绝大部分焦炭清除，然后逐渐调整COT和水蒸气/空气比例，将COT提高到850℃时炉管内只通入纯空气，以此清除辐射段炉管内少量顽固的焦炭和废热锅炉内的部分焦炭。

这种在线清焦技术是在炉管蒸汽-空气清焦结束后，继续对废热锅炉实施烧焦。与传统的烧焦方式相比，在线清焦具有明显的优势。一是裂解炉没有升降温过程，可以延长炉管的使用寿命，并可以降低裂解炉升降温过程中燃料与稀释蒸汽的消耗；二是由于在线清焦，裂解炉离线时间短，可以提高开工率，并可增加乙烯与超高压蒸汽的产量。目前BASF在线烧焦程序已在国内外乙烯裂解炉上成功应用了多年，事实证明，采用在线清焦可大大减少废热锅炉的机械清焦次数，有效地降低乙烯装置的能耗。

②快速烧焦技术。工业裂解炉在生产过程中，辐射段炉管内壁会沉积焦炭。当沉积的焦炭厚度达到一定程度时，辐射段炉管外壁表面温度达到炉管材质所能承受的极限温度，必须停车清除焦炭才能正常生产操作。裂解炉辐射段炉管焦炭的清除通常采用空气水蒸气混合物在线烧焦的方法，即将水蒸气和空气混合物通入辐射段炉管内加热至高温，在高温条件下辐射段炉管内的焦炭与氧气和水蒸气发生化学反应，生成一氧化碳和二氧化碳，化学反应如下：

$$C(s)+O_2(g)\rightleftharpoons CO_2(g)$$

$$C(s)+H_2O(g)\rightleftharpoons CO(g)+H_2(g)$$

在上述化学反应中，碳与氧气反应生成的二氧化碳的化学反应为放热反应，碳与水蒸气反应(水煤气反应)生成一氧化碳的反应为吸热反应。在烧焦过程中，生成的一氧化碳和二氧化碳与未参与反应的水蒸气、氮气、氧气等直接被排放到大气中。由于二氧化碳是温室气体，因此烧焦过程对大气造成一定的污染。

由上可知，在工业裂解炉辐射段炉管烧焦过程中，辐射段炉管内清除焦炭的速率取决于碳与氧气和水蒸气发生的化学反应速率。在烧焦过程中，碳与氧气进行化学反应生成二氧化碳的反应速率要大于碳与水蒸气进行化学反应生成一氧化碳的反应速率，因此在烧焦过程中会释放出一定的热量。当释放的热量过多时，会造成炉管局部过热，导致炉管出现烧穿或者弯曲或者断裂的现象。因此，提高氧气浓度或者反应温度加快裂解炉辐射段炉管烧焦速率的同时，一定要控制烧焦尾气中二氧化碳和氧气的含量，由此可控制裂解炉辐射段炉管烧焦过程释放出的热量，从而避免炉管出现局部过热现象的同时又可提高烧焦速率，确保炉管的安全。

中国石化北京化工研究院基于工业裂解炉结焦过程和烧焦过程的研究成果，根据工业裂解炉烧焦过程的实际情况，开发出工业裂解炉在线快速烧焦技术，该技术包括：烧焦尾气预处理装置；烧焦尾气在线实时分析方法；辐射段炉管快速烧焦方法；废热锅炉快速烧焦方法。

通过中国石化北京化工研究院开发的装置和方法，可实现烧焦尾气在线实时分析。在线实时分析具有以下优点：判断炉管内焦炭的余量；判断焦炭燃烧反应激烈程度以及释放出来的热量；确定提高烧焦速率的余量；确定快速烧焦采取的措施以及幅度；对烧焦过程实施实时监控，应对各种意外和异常情况，及时采取措施确保裂解炉运行安全；可及时判断烧焦效果以及烧焦是否结束。

根据在线实时分析数据，基于原烧焦程序，分别采取以下措施来提高烧焦速率：提高空气量；减少蒸汽量；提高 COT。

裂解炉在线快速烧焦技术在中国石化北京燕山分公司和茂名分公司得到工业应用，在中国石化上海石油化工股份有限公司烯烃厂进行初步工业应用，其结果见表 6-7。在裂解炉在线快速烧焦过程中，裂解炉辐射段炉管未出现烧穿或弯曲或断裂的现象，未对对流段炉管、横跨段炉管、废热锅炉等设备造成破坏或不良影响。在裂解炉在线快速烧焦之后，裂解炉运行周期未受到影响。

表 6-7 裂解炉在线快速烧焦技术工业应用

厂家	燕山石化	茂名石化	上海石化
炉型	SL-Ⅰ、GK-Ⅴ、CBL-Ⅲ、SRT-Ⅳ(HC)	SL-Ⅱ、SL-Ⅰ-M	GK-Ⅵ、SL-Ⅱ、GK-Ⅴ、SRT-Ⅲ、M-TCF
原料	轻烃、石脑油、加氢尾油、柴油	石脑油、加氢尾油	轻烃、石脑油、加氢尾油
原设计烧焦时间(辐射段)/h	20~27.0	24.5~28	24~36
快速烧焦间(辐射段)/h	4~8	8~14	8~10

(2)采用抑制结焦技术

裂解炉管是乙烯装置中操作温度最高的构件，在炉管内进行烃的裂解反应，由于发生聚合、缩合等二次反应，因此不可避免地会在裂解炉管内壁和急冷锅炉管内壁生成焦垢。结焦使炉管管壁热阻增加，传热系数降低，壁温升高并出现局部过热现象，使裂解过程能耗增加。同时，焦垢使炉管内径变小，物料流动过程压力降增大，烃分压升高，结焦进一步恶化，增加清焦频次和能耗，减少了有效生产时间，缩短了运转周期。更不利的是，焦炭会以固体溶液的形式进入炉管管壁的合金层，并与合金中的铬反应形成碳化铬沉积，从而产生渗碳现象，渗碳不仅会降低炉管的机械性能，而且会影响管材的强度。结焦和渗碳降低了裂解炉管的使用寿命，缩短了裂解炉的操作周期。

因此，开发抑制结焦技术对延长装置运行周期、降低能耗和提高裂解炉生产效率具有重大意义。

工业上已采用或正在考虑的抑制结焦方法有如下几种：改变炉管合金成分，提高炉管合金性能，如从 HP-Mod 升级到 35Cr/45Ni 合金；裂解原料预处理，该方法是采用加氢处理、芳烃抽提等工艺，降低芳烃含量，提高原料氢含量；向裂解原料或稀释蒸汽中添加结焦抑制剂；将焦催化气化，生成 CO 和 H_2，减小焦垢厚度；加氢热裂解，该方法是采用氢气作为稀释剂进行热裂解，由于在高温、加压及氢气存在下进行，对裂解炉管管材要求很高，同时分离系统需消耗更多能量，目前正处于试验阶段；增加稀释蒸汽量，控制原料及工艺；炉管内表面的预处理，该方法是在炉管表面涂覆一层对结焦催化效应小、不利于焦垢黏附的物质。

(3)采用新型炉管

采用新型炉管来延长裂解炉的运行周期是乙烯技术的一个重要课题，包括采用新材料制造的炉管和新构型炉管。

①新材料炉管

采用能提高炉管耐热温度等级的高性能合金制造的炉管，不仅可抑制结焦、防止渗碳，使运转周期延长，而且可提高裂解深度，缩短停留时间，提高烯烃的选择性，提高乙烯装置的产量。如没有催化中心的陶瓷材料制成的陶瓷炉管不会促进催化结焦，可能可以完全消除结焦并且无需定期更换。

②新构型炉管。小直径管由于比表面积较大，物料在管内的升温速度较快，因此使物料在这种炉管中的裂解过程能够较好符合高温和短停留时间的要求，有利于提高目的产物的选择性和收率。但是利用小直径管作为辐射段炉管在使裂解的目的产物的选择性和收率较使用大管径炉管提高的同时，也使炉子的运转周期较大管径炉管的运转周期缩短。

为了克服小直径管运转周期短的缺点，工程技术人员在裂解炉的设计中采用分枝变径管的技术。分枝变径管是在原料转化率较低、需要大量吸热的部位，比如2－1型炉管的第一程，采用直径较小的炉管，增加比表面积，增加传热，在此阶段，由于转化率较低，二次反应较少，结焦也较少，而在转化率较高的部位，如2－1型炉管的第二程，采用较大直径的炉管，降低炉管对结焦的敏感性，这样可以有效地延长单纯使用小直径管的裂解炉的运转周期，同时也能获得较高的裂解目的产物的收率。

最近新开发的新构型炉管有日本久保田公司开发出一种混合元件辐射炉管技术、中国石化北京化工研究院和中科院沈阳金属研究所联合开发的扭曲片管、Sandvilk材料技术公司开发的一种新型裂解炉炉管等。

6.3.1.3　提高裂解炉热效率

裂解炉的热效率是对裂解炉体系供给热量利用的有效程度，它等于有效热量除以供给热量的百分数。其中，有效热量是指体系向外界输出的已被利用或者可以被利用的热量；供给热量是指外界供给体系热量的总和；供给热量与有效热量之差就是损失热量，损失热量是指体系供给热量中未被利用的部分，包括排烟损失、燃料不完全燃烧损失和散热损失等。

要提高裂解炉的热效率要从三方面着手，一是燃烧及烟气系统，二是对流段，三是辐射段，下面分述之。

1. 燃烧及烟气系统

(1)降低排烟温度

降低排烟温度可有效提高裂解炉的热效率。一般情况下，排烟温度每降低20℃，裂解炉热效率约提高一个百分点，折合节能5kg(标油)/t(乙烯)。通过净化燃料气(燃料油)，将其中的易和氧气生成酸性氧化物的硫等杂质脱出，可以在不受“露点腐蚀”限制的情况下有效降低裂解炉的排烟温度，从而降低热损失，提高热效率。

1975年前裂解炉设计排烟温度为190～240℃，相应热效率为87%～90%。20世纪70年代末期，裂解炉排烟温度降至120～140℃，相应热效率提高到92%～93%。近年来，新设计的裂解炉进一步将排烟温度降至100～120℃，相应热效率提高到93%～94%。

但是，如果排烟温度低于烟气中酸性气体露点温度，将出现对流段炉管腐蚀的问题。因此，在降低排烟温度的同时，必须考虑烟气中酸性气体露点温度，此温度取决于燃料中的硫含量。为防止对流段发生腐蚀，需提高对流段炉管材质等级，或者需要对燃料的含硫量严格限制。

通常，降低排烟温度主要措施有改进对流段设计，包括增大传热面积、增加对流段管束、缩短对流段炉管与炉墙距离等；其次是定期吹扫对流段炉管表面积灰；另外降低过剩空气系数也很重要。

(2)控制过剩空气系数

在保证燃料充分燃烧的前提下，尽可能降低空气过剩系数(过剩空气量与理论空气量之比），可以减少燃料的消耗和烟气的排放量，降低排烟带走的热损失。

一般情况下，燃料气烧嘴的过剩空气系数为10%，油烧嘴的过剩空气系数为20%，油气联合烧嘴的过剩空气系数为15%，实际操作往往偏高。通常，当过剩空气系数下降10%时，裂解炉热效率可相应提高2%。

通过合理排布燃烧器、优化燃烧器自身结构、采用在线烟气氧分析仪并确保指示准确、调整炉膛负压与烧嘴风门开度等，可以将空气过剩系数控制在合理的范围内。

(3)空气预热技术

裂解炉燃烧空气以往一直采用常温空气，这样不仅使炉膛燃烧温度得不到科学有效控制，增加了操作调节难度，而且浪费了许多燃烧能源。利用热能循环原理，用乙烯装置中烟道气排烟余热、低压蒸汽、中压蒸汽凝液或急冷水等废热加热燃烧空气(或者燃料气)，减少燃料用量。据测算，当燃烧空气由常温预热到100℃，燃料用量由100%降到95.5%，节省燃料4.5%，相应减少了3%的烟气排放量，可降低能耗3%左右，同时可回收大量蒸汽循环利用。由北京航天动力研究所开发的裂解炉燃烧空气预热技术已经推广到中国石化下属9家乙烯企业，节能效果显著。据广州石化分公司标定结果表明，每台空气预热器每小时可以节约燃料气103kg，初步估算全厂一年可节约标煤近万吨。

(4)风机变频技术

由于裂解炉为负压操作，通常在炉顶设1台风机抽风，并由烟道挡板控制炉膛负压，风机由电机驱动，电机功率随着裂解炉产能增大而增大。一般60kt/a裂解炉的电机功率为132kW，100kt/a的裂解炉电机功率为160kW。由于这种大功率电机启动电流很大，很容易发生过载。因此，一般需要采用6kV高压电机。目前国内外很多裂解装置采用变频电机替代普通电机，并取消了烟道挡板，由电机转速直接来控制炉膛负压。变频电机不仅启动电流低，而且正常运转时比普通电机节电30%～40%，并且可以采用380V低压电机。

2. 对流段

(1)降低末端入口物料温度

在裂解炉对流段的设计中，一般排烟温度低于130℃，但该温度取决于燃料中的硫含量。烟气与末端物料的温差是30～70℃，因此，降低对流段末端物料的入口温度，相应的排烟温度也就降低，裂解炉的热效率就能提高。

通常对流段的末端物料是锅炉给水或者裂解原料，温度较低，只要有足够的换热面积，烟气的温度是可以降下来的。但烟气的温度降低受到两方面的限制，一是烟气的露点温度，二是对流段的高度以及投资。例如，在裂解原料为石脑油且常温进料的情况下，裂解炉的排烟温度可以达到90℃以下，这时不仅需要较大的换热面积，还需要考虑提高炉管的材质以抵抗可能的露点腐蚀，显然需要增加投资，这时，就要从经济的角度考虑排烟温度的高低了。

(2)改进对流段的设计

改进对流段的设计，主要是增加对流段的热强度，提高换热效率。通常，改进对流段的设计，从以下几个方面着手：

①增加传热面积。对流段利用翅片管增加传热面积，但是在燃料成分复杂如烧油的情况下翅片温度不能太高，否则清理管排表面积垢发生困难。

②增加对路段管束。对流段除了工艺管排外，还可以增加稀释蒸汽过热管排、超高压蒸汽过热管排和锅炉给水预热管排，增加超高压蒸汽过热管排，可以回收高位能量，同时可大

幅度降低蒸汽过热炉的负荷。

③缩短炉管与炉墙的距离。国内一般对流段炉管与炉墙之间的距离为 1.5d（d 为炉管直径），Stone－Webster 公司设计的为 1.0d。缩短炉管与炉墙之间的距离或者沿炉壁安装挡板，可以防止烟气短路，强化换热过程。

(3)对流段吹灰和化学清洗除灰

在裂解炉内，燃料在燃烧过程中因不完全燃烧产生部分微小的焦炭颗粒，同时为燃烧器提供的空气中含有少量的灰尘颗粒，这两种颗粒随着高温烟气被带到裂解炉上部的对流段，附着在对流段炉管上，尤其是面积较大的翅片管，随着时间的延长形成积灰。积灰增加了对流段炉管的传热阻力，降低了裂解炉的热效率。为满足工艺要求，需要不断地提高燃料量，这样，增加了装置能耗，严重时甚至会影响裂解炉正常的运行。

为解决对流段的积灰问题，20 世纪 70 年代，裂解炉中引入了蒸汽吹灰技术，该技术存在吹灰效果差、维修工作量大、蒸汽消耗大等诸多弊病；20 世纪 90 年代，裂解炉中引入了多种声波吹灰技术，其中使用最广泛的是高声强中频声波吹灰器，它以显著的节能效果、免维护、安全可靠等优点，正逐步替代传统的蒸汽吹灰技术。

除了吹灰外，针对积灰相当严重的对流段，造成裂解炉热效率大幅度降低，甚至严重影响正常运行的情况，如果暂时没有考虑更换炉管，可以考虑采用化学药剂对对流段盘管进行化学清洗。

由于裂解炉的衬里不能接触到水，所以不能采用侵泡等方法进行清洗，一般采用喷淋的方式。而喷淋清洗最大的问题是清洗液与污垢接触时间短，清洗效果难以保证，所以采用的化学药剂主要以分散剂和剥离剂为主，辅以渗透剂、润湿剂、缓蚀剂等，使用专用的喷头进行清洗。

3. 辐射段

(1)辐射段炉管的强化传热技术

众所周知，裂解炉炉管附近的传热状况如下，在炉管外主要是辐射传热，受炉管面积控制；在管壁主要是热传导，由材质决定；而在管内主要是对流传热，受传热系数和传热面积控制，而传热面积由炉管构型决定。因此，在炉管构型确定时，只能靠改变对流传热系数来强化传热过程。

炉管内传热又分为焦层，边界层、主流体（如图 6－1 所示），其中热阻主要集中在焦层和边界层（表 6－8 所示）。因此，裂解炉中的强化传热技术几乎都是在热阻较大的焦层和边界层上进行技术改进，其目的就是减薄边界层，减缓结焦，增大传热系数，强化传热。

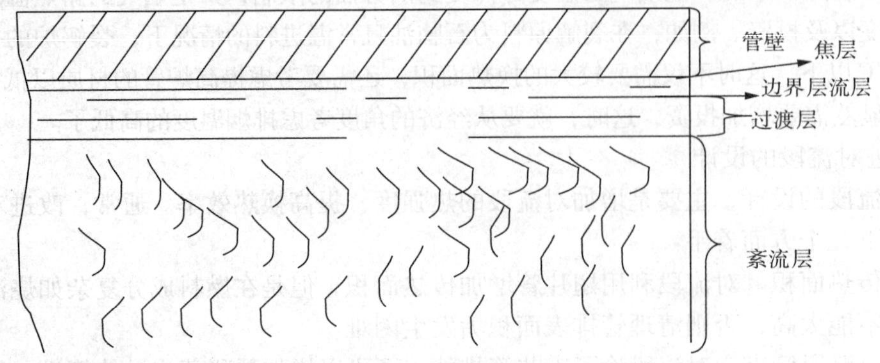

图 6－1　光滑裂解炉管中流流动三个区域的示意

表 6-8　炉管内各部分热阻值

类别	热导率/(W/m·℃)	厚度/mm	热阻/$10^{-4}m^2\cdot$℃/W	特点
管壁	50	10	2	整个炉管热阻基本均匀
边界层流层	0.05	0.01~0.1	2~20	
结焦层	0.5	1~10	20~200	主要在出口段的局部区域

由上述可知，管式裂解炉热量传输方式有三种，即传导、对流传热和辐射传热。对于改善热传导和热辐射的传热效果，涉及炉管材料等专业领域，目前这方面研究的进展有限，没有较好的办法，当前研究最多、取得较好效果的是对流强化传热。

强化传热技术不仅可以使炉管的传热得到加强，从而提高传热效率，节省燃料消耗，而且，强化传热后裂解炉管内的流动状态得到改善，从而使裂解过程目的产物的选择性有所提高。另外，由于传热改善，炉管的管壁温度有所降低，有利于延长裂解炉运转周期。

管式裂解炉炉管的强化传热技术最早始于20世纪60年代，各种结构的管式裂解炉强化传热技术不断地被提出。这些技术对管式裂解炉炉管管内或者管外进行处理来实现强化传热，增大炉管比表面积，或者在炉管内插入不同构件来提高传热效率，已在工业上应用的有椭圆管、梅花管、MERT炉管、扭曲片管等。其中一些强化传热方式使传热得以改善，但同时带来了许多其他难题，如结焦面积增大，流道变长引起停留时间增加，压力降增大，制造加工成本昂贵等。

①提高管壁温度强化转热。通过提高炉膛温度也可以达到增大冷热流体温差，从而达到提高传热速率的目的。因此多年来，各乙烯公司与冶金技术研究单位合作开发了多种耐温等级不断提高的炉管，使炉管最高管壁温度从10~40℃提高到1070℃、1100℃，直到目前的1150℃，使炉管的热强度不断提高。但受到炉管材料耐温等级的限制，现在管壁的温度提升已经非常慢。

②波纹管。为了提高烃类转化率，Exxon公司提出将炉管内壁改成波纹状，以增大炉管比表面积，改善流体流动状态。波纹管的使用初期，使炉管传热效率提高11%，原料处理量增大10%~15%，流体速度提高8%，内表面积增大27.2%，管壁温度下降20~25℃。但是随着管式裂解炉运行时间的增加，在炉管内烃类高温热裂解生成的焦炭会很快填满波纹管的凹槽，致使波纹管的传热效果失效。

③椭圆形炉管。20世纪70年代初，日本三菱油化公司在其公司的工业管式裂解炉M-TCF上采用了椭圆炉管。椭圆管裂解炉管并不是严格几何形状意义的椭圆管，而是和椭圆形状稍有差别的扁圆管。对于同样大小的横截面积来讲，椭圆形炉管的比表面积比圆形炉管的比表面积大，而且椭圆管的短轴垂直于热源而长轴面向热源，可增加受热面积，增大辐射传热量。

椭圆炉管的周向热强度分布比较均匀，管外壁温度和管内物流温度分布比圆管好，原料处理能力约提高30%~50%。但是椭圆管的截面是椭圆形，炉管长度比圆形截面的管子要长，而且在高温的情况下受应力的影响往往变成圆形管，对炉管材质要求苛刻，同时在制作上也较为复杂，铸造成本非常高。这种炉管曾经在工业生产中应用，但由于以上原因未能在工业上大面积推广，现在工业生产中已经不使用这种炉管。

④钉头管。钉头管是在裂解炉炉管内壁或者管外壁添加钉头或者肋片(见图6-2)，以提高传热效率。

Lummus 公司推出了在管内增设内肋条，管外增加钉头的强化传热炉管的专利，开发了一种新型的蒸汽裂解炉。该新型炉将导热构件(肋条、钉头)设置在管子入口段，加入导热构件后，增加了入口段的热流量，改善了轴向的温度分布，根据试验结果，外加钉头的强化传热炉管与相应光管比较，前者的流体升温曲线在炉管初始段明显高于后者，但是到出口段时，两者流体温度曲线差别不大。这种炉型的生产能力可以提高 10%，当以石脑油为原料时，烧焦周期为 60 天，但是乙烯收率没有显著变化。

这种强化传热方式由于在管内管外焊接这些钉头状，炉管制造成本高，而且在高温情况下这些钉头受应力的影响可能造成脱落，从而导致炉管表面的破损，严重影响裂解炉的正常生产。外钉头也只能用于入口段管，因此只停留在专利技术阶段而没有工业应用。

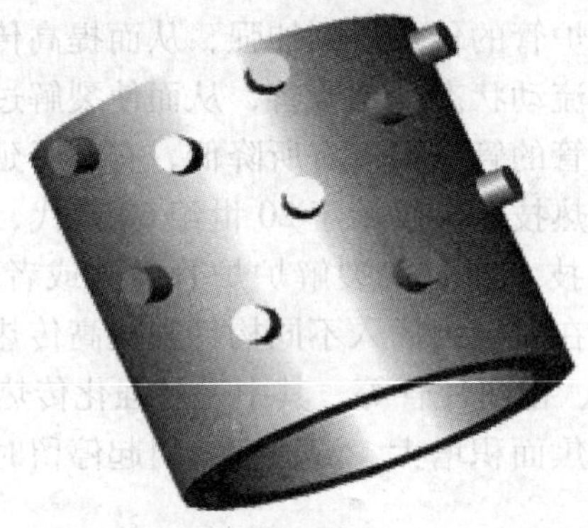

图 6-2　外加钉头管

⑤翅片管。利用翅片管进行强化传热应用较多，比如现在在裂解炉对流段炉管多使用管外带有翅片的炉管以增加传热面积和增大对流传热系数进行强化传热。翅片管在管外应用的实例较多，日本久保田公司(Kubota)生产的管外带有翅片的炉管就是如此，可以达到传热快，提高裂解装置生产能力的目的，国内也有这方面的报道。

但由于存在安装的问题，到目前为止，在炉管内表面安装翅片进行强化传热的报道较少。

最近 Sandvilk 材料技术公司工业化了一种新型裂解炉炉管及其冷加工工艺。该新型裂解炉炉管是一种内部带有纵向翅片的裂解炉炉管。纵向翅片使炉管的内表面积提高 25%，改善了热传递，提高了生产效率。据称，这种炉管的投资回报期不到一年。

另外，为了延长裂解炉管的寿命，Sandvik 公司用一种改进的耐高温奥氏钢 Sandvik353MA(UNS35315)，生产这种外径为 2～4ft 的翅片炉管。这种含有 25% 的铬和 35% 的镍组成的钢材料具有较好的耐渗碳和耐氧化性能，另外该合金含有 1.6% 硅，可在氧化铬下面形成一层氧化硅层，可进一步维护炉管性能。

Sandvik 公司生产的这种炉管已经工业化应用。

⑥梅花管。由于小直径管存在一些不尽如人意的问题，一些公司推出使用梅花管和内螺旋梅花管方法强化辐射段炉管传热。

梅花管(结构见图 6-3)能够有效增大传热面积，同时也可以改善炉管内物料的流动状况，此类管一般有螺旋型和直翅型两种。现在已经在工业上应用的梅花管有：Lummus 公司的 8 翅直型“梅花”形状的拔制炉管，KBR 的内螺旋梅花管以及 Exxon 公司的直翅型梅花管。

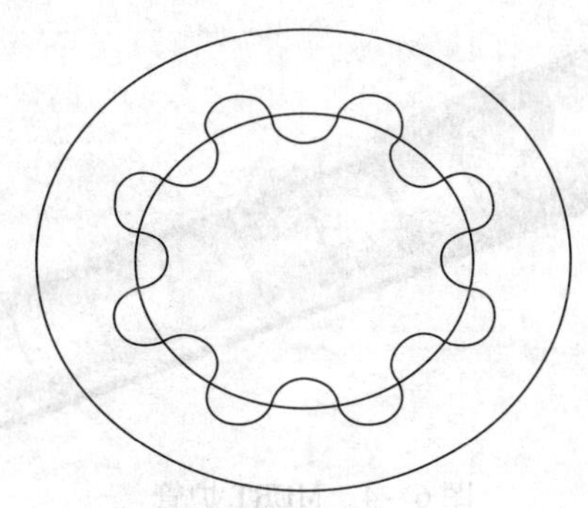

图 6－3　梅花管

螺旋型炉管是最早在工业上应用的管内强化传热管，20 世纪 70 年代，KBR 公司为了克服毫秒炉因为使用小直径管而造成运转周期短的缺点，在其新型裂解炉上首先采用了内壁为 8 翅的内螺旋梅花管，代替了普通光滑圆管，采用这种新型炉管后，有效地增加了传热，使裂解炉管壁温下降 20～30℃，投料负荷提高 20%～25%，炉管清焦周期延长 1 倍多(由原来的 7～14 天增加到 25 天)。1989 年以后，这种炉管广泛地应用于其新设计的装置中。

Lummus 公司在 1987 年推出的 SRT－ⅤF 型裂解炉辐射段炉管的二程分枝变径 8－1 型炉管的第一程炉管内采用了 8 翅直型“梅花”形状的拔制炉管(由圆管改为螺旋梅花形状的拔制炉管)。据称这种结构可以使传热增加 33%，炉管的内壁温度降低 10%，而炉管的压降仅增加 0.075MPa。裂解炉的生产能力与不使用这种炉管的同类炉子 SRT－Ⅳ型相比，处理量可以提高 10%，乙烯收率提高到 31%～32%(石脑油裂解)，清焦周期延长至 70～90 天。现在这种炉管广泛应用于新设计的装置中，目前国外已有 9 套使用这种炉管结构的裂解炉，乙烯年生产能力达到 7000kt。

Exxon 公司在 LRT－2 型炉上也采用了类似结构的炉管。

梅花管和内螺旋梅花管虽然能够强化辐射段炉管的传热，增大炉子的处理量，有效地延长裂解炉的运转周期，但这种炉管的管壁较厚，势必增加炉管材料的消耗量，这样使得炉管的造价有较大的增长，制造难度也有所增加。

另外和波纹管一样，凹槽很容易被热裂解生成的焦炭填堵，造成焦炭的积累和强化传热效果的失效。

⑦扰流子或者扭曲带。利用扰流子进行强化传热的技术报道较多，主要是国内的一些研究单位。张松龙等报道了在乙烯裂解炉辐射段炉管内加装单叶旋转片进行强化传热的技术，该技术是将旋转片插入管体中，管体的外表面加工成纵向直肋，采用该技术可以显著地提高换热能力，提高生产能力，或者在生产能力不变的前提下，缩小炉管长度和炉子体积。

上海机械学院也有类似技术的报道，他们的技术特点是在垂直于轴心线的横截面积呈矩形或近似矩形，所述矩形的长边等于或略小于烟管或换热管的内径，用薄金属制造的纽带式扰流子的扭曲度为 4～10，可提高换热效率 1%～5%。

⑧MERT 强化传热技术。日本久保田公司推出的混合元件辐射炉管技术(MERT)(图 6－4)，在 20 世纪 90 年代市场占有率较大，从 1996 年开始到 2000 年，已经在日本、韩国等地的 44 台裂解炉上使用此种炉管。据他们提供的数据，该炉管与光管相比，传热系数提高 20%～50%，内表面积增加 2%，相同裂解深度下，装置的运行周期为光管的 2 倍，但是压降增大 2～1.5 倍。

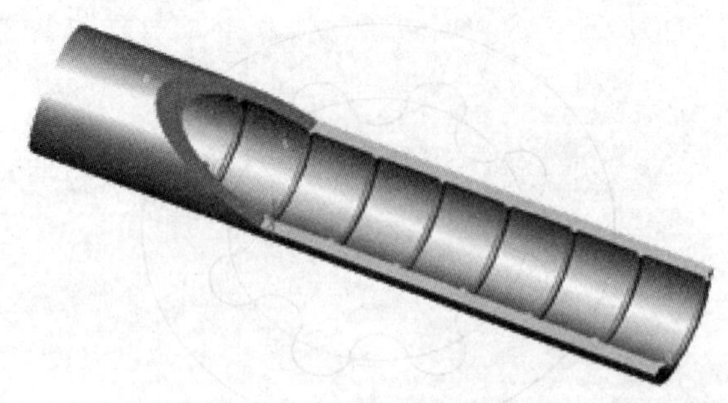

图 6－4　MERT 炉管

⑨扭曲片管。中国石化北京化工研究院和中国科学院沈阳金属研究所合作开发了炉管内置扭曲片来强化传热的技术，扭曲片管内布置如图 6－5 所示。该技术的试验结果表明，在相同操作条件下，扭曲片强化传热炉管乙烯收率可提高 0.6 个百分点，两烯（乙烯和丙烯）收率提高 0.93 个百分点；当乙烯收率相同时，裂解炉的处理量可提高 10% 左右。可以使炉管外壁温下降 20℃以上，炉管压降仅增加 15% 左右，运行周期延长 50% 以上，全年平均节约燃料 1% 左右。该技术已经在国内外多套乙烯装置的超过 80 台裂解炉上应用，均取得了良好效果。

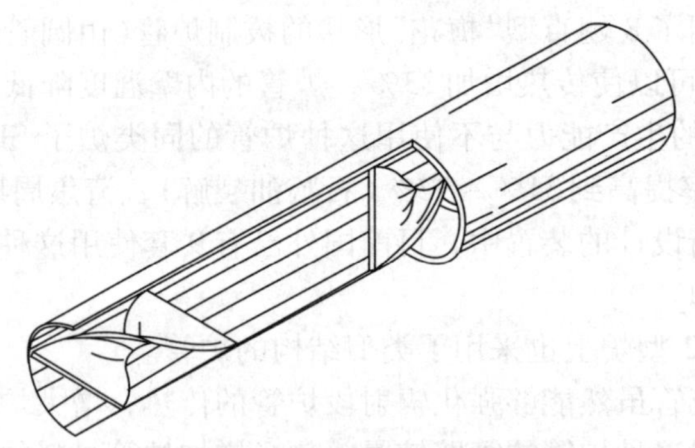

图 6－5　扭曲片强化传热管

（2）辐射段炉墙的保温设计。裂解炉辐射段炉膛的烟气高温度往往在 1150℃以上，大约 2% 左右的热量通过炉墙散热损失掉，因此炉膛的保温设计是减少裂解炉散热损失的重要手段之一。选用优质的保温材料，增加保温层的厚度，以降低散热损失。

目前炉墙除了使用 $Al_2O_3-SiO_2-CaO$ 三组分组成的硅铝系高温耐火砖外，还开发了可塑性耐火材料衬里和陶瓷纤维衬里，尤其是陶瓷纤维，作为很好的高温绝热保温材料，厚度为 50mm 这种材料，可以使得裂解炉的热损失下降 25%，此外，这还可以延长炉墙耐火材料的使用寿命。

6.3.1.4　裂解炉与燃气轮机联合技术

燃气轮机热电联产系统最初于 20 世纪 70 年代初在美国 Amoco 石油公司的得克萨斯炼油厂得到应用。近年来，为进一步降低乙烯生产的能耗，国外有很多乙烯装置采用裂解炉与燃气轮机联合的节能技术，节能效果十分显著。

采用裂解炉与燃气轮机联合的方案是，燃料气先进入燃气轮机发电，产生 450～550℃高温燃气，再送入裂解炉作为助燃空气。

燃气轮机在利用燃料的高位热能做功时，为了保护燃气轮机，需用过剩 4～6 倍的空气助燃使燃烧室的出口温度控制在 1200℃以下，因此燃气轮机排出的烟道气不但有较高的温度(450～550℃)，而且含13%～18%的氧。将此排出的烟气送入裂解炉作助燃空气(如含氧量低于15%，需补充部分空气)，使排出烟气的能量得到充分利用，从而使裂解炉燃料消耗大幅度下降。对整个系统而言，总的燃料利用率都在80%以上，远远高于常规火力发电或蒸汽动力系统。对于年产乙烯360kt乙烯装置，当裂解炉与燃气轮机匹配后，在燃料总量增加不多的情况下，燃气轮机多产了18000kW·h电量，并且裂解炉、蒸汽过热炉和蒸汽锅炉的燃料耗量下降了6.5%。

但由于燃气轮机投资大，且增加了裂解炉的操作难度，燃气轮机只能用轻质燃料等技术经济原因阻碍了推广应用。

最近研究人员提出了裂解炉－IGCC－SOFC联合工艺技术，据称，按乙烯1.0Mt/a和电量50MW考虑，采用该联合工艺技术后可使常规裂解炉的总燃料节约5.9%。但目前该联合工艺还处于研究阶段，尚无工业应用实例。

6.3.2 压缩单元的节能措施

压缩单元也是乙烯装置的耗能大户，因此，如何降低裂解气压缩系统的功率消耗具有很重要的意义。裂解气压缩系统降低功耗的主要途径有提高压缩机多变效率、减少段间循环返回量、降低段间阻力降、优化复水系统的操作等。

6.3.2.1 增加凝液分离罐和液相干燥器

目前，世界上主要的乙烯专利商均根据各自的流程特点，分别在压缩机的不同位置设置凝液闪蒸罐和液相干燥器。例如，在裂解气压缩机五段出口增加一凝液分离罐，在五段排出罐后增设一个液相干燥器，五段排出罐分离出的气相去裂解气干燥器，凝液则经液相干燥器干燥后作为脱甲烷塔的进料。由于压缩机五段出口的裂解气经两级冷却后(原流程为三级冷却)即进入凝液分离罐进行分离，与原流程相比，在此被分离的液相组分较重、量较少。所以，在进入凝液闪蒸罐前所需的加热量就少得多，在凝液闪蒸罐产生的闪蒸汽也就相应地比原流程少许多，从而减少了返回五段的循环气量，降低了裂解气压缩机功率消耗。综上所述，改造后的流程优点如下：①节省了功率；②减少了去分离的气体量；③降低了凝液汽提塔的负荷；④减少了裂解气压缩机四、五段的负荷；⑤降低了五段后冷却器和凝液加热器的热负荷。存在的缺点是凝液汽提塔的釜温稍有增加。

6.3.2.2 压缩机五段凝液二次闪蒸

某装置将裂解气压缩机五段出口的冷凝液一次闪蒸改为二次闪蒸，将第一次闪蒸的气体返回压缩机五段出口，将第二次闪蒸的气体返回压缩机五段入口，这样可降低压缩机和凝液汽提塔的负荷。

6.3.2.3 选择最佳吸入压力

裂解气压缩机的一段吸入压力对压缩机的功耗有重大影响，吸入压力越低，功耗越大。适当提高裂解气压缩机的吸入压力，可节省压缩能耗。如单从节能方面考虑，则希望尽量提高裂解炉的出口压力，并减少裂解炉出口到压缩机一段入口间的压力降。但裂解炉的出口压力是受到裂解反应条件制约的，提高炉子的出口压力将不利于提高裂解选择性。因此，存在一个权衡利弊、选择裂解炉最佳出口压力的问题。从裂解炉操作的裂解选择性和压缩机总功耗两方面权衡，目前大多数专利公司在选取一段吸入压力时，更多地考虑裂解炉的烃分压而选取较低的一段吸入压力。对于裂解气压缩机，则较多地从降低段间阻力降和改善压缩工艺流程着手来降低能耗。

6.3.2.4　降低裂解气压缩机段间压力降

正常情况下，裂解气压缩机的前三段压缩能耗占压缩机总功耗的60%以上，因此，从节能的角度来看，降低段间压力降是很重要的。降低段间压力降不仅可以减少压缩机的功耗，而且可以在相同总压比之下降低每段的出口温度。在这方面，已开发了不少新工艺、新技术，并取得了良好的节能效果。若在压缩机段间采用折流杆高效换热器，不但具有传热效率高、压力降小的特点，而且具有抗污垢能力强、防振性能好、表面温度均匀等优点。

6.3.2.5　降低压缩机出口温度

裂解气压缩机段间冷却一般采用水冷，段间冷却后的裂解气温度一般为40℃左右。在此条件下，为保证各段出口裂解气温度控制在90℃左右，必须将各段压缩比限制在2.2以下。限制裂解气压缩机各段出口温度的目的，主要是减少裂解气中双烯烃的聚合，避免聚合物堵塞压缩机的流道和密封。但是，即使将各段出口温度控制在90℃左右，仍有一定量的双烯烃聚合物生成。近年来，国内有许多新建或扩建的乙烯装置都将裂解气压缩机段间注油改为注水。改造后压缩机出口温度下降，不但解决了双烯烃的聚合问题，而且可以提高压缩机的效率；裂解气压缩机段间注水与注油相比有其优越性。注油的主要作用为润湿压缩机转子，防止裂解气中的双烯烃在转子上结焦，而注水的作用既有润湿转子的作用，又有冷却的功能。水注入压缩机机体后雾化变为气相，吸收热量，降低了裂解气的温度，从根本上防止了双烯烃的聚合结焦，提高了压缩机的效率。

6.3.2.6　改造压缩机及驱动透平，提高压缩机效率

对蒸汽透平低压段的转子进行改造，提高表面冷凝器的真空度，减少蒸汽消耗量，从而大大降低压缩功耗。此外，在蒸汽透平选型时，应尽量采用背压透平，或减少凝汽、增加抽汽，由抽汽来平衡蒸汽，少用减温减压器，减少高能位蒸汽的消耗，不仅节省投资，而且有明显的节能效果。近年来，许多新建或进行技术改造的大型乙烯装置通过采用高效压缩机，使压缩机叶轮形状最大限度地提高气体压缩功率；同时使气体在压缩机内部流动的过程中，将压力损失降至最小限度，从而进一步降低压缩机的能耗。此外，优化复水系统的操作、合理选择压缩段数、将碱洗塔由浮阀塔改造成填料塔都有一定的节能效果。压缩段数越多越接近于等温压缩过程，从而可降低功耗。实际上大多装置都采用五段压缩或四段压缩，以五段压缩居多。五段压缩比四段压缩具有功耗少、压缩比小、排气温度低的优点，可避免不饱和烃的聚合结焦。在相同功耗下一段吸入压力可低一些，有利于提高裂解选择性。将碱洗塔改造成填料塔，可降低阻力，节能效果也非常明显。

6.3.3　分离单元的节能措施

分离单元降低能耗的主要措施是改进分离流程，改善工艺系统的热回收。此外，采用中间再沸器节省低温精馏塔的能耗；采用膨胀机改进制冷效果，尽可能多地回收能量；降低回流比节省能耗等，也是冷区和热区的重要节能措施。

在分离单元的众多节能措施中，选择最佳回流比、采用中间冷凝器和中间再沸器、多股进料和侧线采出、控制进料状态、热泵系统的应用和火炬气的回收等均可有效地控制有效能的损失，达到节能降耗的目的。

除此之外，还可以采用低温甲烷化催化剂替代高温甲烷化催化剂。中国石化北京化工研究院开发的低温甲烷化催化剂具有空速高，处理量大等特点，已经在多套乙烯装置中直接替

代高温甲烷化催化剂而不用扩大反应器。使用北京化工研究院开发的选择性高的碳二和碳三加氢催化剂也可以降低能耗。乙炔和 MAPD 尽量多生成乙烯和丙烯，要比乙炔和 MAPD 过度加氢生成乙烷和丙烷后，返回裂解炉再裂解成乙烯和丙烯的能耗低。

本节将着重对热泵的应用、火炬气的回收、回流比的选择和产品塔的先进控制技术等作简要介绍。

6.3.3.1　热泵的应用

(1)热泵的概念和分类

根据热力学第二定律，我们知道热量不能自动地从低温流向高温，除非自外界输入功，才能使热量从低温流向高温。热泵系统就是通过作功将热量从低温热源提供给高温热源的供热系统。

用于精馏塔的热泵可分为闭式热泵和开式热泵，开式热泵又分为开式 A 型热泵和开式 B 型热泵。如图 6-6 所示。

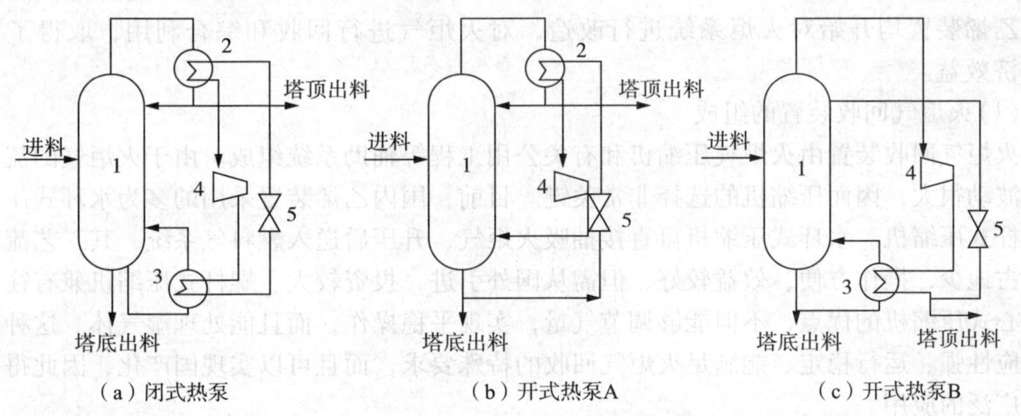

图 6-6　热泵流程示意图

1—精馏塔；2—冷凝器；3—再沸器；4—压缩机；5—节流阀

(2)热泵的应用

尽管采用热泵系统可以节约能量，但并不是所有的系统都适宜应用热泵流程。适宜应用热泵流程的情况有：①塔顶与塔底的温差小的系统；②塔的压力降较小的系统；③被分离物系的组分因沸点相近而难以分离，须用较大回流比而消耗大量加热蒸汽的系统；④低压精馏过程需要制冷设备的系统。

当前大型乙烯装置能量综合利用的水平都很高，近年来新建的乙烯装置采用乙烯热泵的较多，而丙烯精馏塔一般不采用热泵。主要原因是：对于丙烯精馏来说，在有急冷水低温热源可利用的条件下，采用开式丙烯精馏热泵并没有什么优势；而乙烯精馏塔塔顶冷凝器是丙烯制冷系统的最大用户，其用量约占丙烯制冷总功率的 60% ~70%，采用乙烯热泵流程不仅可节约大量的冷量，而且可省去低温设备的投资费用，因此乙烯热泵得到了更多的应用。

林德公司和联碳公司在热泵应用方面有较为丰富的经验。林德公司的前脱乙烷流程中，乙烯塔处于低压下操作，为构成热泵系统提供了有利条件。有人曾对林德公司设计的乙烯塔的开式热泵系统和闭式热泵系统进行了对比研究，结果证明闭式热泵不如开式热泵好。对于开式热泵系统来讲，降低乙烯塔塔压有利于提高乙烯对乙烷的相对挥发度，但乙烯塔的处理量将降低，同时压缩机的压缩比增大，使功耗增加。因此，提高塔压将有助于降低功耗。斯通-韦伯斯特公司设计的前脱丙烷、ARS 深冷分离流程中，采用的也是乙烯精馏塔与乙烯制冷压缩系统形成的开式热泵。

热泵系统固然有它的许多优点，但并非完美无缺。热泵系统的缺点有：①增加了精馏操作的复杂性；②开式热泵系统产品被污染的风险较大；③增加了压缩机的功耗。

目前，各大专利公司都在不断地改进已有的热泵系统，将新的热泵系统、高通量换热器和新型的塔板相结合，既节省能量，又节省设备费用。尤其值得注意的是，采用高通量换热器使得热泵系统节能效益更为显著。随着热泵系统的不断改进与发展，它的应用将越来越广泛。

6.3.3.2 火炬气的回收

石油化工装置在正常生产和事故状态下均不可避免地排放相当量的易燃易爆物料(一般统称火炬气)，为了防止火灾及爆炸事故发生，保证设备和人身安全，减少对环境的污染，均须设置火炬系统处理这些排放出的易燃易爆物料，每年在火炬中被燃烧的烃类等可燃气体量非常可观。近年来，为了节约能源，降低产品成本，减轻环境污染，国内外各大乙烯装置均开始对火炬系统进行改造，对火炬气进行回收和综合利用，取得了明显的经济效益。

(1)火炬气回收装置的组成

火炬气回收装置由火炬气压缩机和有关公用工程等辅助系统组成。由于火炬气的流量和组成波动很大，因而压缩机的选择非常关键。目前，国内乙烯装置采用的多为水环式压缩机或螺杆式压缩机。水环式压缩机可直接抽吸火炬气，升压后送入燃料气系统，其工艺流程简单，占地少，操作方便，效益较好，但需从国外引进，投资较大。螺杆式压缩机兼有往复式和离心式压缩机的优点，不但能够调节气量，实现平稳操作，而且能处理湿气体。这种压缩机适应性强、运行稳定、能满足火炬气回收的特殊要求，而且可以实现国产化，因此得到了较为广泛的应用。

螺杆式压缩机组的主机为单级喷液式压缩机，由主机、电动机、分液罐、油冷却器、水冷却器、油泵、油箱、气体管路、润滑油管路、冷却液管路组成。

(2)火炬气回收装置的安全和环保

火炬气一般来自不平衡物料的排放。乙烯装置的火炬气来源主要有：①装置的试车、开停车中排放的烃类物料。②装置因紧急事故而排放的烃类物料。③装置内因设备切换泄压而排放的烃类物料。④装置内部因超压、压力调节阀泄放或安全阀开启而排放出的烃类物料。⑤因阀门内漏而排放的烃类等。

这些物料都是易燃、易爆的介质，因此，在处理时应特别注意安全和环保问题，做到既能回收火炬气，又能确保火炬系统的安全。火炬气回收系统采取的安全措施主要有以下几点：

①分析控制氧含量。当火炬气中的氧含量达到一定值时可能会形成爆炸性混合气体。为了确保安全，在压缩机入口管线上设置了氧含量分析报警联锁设施。

②设置水封系统。在火炬前的火炬总管上设置水封罐，既可防止火炬回火，又可控制火炬气回收系统的压力，防止压缩机抽空。

③压力控制和温度控制。为防止压缩机抽空，在压缩机的入口管线上设有低压报警联锁和压缩机进出口压力调节设施。为保证燃料气管网的安全，设置了压缩机出口压力超压联锁设施。为确保压缩机正常运行，在压缩机入口和出口管线上分别设置了低温报警联锁和高温报警联锁。另外，压缩机还设有油压、油温等联锁措施。

④其他安全措施。为便于及时处理突发事故，保证整个系统的安全，在控制室设有停车按钮，现场设有开停车按钮。由于火炬气回收装置处理的是易燃易爆的烃类，因此，所有现场电控、自控设备均采用防爆型，现场还安装了可燃气体检测器，以便及时发现可燃气体泄漏。为防止火炬气泄漏和空气窜入压缩机，压缩机设置了油封、氮气气封等一系列的密封措施。在压缩机组的气液分离罐上还设置了安全阀，当压力超过安全阀的设定值时，安全阀起跳，燃料气排到火炬气管道。

火炬气回收装置不产生废气和废渣，但在回收火炬气的同时会冷凝产生含油污水。这些含油污水应返回到装置的排污系统，也可设废油罐，油水分离后，废油回收利用，废水进入污水系统。压缩机产生的噪声不得超过作业场所环境保护标准的规定，以免操作人员受到噪声的危害。

6.3.3.3　选择最佳回流比，合理控制产品质量

精馏塔的回流提供了全塔汽液两相相互接触的必要条件，是精馏过程得以实现的关键因素之一。回流比的大小直接影响精馏效果的好坏，是精馏过程中调节产品质量的重要手段。回流比是回流量与塔顶采出量的比值。回流量大，可以改善精馏效果；但回流量过大，不仅增大了塔盘的气相速度，容易造成雾沫夹带，对精馏操作不利，而且增加了产品在塔内的循环量，相应降低了塔的处理能力，同时还会产生不必要的质量“过剩”，增加能量消耗。回流量过小，精馏效果下降，容易导致产品不合格。所以选择最佳回流比，合理控制产品质量，使产品既能满足用户的要求，又不致产生质量“过剩”，可最大限度地多出产品，达到节能降耗的目的。

6.3.3.4　采用先进控制技术，减少产品损失率

近年来，许多装置通过与科研院所合作，对乙烯精馏系统和丙烯精馏系统的自动控制进行了技术攻关。乙烯精馏系统研究开发了塔顶乙烷浓度推断控制、塔釜乙烯浓度推断控制、塔釜乙烷专家系统控制、基于神经网络的软测量技术等先进控制技术；丙烯精馏系统研究开发了丙烯精馏塔塔顶丙烷浓度推断控制、丙烷精制塔塔釜丙烯浓度推断控制的先进技术。实施先进控制技术，可以优化乙烯、丙烯精馏过程的操作，改进乙烯、丙烯精馏系统的操作弹性，减少塔釜再沸器和塔顶冷凝器的负荷，降低丙烯压缩机的负荷，提高乙烯、丙烯精馏系统的生产能力和操作稳定性，提高乙烯丙烯收率。某装置投用先进控制系统后，乙烯精馏塔平均操作回流比由原来的4.34降为现在的4.20左右，节省了能量消耗。丙烯精馏系统塔釜丙烷中丙烯损失由10.25%减少到3%，大大降低了丙烯精馏系统的能耗和丙烯损失。

6.3.3.5　乙烯精馏塔的节能

在低压和高压精馏塔中，甲烷在精馏段出现一个恒浓区，说明在此区域内塔板对甲烷几乎没有分离效果，只是在侧线采出后甲烷浓度才明显增加。因此，在侧线采出的乙烯精馏塔中，一旦进料中甲烷含量超过规定，乙烯产品甲烷含量将随之升高。

乙烯精馏塔精馏段所需回流比较大，而提馏段所需塔内液相流量比较小，加之精馏段温度变化较小，因此，在乙烯精馏塔采用中间再沸器回收冷量是非常适宜的。目前，在乙烯精馏塔设置中间再沸器已得到广泛应用。中间再沸器或用于预冷裂解气，或用于冷凝丙烯冷剂(闭式热泵)，或用于脱乙烷塔塔顶冷凝，或用于乙烯冷剂的冷凝，节能效果十分明显。

参考文献

1. 张旭之，王松汉，戚以政．乙烯衍生物工学[M]．北京：化学工业出版社，1995.
2．张旭之，陶志华，王松汉．丙烯衍生物工学[M]．北京：化学工业出版社，1995.
3. 陈滨．乙烯工学[M]．北京：化学工业出版社，1997.
4. 王松汉．乙烯装置技术与运行[M]．北京：中国石化出版社，2009.
5. 王松汉，何细藕．乙烯工艺与技术[M]．北京：中国石化出版社，2005.
6. 时钧，汪家鼎，余国琮等．化学工程手册[M]．北京：化学工业出版社，2002.
7. 韩文光．化工装置实用操作技术指南[M]．北京：化学工业出版社，2001.
8. 李作政．乙烯生产与管理[M]．北京：中国石化出版社，1992.

丁二烯篇

第1章　概述

丁二烯，通常指1，3-丁二烯，是C_4馏分中最重要的组分之一，在石油化工烯烃原料中的地位仅次于乙烯和丙烯。丁二烯是生产合成橡胶的主要原料，大量用于生产顺丁橡胶、丁苯橡胶、氯丁橡胶和丁腈橡胶。丁二烯还可与苯乙烯共聚，生产各种用途广泛的合成树脂，如ABS树脂、K树脂、MBS树脂和热塑性弹性体SBS。另外，少量的丁二烯还用作生产其他有机化工产品，如已二腈、尼龙66单体等。在裂解石脑油等液体原料制取乙烯的同时，会副产大量的混合C_4馏分，主要由丁烷、丁烯、丁二烯和炔烃等组成，其中丁二烯的含量约占40%~60%（质量分数）。目前，世界上约有92%的丁二烯是采用乙烯裂解副产碳四馏分通过以萃取精馏为主的抽提工艺提纯得到的。除此之外，丁二烯还可通过丁烷或丁烯催化脱氢生产。本章重点介绍丁二烯的生产方法和工艺。

1.1　丁二烯的性质

1.1.1　丁二烯的物理性质

丁二烯有1，2-丁二烯和1，3-丁二烯两种同分异构体。一般所说的丁二烯均指1，3-丁二烯，常压下沸点为-4.4℃，是合成橡胶的主要单体。1，2-丁二烯的沸点为10.3℃，目前尚未开发其工业用途。

丁二烯的主要物理性质见表1-1。

表1-1　丁二烯的物理性质

性质	数值	性质	数值
沸点(101.325kPa)/℃	-4.413	闪点/℃	<-6
熔点(101.325kPa)/℃	-108.92	比热容/[J/(g·℃)]	
熔化热/(J/g)	147.71	0℃	1.3586
汽化热/(J/g)		25℃	1.4717
25℃	386.02	100℃	1.7798
沸点下	406.46	临界温度/℃	152
燃烧热/(kJ/mol)		临界压力/kPa	4326.58
25℃	-2245.16	临界密度/(g/cm³)	0.245
生成热/(kJ/mol)		密度/(g/cm³)	
25℃，气体	112.4	0℃	0.6211
25℃，液体	88.80	50℃	0.6149
生成自由能/(kJ/mol)		100℃	0.5818
25℃，气体	150.77	空气中爆炸极限/%	
折射率 n_D(-26℃)	1.4293	上限(体积)	11.5
		下限(体积)	2.0

丁二烯在常温下是无色、有微弱芳香气味、有毒的气体，易液化。丁二烯产品一般以液体存在，便于储存和运输。液体丁二烯无色透明，极易挥发，闪点低，属于易燃易爆物质。丁二烯微溶于水，易溶于乙醇、甲苯、乙醚、氯仿、四氯化碳、汽油、乙腈、二甲基甲酰

胺、N－甲基吡咯烷酮等有机溶剂中。在氧气存在下容易发生聚合。丁二烯对人体有毒，低浓度下能刺激黏膜和呼吸道。高浓度下对中枢神经有麻醉作用，使人感到头痛嗜睡、恶心、胸闷、呼吸困难，长期与丁二烯接触使人记忆衰退。根据工业企业设计卫生标准，空气中允许丁二烯的最高浓度为100mg/m^3。丁二烯的蒸气压、汽化热、比热容以及密度与温度关系见表1－2；表面张力、黏度、热导率与温度关系见表1－3。气体丁二烯的定压比热容、黏度、热导率与温度关系见表1－4；液体丁二烯与水的互溶度见表1－5。

表1－2　液体丁二烯的蒸气压、汽化热、比热容、密度数据

温度/℃	蒸气压/kPa	汽化热/(kJ/mol)	比热容/[J/(mol·K)]	密度/(kg/m^3)
－50	11.2	24.748	107.8	700.7
－40	19.73	24.279	109.3	690.4
－30	33.06	23.798	110.9	679.4
－20	62.84	23.295	112.8	668.3
－10	81.05	22.790	114.7	657.0
0	119.94	22.240	117.0	645.4
10	172.0	21.679	119.8	633.4
20	240	21.093	123.4	621.1
30	327	20.478	127.3	608.3
40	435	19.833	130.1	595.1
50	568	19.146	133.3	581.3
60	729	18.418	137.0	565.8
70	922	17.639	141.3	551.6
80	1151	16.797	146.1	535.6
90	1420	15.881	151.7	518.3
100	1733	14.863	158.1	499.5
110	2069	13.716	165.3	478.9
120	2517	12.380	173.6	455.5
130	3001	10.752	183.0	427.7
140	3558	8.545		391.6

表1－3　液体丁二烯的表面张力、黏度、热导率

温度/℃	表面张力/(mN/m)	黏度/mPa·s	热导率/[mW/(m·K)]
－50	22.85	0.319	171.7
－40	21.47	0.280	167.5
－30	20.11	0.247	162.4
－20	18.77	0.221	157.3
－10	17.44	0.199	152.8
0	16.14	0.181	148.2
10	14.85	0.166	143.2
20	13.58	0.152	137.7

续表

温度/℃	表面张力/(mN/m)	黏度/mPa·s	热导率/[mW/(m·K)]
30	12.33	0.141	132.3
40	11.11	0.131	126.9
50	9.91	0.126	121.4
60	8.74	0.121	115.6
70	7.59	0.110	109.7
80	6.48	0.100	103.4
90	5.39	0.091	96.7
100	4.35	0.081	89.5
110	3.53	0.073	87.5
120	2.40	0.065	74.6
130	1.52	0.057	65.3
140	0.72	0.050	54.2

表 1-4　气体丁二烯的定压比热容、黏度、热导率

温度/℃	定压比热容/[J/(mol·K)]	黏度/mPa·s	热导率/[mW/(m·K)]
250	70.1	0.0064	11.08
300	81.5	0.0078	16.3
350	92.0	0.0091	21.5
400	101.7	0.0104	27.3
450	110.5	0.0117	33.6
500	118.7	0.0129	40.6
550	126.1	0.0141	47.3
600	132.8	0.0153	53.6
650	139.0	0.0164	59.9
700	144.7	0.0174	66.6
750	149.8	0.0185	72.9
800	154.5	0.0195	79.1
850	158.7	0.0205	85.4

表 1-5　液体丁二烯与水的互溶度

温度/℃	丁二烯在水中的溶解度(摩尔分数)/%	温度/℃	丁二烯在水中的溶解度/(g 丁二烯/100g 溶液)
38	0.00065	10	0.045
55	0.0007	20	0.065
72	0.0008	72	0.082
85	0.0009	85	0.11

1.1.2 丁二烯的化学性质

丁二烯是最简单的共轭二烯烃，其分子式为 C_4H_6，其结构式如图 1-1 所示。

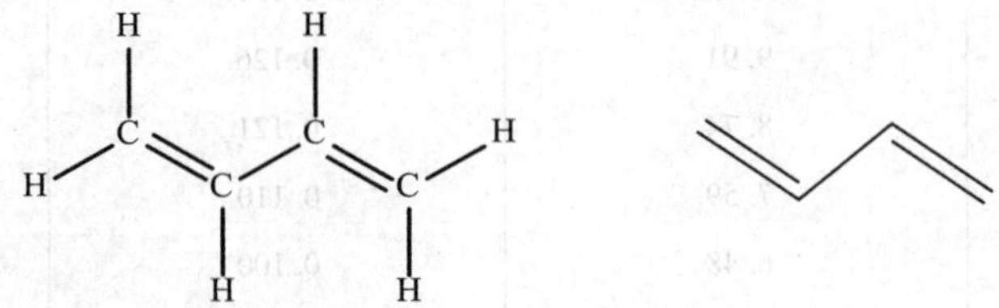

图 1-1 丁二烯的结构式

由于其结构上的特殊性，化学性质非常活泼，除了具有碳-碳双键的一般性质外，反映在化学性质上，也与单烯烃和孤立的双键二烯烃有所不同，它与烯烃相似。1，3-丁二烯分子具有简单而对称的结构，分子中的共轭双键比非共轭双键具有较强的稳定性，具有顺式和反式两种结构。室温下反式结构占优势。在-75℃的低温下，顺式结构为主。

1，3-丁二烯的主要化学反应如下：

1. 加成反应

加成反应是丁二烯最重要的化学性质，以 xy 型结构的化合物为例，与丁二烯可进行1，4-及1，2-位加成反应：1，4-位加成反应生成顺式或反式两种加成产品；1，2-位加成可生成 x 及 y 分别在末端碳原子上的异构体。反应以何种方式进行、生成产品的种类与反应条件、催化剂种类、反应介质以及 xy 型分子的结构、性质有关。

(1)和卤素加成

丁二烯和卤素无论在气相或溶液中都能进行加成反应，是制造一系列工业衍生物的重要途径。

在65~75℃下，气相丁二烯和氯加成，可得到1，4-二氯-2-丁烯及少量1，2-二氯-3-丁烯。以氯化亚铜、氯化氢及氯化钾为催化剂，进一步用氰化氢处理氯化产品，得1，4-二氰-2-丁烯，再经催化加氢即得己二腈。

丁二烯在300℃高温下氯化，得到1，4-及1，2-位加成产品的混合物。其中1，2-二氯-3-丁烯和顺-1，4、反-1，4-二氯-2-丁烯的比例为38∶17∶45(摩尔比)。

在0℃以下，丁二烯在氯仿或二硫化碳中进行氯化反应生成2∶1比例的1，2-及1，4-位加成产品。当氯过量时，可生成1，2，3，4-四氯-2-丁烯。也可以相同的方式进行溴及碘加成反应。

(2)和卤化氢加成

氯化氢和丁二烯间的加成反应为亲电子反应，室温下在乙酸溶液中丁二烯和氯化氢反应首先生成1，2-位的加成产品，由于1，4-位的加成产品稳定，因此，生成的1，2-位加成产品又异构化为1，4-位加成产品，二者存在动力学平衡。在较低温度下，则以1，2-位加成为主。在-78℃低温和没有有机过氧化物存在下，丁二烯和溴化氢进行1，2-位加成反应。20℃时碘化氢和丁二烯加成生成1-碘-2-丁烯。

(3)和含氧、含氮、含硫等化合物的加成

甲醛与丁二烯加成生成多种环状含氧化合物；丁二烯和氨、胺、氰、脂肪族重氮化物等可进行加成反应。在离子辐射下丁二烯和氨进行1，2-及1，4-位加成，得到胺的混合物。

在高温及催化剂存在下丁二烯和氨可加成为吡咯。在金属钠及金属氢化物存在下，伯胺和仲胺与丁二烯有选择地进行1，4－位加成反应生成另一种胺。

在钴或零价镍催化剂存在下，和氰化氢加成可生成氰化烯，再和氰化氢加成则生成己二腈。丁二烯和二氧化硫反应生成砜，此反应过程为可逆反应，如将得到的固体砜用重结晶的方法提纯，然后再加热即可分解成丁二烯及二氧化硫，采用这种方法可以分离提纯丁二烯。

(4)和芳烃进行反应

在硫酸催化剂作用下，丁二烯可以和苯、二甲苯、乙苯、异丙苯及苯酚等芳烃进行烷基化反应，生成带有2－丁烯基的烷基苯。

$$C_6H_6 + CH_2{=}CH{-}CH{=}CH_2 \xrightarrow[55℃]{H_2SO_4} C_6H_5{-}CH_2{-}CH{=}CH{-}CH_3$$

(5)和一氧化碳反应

在氯化钯或溴化钯催化剂存在下，一氧化碳与丁二烯在醇溶液中进行羰基化反应，得到3－戊烯酸酯。以羰基钴为催化剂，在无水溶液中丁二烯和一氧化碳加成，生成酯类混合物。在比较剧烈的反应条件下，丁二烯的两个双键可全部参加反应，如在三氯化铬等催化剂作用下，丁二烯可与一氧化碳及水加成生成己二酸。

(6)二烯合成——狄尔斯－阿尔德(Diels－Alder)反应

丁二烯和亲二烯化合物进行1，4－位加成反应，生成六碳环状化合物。丁二烯和马来酸酐反应生成1，2，3，4－四氢苯二甲酸酐，利用该反应可作为定量测定丁二烯的基础。

$$CH_2{=}CH{-}CH{=}CH_2 + \text{(CH=CH)(CO)}_2\text{O} \longrightarrow \text{1,2,3,4-四氢苯二甲酸酐}$$

在较高的温度和压力下，丁二烯和乙烯、丙烯等烯烃反应，生成环己烯及其取代物。丁二烯和苯乙烯在加压下加热可生成4－苯基环己烯。和丙烯腈反应生成1，2，3，4－四氢苯腈，进一步和氢氧化钠反应，再酸化即得庚二酸。工业上利用丁二烯的Diels－Alder反应可以合成一些杀虫剂。

丁二烯受热二聚反应以及其他二烯烃的共二聚反应也是Diels－Alder反应。在各种丁二烯的分离过程中因受热发生二聚反应，因而减少了收率，需加以防止。

(7)催化齐聚反应

在催化剂存在下丁二烯进行齐聚反应，生成环状或链状的二聚、三聚、四聚体，在此基础上可以合成一系列产品。

2. 取代反应

丁二烯分子中的氢原子可部分或全部被氯原子取代，生成含氯数目不同的氯丁二烯。与硝酸反应可得到硝基丁二烯。在碱存在下，二甲基亚砜与丁二烯反应，生成1，3－戊二烯。

3. 氧化反应

在钒及钼的氧化物催化剂存在下，于250～400℃下，丁二烯可被氧化成顺丁烯二酸或顺丁烯二酸酐。在没有催化剂存在时，则被氧化成醛、酸，这在工业上没有意义。

常温下丁二烯被氧缓慢氧化成过氧化物，或是含有过氧基团的聚合物，即所谓“端基聚合物”或“米花状聚合物”。该化合物微溶于丁二烯，易从液体丁二烯中析出，是一种极为危险的易爆化合物。多起丁二烯装置及储运设备爆炸事故和这种化合物的生成有关。

4. 聚合反应

丁二烯分子中有两个共轭双键，在1，4－位进行聚合反应时，由于在2，3－位又生成新的双键，因而具有顺式和反式两种结构。

在1，2－位进行聚合反应时，由于不对称，会生成等规、交规及无规结构的聚合物。

$$
\begin{array}{cccccccccccc}
-CH_2- & CH & -CH_2- & CH & -CH_2- & CH & -CH_2- \\
 & | & & | & & | & \\
 & CH & & CH & & CH & \\
 & \| & & \| & & \| & \\
 & CH_2 & & CH_2 & & CH_2 &
\end{array}
$$

等规1，2－聚丁二烯

$$
\begin{array}{ccccccc}
 & & & CH_2 & & & \\
 & & & \| & & & \\
 & & & CH & & & \\
 & & & | & & & \\
-CH_2- & CH & -CH_2- & CH & -CH_2- & CH & -CH_2- \\
 & | & & & & | & \\
 & CH & & & & CH & \\
 & \| & & & & \| & \\
 & CH_2 & & & & CH_2 &
\end{array}
$$

交规1，2－聚丁二烯

$$
\begin{array}{cccccccccc}
 & & & & & & & CH_2 & & \\
 & & & & & & & \| & & \\
 & & & & & & & CH & & \\
 & & & & & & & | & & \\
-CH_2- & CH & -CH_2- & CH & -CH_2- & CH & -CH_2- & CH & -CH & - \\
 & | & & | & & | & & & | & \\
 & CH & & CH & & CH & & & CH & \\
 & \| & & \| & & \| & & & \| & \\
 & CH_2 & & CH_2 & & CH_2 & & & CH_2 &
\end{array}
$$

无规1，2－聚丁二烯

聚丁二烯结构不同，其物理性质及机械性能也不同。通过不同的催化剂及反应条件，丁二烯可发生均聚和共聚反应，得到性能不同的聚合产品。如丁苯橡胶、顺丁橡胶、中乙烯基橡胶、丁腈橡胶及氯丁橡胶等。

1.2 丁二烯的用途

丁二烯的最主要用途是用来生产合成橡胶。

1. 丁苯橡胶

丁二烯与苯乙烯乳液聚合可生产丁苯橡胶和胶乳，反应方程式如下：

$$
mCH_2{=}CH{-}CH{=}CH_2 + n\,\underset{\underset{C_6H_5}{|}}{CH}{=}CH_2 \longrightarrow -CH_2{-}CH{=}CH{-}CH_2{-}\underset{\underset{C_6H_5}{|}}{CH}{-}CH_2-
$$

丁二烯　　苯乙烯　　丁苯橡胶

它是目前合成橡胶中能代替天然橡胶的一种产量最多的通用橡胶，主要用作制造汽车轮胎。丁苯橡胶是世界最大的合成橡胶品种。

2. 丁腈橡胶

丁腈橡胶是由丁二烯和丙烯腈经乳液聚合而得的共聚物，称丁二烯－丙烯腈橡胶，简称丁腈橡胶，代号 NBR。

由于丁腈橡胶中极性腈基的存在使其具有良好的耐油性、耐热性、耐低芳烃类溶剂和耐老化性能，此外还具有良好的加工性、耐磨性和低透气性。与合成树脂、合成橡胶改性后可以制作性能优异、附加值高的共混胶和热塑性弹性体，可广泛用于汽车工业、航空航天、油田、电缆及建筑材料等领域。

3. 聚丁二烯橡胶

顺丁橡胶主要由顺式1，4－聚丁二烯构成。它是由溶液聚合法生产的。聚丁二烯橡胶具有弹性大、耐磨性优良、发热量小和耐老化性强等优点，广泛用于制造汽车轮胎、制鞋和塑料改性等方面。

4. 氯丁橡胶

氯丁橡胶(CR)是以2－氯－1，3－丁二烯为主要单体，通过均聚或共聚反应制得的弹性体。其原料2－氯－1，3－丁二烯可用丁二烯进行氯化反应而得到。氯丁橡胶具有良好的物理性能和电性能，耐臭氧老化性能、耐天候性能以及耐燃性能尤为突出，其制品能在苛刻的环境条件下使用，且使用寿命长。

另外，随着塑料工业的发展，利用丁二烯、苯乙烯和丙烯腈三元共聚制得 ABS 树脂，具有耐冲击、耐热、耐油、耐化学药品性、易于加工等优点。因此得到广泛应用。为了改性，用甲基丙烯酸甲酯代替丙烯腈，则生成 MBS 树脂。丁二烯和苯乙烯在不同条件下，可生产 BS 和 SBS 等产品。SBS 是热塑性的弹性体，它是一种新型的高分子合成材料，可用于生产乙丙橡胶的第三单体——亚乙基降冰片烯，以及生产己二胺(作为尼龙 66 的中间体)等。

丁二烯的规格及测定方法见表1－6。

表1－6　典型的丁二烯产品规格

组分	丁苯橡胶用	顺丁橡胶用	ABS 用	测定方法
丁二烯/%	>98	>99	>99	ASTM D973
丙二烯/10^{-6}		<50	≤25	
乙烯基乙炔/10^{-6}	<1000	<50	≤150	—
α－炔烃(甲基＋乙基乙炔)/10^{-6}	—	<100	—	ASTM D1089
羰基化合物/10^{-6}	<100	<50	≤100	ASTM D1089
过氧化合物/10^{-6}	<95	<10	≤10	ASTM D1022
丁二烯二聚体/10^{-6}	<4000	<1000	<1000	ASTM D1024
硫含量/10^{-6}	<100	<10	≤10	ASTM D90
阻聚剂/10^{-6}	<100－200	<15	≤100	ASTM D1157
不挥发成分/10^{-6}	<1000	<1000	≤500	ASTM D1025
含氧量/%(体积)	—	<0.3	≤0.03	
异丁烯/%(体积)	—	<0.5	—	—
抽提溶剂/10^{-6}	—	<10	—	

1.3　萃取精馏法生产丁二烯技术

由于石油工业的迅猛发展，以石油为原料的高温裂解原料变重，裂解温度相应提高，在制取乙烯的同时联产的C_4馏分也随之增加。而且C_4馏分中丁二烯含量也由过去的40%增加到60%左右。因此裂解C_4馏分逐渐成为丁二烯生产的主要原料。由于C_4馏分中含有的丁烷、丁烯、炔烃以及少量的C_3和C_5等组分的沸点极为接近，有的还与丁二烯形成共沸物，要从其中分离出高纯度的丁二烯，用普通精馏的方法是十分困难的。目前工业上广泛采用萃取精馏和普通精馏相结合的方法，生产高纯度的丁二烯来满足各种合成橡胶工业的要求。根据抽提丁二烯工艺使用不同的萃取剂来区分，主要有的乙腈（ACN）法、二甲基甲酰胺（DMF）法和*N*－甲基吡咯烷酮（NMP）法三种。其他工艺还有采用二甲基乙酰胺（DMAC）、糠醛和二甲基亚砜等作为萃取剂。除此之外，还有不同于萃取精馏的醋酸铜氨溶液化学吸收法（CAA）。目前世界上C_4馏分的分离以萃取精馏占统治地位，萃取剂以乙腈、二甲基甲酰胺和*N*－甲基吡咯烷酮为主。

1. 乙腈（ACN）法

该法最早由美国Shell公司开发成功，并于1956年实现工业化生产。它以含水10%的乙腈（ACN）为溶剂，由萃取、闪蒸、压缩、高压解吸、低压解吸和溶剂回收等工艺单元组成。目前，该方法以意大利SIR工艺和日本JSR工艺为代表。意大利SIR工艺以含水5%的ACN为溶剂，采用5塔流程（氨洗塔、第一萃取精馏塔、第二萃取精馏塔、脱轻塔和脱重塔）。日本JSR工艺以含水10%的ACN为溶剂，采用两段萃取精馏，第一萃取精馏塔由两塔串联而成，并经过了1980年和1988年两次重大的改造。1980年的改造采用了热耦合技术，1988年的改造主要解决系统热能回收问题，使得该工艺在同类工艺中的能耗是最低的。我国也建成了多套乙腈法丁二烯装置

采用ACN法生产丁二烯的特点是：①沸点低，萃取、汽提操作温度低，可以降低丁二烯热聚的程度。②汽提不必在常压下操作，省去了丁二烯气体压缩机，减少了投资。③黏度低，塔板效率高，实际塔板数少。④微弱毒性，在操作条件下对碳钢腐蚀性小。⑤分别与正丁烷、丁二烯二聚物等形成共沸物，致使溶剂精制过程较为复杂，操作费用高。⑥蒸气压高，随尾气排出的溶剂损失大。⑦用于回收溶剂的水洗塔较多，相对流程长。

2. 二甲基甲酰胺（DMF）法

由日本瑞翁公司于1965年实现工业化生产。该生产工艺包括4个工序，即第一萃取精馏、第二萃取精馏、精馏和溶剂回收。原料C_4进入第一萃取精馏塔，溶剂DMF由塔的上部加入。DMF使丁烷、丁烯、C_3与丁二烯的相对挥发度增大，并从塔顶分离出去，而丁二烯、炔烃等和溶剂一起从塔底分离，进入第一解吸塔并从塔顶解吸出来，冷却并经螺杆压缩机压缩后进入第二萃取精馏塔。为防止乙烯基乙炔爆炸，并进一步回收溶剂中的丁二烯，第二萃取精馏塔底排出的富溶剂送往丁二烯回收塔，塔顶为粗丁二烯。回收塔塔顶馏出的丁二烯和少量杂质返回第二萃取塔前的压缩机入口，塔釜含炔烃的溶剂送至第二解吸塔。经两段萃取精馏得到的粗丁二烯中的杂质采用普通精馏除去。比丁二烯挥发度大的甲基乙炔、水分等，在脱轻塔顶除去，比丁二烯挥发度小的残余2－丁烯、1，2－丁二烯、C_5在脱重塔塔底除去。从脱重塔顶得到聚合级丁二烯。

DMF法工艺的特点是：①对原料C_4的适应性强，丁二烯含量在35%～60%范围内都可

生产出合格的丁二烯产品；②生产能力大，成本低，工艺成熟，安全性好、节能效果较好，产品、副产品回收率高达97%；③由于DMF对丁二烯的溶解能力及选择性比其他溶剂高，所以循环溶剂量较小，溶剂消耗量低；④无水DMF可与任何比例的C_4馏分互溶，因而避免了萃取塔中的分层现象；⑤DMF与任何C_4馏分都不会形成共沸物，有利于烃和溶剂的分离，且由于其沸点较高，溶剂损失小；⑥热稳定性和化学稳定性良好；⑦由于其沸点高，萃取塔及解吸塔的操作温度都较高，易引起双烯烃和炔烃的聚合；⑧无水情况下对碳钢无腐蚀性，但在水分存在下会分解生成甲酸，因而有一定的腐蚀性。

3. *N*－甲基吡咯烷酮(NMP)法

该法由德国BASF公司开发，并于1968年实现工业化生产，其生产工艺主要包括萃取精馏、脱气和精馏以及溶剂再生工序。C_4汽化后进入主洗涤塔底部，*N*－甲基吡咯烷酮由塔顶进入，丁二烯和更易溶解的组分及部分丁烷和丁烯被吸收，同时不含丁二烯的丁烷和丁烯从塔顶排出。主洗塔底部的富溶剂进入精馏塔，含有乙炔和丙二烯的丁二烯从精馏塔侧线以气态采出进入后洗塔。在后洗塔中，粗丁二烯由其塔顶蒸出后冷凝液化进入精馏工序，塔釜富溶剂返回精馏塔的中段。精馏塔釜的富溶剂进入闪蒸罐脱气，再进入脱气塔脱烃，并控制NMP中的水平衡，炔烃从侧线抽出，其余脱下的烃经冷却塔进入循环压缩机，最后返回精馏塔底部。从后洗塔出来的粗丁二烯在第一精馏塔脱除甲基乙炔，在第二精馏塔中脱除1，2－丁二烯和C_5烃，由第二精馏塔顶得到丁二烯产品。

NMP法工艺的特点是：①溶剂性能优良，毒性低，可生物降解，腐蚀性低；②原料范围较广，可得到高质量的丁二烯，产品纯度可达99.7%～99.9%；③C_4炔烃无需加氢处理，流程简单，投资低，操作方便，经济效益高；④NMP具有优良的选择性和溶解能力，沸点高、蒸气压低，因而运转中溶剂损失小；⑤热稳定性和化学稳定性极好，即使发生微量水解，其产物也无腐蚀性，因此装置可全部采用普通碳钢。

1.4 其他生产丁二烯技术

丁二烯的生产方法就世界范围而言先后经历了乙醇脱氢法、丁烯催化脱氢法、丁烷催化脱氢法、丁烯氧化脱氢法和乙烯副产C_4馏分分离法，其中前两种方法已基本被淘汰。丁烷催化脱氢法的关键是选择一种高活性催化剂，并尽可能降低温度，已工业化的工艺路线包括美国Philips公司开发的菲利浦法和Houdry公司开发的胡德利法。菲利浦法由于生产步骤多，流程较长，操作麻烦，工业应用不广。胡德利法单程转化率低，目前只在美国采用，近年产量日趋减少。

丁烯催化脱氢反应是可逆反应，转化率因受化学平衡限制而不高，氧化脱氢法是在脱氢时通入氧气(空气)，改脱氢反应为氧化反应，从而大幅度提高丁烯的转化率及丁二烯的选择性。因此，丁烯氧化脱氢法要优于催化脱氢法。

1.4.1 乙醇法

该法为前苏联人C.B.列别捷夫发明，于20世纪40年代工业化，过程采用氧化镁－氧化硅催化剂使乙醇一步转化为丁二烯。反应产物除生成丁二烯外还生成乙醛、乙醚、高级醇等多种副产品，丁二烯的选择性仅60%左右，生产成本高，经济性差，目前仅有少数国家采用此法，基本已被淘汰。

1.4.2 丁烯催化脱氢法

丁烯催化脱氢生产丁二烯首先由美国新泽西美孚石油开发公司开发，1943 年第一套工业化装置投产，随后 Shell 和 Dow 公司也开发成功新的催化剂，从而也产生了 Shell 工艺和 Dow 工艺，该方法的工业化使得丁二烯的生产由酒精为原料转为以石油为原料。丁烯催化脱氢过程中，原料丁烯需要混合大量水蒸气以降低烃分压，在有利于脱氢平衡条件下进行反应，来提高丁烯的转化率及生成丁二烯的选择性。此法所用催化剂(氧化铬和稳定的钙-镍磷酸盐)寿命较长，并以 Dow 工艺的丁烯转化率和丁二烯的选择性为最高，分别达到35%~45%和90%~94%。但由于蒸汽用量大，20 世纪 60 年代后被丁烯氧化脱氢法取代。

1.4.3 丁烷脱氢法

丁烷的来源要比丁烯丰富，价格也便宜，除可来自乙烯副产 C_4 馏分外，还可来自天然气及油田气。丁烷脱氢是强吸热过程，需要输入大量的热量才能获得有经济价值的转化率，但同时裂解和产物二次反应也显得突出。因此，过程的关键是选择一种高活性的催化剂，并要求尽可能降低温度。有两种工艺方法已在工业上得到应用：

1. 菲利浦法

即二步法，该工艺由美国 Philips 公司开发，1953 年工业化。第一步反应使用铬铝(氧化铬载在氧化铝上)催化剂，温度 600℃，将丁烷脱氢为丁烯，转化率 30%，选择性 80%；第二步反应使用类似催化剂，温度 650℃，将丁烯脱氢为丁二烯，转化率 27%，选择性 76%。两步反应的总收率为 50%~60%。但此法生产步骤多，流程较长，操作麻烦，工业应用不广。

2. 胡德利法

该法由美国 Houdry 公司开发，1959 年工业化。在 600℃，15kPa 和绝热条件下使丁烷一步脱氢成丁二烯。催化剂为浸渍了 18%~20% 氧化铬的活性氧化铝，每反应 4~10min 进行一次催化剂再生。因系减压操作，催化剂再生十分麻烦，设备条件苛刻，要求配有大口径耐高温快速启闭的阀门及大容量真空设备。反应过程实际上是丁烷与丁烯的混合脱氢。反应气体分出丁二烯后进行循环，并与新鲜的丁烷混合进入脱氢反应器。以原料丁烷计，单程转化率为 28%~30%，选择性 55%~60%，此法只在美国采用，近年产量日趋减少。

1.4.4 丁烯氧化脱氢法

丁烯催化脱氢反应是可逆反应，转化率因受化学平衡限制而不高，氧化脱氢法是在脱氢时通入氧气(空气)，改脱氢反应为氧化反应，从而大幅度提高丁烯的转化率及丁二烯的选择性。

丁烯氧化脱氢反应是借助气相氧和催化剂的晶格氧使丁烯氧化脱去两个氢原子，从而生成一分子丁二烯和一分子水。同时，少量丁烯或丁二烯还会发生深度氧化反应，生成副产物一氧化碳、二氧化碳及醛、酮、呋喃等有机氧化合物，原料中所含的微量杂质如异丁烯也会生成副产甲基丙烯醛。具体反应式如下所示：

主反应：

$$C_4H_8 + \frac{1}{2}O_2 \longrightarrow C_4H_6 + H_2O \qquad \Delta H = +126\text{kJ/mol}$$

副反应：

$$C_4H_6 + 6O_2 \longrightarrow 4CO_2 + 4H_2O \qquad \Delta H = +2553kJ/mol$$

$$C_4H_6 + 4O_2 \longrightarrow 4CO + 4H_2O \qquad \Delta H = +1268kJ/mol$$

$$2C_4H_8 + 3O_2 \longrightarrow 2C_4H_4O + 4H_2O \qquad \Delta H = +251kJ/mol$$

与丁烯催化脱氢相比，丁烯氧化脱氢释放出的氢可与氧作用生成水，将氢从反应生成气中除去，使反应不受平衡限制，从而获得更高的转化率。此外，氧化作用使脱氢反应由吸热转变为放热反应，使反应能够在较低的温度下进行，降低反应能耗。

一般所说的原料丁烯包括三种异构体，即1－丁烯、顺2－丁烯和反2－丁烯。实验证明，三种异构体氧化脱氢生成丁二烯的能力差别较大。1－丁烯较易氧化脱氢生成丁二烯，而直接由顺、反2－丁烯氧化脱氢生成丁二烯的比例较小。此外，不同催化剂使1－丁烯、2－丁烯生成丁二烯的速度也略有差异。丁烯三种异构体的异构化反应进行得很快，而且是可逆反应。1－丁烯和顺、反2－丁烯较易接近平衡。随着1－丁烯的消耗，2－丁烯不断转化为1－丁烯，而1－丁烯则继续不断地生成丁二烯。

氧化脱氢法由美国石油－得克萨斯化学公司于1965年实现工业化。该法采用铁尖晶石催化剂，反应器入口温度约350℃、出口温度约580℃，丁烯转化率可达78%～80%，丁二烯选择性达92%～95%。由于氧化脱氢法的丁烯转化率及选择性较其他脱氢法高很多，因此该法问世后便被广泛使用。70年代末，美国有70%厂家采用此法生产丁二烯。我国在60年代开发成功丁烯氧化脱氢生产丁二烯技术，成为当时我国丁二烯生产的主要方法。

丁烯氧化脱氢法的工艺流程如图1－2所示。

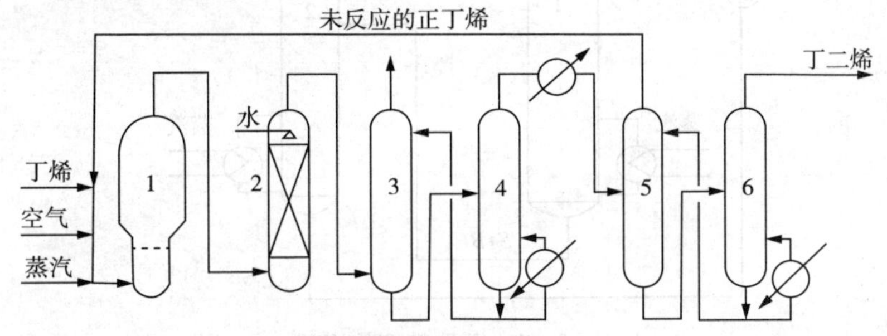

图1－2　丁烯氧化脱氢制丁二烯流程

1—沸腾床反应器；2—水冷塔；3—油吸收塔；4—解吸塔；5—萃取精馏塔；6—丁二烯解吸塔

原料丁烯经丁烯预热器后与蒸汽按一定比例混合，再经静态混合器与空气按一定比例混合，然后进入反应器进行丁烯氧化脱氢反应。反应温度为320～490℃，进料温度为140℃。反应生成气经旋风分离后，进入废热锅炉回收部分热量，再进入水冷却塔进一步降温并洗去挟带的催化剂粉尘，经过滤后进入生成气压缩机。经压缩后的生成气再依次经过油吸收塔和解吸塔，再由解吸塔侧线采出丁烯－丁二烯馏分，再送去后乙腈部分，采用萃取精馏法分离出高纯度的丁二烯。

乙烯装置副产C_4馏分只相当燃料的价格，因此由乙烯装置副产的C_4馏分分离法制备丁二烯成本最低。从目前乙烯的生产规模及发展趋势来看，由乙烯装置副产的C_4馏分分离丁二烯仍将是丁二烯的主要来源。

第 2 章　工艺原理

2.1　萃取精馏基本原理

萃取精馏是在精馏塔中，加入某种高沸点溶剂(称为萃取剂或溶剂)，在溶剂的作用下，难分离混合物的组分间的相对挥发度差值增大，从而实现其分离的一种特殊精馏，常用于分离溶液中相对挥发度差别很小的组分。这时，所谓的“轻”组分从塔顶蒸出，“重”组分从塔釜排出。这种精馏过程就叫做“萃取精馏”。萃取精馏的典型流程如图 2－1 所示。

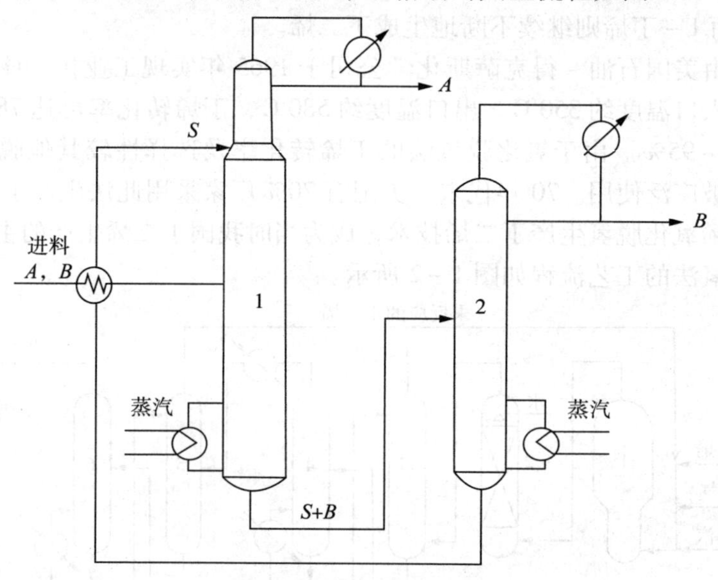

图 2－1　萃取精馏的流程

S—溶剂；A，B—要分离的混合物；其中 A 是“轻”组分，B 是“重”组分

萃取精馏的最经典流程由两台塔系组成。萃取精馏塔 1 上部的一段，是用于回收溶剂的。溶剂不是由塔顶部加入，而是在距塔顶数块塔板处加入。溶剂入口以下为萃取精馏段。要分离的混合物由塔的中部加入。“重”组分与溶剂一起由塔釜出去进入蒸出塔 2，在这里将溶剂中的“重”组分蒸出，即“重”组分与溶剂进行分离，溶剂经过换热冷却后循环使用。

近年来，为了降低能耗，除充分利用溶剂的显热外，还在流程中作了改进，即在原萃取精馏塔上增加了侧线采出，使其原来的萃取精馏和蒸出在同一个塔中完成。仅增设一台闪蒸塔，使侧线馏分中经闪蒸除去大部分重组分后，溶剂返回到萃取精馏塔。萃取精馏塔塔釜出来的溶剂是纯净的，可以循环使用。

2.1.1　萃取剂的作用及选择

萃取剂的作用是利用其极性改变被分离混合物之间的相对挥发度。如 C_4 馏分从分子结构上看有明显的差别，丁烷全是饱合键，丁烯分子中有一个不对称双键，丁二烯分子有两个对称双键(所谓“共轭”双键)，炔烃的分子中有一个叁键。这种结构上的差别为C_4馏分的分离提供了根据。从C_4馏分中抽提丁二烯，所用的溶剂(乙腈、N－甲基吡咯烷酮、二甲基甲酰胺等)均是极性比C_4馏分高的物质，其结果使C_4馏分中相对挥发度按炔烃＜二烯烃＜单烯烃＜丁烷的顺序排列。利用这一规律就可以用不同的工艺将它们一一分开。

萃取剂另外一个特点就是对被分离组分具有很高溶解能力，即对C_4的溶解度大，因此液相不易分层。

选择萃取剂的主要标准有如下几点：

①选择性高，即加入萃取剂后能大幅度地改变被分离组分的相对挥发度。

②挥发性小，即具有比被分离组分高得多的沸点，且不与其他组分形成共沸物，以便于分离回收，萃取剂损耗少。

③萃取剂与被分离组分有足够的互溶度即两者能良好地混合，使其在每层塔板上都充分发挥萃取剂的作用，并且不发生化学反应。

④化学稳定性好，在高温下不分解，没有腐蚀，无毒或毒性小，从而使其在生产过程中安全、可靠，有利于环境保护。

⑤萃取剂应价廉、易得。

2.1.2 萃取精馏的操作特点

萃取精馏的最大特点是加入了萃取剂(溶剂)，而且萃取剂的量较多(是被分离组分的5～17倍)，沸点又高，在操作过程中每一层塔板上都要维持一定的溶剂浓度，一般为70%～80%左右。而且要使被分离组分和萃取剂完全互溶，严防分层，否则会使操作恶化，破坏正常的气、液平衡，达不到预期的分离效果。

根据这一特点，在进行萃取精馏操作时，应注意以下几点。

①必须严格控制好溶剂比(即溶剂量与加料量之比)。过大则会使能耗显著增加，而且影响处理能力；过小则会破坏正常操作。这是萃取精馏操作和工艺设计最关键的影响因素。

②萃取剂的进塔温度和含水量对操作都有很大影响。萃取剂的进塔温度一定要适宜，必须严格控制，一般比塔顶温度高3～5℃。因为萃取剂用量大，它的温度微小变化都会影响到每层塔板上的各组分的浓度分布及气－液相平衡。若萃取剂温度低，会使塔内回流量增加，反而会使“恒定浓度”降低，不利于分离正常进行；温度过高则容易导致塔顶产品不合格。一般极性溶剂(ACN，NMP)含水的目的，一是为了增加其选择性，二是为了降低操作温度，减少聚合。但含水量不宜过多，因为过多会降低C_4溶解度。还会加剧乙腈分解，对设备腐蚀加剧。乙腈含水量一般为5%～10%为宜。

③维持适合的回流比。这一点不同于普通精馏，萃取精馏塔的回流比一般非常接近最小回流比，操作过程一定要仔细地控制，精心调节。回流比过大不仅不会提高产品质量，反而会降低产品质量。因为增加回流量就直接降低了每层塔板上溶剂的浓度，不利于萃取精馏操作，使分离变得困难。

④被分离组分的进料状态和组分含量的变化。在萃取精馏操作过程中，物料一般以饱和蒸气状态加入塔内，使操作较易平稳。也有的生产厂家采用液相进料，但相对能耗增加，对分离效果并无明显影响。原料中组分含量变化时，应随之改变操作条件。如C_4馏分中丁二烯含量由44%改变到50%时，则萃取剂用量要随之增加。

总之，萃取精馏在石油化工方面应用广泛，在 C_4 馏分的分离上大都采用这一技术，在国内已有二十余年的操作经验，并且又经过不断改进，如 C_4 馏分的加料板位置的改变，溶剂比、溶剂温度的改变都经过多次优化，在生产装置上都获得较好的效果，有力地促进了乙烯工业的发展。

2.1.3 萃取精馏的工程计算

萃取精馏过程属于多元非理想的化工单元操作，对它的设计可以用相平衡、物料平衡和热量平衡的关系式计算。但因为系统为强非理想性的，在相平衡及热量平衡的计算中比一般多组分系统更加复杂。过去多靠经验数据或简化方法进行设计。近年来，由于热力学模型的不断改进与完善，各种新计算方法的不断涌现以及电子计算机技术日新月异的发展，已使萃取精馏的复杂理论计算和工艺条件的优化可在计算机上完成。

1. 塔内溶剂浓度的分布

在萃取精馏塔内由于所用溶剂的挥发度比所要分离的物料挥发度低得多，且用量较大，故在塔内各板上基本维持一固定的浓度值，称为“恒定浓度”，一般用 X_s 表示。这是处理萃取精馏过程的一个重要因素，它决定了被分离组分的相对挥发度和塔的合理经济操作。根据 X_s 的概念，还可以简化萃取精馏过程计算。

“恒定浓度”可由物料平衡式以及溶剂与被分离物之间的气-液平衡关系求得。假设各块塔板上溶剂的浓度不变，由溶剂存在时的物料平衡可得到下式：

精馏段
$$X_s=\frac{S}{(1-\beta)L}=\frac{S}{(1-\beta)(S+RD)}$$

提馏段
$$X_s=\frac{S}{(1-\beta)L'}=\frac{S}{(1-\beta)(S+RD+QF)}$$

式中 X_s—溶剂浓度，摩尔分率；

β—溶剂对被分离物的相对挥发度；

S—塔内纯溶剂流量，kmol/h；

L、L'—精馏段、提馏段 C_4 液相流量，kmol/h；

R—回流比；

D—塔顶采出量，kmol/h；

F—进料量，kmol/h；

Q—进料状态参数。

上述各式基于以下假设：

①塔内为恒摩尔流动；

②塔顶带出溶剂量忽略不计；

③溶剂在塔内各层塔板上维持恒定浓度。

2. 萃取精馏塔的设计特点

①塔内气、液相流量在塔顶和塔釜部位变化较大，要根据逐板计算结果分段进行校对，以确定适宜的塔径。

②设计塔径时除了考虑气相负荷外，还应特别注意液相中有70%～80%的溶剂。

③塔的控制问题。由于塔内溶剂的显热在全塔的热负荷中占较大比例，所以溶剂的入塔温度之微小变化都会引起内回流的变化。因此用一般精馏系统中由塔顶温度控制回流量的方式是不宜采用的。应当用恒定浓度和溶剂入塔温度来作为主要被调参数，以保持

系统稳定。

④当进料量和溶剂量一定时，若增加回流比反而会降低分离效果。其原因是此时塔板上溶剂恒定浓度降低，故被分离组分的相对挥发度随之降低。

⑤萃取精馏的塔板效率均较低，设计时应注意塔板的结构及流体力学的计算，尤其是在安装时要保证降液管与下层塔板间的距离不能过小。近十余年来由于采用高效塔板，使塔板效率比过去有很大提高。为了节能降耗，采用增加塔板数的措施，以尽量降低回流比和溶剂比，可望取得明显的节能效果。

2.2 DMF 法抽提丁二烯工艺

2.2.1 工艺流程介绍

用 DMF 作溶剂从 C_4馏分抽提丁二烯的方法是由日本瑞翁(GEON)公司开发的，故此法也称 GPB 法。1965 年在日本德山首次建成了 30kt/a 的工业装置，但由于效率超过原来的设想，在做了一些改进和小的修改之后，实际生产能力已达到 45kt/a。中国自 1976 年 5 月由日本引进的第一套年产 45kt/a 的 DMF 法抽提丁二烯装置建成投产后，经过消化吸收改进，其生产能力已增加到 56kt/a。后来又引进了数套 DMF 法丁二烯抽提装置，并自主设计建设了数套装置。

二甲基甲酰胺是一种优良的溶剂，除广泛用于 C_4抽提丁二烯外，还可以用于从 C_5馏分抽提异戊二烯等，该溶剂无水时对设备无腐蚀性。

该法的工艺流程基本原理是采用二级萃取精馏，一级是除去比丁二烯相对挥发度大的丁烷、丁烯，二级是除去比丁二烯相对挥发度小的碳四炔烃。在脱轻组分塔中用普通精馏的方法除去丙炔和水，再在脱重塔中除去重组分，从而得到高纯度的丁二烯产品。工艺流程见图 2-2。

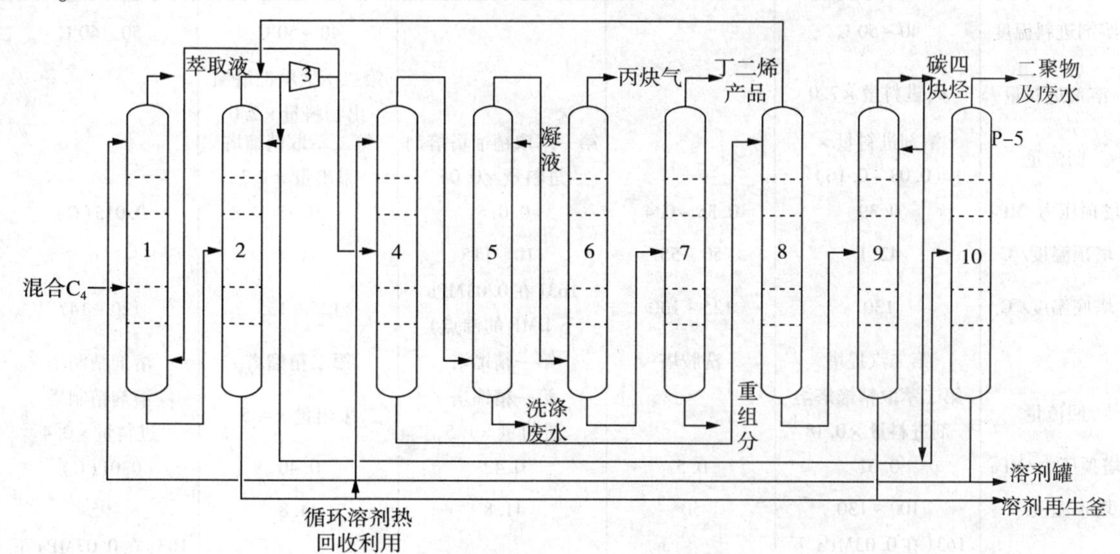

图 2-2 DMF 法工艺流程图

1—第一萃取精馏塔；2—第一汽提塔；3—压缩机；4—第二萃取精馏塔；5—丁二烯水洗塔；6—第一精馏塔；7—第二精馏塔；8—丁二烯回收塔；9—第二汽提塔；10—溶剂精制塔

C_4 原料蒸发后进入第一萃取精馏塔 1 中，由塔顶上部加入溶剂(DMF)，丁烷、丁烯馏分由塔顶采出，直接送出装置进一步加工利用或做民用液化气烧掉。塔釜中溶解于溶剂中的丁二烯、C_4炔烃(主要为乙烯基乙炔，丁炔)进入第一汽提塔 2。丁二烯和炔烃由塔顶采出，经螺杆式压缩机 3 加压后进入第二萃取精馏塔 4。溶剂由塔 2 塔釜采出，经过热利用循环使用。塔 4 上部加入少量的溶剂，脱除炔烃后，丁二烯由塔 4 顶采出，经过丁二烯水洗塔 5 后进入脱轻组分的第一精馏塔 6。含有炔烃、丁二烯的溶液，由塔 4 釜采出，进入丁二烯回收塔 8，塔顶馏出物主要含 1，3－丁二烯和一些烃类，返回压缩机 3 入口，塔釜物料送入第二汽提塔 9。炔烃及部分丁二烯由塔 9 塔顶采出，溶剂由塔釜采出，经热利用后循环使用。丙炔由塔 6 塔顶采出，送入火炬系统。粗丁二烯由塔 6 塔釜采出，进入脱重组分的第二精馏塔 7。成品丁二烯由塔 7 塔顶采出，重组分由塔釜采出。为了净化溶剂，还设有溶剂精制塔 10。

为了满足顺丁橡胶对原料的要求，中国对引进的六套 DMF 法生产装置，均增设一套水洗系统，可使成品丁二烯中二甲胺值 $<1\times10^{-6}$(质量分数)。

DMF 法工艺流程的主要特点是采用复杂的萃取精馏塔操作，为保证产品质量，同时又要节能降耗，因此对自控系统就提出了更高的要求。除一般精馏的特点外，还有两个关键性因素：一是溶剂量和溶剂进塔温度，因溶剂浓度在全塔中占 70%～80% 左右，因此它的微小变化会使全塔的 C_4 馏分的分布都有明显的影响；二是回流比，要求稳定在一定最佳值，不宜过大，否则会降低溶剂在塔板上的浓度，对分离不利，而且还会使能耗增加。

2.2.2 主要工艺条件

选取国内某套典型的 75kt/a 的 DMF 丁二烯抽提装置的典型设计工艺条件为例，其关键工艺控制点数据如表 2－1 所示。

表 2－1 DMF 法抽提丁二烯装置的主要工艺条件

	第一萃取精馏塔	预汽提塔	第一汽提塔	第二萃取精馏塔	丁二烯回收塔
溶剂进料温度	40～50℃			40～50℃	50～60℃
溶剂进料量	C_4进料量×7.0			第二萃取精馏塔馏出物料量×2.0	
回流量	溶剂进料量×(0.08～0.16)		第一萃取精馏塔溶剂进料量×0.05	第二萃取精馏塔采出量×1.3	
塔顶压力/MPa	0.39	0.35～0.4	0.015	0.35	0.015(G)
塔顶温度/℃	42.1	50～55	110～115	41.4	
塔底温度/℃	130	125～130	163(在 0.03MPa 下 DMF 的沸点)	125～135	120～147
	第二汽提塔	洗胺塔	第一精馏塔	第二精馏塔	溶剂精制塔
回流量	第二萃取精馏塔溶剂进料量×0.18		第一精馏塔进料量×1.5	采出量×4.5	溶剂精制塔进料量×0.4
塔顶压力/MPa	0.01	0.5	0.42	0.40	0.01(G)
塔顶温度/℃	100～130	50	41.8	44.8	95
塔底温度/℃	163(在 0.03MPa 下 DMF 的沸点)	125～130	50	62.2	163(在 0.03MPa 下 DMF 的沸点)
塔顶烃液中		二甲胺≤1×10^{-6}(质量分数)			

根据工艺的特点，在生产过程中应注意以下几点：①要根据 C_4 馏分中丁二烯含量多少的变化，及时调整溶剂比，保证一级萃取精馏塔塔顶的产品质量合格；②适当降低操作温度和操作压力，有利于减少丁二烯的自聚，从而达到延长操作周期的目的；③连续加入阻聚剂，是减少系统自聚的有效方法。

2.3 ACN 法抽提丁二烯工艺

2.3.1 工艺流程介绍

以含水 5% ~10% 的乙腈为溶剂，以萃取精馏的方法分离丁二烯，其工艺流程与 DMF 法基本相同。该法由美国壳牌(SHELL)公司研究开发，于 1965 年工业化。乙腈法根据工艺流程的不同，又可以分为旧乙腈法、一级乙腈法和二级乙腈法三种。

乙腈是一种优良的溶剂，还可用在 C_5 馏分抽提异戊二烯等工艺上。溶剂乙腈来自丙烯腈副产物，价廉易得，对人体毒性小，属于低毒品。乙腈化学稳定性好(在高温下可有少量水解，生成乙酸和氨，但对过程影响不大)，腐蚀性小，故生产装置中全部设备可用碳钢制造。

(1)旧乙腈法

该法的原理是通过加氢反应脱除 C_4 馏分中的炔烃，采用一级萃取精馏除去丁烷、丁烯，再经脱轻组分塔除去丙炔，最后经脱重塔除去重组分即得成品丁二烯。此技术陈旧，技术经济指标落后，已被淘汰。

(2)一级乙腈法

过程原理是 C_4 炔烃全部由脱重塔采用精密精馏方法从丁二烯中除去，工艺上很不完善，要采用大的回流比(约为10)，也不经济，而且成品丁二烯含炔烃高达 2×10^{-4}(质量分数)，不能满足顺丁橡胶的聚合要求。

(3)二级乙腈法

生产过程基本与 DMF 法相同，采用第二级萃取精馏来清除丁二烯中的炔烃，不同之处在于因乙腈沸点低，不需要压缩机，但需增设用水萃取回收并提浓乙腈的系统。

中国自行开发的二级乙腈法抽提丁二烯工业装置，于 1971 年建成投产，首次采用第二级乙腈萃取精馏方法除炔烃的技术。随后上海高桥化工厂、吉林化学工业公司相继建成了同类装置，为中国丁二烯生产开辟了一条新的路线。

为了节能降耗，吉林化学工业公司于 1986 年引进日本 JSR 的技术，对原有的装置进行了改造。兰州石化公司合成橡胶厂于 1988 年依靠自己的技术力量也进行了技术改造，采用抽侧线除碳四炔烃的技术，并能适应处理毫秒炉联产 C_4 馏分的需要(原料 C_4 中主要炔烃含量高达 2.5% ~3%，丁二烯含量 56% ~60%)。改进后的工艺流程见图 2－3。

ACN 法丁二烯萃取抽提工艺流程主要分为萃取精馏、丁二烯精制和溶剂再生三个部分。萃取精馏部分由塔 1 ~3、7 ~9 组成，碳四原料经碳四蒸发器，与循环溶剂换热后进入第一萃取精馏塔，碳四原料中比丁二烯难溶和易溶于乙腈溶剂中的组分在此与丁二烯分离。碳四进入第一萃取精馏塔后，塔顶脱出含有比丁二烯更难溶的丁烷、丁烯等成分的萃余液，进入萃余液水洗塔，经水洗回收溶剂后，作为副产品送出。塔釜液为溶剂与粗丁二烯，经第一萃取精馏塔釜液泵送入汽提塔。汽提塔与第二萃取精馏塔串联，比丁二烯更易溶的乙基乙炔和乙烯基乙炔

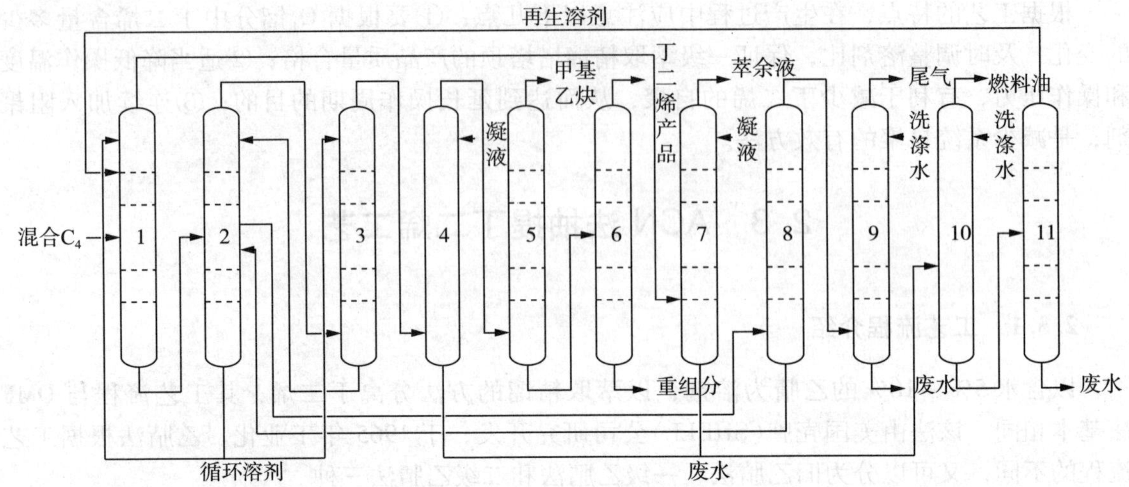

图2-3　ACN法工艺流程图

1—第一萃取精馏塔；2—汽提塔；3—第二萃取精馏塔；4—丁二烯水洗塔；5—第一精馏塔；6—第二精馏塔；7—萃余液水洗塔；8—炔烃闪蒸塔；9—尾气洗涤塔；10—二聚物水洗塔；11—乙腈再生塔

等则汇集在第二萃取精馏塔塔釜中，并在汽提塔中通过侧线采出后，进入炔烃闪蒸塔进一步分离，再经尾气洗涤塔洗涤后排出。而汽提塔塔釜得到不含烃类的纯溶剂，该溶剂经换热回收显热后循环使用。从第二萃取精馏塔塔顶得到脱除碳四炔烃的粗丁二烯，进入丁二烯精制部分。这部分由塔4~6组成。粗丁二烯首先进入丁二烯水洗塔。经水洗后，粗丁二烯中含有的沸点比丁二烯低的甲基乙炔在第一精馏塔塔顶除去，含有的沸点比丁二烯高的顺2-丁烯、C_5等在第二精馏塔塔釜中除去，高纯度的丁二烯则从第二精馏塔塔顶得到。溶剂再生部分由塔10和11组成，该部分将各水洗塔塔底排出的水中所含溶剂脱除二聚物后，回收循环使用。

丁二烯产品的纯度主要受第二萃取精馏塔顶馏出物中丁二烯含量、反丁烯含量以及第二精馏塔回流量和塔釜温度的影响。第二萃取精馏塔塔顶馏出物在脱除乙腈和水后，进入第二精馏塔，当进料中丁二烯含量高时，第二精馏塔内丁二烯浓度分布往上移。为保证相同质量指标所需的回流相应减少，塔釜温度适当降低。为降低第二萃取精馏塔塔顶反丁烯的含量、提高丁二烯的含量，可适当提高第一萃取精馏塔下段的塔温，降低第一萃取精馏塔的溶剂进料量；当第二精馏塔进料中丁二烯含量低时，脱重塔内丁二烯浓度分布往下移。为保证相同质量指标所需之回流相应增加，塔釜温度应适当升高。

2.3.2　主要工艺条件

选取国内某套典型的65kt/a的ACN丁二烯抽提装置的典型设计工艺条件为例，其关键工艺控制点数据如表2-2所示。

表2-2　ACN法抽提丁二烯装置关键工艺控制条件

项目	第一萃取精馏塔	汽提塔	第二萃取精馏塔	炔烃闪蒸塔	抽余液水洗塔	尾气水洗塔
溶剂进料温度/℃	48~53		30~38	90~100	洗涤水温度 30~40	洗涤水温度 30~40
溶剂进料量	C_4进料量×(6.5~7.5)					

续表

项目	第一萃取精馏塔	汽提塔	第二萃取精馏塔	炔烃闪蒸塔	抽余液水洗塔	尾气水洗塔
回流比	2~4		2~4 腈烃比2~3		水烃比 0.5~1.0	水烃比 0.5~1.0
塔顶压力/MPa	0.4~0.5	0.35~0.4	0.30~0.35	0.05~0.1	0.25~0.35	0.01~0.10
塔顶温度/℃	45~50		37~44	75~85		15~25
塔底温度/℃	115~120	135~145	95~103	97~102	25~35	35~45
	丁二烯水洗塔	二聚物水洗塔	第一精馏塔	第二精馏塔	乙腈再生塔	
溶剂 进料温度/℃	洗涤水温度 30~40	洗涤水温度 30~40				
回流比	水烃比 0.5~1.0	水烃比 0.5~2.0	全回流	3~5	1.0~2.0	
塔顶压力/MPa	0.30~0.40	0.05~0.20	0.30~0.40	0.30~0.40	0.01~0.03	
塔顶温度/℃	25~35		38~41	40~45	65~75	
塔底温度/℃	30~37	25~35	42~47	55~60	98~107	

ACN法抽提丁二烯比高沸点的(DMF，NMP)溶剂操作温度低，最高温度为二萃塔釜解吸段温度(135~145℃)，所有塔顶冷凝器均用循环冷却水为冷剂。

ACN法适应性强，技术成熟，近年来又有新的改进和提高，能耗降低，可以处理各种来源的C_4馏分，产品丁二烯质量好，能满足顺丁橡胶聚合的要求。

2.4 NMP法抽提丁二烯工艺

2.4.1 工艺流程介绍

NMP法是德国巴斯夫(BASF)公司研究开发的一种从C_4馏分中分离丁二烯的技术，于1968年实现工业化，生产能力为75kt/a。此后相继建成了20多套生产装置。

NMP是一种优良的溶剂，除用于C_4馏分抽提丁二烯外，还用于C_5馏分抽提异戊二烯，C_8馏分抽提芳烃以及回收乙炔。NMP对设备无腐蚀，对人身无毒害。

NMP法从C_4馏分中分离丁二烯的基本流程与DMF法相同。其不同之处在于，溶剂中含有5%~10%的水，使其沸点降低，选择性较好，有利于防止自聚生成。该法生产丁二烯产品质量高，丁二烯回收率为97%。其流程参见图2-4。

C_4原料加热汽化后，进入第一萃取精馏塔1底部，由塔顶加入含水NMP溶剂。丁烷丁烯由塔顶采出，直接送出装置。塔釜丁烯、丁二烯、碳四炔烃、溶剂进入精馏塔2顶部。塔2解吸后的气相返入塔1底部，塔2中部侧线气相采出丁二烯、炔烃馏分，进入第二萃取精馏塔3底部。塔3上部加入溶剂，丁二烯由塔顶部采出，进入第一精馏塔4。塔2底部为炔烃、丁二烯及溶剂，进入脱气塔6。由塔6顶部采出的丁二烯，经冷却塔7、压缩机10压缩后，返回塔2。塔6中部的侧线采出送入炔烃洗涤塔8，从塔釜回收的溶剂返回到塔6中部，碳四炔烃从塔顶采出。丙炔由塔4顶直接采出。塔4釜液送往第二精馏塔5，塔5底部采出重组分，塔5顶部采出成品丁二烯。为净化循环溶剂，设有溶剂精制系统。

关于丙炔的脱除问题，因丙炔和丁二烯在极性溶剂中的相对挥发度几乎相等，故不能用萃取精馏法脱除。反之用普通精馏的方法则很容易脱除（因丙炔与丁二烯之间相对挥发度为2。还有顺2－丁烯在一萃塔中，虽比丁二烯“轻”，但不能完全脱除，故在最后用普通精馏的方法脱除较为经济。

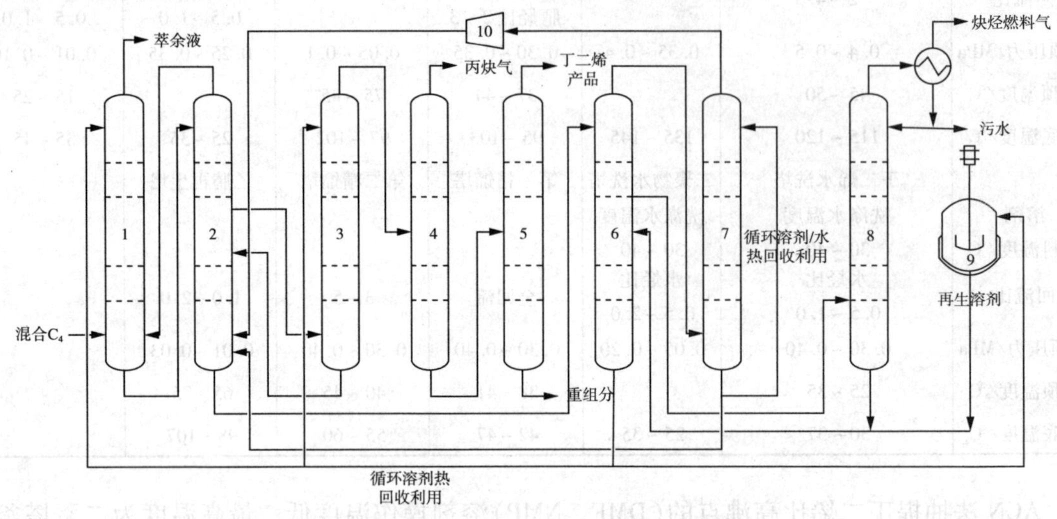

图2－4　NMP法工艺流程图

1—第一萃取精馏塔；2—精馏塔；3—第二萃取精馏塔；4—第一精馏塔；5—第二精馏塔；6—脱气塔；7—冷却塔；8—炔烃洗涤塔；9—溶剂再生罐；10—循环气压缩机

2.4.2　主要工艺条件

选取国内某套典型的30kt/a的NMP丁二烯抽提装置的典型设计工艺条件为例，其关键工艺控制点数据如表2－3所示。

表2－3　NMP法抽提丁二烯装置关键工艺控制条件

项目	第一萃取精馏塔	精馏塔	第二萃取精馏塔	脱气塔
溶剂进料温度/℃	40		40	112
溶剂进料量	C_4进料量×10.5			
回流比	0.57		0.18	
塔顶压力/MPa	0.377	0.4	0.385	0.052
塔顶温度/℃	43	62	45	99
塔底温度/℃	60	105	66	148
项目	炔烃洗涤塔	冷却塔	第一精馏塔	第二精馏塔
溶剂进料温度/℃		冷却剂进料温度40		
塔顶压力/MPa	0.052	0.045	0.6	0.33
塔顶温度/℃			47	40
塔底温度/℃	108	45	60	53

第3章 主要设备

3.1 简介

3.1.1 DMF 法抽提丁二烯工艺

DMF 法工艺设备的材质均为碳钢，包括塔器、容器、换热器等，国内均可以制造。除一台洗胺塔多为填料或板式塔外，其余均为浮阀塔。

选取国内某套典型的75kt/a 的 DMF 丁二烯抽提装置，其设备一览表见表3－1。

表3－1 DMF丁二烯抽提装置主要设备一览表

序号	设备名称	介质	材质		温度/℃		压力/MPa	
			塔盘	塔体	设计	操作	设计	操作
1	第一萃取精馏塔	C_4 + DMF	SUS410/SS41	SM50B	150	130	0.70	0.51
2	预汽提塔	C_4 + DMF	SUS410/SS41	SM41B	150	130	0.70	0.51
3	第一汽提塔	C_4 + DMF	SUS410/SS41	SM41B	185	163	0.30/FV①	0.03
4	第二萃取精馏塔	C_4 + DMF	SUS410/SS41	SM41B	160	135	0.60/FV	0.39
5	丁二烯回收塔	C_4 + DMF	SUS410/SS41	SM41B	155	145	0.30/FV	0.04
6	第二汽提塔	C_4 + DMF	SUS410/SS41	SM41B	185	163	0.30/FV	0.04
7	第一精馏塔	丁二烯	SUS410/SS41	SM41B	70	50.8	0.70	0.48
8	第二精馏塔	丁二烯	SUS410/SS41	SM41B	85	62.2	0.70	0.40
9	溶剂精制塔	C_4 + DMF + 二聚	SUS410/SS41	16MnR	185	163	0.30/FV	0.03
10	洗胺塔	C_4 + DMF	A3F	16MnR	80	50	0.70	0.50
11	预汽提塔	C_4 + DMF	—	16MnR	120	120	0.70	0.39

①表中 FV 为真空，下同。

主要设备作用介绍见表3－2。

表3－2 DMF丁二烯抽提装置主要设备作用一览

设备名称	主要作用	附属设备
第一萃取精馏塔	在 DMF 的作用下，凡是与丁二烯相比，其相对挥发度高于1.0的组分将在这个塔脱去，主要是从 C_4 中把丁烷和丁烯（绝大部分反2－丁烯和部分顺2－丁烯）组分分离出来，是萃取精馏系统脱除轻组分的萃取精馏塔	冷凝器、溶剂再沸器、蒸汽再沸器、回流罐和离心泵
预汽提塔	将溶剂中溶解的丁二烯等 C_4 解吸出一部分，利用压差直接进入第二萃取精馏塔，以减轻压缩机负载，提高装置生产能力	
第一汽提塔	将溶剂中溶解的丁二烯等 C_4 解吸出来，在塔釜得到纯度较高的溶剂 DMF，以便循环使用	第一冷却器、第二冷却器、再沸器、回流罐和离心泵

续表

设备名称	主要作用	附属设备
丁二烯气体压缩机	将从第一汽提塔出来的粗丁二烯气体升压后送往第二萃取精馏塔	润滑油系统、氮气密封系统、冷却水系统
第二萃取精馏塔	在溶剂 DMF 的作用下，凡是与丁二烯相比，其相对挥发度低于 1.0 的组分在此塔脱除，即比丁二烯重的组分乙烯基乙炔和大部分乙基乙炔等在此塔脱除，是萃取精馏系统脱除重组分的萃取精馏塔	冷凝器、第一再沸器、第二再沸器、回流罐和离心泵
丁二烯回收塔	减少丁二烯的损失，同时保证第二汽提塔塔顶尾气中乙烯基乙炔在安全操作范围内	再沸器
第二汽提塔	将丁二烯回收塔塔釜溶剂中的炔烃等杂质解吸出来，在塔釜得到纯度较高的溶剂 DMF，以便循环使用	冷凝器、再沸器、回流罐和离心泵
第一精馏塔	主要脱除粗丁二烯中的水和比丁二烯挥发度大的轻组分甲基乙炔，是精馏系统的脱轻塔	冷凝器、再沸器、回流罐和离心泵
第二精馏塔	主要脱除未能在第一和第二萃取精馏部分脱除的重组分，如顺 2 – 丁烯、1，2 – 丁二烯、乙基乙炔以及 C_5 类，是精馏系统的脱重塔	冷凝器、再沸器、溶剂再沸器、回流罐、产品储罐、产品冷却器和离心泵
洗胺塔	利用胺在水和丁二烯中的不同分配系数，通过水洗除去丁二烯中的二甲胺	进水冷却器
溶剂精制塔	脱除循环溶剂中的水和丁二烯二聚物，处理含 DMF 的污水	冷凝器、再沸器、釜液冷却器、回流罐和离心泵
溶剂再生釜	脱除循环溶剂中的焦油等重组分	溶剂精制受槽、冷凝器和真空泵

3.1.2 ACN 法抽提丁二烯工艺

ACN 法工艺设备均采用碳钢，国内均可制造。在生产进程中乙腈有少量水解生成乙酸、氨和盐。氨随 C_4 烃逐渐排出，但在循环物料中积聚起来的乙酸则能起催化水解作用并引起对设备的腐蚀。国内在 1970 年之后兴建的四套 ACN 法装置，均因腐蚀问题而更新了丁二烯解吸塔。后来，各厂都采取了有效措施，严格控制乙腈中水的含量（≤10%），加强对溶剂的净化和加入阻聚剂，收到了明显的效果。

选取国内某套典型的 65kt/aACN 丁二烯抽提装置，其设备一览表见表 3 – 3。

表 3 – 3　ACN 丁二烯抽提装置主要设备一览表

序号	设备名称	介质	材质		塔顶/釜温度/℃		压力/MPa	
			塔盘	塔体	设计	操作	设计	操作
1	第一萃取塔（上）	C_4 + ACN	16MnR	16MnR	100	45.6/72.6	0.75	0.44/0.50
2	第一萃取塔（下）	C_4 + ACN	16MnR	20R	170	73.1/115.9	0.80	0.51/0.57
3	汽提塔	C_4 + 乙腈烃	16MnR	16MnR	167	61.1/137.5	0.69	0.41/0.46
4	第二萃取塔	C_4 + ACN	16MnR	16MnR	145	40.1/56.9	0.60	0.35/0.4
5	炔烃闪蒸塔	C_4 + ACN	16MnR	16MnR	130	84.9/95.5	0.80	0.05/0.08
6	萃余液水洗塔	H_2O + C_4 + ACN	16MnR	20R	70	39.9/45.3	0.847	0.55/0.60
7	尾气水洗塔	H_2O + C_4 + ACN	16MnR	16MnR	100	37.9/55.6	0.60	0.04/0.05
8	丁二烯水洗塔	H_2O + C_4 + ACN	A3	20R	100	39.8/44.6	0.84	0.47/0.57
9	脱轻塔	H_2O + C_4	16MnR	A3	70	40.0/46.8	0.60	0.37/0.42

续表

序号	设备名称	介质	材质		塔顶/釜温度/℃		压力/MPa	
			塔盘	塔体	设计	操作	设计	操作
10	脱重塔	C_4	16MnR	A3	90	41.2/56.7	0.60	0.50
11	二聚物水洗塔	H_2O + ACN	A3F	A3	90	38/43	0.90	0.39
12	乙腈再生塔	H_2O + ACN	16MnR	A3	139.3	79.4/109.3	0.14	0.03

主要设备作用介绍见表3-4。

表3-4 ACN丁二烯抽提装置主要设备作用一览

设备名称	主要作用	附属设备
第一萃取精馏塔	在循环溶剂ACN的作用下，凡是与丁二烯相比，其相对挥发度高于1.0的组分将在这个塔脱去，主要是从C_4中把丁烷和丁烯（绝大部分反2-丁烯和部分顺2-丁烯）组分分离出来，是萃取精馏系统脱除轻组分的萃取精馏塔	塔顶冷凝器、溶剂再沸器、中间再沸器、蒸汽再沸器、回流罐和离心泵
汽提塔	将溶剂中溶解的丁二烯等C_4解吸出来，利用压差直接进入第二萃取精馏塔，利用侧线采出炔烃物料	蒸汽再沸器
第二萃取精馏塔	在循环溶剂ACN的作用下，凡是与丁二烯相比，其相对挥发度低于1.0的组分在此塔脱除，即比丁二烯重的组分乙烯基乙炔和大部分乙基乙炔等在此塔脱除，是萃取精馏系统脱除重组分的萃取精馏塔	塔顶冷凝器、回流罐和离心泵
炔烃闪蒸塔	将汽提塔侧线抽出的含炔烃溶剂中的杂质解吸出来，在塔釜得到纯度较高的溶剂乙腈，以便继续循环使用	冷凝器、溶剂再沸器、蒸汽再沸器、回流罐和回流泵
萃余液水洗塔	主要脱除第一萃取精馏塔抽余液丁烷、丁烯中所含的溶剂乙腈，为下道工序提供原料	丁烷、丁烯储罐
尾气水洗塔	主要脱除尾气中所含的溶剂乙腈，起到回收循环溶剂之目的	尾气储罐
丁二烯水洗塔	主要脱除粗丁二烯中所含的溶剂乙腈，为第一精馏塔提供合格原料	
第一精馏塔	主要脱除粗丁二烯中的水和比丁二烯挥发度大的轻组分甲基乙炔，为第二精馏塔提供合格原料	冷凝器、溶剂再沸器、回流罐和回流泵
第二精馏塔	主要脱除未能在第一和第二萃取精馏部分脱除的重组分，如顺2-丁烯、1，2-丁二烯、乙基乙炔以及C_5、C_6等，是精馏系统的脱重塔，为本装置生产合格产品丁二烯	冷凝器、再沸器、溶剂再沸器、回流罐、产品储罐、产品冷却器和回流泵
二聚物水洗塔	脱除循环溶剂乙腈中的二聚物等杂质，提高循环溶剂的质量	二聚物分离罐及燃料油泵
乙腈再生塔	回收各个水洗塔废水中的循环溶剂乙腈，供萃取系统循环使用	冷凝器、腈烃换热器、蒸汽再沸器、装置废水储罐、回流罐和回流泵

3.1.3 NMP 法抽提丁二烯工艺

选取国内某套典型的30kt/a NMP 丁二烯抽提装置，其设备一览表见表3-5。

表3-5 NMP 丁二烯抽提装置主要设备一览表

序号	设备名称	介质	材质			设计温度/℃	设计压力/MPa
			塔盘	塔体	填料		
1	主洗涤塔	C_4 + NMP	16MnR	ASIS140	INTALOX	120	0.75/FV
2	精馏塔	C_4 + NMP	16MnR	16MnR	INTALOX	160	0.8/FV
3	后洗涤塔	粗丁二烯，NMP	16MnR	ASIS140	INTALOX	160	0.8/FV
4	脱气塔	丁二烯，炔烃，NMP	16MnR	16MnR	INTALOX	210	0.4/FV
5	炔洗涤塔	炔烃，水	16MnR	16MnR	INTALOX	200	0.4/FV
6	冷却塔	粗丁二烯	16MnR	16MnR	INTALOX	180	0.4/FV
7	丙炔精馏塔	丁二烯，丙炔，水	16MnR	16MnR	INTALOX	160	0.95/FV
8	最终精馏塔	丁二烯	16MnR	16MnR	INTALOX	160	0.65/FV
9	水洗涤塔	水 + NMP	16MnR	16MnR	INTALOX	180	0.4/FV

主要设备作用介绍见表3-6。

表3-6 NMP 丁二烯抽提装置主要设备作用一览

设备名称	主要作用	附属设备
进料蒸发罐	通过进料蒸发器将液态混合碳四原料加热汽化后送入主洗塔	主进料蒸发器、辅进料蒸发器、溶剂冷却器
主洗塔（第一萃取精馏塔）	在循环溶剂 NMP 的作用下，凡是与丁二烯相比，其相对挥发度高于1.0的组分将在这个塔脱去，主要是从 C_4 中把丁烷和丁烯（绝大部分反2-丁烯和部分顺2-丁烯）组分分离出来，是萃取精馏系统脱除轻组分的萃取精馏塔	塔顶冷凝器、回流罐和回流泵、塔釜泵
精馏塔	精馏塔上段是第一萃取精馏塔的延续，精馏塔下段是预脱气单元，可减少脱气塔和压缩机的负荷	精馏塔釜泵、溶剂换热器
后洗塔（第二萃取精馏塔）	在循环溶剂 NMP 的作用下，凡是与丁二烯相比，其相对挥发度低于1.0的组分在此塔脱除，即比丁二烯重的组分乙烯基乙炔和大部分乙基乙炔等在此塔脱除，是萃取精馏系统脱除重组分的萃取精馏塔	塔顶冷凝器、回流罐和回流泵、塔釜泵
脱气塔	将溶剂中溶解的丁二烯等 C_4 烃类完全解吸出来，在塔釜得到纯度较高而且温度较高的溶剂，连续经过溶剂换热器、第二精馏塔再沸器、主进料蒸发器、溶剂冷却器回收热量后送回萃取精馏塔继续循环利用	进料泵、进料加热器、再沸器、塔釜泵
冷却塔	将脱气塔塔顶出来的丁二烯气体冷却后送入压缩机，冷却剂温度上升后送入辅进料蒸发器作为加热介质	塔釜泵、冷却器
循环气压缩机	将从脱气塔塔顶出来的丁二烯气体升压后送往精馏塔	润滑油系统
炔烃洗涤塔	通过水洗减少炔烃中夹带的溶剂损失，调整溶剂中含水量，通过抽余液稀释保证乙烯基乙炔在安全操作范围内	冷凝器、水分离罐、回流泵、废水输送泵、炔烃冷凝器、收集罐、输送泵
第一精馏塔	主要脱除粗丁二烯中的水和比丁二烯挥发度大的轻组分甲基乙炔，是精馏系统的脱轻塔	冷凝器、再沸器、回流罐和回流泵、塔釜过滤器

续表

设备名称	主要作用	附属设备
第二精馏塔	主要脱除未能在第一和第二萃取精馏部分脱除的重组分，如顺 2 - 丁烯、1，2 - 丁二烯、乙基乙炔以及 C_5烃等，是精馏系统的脱重塔	冷凝器、再沸器、回流罐和回流泵、产品储罐、产品冷却器
溶剂再生罐	脱除循环溶剂中的焦油等重组分，净化溶剂	再生溶剂水洗塔、再生溶剂冷凝器、再生溶剂罐、溶剂泵
物料排放回收系统	收集丁二烯装置的所有溶剂排放和烃类排放。烃类汽化后送至火炬系统，溶剂送往再生系统回收利用	废溶剂回收罐、废溶剂回收泵、火炬排放罐

3.2 关键设备操作方法

3.2.1 精馏塔的操作

1. 精馏塔投用前的准备工作

①检查水、电、气是否已经引入装置，是否符合工艺要求。

②附属的动设备是否已经处于良好备用状态。

③附属的设备、仪表、安全设施是否齐全好用。

④塔的试漏完成，气密性试验合格，塔内的氧含量置换至合格。

⑤所有的阀门都处于开车前的准备状态。

⑥塔顶冷凝器引入循环水，塔底的再沸器备用。

⑦做好前后流程的组织工作，特别是原料的供应和产品的储存和输送。

2. 精馏塔的正常操作

精馏塔开始进料时，要缓慢升温。如果升温太快，则难挥发组分会大量地被带到精馏段，而不易被易挥发组分所置换，塔顶质量不易达到合格，造成开车时间长。

(1)影响精馏操作的因素

精馏操作的影响因素是多方面的，除了被分离物料的性质和组成之外，一般说来影响因素大部分体现在工艺(温度、压力、流量、液面)操作和设备(塔高、塔径、塔板结构)方面，而且一个因素的变化，往往牵涉到其他一些因素同时发生变化。

除了设备问题以外，精馏操作过程的影响因素主要有以下几方面：

①塔的温度和压力(包括塔顶、塔底和某些有特定意义的塔板)。

②进料状态。

③进料量。

④进料组成。

⑤进料温度。

⑥塔内上升蒸气速度和釜底的加热量。

⑦回流量。

⑧塔顶冷剂量。

⑨塔顶采出量。

⑩塔底采出量。

普通精馏塔的操作就是按照塔顶和塔釜产品的组成要求来对这几个影响因素进行调节。在萃取精馏的操作过程中，萃取剂的加入温度、纯度及加入量的变化也是影响精馏操作的因素。精馏塔在操作中要克服各种影响因素的变化，防止对塔顶、塔釜产品数量和组成的影响。

(2)精馏塔操作压力的变化对精馏操作的影响

塔的设计和操作都是基于一定的塔压下进行的，因此，一般精馏塔总是首先要保持压力的恒定。塔压波动对塔的操作将产生如下的影响：

①影响产品质量和物料平衡。改变操作压力，将使每块塔板上气液平衡的组成发生改变。压力升高，则气相中重组分减少，相应地提高了气相中轻组分的浓度；液相中轻组分含量较前增加，同时也改变了气液相的质量比，使液相量增加，气相量减少。总的结果是：塔顶馏分中轻组分浓度增加，但数量却相对减少；釜液中的轻组分浓度增加，釜液量增加。同理，压力降低，塔顶馏分的数量增加，轻组分浓度降低，釜液量减少，轻组分浓度减少。正常操作中，应保持恒定的压力，但若因操作不正常，引起塔顶产品中重组分浓度增加时，则可采用适当提高操作压力的办法，使产品质量合格，但此时釜液中的轻组分损失增加。

②改变组分间的相对挥发度。压力增加，组分间的相对挥发度降低，分离效率下降，反之亦然。

③改变塔的生产能力。压力增加，组分的密度增大，塔的处理能力增大。

④当塔压变化时，混合物的泡点、露点发生变化引起全塔的温度发生改变，温度和产品质量的对应关系也会发生改变。

从以上分析可以看出，改变操作压力，将改变整个塔的操作状况，因此在正常操作中应维持恒定的压力(工艺指标)，只有在塔的正常操作受到破坏时，才可根据以上的分析在工艺指标允许的范围内，对塔的压力进行适当的调节。

在精馏操作过程中，塔的进料量、进料组成和进料温度的改变，塔釜加热量的改变，回流量、回流温度和循环水压力的改变以及塔板堵塞等都可能引起塔压的波动，此时应首先分析引起塔压波动的原因，及时处理，使操作恢复正常。

(3)进料量的大小对精馏操作的影响

进料量的大小对精馏操作的影响可分为以下两种情况来讨论：

①进料量变动的范围不超出塔顶冷凝器和塔釜再沸器的负荷范围时，只要调节及时，对顶温和釜温不会有显著的影响，而只影响塔内蒸气上升速度的变化。

进料量增加，蒸气上升的速度增加，一般对传质是有利的，在蒸气上升速度接近液泛速度时，传质效果为最好。若进料量再增加，蒸气上升速度超过液泛速度，则严重的雾沫夹带会破坏塔的正常操作。

进料量减少，蒸气上升速度降低，对传质是不利的。蒸气速度减低容易造成漏液，降低精馏效果。因此，低负荷操作时可适当增大回流比，提高塔内蒸气上升的速度，以提高传质效果。

②进料量变动的范围超出了塔顶冷凝器和塔釜再沸器的负荷范围，此时不仅塔内蒸气上升的速度改变，而且塔顶温度、塔釜温度也会相应地改变，致使塔板上的气液平衡组成改变，塔顶和塔釜馏分的组成改变。

例如液相进料时，若进料量增加过大，则引起提馏段的回流液很快增加，在加热量不够的前提下，将引起提馏段温度降低，釜液中轻组分浓度增大，釜液的流量增大，这同时也会引起上升蒸气中轻组分量增加，致使全塔温度下降，塔顶部馏出物中的轻组分纯度提高。

进料量过大的波动，将会破坏塔内正常的物料平衡和工艺条件，造成塔顶、塔釜产品质量不合格或者物料的损失增加。因此，应尽量使精馏塔进料量保持平稳，即使在需要调节时，也应该缓慢地进行。

(4)进料组成的变化对精馏操作的影响

进料组成的变化，直接影响着精馏操作。当进料中的重组分的浓度增加时，精馏段的负荷增加，这对于固定了精馏段塔板数的塔来说，将造成重组分带到塔顶，使塔顶产品质量不合格。

若进料组分中轻组分的浓度增加，提馏段的负荷增加。对于固定了提馏段塔板数的塔来说，将造成提馏段的轻组分蒸出不完全，釜液中轻组分的损失加大。

同时进料组成的变化还将引起全塔物料平衡和工艺条件的变化。组分变轻，则塔顶馏分增加，釜液排出量减少。同时全塔温度下降，塔压升高。组成变重，情况相反。

进料组成变化时，可采取如下措施：

①改变回流比。组成变重时，加大回流比；组成变轻时，减小回流比。

②根据组成的变动情况，相应地调节塔顶冷凝器冷却量和塔釜再沸器加热量，维持塔顶和塔釜的产品质量不变。

(5)进料温度的变化对精馏操作的影响

进料温度的变化对精馏操作的影响是很大的。进料温度降低，将增加塔釜再沸器的热负荷，减少塔顶冷凝器的冷负荷；进料温度升高，则增加塔顶冷凝器的冷负荷，减少塔釜再沸器的热负荷。当进料温度的变化幅度过大时，通常会影响整个塔身的温度，从而改变气液平衡组成。

进料温度的改变意味着进料状态的改变，而后者的改变将影响精馏段、提馏段负荷的改变，进而产品质量、物料平衡都将发生改变。因此，进料温度是影响精馏塔操作的重要因素之一。

(6)精馏塔内蒸气上升的速度和塔釜再沸器加热量的波动对精馏操作的影响

精馏塔内蒸气上升的速度大小，直接影响着传质效果。一般地说，塔内最大的蒸气上升速度应比液泛速度小一些。工艺上常选择最大允许速度为液泛速度的80%。速度过低会使塔板效率显著下降。

影响塔内蒸气上升速度的主要因素是塔釜再沸器的加热量。在釜温保持稳定的情况下，加热量增加，塔内蒸气上升速度加大；加热量减小，塔内蒸气上升速度减小。应该注意加热量的调节范围过大有可能造成液泛或漏液。

(7)回流比大小对精馏操作的影响

操作中改变回流比的大小，以满足产品的质量要求是经常遇到的问题。当精馏塔塔顶馏分中重组分含量增加时，常采用加大回流比的方法将重组分压下去，以使产品质量合格。当精馏段的轻组分下到提馏段造成塔下部温度降低时，可以用适当减小回流比的办法以便釜温度提起来。

增大回流比，对从塔顶得到产品的精馏塔来说可以提高产品质量，但是却要降低塔的生产能力，增加能耗。回流比过大，将会造成塔内物料的循环量过大，甚至能导致液泛，破坏塔的正常操作。

(8)塔顶采出量的大小对精馏操作的影响

精馏塔塔顶采出量的大小和该塔进料量的大小有着相互对应的关系，进料量增大，采出量应增大。采出量只有随进料量变化时，才能保持塔内固定的回流比、维持塔的正常操作，否则将会破坏塔内的气液平衡。

当进料量不变时，若塔顶采出量增大，则回流比势必减小，引起各塔板上的回流液量减少，气液接触不好，传质效率下降，同时操作压力也将下降，各塔板上的气液相组成发生变化。结果是重组分被带到塔顶，塔顶产品的质量不合格。

如进料量加大，但塔顶采出量不变，其后果是回流比增大，塔内物料增多，蒸气上升速度增大，精馏塔塔顶与塔底的压差增大，严重时会引起液泛。

(9)塔底采出量的大小对精馏操作的影响

塔釜保持稳定的液面，是维持釜温恒定的首要条件。塔釜液面的变化，又主要决定于塔底采出量的大小。

当塔底采出量过大时，会造成塔釜液面降低或抽空。这将使通过蒸发釜的釜液循环量减少，从而导致传热不好，轻组分蒸不出去，塔顶、塔釜的产品均不合格。如果是使用列管式蒸发釜，由于循环液量太小，使釜液经过上半部列管时形成过热气体，表现为挥发管的气体温度较高，而釜温却较低。如果塔底采出量过小，将会造成塔釜液面过高(严重时会超过挥发管甚至淹塔)，增加了釜液循环的阻力，同样造成传热不好，釜温下降。

特别应指出，对于易聚合的物料，釜液面过高或过低，都会造成停留时间加长，增加聚合的可能性。

(10)浮阀塔在操作上的特点

浮阀塔的最大特点是操作弹性大。这是因为浮阀的开启程度随着气体负荷的变化而变化。塔内各板上保持了良好的泡沫状态，使塔板能在较大的气体负荷范围内保持较高的效率。有实验认为浮阀塔容许操作的最大气速和最小气速之比可达7~9。

(11)精馏塔的操作重点

精馏塔的操作主要应控制三个平衡：物料平衡、气液平衡和热量平衡。

物料平衡体现了塔的生产能力，它主要是靠进料量和塔顶、塔釜采出量来调节。当塔的操作不符合总的物料平衡时，这可以从塔压差的变化上看出，进的多取的少，则塔压差上升。对于一个固定的精馏塔来讲，塔压差应在一定的范围内。塔压差过大，说明塔内上升蒸气的速度过大，雾沫夹带严重甚至发生液泛，破坏塔的正常操作；塔压差过小，表明塔内上升蒸气的速度过小，塔板上气液湍动的程度过低、传质效果差，对浮阀塔板还容易产生泄漏，降低塔板效率。

如果精馏塔的操作不符合对某组分的物料平衡时，将有两种表现：①塔顶采出量过大，在这种情况下，轻组分的采出量超过了物料平衡的量，使塔内的物料组成变化，全塔温度逐步升高，塔顶馏分中重组分的浓度增加，以致质量不合格；②塔底采出量过大，这种情况和第一种情况相反，重组分的采出量超过了物料平衡的量，全塔的物料组成将随着操作的进行而逐渐变轻，塔身温度下降，特别是釜温明显下降、釜液中轻组分的浓度增加。由此可见，物料平衡掌握不好，将使整个塔的操作处于混乱状况，达不到预期的目的。所以，物料平衡是塔操作中的一个关键环节。另外，如果正常的物料平衡受到破坏，那么，气液平衡也达不到预想的效果，随之而来的是热量平衡也得重新调整。

气液平衡主要体现了产品的质量及损失情况。它是靠调节塔的操作条件(温度、压力)及塔板上气液接触的情况来达到的。因为只有在温度、压力固定时才有确定的气液平衡组成。精馏塔的操作温度和压力是根据塔的分离任务(即关键组分的分离度)决定的。当温度、压力发生变化时，气液平衡所决定的组成就发生变化，产品的质量或损失情况也发生变化，但是，气液平衡的组成又是靠在每块塔板上气液互相接触进行传质和传热而实现的。这就是说，气液平衡是和物料平衡密切相关。物料平衡掌握得好，塔内上升蒸气的速度合适，气液接触好，则传质效率高，每块板上的气液组成就愈接近于平衡组成，也就是常说的板效率高，反之亦然。当然，温度、压力也会随着物料平衡的改变而变化。总之气液平衡的组成与物料平衡有着不可分割的关系。反过来，温度、压力的改变又可造成塔板上气相和液相的相对量的改变，从而破坏原来的物料平衡。例如，釜温低于规定值，会使塔板上的液相量增加，蒸气量减少，釜液量增加，塔顶产量减少；当塔顶温度高于规定值时，就会使塔板上的气相量增加，液相量减少，塔顶产量增加，釜液量减少。这些都会破坏正常的物料平衡。

热量平衡是物料平衡和气液平衡得以实现的基础。没有塔釜供热就没有上升蒸气，没有塔顶冷凝就没有回流，整个精馏过程就无法实现。而热量平衡又是依附于物料平衡和气液平衡的。例如，进料量或组成发生了改变，则塔釜耗热量及塔顶水冷量均应该作相应的改变。塔的操作压力、温度发生了改变(即气液平衡组成改变)，则每块板上气相冷凝的放热量和液体汽化的吸收热量也会发生改变，总之都体现在塔釜供热和塔顶取热的变化上。反过来如果热量平衡发生了变化也会影响物料平衡及气液平衡的改变。例如，再沸器的供热不够，就会造成釜温达不到规定值，致使：①物料平衡破坏，釜液排出量增加，塔顶馏出量减少，对塔顶得到产品的工艺过程来说，塔的生产能力下降；②气液平衡破坏，塔内的上升蒸气量减少，气液接触变差，传质效率下降，同时气相中重组分含量减少，液相中轻组分含量增加，釜液中轻组分损失增大。

由上面的分析可以得出如下结论：掌握好物料平衡、气液平衡、热量平衡是精馏操作的关键所在。这三个平衡是相互影响，互相制约的，操作中通常是以物料平衡的变化为主，相应地调节热量平衡去达到气液平衡的目的。

3.2.2 丁二烯气体压缩机的操作

丁二烯循环气压缩机是 DMF、NMP 丁二烯装置的关键设备，起着将汽提/脱气塔塔顶解吸出来的丁二烯气体增压的作用。

丁二烯循环气压缩机采用螺杆压缩机。螺杆压缩机兼顾离心压缩机和往复压缩机的优点，输气脉动小、平稳而且连续。螺杆式压缩机是一种回转式容积式压缩机，通过利用螺杆的齿槽容积和位置的变化来完成气体的吸入、压缩和排空过程。无油螺杆压缩机在 20 世纪 30 年代问世，主要用于压缩空气。随后，气缸内喷油螺杆压缩机的出现使其性能得到提高，目前已成为制冷压缩机中主要的机种之一。螺杆压缩机分为双螺杆和单螺杆两大类。

丁二烯气体压缩机的具体操作步骤如下：

①在启动螺旋杆压缩机之前，氮气置换系统之后，氧含量不得大于0.1%。

②压缩机启动前，必须排净入口吸入过滤器中积液，并保持出、入口管线中和机体中无液。

③启动压缩机之前，必须进行手动盘车，不得启动电机强行盘车，盘车后确认没有问题

才能通知电工送电，送电后不准再盘车。

④在启动螺杆压缩机之前，仪表联锁系统必须全部投用。压缩机的安全联锁在使用前应认真检查并做联锁试验，联锁参数不得随意更改。

⑤压缩机启动前，必须全部投用压缩机的冷却水系统，确认冷却水流动畅通。

⑥压缩机启动前，润滑油系统确认运转正常。

⑦压缩机启动时注意勿使入口出现负压，应通过压缩机出口返回线调节阀和压缩机放空阀进行控制。

⑧如果压缩机一次启动不起来，应查明原因并排除故障后才能再次启动，不得连续启动。压缩机启动后，操作人员要在现场进行监护，待压缩机运转正常后方可离开。

⑨在压缩机运行中，要定时巡检压缩机冷却系统、润滑油系统、密封气系统和电机的运转情况。检查各系统温度、压力、电机电流、振动和泄漏，发现问题及时处理。当压缩机发出异常声响、严重泄漏或其他异常变化时，操作工有权采取紧急停车处理。

⑩定时检查压缩机吸入过滤器的液位，并按要求及时排液，使之保持在规定范围内，防止液体进入压缩机。

⑪在压缩机运转中不得对其转动部分进行清扫，转动部分要有安全罩，不得用水冲洗电机。压缩机隔音罩应保持完好，保持隔音罩风扇正常运转，防止有可燃气在压缩机隔音罩内聚集。

⑫压缩机停机后应关闭出入口阀门，防止液体倒窜入压缩机。

⑬停车后要用氮气将机体内的丁二烯等烃类置换干净，防止发生丁二烯自聚和其他危险。对停车的压缩机要进行定期盘车、检查机体润滑油等系统，防止水、蒸汽和其他物料窜入。

⑭在冬季长期停车时要注意防冻。机体冷却水阀要断开，将机壳内的冷却水彻底吹扫干净；油冷却器(两台)上下水阀、上下水连通阀均应稍开防冻。

3.2.3 DMF 抽提丁二烯装置再生釜的操作

1. 再生釜正常操作的注意事项

①液面控制一般在刚满过 U 形管加热器为宜。

②切忌夹生操作(液面先蒸得很低又进料使液面较高)。

③釜中焦油的温度不能太低，要保证在高温下操作。

④釜底排放管线要尽量短，在阀门处加一至两根固定吹蒸汽的管线或伴热良好的伴热线，保证排放线中焦油不凝固。

⑤在排放焦油时，要做好防护工作，防止烫伤。

⑥临时停车、高负荷生产、大检修前最好把溶剂中的焦油控制在比较低的水平，可以减轻停工后设备的堵塞，减少清理工作量。

2. 再生釜焦油终点判断

①观查室内控制仪表：a. 真空度为低限(一般 -0.06MPa)；b. 加热蒸汽量在低限；c. 液面调节阀自动关闭。以上条件均满足后，即可手动关闭进料阀，停止再生。

②操作人员到现场查看，判断排放时间。判断焦油终点是关键。

3.2.4 DMF 抽提丁二烯装置溶剂精制塔的操作

在正常生产中，要求循环溶剂含水小于 500×10^{-6}(质量分数)，当含水 $>0.10\%$ 时，溶剂水解严重，会产生甲酸，对设备产生腐蚀，不利于设备的长期运行。在循环溶剂中水值上升时应检查溶剂精制塔的操作与分析结果，第一汽提塔和第二汽提塔的温度，以及各再沸器有无渗漏(通过分段分析 DMF 中的水值来判断是具体的哪一台设备发生泄漏)。大检修时，应避免含水量大的洗塔水混入溶剂罐。当总含水 >7% 时，硅油析出成球状，堵塞各过滤网和塔板，造成开车困难。

在正常生产中，应注意检查控制溶剂中的含烃量，当溶剂精制塔温度不足、溶剂精制塔操作不当或长时间精制地下罐物料时易引起循环溶剂中烃含量上升，故应慎重操作控制。如果循环溶剂中烃含量≥0.5%，易引起第一萃取精馏塔和第二萃取精馏塔的分离效果下降，并易造成第二萃取精馏塔塔顶乙烯基乙炔超标，影响产品质量。如果这样，应保证溶剂精制塔正常精制溶剂量、第一汽提塔和第二汽提塔塔釜温度在溶剂的沸点，保证溶剂质量的提高，循环溶剂中烃含量应控制在 0.3% 以下为宜。

3.2.5 NMP 装置排焦油操作

随着溶剂再生系统开车时间的延长，溶剂再生罐中积累的焦油数量增多，液位逐渐上升，溶剂再生温度也会上升，通过溶剂再生罐的液位调节阀控制逐渐减少进料，当溶剂再生罐液位足够高时，将完全停止进料，进入焦油浓缩阶段。焦油浓缩阶段可以达到 110 ~ 115℃，最高不能超过 120℃。

残液被浓缩完成后，应切断加热蒸汽，继续保持搅拌器运转，使溶剂再生罐内温度自然下降，当罐内温度低于 100℃后，向溶剂再生罐内加入低温凝液(40℃)，将残液稀释至含水 50% 左右。之后向溶剂再生罐内加入 N_2 破坏真空、加压后打开罐底排放阀，将焦油从溶剂再生罐罐底排出。注意引入氮气充压时，溶剂再生罐内压力不能过高(不能超过 400kPa)，否则会破坏溶剂再生罐安全阀入口的爆破膜。

溶剂再生罐内焦油排空后，溶剂再生罐要充入一定液位的凝液，并加热至 90℃ 左右进行清洗，清洗时要在 N_2 封条件下进行并保持搅拌器正常运转。清洗后凝液排出，溶剂再生罐恢复真空状态后继续进溶剂开车。

第4章 工艺操作

4.1 DMF法抽提丁二烯工艺

4.1.1 装置的开车

4.1.1.1 开车前的准备工作

首先，拆除大检修加装的盲板，恢复洗塔线和洗塔水排污线的盲板。全装置进行试压、试漏，主要是大检修期间动过的法兰、人孔和新配管线的焊口，要求无漏点。全装置进行氮气置换，主要置换塔、罐、换热器和工艺管线以及仪表的引压管线。氮气置换要求：萃取系统，氧气≤0.05%，其余设备，氧气≤0.10%。之后，对全装置进行氮气保压，保压分四大部分：第一萃取精馏部分、第二萃取精馏部分、精馏系统、溶剂精制系统。保压要求：24h压降小于0.03MPa。岗位检修完毕，溶剂罐具备收料条件。所有仪表(包括孔板、调节阀)由仪表车间检修回装完毕，并投入使用，工艺人员确认各仪表正常好用。装置内所有机泵及其他电器具备送电条件，所有照明设备具备使用条件。所有分析仪器检修、校验完毕，具备正常分析条件。将DMF装入溶剂精制受槽、糠醛加入溶剂储罐、叔丁基邻苯二酚(TBC)装入TBC进料罐并加入甲苯，打开蒸汽加热，启动TBC循环泵打循环。

开车时应填写开车申请单，经相关主管部门对装置作全面检查签字后进行。开车前应按工艺流程全面检查设备、机泵、管道、法兰、阀门、调节阀、止逆阀、安全阀、盲板、现场仪表、液面计等是否按工艺和仪表的要求正确安装就位、调试完好，处于开车状态，并作好记录，交接清楚。冬季开车时应特别注意检查各管线、设备等是否有冻结现象，如有冻结应及时处理。同时应检查放空系统是否畅通，处于开车状态。通信系统是否好用，火警报警系统是否灵敏、安全可靠。

开车前应做好现场杂物清理，搞好环境卫生，保证道路畅通。准备好操作时所必需的工具，包括大小F型扳手等专用工具，岗位操作记录纸，仪表记录纸，交接班日记，手电筒等。同时还应准备好消防器材和安全防护用具。

开车前应联系调度、仪表、电气、机修、消防等有关单位做好开车前的准备工作，要求电送到电机，并将循环水、蒸汽、仪表风接进装置，达到所需要求数值(一般为蒸汽压力≥0.9MPa，循环水压力≥0.45MPa，氮气压力≥0.6MPa)。

4.1.1.2 溶剂冷运

溶剂冷运的目的是检查溶剂流经的线路上经检修动过的各设备、法兰、阀门等是否存在泄漏并对仪表投用情况进行检验，同时通过溶剂冷运对该系统的设备进行清洗，通过过滤网清理把杂质清除出系统，以便提早发现问题及时进行解决，保障正常开车的顺利进行。

溶剂冷运只在萃取精馏系统进行，普通精馏系统只涉及几台用溶剂换热的再沸器。在启动溶剂密封泵和溶剂泵前，对溶剂冷运的流程需事先进行设定确认，避免开错阀门发生窜料事故，确保溶剂冷运的顺利进行。溶剂冷运流程设定确认如下：

1. 密封溶剂罐和密封溶剂泵的准备

确认密封溶剂罐中溶剂液面为60%左右，已用氮封并且呼吸阀工作正常。打开密封溶剂罐到密封溶剂泵的阀门，确认密封溶剂泵的出口阀关闭；打开密封溶剂泵到密封溶剂罐压力调节阀的保护阀阀门，调节阀手动关闭；关闭密封溶剂泵到溶剂罐的阀门；打开密封溶剂泵流量计阀门；设定密封溶剂泵到第一萃取精馏塔中间塔釜泵的密封溶剂流程；设定密封溶剂泵到第一汽提塔塔釜泵的密封溶剂流程；设定密封溶剂泵到丁二烯回收塔塔釜泵的密封溶剂流程；设定密封溶剂泵到第二汽提塔塔釜泵的密封溶剂流程。现场关闭每台使用密封溶剂的泵的转子流量计的进口阀。

2. 地下罐的准备

打开工艺排液总管到地下罐的过滤器切断阀阀门；确认地下罐泵到废水罐的出口阀关闭；设定地下罐到火炬系统的阀门打开，并确认尾气放空总管盲板已抽出。

3. 溶剂罐到塔的流程设定

确认溶剂罐内有足够的溶剂，已用氮封并且呼吸阀工作正常。打开溶剂罐到溶剂输送泵入口手动阀门，确认溶剂输送泵的出口阀关闭；打开溶剂冷却器进溶剂罐的手动阀门，关闭溶剂冷凝器进溶剂输送泵的手动阀门；打开溶剂输送泵到第一萃取精馏塔溶剂进料调节阀的现场手动保护阀门，溶剂进料调节阀在控制室内切换至手动关闭；打开溶剂输送泵到第二萃取精馏塔溶剂进料调节阀的现场手动保护阀门，溶剂进料调节阀在控制室内切换至手动关闭。

4. 第一萃取精馏塔的流程设定

打开第一萃取精馏塔A塔塔底到第一萃取精馏塔中间釜液泵A泵的阀门，确认A泵的出口阀门关闭；打开A塔塔底到B塔塔顶流量调节阀的现场手动保护阀门，调节阀在控制室内切换至手动关闭；打开B塔塔底到第一萃取精馏塔中间釜液泵B泵的阀门，确认B泵的出口阀门关闭；打开B泵出口到第一汽提塔流量调节阀的现场手动保护阀门，调节阀在控制室内切换至手动关闭；打通第一萃取精馏塔B塔塔顶到第一萃取精馏塔A塔塔底流程。

5. 第一汽提塔的流程设定

(1)气相管线流程设定

将第一汽提塔塔顶到第一冷凝器(蒸汽冷凝液冷凝器)再到第二冷凝器再到回流罐的流程打通，确认压缩机吸入主阀和第一汽提塔回流罐放空阀(通常也称压缩机紧急泄压阀)关闭。同时应注意确认压缩机出口至第一萃取精馏塔的压缩机排出压力调节阀和第二萃取精馏塔的进料调节阀以及压缩机返回气调节阀与压缩机返回气旁路调节阀及现场保护阀门已关闭。

(2)回流管线流程设定

打开第一汽提塔回流罐到第一汽提塔回流泵的阀门，确认回流泵的出口阀门关闭；打开第一汽提塔回流管线上的回流罐液位调节阀的现场手动保护阀门和回流泵到溶剂脱气加热器的液位调节阀的现场手动保护阀，在控制室内将第一汽提塔回流罐液位调节阀和溶剂脱气加热器液位调节阀切换至手动关闭。

(3)釜液管线流程设定

打开塔釜到釜液泵的阀门，确认釜液泵的出口阀门关闭；打开釜液泵去第一萃取精馏塔溶剂再沸器的液位调节阀的现场手动保护阀和过滤器的切断阀阀门，第一汽提塔液位调节阀在控制室内切换至手动关闭。注意确认溶剂去溶剂再生釜的现场阀门已关闭。

6. 第二萃取精馏塔的流程设定

打开塔底过滤器的进出口阀门，并确认借用丁二烯回收塔釜液泵流程管线上的阀门已打开，确认丁二烯回收塔釜液到该泵的阀门已关闭，打开该泵去丁二烯回收塔的阀门，确认该泵去第二汽提塔的阀门和该泵出口的第一道阀门已关闭，打开第二萃取精馏塔到丁二烯回收塔管线上的第二萃取精馏塔液位调节阀的现场手动保护阀，该调节阀在控制室内切换至手动关闭。

7. 丁二烯回收塔的流程设定

打开塔底到釜液泵的阀门，确认该泵的出口阀门已关闭，打开丁二烯回收塔液位调节阀的现场手动保护阀，将调节阀在控制室内切换至手动关闭；将丁二烯回收塔塔顶到第一汽提塔第一冷凝器(蒸汽冷凝液冷凝器)的流程打通。

8. 第二汽提塔的流程设定

打开塔底到釜液泵的阀门，确认该泵的出口阀门已关闭，打开该泵去第一萃取精馏塔溶剂再沸器的手动阀和第二汽提塔液面调节阀的现场手动保护阀，将调节阀在控制室内切换至手动关闭。确认塔顶到冷凝器、回流罐、火炬气系统流程已经打通；打开回流罐到回流泵的阀门，打开回流罐液面调节阀的现场手动保护阀，将调节阀在控制室内切换至手动关闭。

9. 循环溶剂系统的流程设定

打开第一汽提塔釜液泵和第二汽提塔釜液泵到第一萃取精馏塔溶剂再沸器的过滤器的切断阀阀门；打开第二萃取精馏塔溶剂再沸器 A/B 台的循环溶剂进出口阀门；打开第二精馏塔溶剂再沸器的循环溶剂进出口阀门；打开第一精馏塔再沸器的循环溶剂进出口阀门、原料蒸发罐再沸器的一台循环溶剂进出口阀门和循环溶剂压力调节阀的现场手动保护阀，将该调节阀在控制室内切换至手动关闭；打开循环溶剂冷却器的进出口阀门、打开循环溶剂温度调节阀；打开循环溶剂返回溶剂罐的阀门，关闭循环溶剂去溶剂输送泵的阀门。确认循环溶剂与地下罐之间的阀门、密封溶剂泵来料的阀门已关闭，完成溶剂冷运流程的确认。

4.1.1.3　溶剂冷运操作步骤

溶剂冷运流程设定确认后进入溶剂冷运步骤，盘动密封溶剂泵、排掉泵内气体、检查泵润滑油等均正常(启动泵前的检查准备工作以后不再叙述)，启动密封溶剂泵并打开泵的出口阀，把密封溶剂输送到各溶剂密封泵(各泵所需量由转子流量计进行调节)，调节密封溶剂压力调节阀使密封溶剂泵的出口压力给定在 0.7MPa 以上。

密封溶剂泵运行正常后，把密封溶剂送入溶剂输送泵；按开泵要求启动溶剂输送泵，在控制室内手动缓慢打开第一萃取精馏塔溶剂进料调节阀，把溶剂 DMF 送入到第一萃取精馏塔内，同时手动缓慢打开第二萃取精馏塔溶剂进料调节阀，把溶剂 DMF 送入到第二萃取精馏塔内，送入的量由溶剂进料调节阀控制，各装置可按需自己决定，一般为正常生产负荷的 80% 左右。

经检修后的设备虽然经过吹扫置换，但系统内的氧比正常生产时高，因此，在溶剂冷运时要将较多的化学品亚硝酸钠分批溶解加入到循环溶剂中。一套 56kt/a 的丁二烯装置，在溶剂冷运时一般要分批加入溶解约 200kg 的亚硝酸钠。

当第一萃取精馏塔 A 塔塔底液位上升时，启动第一萃取精馏塔中间釜液泵 A 泵，将溶剂送至第一萃取精馏塔 B 塔，在控制室内手动调节第一萃取精馏塔 A 塔到 B 塔的流量，使第一萃取精馏塔 A 塔的塔釜液位保持正常。当第一萃取精馏塔 B 塔塔底液位上升时，启动第一萃取精馏塔中间釜液泵 B 泵，将溶剂送至第一汽提塔，手动调节第一汽提塔进料调节阀流量，维持第一萃取精馏塔 B 塔釜液面正常。当第一汽提塔塔底液位上升时，启动第一汽提塔釜液泵，将溶剂送至第一萃取精馏塔溶剂再沸器 A/B，手动调节第一汽提塔液位调节阀开度，使第一汽提塔塔釜液面正常。第一萃取精馏塔溶剂再沸器 A/B 出来的溶剂进入第二精馏塔溶剂再沸器，然后经第一精馏塔再沸器、原料蒸发罐再沸器和循环溶剂压力调节阀，再经溶剂冷凝器后返回溶剂罐，在投用各溶剂再沸器时应注意把再沸器壳程中的 N_2 排净。

当第二萃取精馏塔塔釜液面上升时，启动丁二烯回收塔釜液泵 B 泵，将溶剂送入丁二烯回收塔，手动调节第二萃取精馏塔液面调节阀，使第二萃取精馏塔液面正常，打开第二萃取精馏塔第一再沸器(溶剂再沸器)管程放空，排尽 N_2 后关闭。当丁二烯回收塔釜液面开始上升时，启动丁二烯回收塔釜液泵 A 泵，将溶剂送入第二汽提塔，调节丁二烯回收塔液面调节阀开度，使丁二烯回收塔釜液面正常。当第二汽提塔塔釜液面上升时，启动第二汽提塔塔釜泵，将溶剂送到第二汽提塔釜液泵出口进入第一萃取精馏塔溶剂再沸器，进行溶剂热量回收，最后返回溶剂罐。调节第二汽提塔塔釜液面调节阀开度，使第二汽提塔塔釜液面正常。

当第一萃取精馏和第二萃取精馏系统的溶剂冷运正常时，将各调节阀切换至自动控制，循环溶剂压力调节阀的压力应设定在 0.2MPa。在溶剂冷运时，应密切注意监视溶剂罐压力和各塔不能出现负压，必要时应及时充 N_2 补压，保证溶剂冷运正常进行。在溶剂冷运期间，应对循环溶剂进行全组分分析，为操作调整提供有力的数据保障。各装置应根据具体情况确定溶剂冷运的时间，一般溶剂冷运大约运行 8h 左右。

4.1.1.4 溶剂热运

溶剂热运是在溶剂冷运的基础上进行加热操作，目的是进一步检查溶剂流经的线路上检修动过的阀门、法兰等在受热情况下是否泄漏，同时再投用检验一部分仪表。溶剂热运时萃取系统各塔温度需达到正常生产操作温度，为投料平稳开车创造有利条件。热运的次序应按先二萃，后一萃的次序进行，在溶剂热运前，应将还未投用加热的换热器的溶剂切换至副线，确认尾气系统畅通，蒸汽已引入装置，各再沸器前的蒸汽根阀已排尽凝液，并组织好到蒸汽冷凝液罐的流程。接引蒸汽时，一定要与外界联系，先排掉管内凝液，并且要先暖管，开启阀门一定要缓慢，有水击、振动时说明管内有凝液，要及时排掉。

1. 第一萃取精馏系统热运

把冷却水引入第一萃取精馏塔冷凝器和第一汽提塔第二冷凝器，将蒸汽引至第一萃取精馏塔和第一汽提塔的再沸器前并排掉凝液水，确认第一萃取精馏塔溶剂再沸器的热溶剂副线阀已关闭。手动逐渐打开第一萃取精馏塔再沸器的蒸汽调节阀进行加热，当第一萃取精馏塔 B 塔塔底温度升到规定值(一般为 130℃左右)并已稳定时，将第一萃取精馏塔塔釜温度调节阀切至自动控制，并使釜温保持在规定值。逐渐打开第一汽提塔再沸器的蒸汽流量调节阀，对第一汽提塔进行加热，将第一汽提塔塔底温度升至 DMF 沸点(一般为 163℃)，当第一汽提塔回流罐液位上升时，启动第一汽提塔回流泵打回流，调节第一汽提塔回流罐液位调节阀控制回流罐液面，再调节再沸器的蒸汽流量使回流量达到所需值，待操作稳定后把调节阀切换至自动控制。

2. 第二萃取精馏系统热运

将冷却水引入第二萃取精馏塔与第二汽提塔冷凝器和溶剂冷却器中，将蒸汽引至第二萃取精馏塔、丁二烯回收塔和第二汽提塔加热蒸汽调节阀前并排掉凝液水，手动逐渐打开第二萃取精馏塔塔釜温度调节阀、丁二烯回收塔塔釜温度调节阀和第二汽提塔再沸器蒸汽流量调节阀，把蒸汽通入各再沸器中进行加热。当第二萃取精馏塔塔釜温度升至130℃时，将第二萃取精馏塔塔釜温度调节阀切至自动控制，并使温度保持在130℃。当丁二烯回收塔塔釜温度升至135℃时，将丁二烯回收塔塔釜温度调节阀切至自动控制，并使温度保持在135℃左右。调节进第二汽提塔再沸器的蒸汽量，使第二汽提塔塔釜温度升至DMF沸点（大约163℃）。当第二汽提塔回流罐液位上升时，启动第二汽提塔回流泵进行回流，用回流罐液位调节阀控制回流罐液面，调节第二汽提塔再沸器的蒸汽量使回流量达到所需值。

3. 其他系统投用

热运开始后，把阻聚剂糠醛和其他添加阻聚剂加入到循环溶剂中，使循环溶剂中糠醛含量达到1.2%以上，以确保投C_4开车时的阻聚效果。

热运时，各再沸器的凝液水先就地排放一段时间，待水变清后切入凝液水回收系统，当蒸汽凝液水罐达到一定液面后(一般为80%左右)启动蒸汽凝液水泵，按所需流程投用蒸汽冷凝液系统，蒸汽冷凝水罐液面由液面调节阀控制，多余凝液水送往界区外。此时，溶剂精制系统可投用，以降低循环溶剂的水值。

溶剂热运时间的长短可根据具体情况而定，但溶剂热运时间一般不宜超过两天，以免增加DMF的分解。热运时，应注意常压塔不能出现超压情况。若出现压力超高，应及时排放到火炬气。

4.1.1.5　精馏系统化学清洗和丁二烯试运行

在萃取系统进行溶剂热运时，精馏系统要进行注入二乙基羟胺的C_4试循环，C_4试循环结束后把C_4送往C_4原料罐，然后对精馏系统进行倒空置换，防止投料开车生产时因C_4试循环中的烃类(主要是炔烃)影响产品质量。现在很多装置都用抽余油代替C_4进行试循环。

用二乙基羟胺进行C_4或抽余油试循环的目的是进行化学清洗，以杀死聚合物的活性种子，使系统内残存的活性种子失活，并通过清洗对仪表等进行考察。这一步工作应放在溶剂热运基本稳定后进行，循环水、蒸汽凝液到位。有条件的装置建议用抽余油和含有二乙基羟胺的TBC复合溶液进行清洗试循环。

精馏系统丁二烯试运行操作过程如下：

将冷却水送入第一和第二精馏塔冷凝器并排出里面的空气，将界外或丁二烯产品中间罐中预先已加入含有二乙基羟胺的TBC复合溶液的丁二烯经开工线送入第一精馏塔。当塔釜液位上升时，把溶剂进第一精馏塔再沸器的旁路关闭，切入再沸器对塔釜进行加热，调整溶剂进再沸器的量使塔的液位维持平稳。注意在投用第一精馏塔再沸器时，应关注循环溶剂压力保持正常，调节阀保持在适当的调节范围内。此时将配制好的TBC溶液加入到进第一精馏塔冷凝器的气相管线内，并检查投用TBC进料管线伴热，防止因TBC的凝固点高而结晶。

当第一精馏塔塔压升到0.3 MPa时，打开该塔冷凝器与回流罐上的放空管线阀门，将N_2排至火炬系统后再关闭。调节塔顶冷凝器的冷却水量，使压力保持在正常操作值。当回流罐液位开始上升时，启动回流泵进行回流，调节回流罐液面调节阀使液位保持在50%以上，回流罐高液位有利于增加物料停留时间，便于水与丁二烯的分离而排出，然后再通过调节进第一精馏塔再沸器的热溶剂量，使回流量保证在设计值。

随着甲基乙炔的逐渐浓缩，露点和泡点的差值增大，当第一精馏塔塔顶馏出管线的温度与回流罐中的液体温度之差达4.5℃时，应开始通过第一精馏塔回流罐上的放火炬流量调节阀将甲基乙炔气体从回流罐中排放至放火炬总管。

第一精馏塔循环建立后，启动釜液泵将粗丁二烯送入第二精馏塔，通过调节第一精馏塔液位调节阀开度使第一精馏塔塔底液位保持正常。当第二精馏塔塔釜液面上升时，投用第二精馏塔溶剂再沸器，此时也应关注调整循环溶剂压力保持正常，调节阀阀位在适当位置。同时，将配制好的 TBC 溶液加入到进第二精馏塔冷凝器的气相管线内并投用 TBC 进料管线伴热。待第二精馏塔塔底液位达到60%时，将循环蒸汽冷凝液送入第二精馏塔蒸汽冷凝液（STC）再沸器，调节第二精馏塔液位调节阀开度，使第二精馏塔塔底液位保持在正常。

当第二精馏塔的压力开始上升时，用塔顶压力调节器调节进入第二精馏塔冷凝器的冷却水量，使塔的压力维持在正常操作值。在塔压升到0.3 MPa 时，打开第二精馏塔冷凝器和回流罐上的放空管线阀门，将 N_2排至火炬系统后再关闭。当第二精馏塔回流罐液位开始上升时，启动第二精馏塔回流泵将回流罐中的液体作为回流送入第二精馏塔内，调节回流调节阀开度和塔釜液位调节阀开度（调整蒸汽冷凝液量）使回流增加至所需值。

当第二精馏塔循环建立后，停止向第一精馏塔送丁二烯，把循环水送入丁二烯产品冷却器并排出冷却器中的氮气，打开第二精馏塔回流罐液位调节阀，通过不合格产品管线将丁二烯返回到第一精馏塔的进料管线，进行精馏系统的大循环。

在丁二烯试运行时，应仔细检查第一、第二精馏塔的各塔、罐、泵和仪表等运行情况，检查第一精馏塔回流罐水室情况，若有水要排掉。同时要对第一精馏塔回流罐的放火炬气相第二精馏塔塔釜液进行定期分析检测，确保甲基乙炔在安全操作范围内。对循环液中的 TBC 要定期进行分析，及时调整 TBC 加入量，使丁二烯试运行保持较高的 TBC 含量，保证丁二烯试运行清洗效果。

丁二烯试运行一段时间后，可将第二精馏塔塔釜液少量送入废碳四碳五蒸发器，通过塔釜排放流量调节阀控制其流量，当废碳四碳五蒸发器达到正常液位时，设定操作条件，用手动操作其液位调节阀将蒸汽引入废碳四碳五蒸发器进行加热，蒸出的 C_4气体送入放火炬系统或进行回收。

4.1.1.6　C_4投料开车

C_4投料开车必须在萃取精馏系统进行溶剂热运及精馏系统进行化学清洗或丁二烯试运循环后进行，在 C_4投料开车前，应组织好有关的流程设定和确认，做好必要的充分准备，使开车安全顺利地进行。开车时，应以安全、环保、优质、高效、一次成功为原则，尽可能地降低损耗。

1. 第一萃取精馏系统的开车

打开原料 C_4进料调节阀向原料蒸发罐进料，当原料蒸发罐液面上涨后，手动打开原料蒸发罐液面调节阀将溶剂逐渐送入原料蒸发罐再沸器 A 或 B，对原料 C_4进行加热，调节原料蒸发罐液面调节阀使原料蒸发罐液位保持正常，此时还应调节循环溶剂压力调节阀，使循环溶剂压力保持在一定值（一般为 0. 2MPa）. 以确保原料蒸发罐再沸器加热正常。有原料在线分析仪的装置，此时可以投用在线分析仪对原料组分进行在线检测。

原料蒸发罐进料后，第一萃取精馏塔的压力开始上升，当塔顶压力达到 0. 3MPa 时，打开第一萃取精馏塔塔顶冷凝器和回流罐上的放空阀，将 N_2慢慢排至火炬后关闭，调节塔顶压力调节阀使顶压控制在正常操作值。过一段时间后第一萃取精馏塔的回流罐液面开始上升，此时启动第一萃取精馏塔回流泵并手动缓慢打开回流调节阀建立回流，过一段时间回流罐液面还会继续上升，此时应联系界外并打开回流罐液面调节阀向界外输送抽余液(BBR)，调节回流罐液面调节阀使回流罐液面保持在正常值，平稳一段时间后回流罐液面调节阀可切换至自动控制。调节第一萃取精馏塔釜温调节阀使釜温保持在正常操作值。此时，第一萃取精馏塔的顶压已达0.3MPa以上，可把第一萃取精馏塔B塔塔釜向第一汽提塔送料改为靠压差输送。此时有在线分析仪的装置可投用气相色谱仪对第一萃取精馏塔塔釜组分进行检测。

调节第一汽提塔再沸器蒸汽量，使塔釜温度保持在溶剂DMF沸点、灵敏板温度保持在正常操作值。当第一萃取精馏塔B塔釜液溶剂中的C_4在第一汽提塔中汽提出后，第一汽提塔的压力开始上升，打开第一汽提塔回流罐上的放空调节阀将C_4排至火炬，使第一汽提塔的压力保持在0.03MPa左右。当放空调节阀全开，第一汽提塔塔压仍达到0.03MPa时准备启动压缩机。此时应派人打开压缩机吸入主阀，压缩机出口返回第一汽提塔第二冷凝器阀和该阀旁路阀、压缩机排出返回第一萃取精馏塔B塔和第二萃取精馏塔进料阀的现场手动阀，注意此时压缩机排出压力调节阀与第二萃取精馏塔进料调节阀在控制室内手动关闭，确认压缩机具备启动条件后启动压缩机，逐渐调节压缩机排出返回第一汽提塔第二冷凝器阀与该阀旁路阀，使压缩机排出压力逐渐上升。当压缩机排出压力上升到高出第一萃取精馏塔B塔釜压0.02MPa时，缓慢打开压缩机排出返回第一萃取精馏塔的调节阀向B塔塔釜返回C_4气，此时应不断调节以上阀和压缩机排出压力调节阀，使压缩机维持在正常操作。

2. 第二萃取精馏系统的开车

压缩机排出C_4气向第一萃取精馏塔返回后，第一萃取精馏塔塔釜的丁二烯含量逐渐上升、反2－丁烯与顺2－丁烯的含量逐渐下降。当第一萃取精馏塔塔釜气相中反2－丁烯降到一定值(大致为<0.2%)时，逐渐打开第二萃取精馏塔进料调节阀向第二萃取精馏塔进料。此时应逐渐关闭压缩机放空调节阀，同时调节压缩机排出返回第一汽提塔第二冷凝器的调节阀与该阀的旁路调节阀和压缩机排出压力调节阀，使压缩机维持在正常操作直至压缩机放空调节阀全关。此时应控制压缩机至第二萃取精馏塔的进料量不能太大，以保证第一汽提塔塔顶馏出气中反2－丁烯控制在正常质量指标范围内。

当C_4气进入第二萃取精馏塔后，塔的压力开始上升，当塔顶压力达到0.3MPa时，停借用泵把第二萃取精馏塔釜液送丁二烯回收塔改为靠压差输送，此时应打开第二萃取精馏塔冷凝器和回流罐上的放空阀，将N_2慢慢排至火炬后关闭，调节塔顶压力调节阀使顶压控制在正常操作值。第二萃取精馏塔的回流罐液面开始上升后，启动第二萃取精馏塔回流泵并手动缓慢打开回流调节阀进行回流，建立回流后回流罐液面还会继续上升，此时应把不合格丁二烯通过不合格管线返回原料罐，调节回流罐液面调节阀使回流罐液面保持在正常值。回流建立后，塔顶馏出气中的乙烯基乙炔含量逐渐下降，当含量下降到一定允许值时就可向丁二烯精馏系统进料。

第二萃取精馏塔塔釜液经该塔第一再沸器换热后进入丁二烯回收塔，调节丁二烯回收塔加热量使丁二烯回收塔釜温保持在正常操作值，塔顶含丁二烯的馏出气进入第一汽提塔第二冷凝器进行冷凝回收利用；塔釜液进入第二汽提塔脱除溶剂中的烃类物质，调节第二汽提塔再沸器加热蒸汽量，使第二汽提塔塔釜温度与灵敏板温度控制在正常操作值。在第二汽提塔脱除溶剂中的烃类物质时，应打开来自第一萃取精馏塔塔顶的BBR稀释气进第二汽提塔的手动阀，对汽提出的主要含有乙烯基乙炔的气体进行稀释，降低乙烯基乙炔的浓度与分压，防止乙烯基乙炔含量超高而发生爆炸事故。该系统运行平稳后把调节阀均切换至自动控制。

3. 丁二烯精馏系统的开车

丁二烯精馏系统包括洗胺塔、第一精馏塔和第二精馏塔。当第二萃取精馏塔塔顶粗丁二烯馏出气中的乙烯基乙炔含量符合要求后，将第二萃取精馏塔回流罐中的物料送到洗胺塔与第一精馏塔，该二塔应同时投用，投用时应先进第一精馏塔，等精馏塔到达正常操作压力后再由第一精馏塔向二甲胺脱除塔平稳压力，然后再把第二萃取精馏塔进第一精馏塔的流程改为进二甲胺脱除塔。目的是减少波动、避免萃取水被大量带入后工序，使开车时产品水值尽快合格。

因精馏系统已经在进行丁二烯大循环，操作条件均已正常，当第二萃取精馏塔塔顶乙烯基乙炔含量$\leqslant 5\times10^{-6}$(质量分数)时，把第二萃取精馏塔外送的粗丁二烯切进洗胺塔，调整各参数，并将第二精馏塔送第一精馏塔的丁二烯通过不合格管线改送到界区外。当第二精馏塔塔顶产品分析均符合产品质量指标时，把原送界区外的丁二烯产品切进产品罐，按需决定加入或不加入阻聚剂TBC，如产品是外卖的则必须加入阻聚剂TBC，使产品丁二烯中的TBC含量保持在$50\times10^{-6}\sim150\times10^{-6}$(质量分数)，以确保储运安全。第一罐产品经二次分析确认合格后，方可作为合格产品外送。

4. 溶剂精制部分的开车

在主要工艺部分调节到正常操作值后，开用溶剂精制塔。若需要也可在溶剂热运时投用，以降低循环溶剂中的水含量。

确认溶剂脱气加热器至第一汽提塔第二冷凝器气体管线已打通后，手动打开进溶剂脱气加热器液位调节阀，将第一汽提塔回流罐中的一部分回流液送入溶剂脱气加热器，手动调节设定温度，并将蒸汽引入溶剂脱气加热器，使其温度维持在正常操作。当溶剂脱气加热器液位开始上升时，启动溶剂排出泵向溶剂精制塔送料，此时应将冷却水送入溶剂精制塔塔顶冷凝器和塔釜采出冷却器。当溶剂精制塔的塔釜液位开始上升时，逐渐打开溶剂精制塔再沸器的蒸汽流量调节阀，将塔釜温度升至DMF的沸点。当回流罐液位开始上升时，启动溶剂精制塔回流泵进行回流，把多余废水送含油污水罐。现在很多装置已用蒸汽冷凝液替代塔顶废水作为回流，以改善塔顶馏出物的品质，减少精制溶剂中的二甲胺含量，以降低对设备的腐蚀。

当溶剂精制塔塔釜温度到达溶剂沸点，塔顶95~105℃，塔釜液位还在上升时，启动溶剂精制塔釜液泵，调节塔釜液位调节阀将塔釜溶剂经釜液冷却器冷却后送至精制溶剂受槽。上述操作完毕后，应确认溶剂精制塔釜液冷却器的溶剂出口温度低于40℃。第二汽提塔回流罐中的溶剂也可以以很少(约15 kg/h)的流量进入溶剂精制塔。待溶剂精制塔的操作已稳定后，将所有调节器从手动控制切换到自动控制。

当循环溶剂中焦油含量上升到一定含量后，投用溶剂再生釜进行脱焦处理，将冷却水送入溶剂再生釜冷凝器，由再生釜液位调节阀控制循环热溶剂进溶剂再生釜量，调节蒸汽量，使再生釜的固定进料量均得到保证。在再生釜中汽化的DMF在溶剂再生釜冷凝器中冷凝并冷却到40℃后，借助于重力流入精制溶剂受槽。

4.1.1.7　装置开车过程中异常现象及处理

①在开车过程中，压缩机开起来以后，经常出现第一汽提塔回流罐液面突然升高的情况。针对这种情况，压缩机开车前第一汽提塔回流罐要保持低液位，第一汽提塔升温要平稳，不能操之过急。第一汽提塔升温过快是造成第一汽提塔回流罐液位升高的主要原因。第一汽提塔回流罐实际液位在室外达到联锁液面开关时，就会触动压缩机的停车联锁，造成压缩机停车，开车失败。对于这种情况的处理，首先在开车之前，必须在第一汽提塔回流泵附

近准备几个桶，以便在开车时发现回流泵不上量的情况下，给回流泵排气，接溶剂用。再者开压缩机之后，应加强对第一汽提塔回流罐液面的控制，严格防止液面超高。在第一汽提塔回流罐液面升高，但升幅不是很大的情况下，可以开两台泵，加大回流，同时加大向溶剂精制塔的进料量，控制液面不使之升高。在第一汽提塔回流罐液面比较高的情况下，必须派专人随时观察第一汽提塔回流罐液面的变化情况，必要时采取紧急措施，严防压缩机停车。

②在检修开车过程中，由于在检修中动过的阀门、法兰、管线比较多，容易造成泄漏。对于这种情况，应不同情况不同对待，如果泄漏部位发生在压缩机以后，可以考虑在不停压缩机的情况下处理，为保持压缩机的正常运转，可以采取压缩机二段出口全部向第一萃取精馏塔返的方法，或者采取从第二萃取精馏塔向原料罐打循环的方法，把泄漏部分分离出来，紧急处理。待处理完毕后，恢复正常生产。

如果泄漏部位发生在压缩机以前，又不能带压堵漏，在这种情况下就必须停车处理，待处理完后，再恢复正常生产。

③在开车过程中，也容易发生管线堵塞的情况，对于这种情况的处理，类同于装置发生泄漏的处理方法。如果堵塞部位发生在压缩机以后，可以考虑在不停压缩机的情况下处理，为保持压缩机的正常运转，可以采取压缩机二段出口全部向第一萃取精馏塔返的方法，或者采取从第二萃取精馏塔向原料罐打循环的方法，把堵塞部分分离出来，紧急处理。待处理完毕后，恢复正常生产。

4.1.2 装置的停车

装置的停车按性质一般可分为全局性紧急停车（A 级）、局部停车（B 级）和正常停车（C 级）三级。

4.1.2.1 正常停车

1. 停车前的准备工作

定期检修及计划停车属于正常停车，对其他装置的影响较小。停车时按正常停车（C 级）程序进行处理。不管是全装置停车检修还是局部停车检修，都应做好充分准备，确保停车检修工作的顺利开展。

在停车前要做好以下准备工作：

①编制好停车计划、检修计划、停车方案以及安排好网络工作节点。

②人员安排以及工作的范围已划分明确，定好专项负责人。

③准备好停车后盲板图并编号，定好负责人以及准备好临时用盲板等材料。

④准备好临时用的胶管、快速接头以及其他需用的各种工器具。

⑤准备好化学清洗用的硫酸亚铁。

⑥地下罐与废溶剂回收罐物料已抽空，以便存放在停车时设备倒空排放的物料。

⑦溶剂再生系统视情况可提前停车，减轻丁二烯装置停车时的工作量。

⑧为减少系统停车时的损耗，停车前，应将生产负荷降到设计生产负荷的60% ~80%，同时应将塔、罐的液面尽可能降到低限。

2. 停车程序

正常停车按工作节点大致可分为：溶剂精制系统停车，停化学品和 C_4 进料，停压缩机，萃取系统溶剂热运、冷运，系统退料倒空，系统氮气置换，萃取系统水洗，精馏系统 $FeSO_4$ 化学清洗，系统蒸煮，系统自然冷却或空气置换。

(1)溶剂精制系统的停车

停车前，在循环溶剂中的水与焦油含量不高的情况下，溶剂精制系统可视具体情况提前1~2天停车，但在停再生釜时，再生釜必须已到再生终点，以免溶剂损失过大。

①溶剂精制塔的停车操作。关闭第二汽提塔回流罐到溶剂精制塔的现场阀门，停止向溶剂精制塔进料；然后停止向溶剂脱气加热器供蒸汽，并用手动关闭溶剂脱气加热器的液位调节阀和现场保护阀停止向溶剂脱气加热器送料，当溶剂脱气加热器的液位降至低液位时，停溶剂脱气加热器向溶剂精制塔送料的泵(溶剂排出泵)并关闭泵的出口阀。溶剂精制塔停止进料后，塔釜的液位开始下降，此时应逐渐减少回流量和塔釜再沸器加热蒸汽量，但仍应维持溶剂精制塔塔釜温度在正常操作值，以保证溶剂精制塔塔釜溶剂的水值合格。当塔釜低液位时，停溶剂精制塔釜液泵、回流泵和再沸器加热蒸汽并关闭蒸汽调节阀现场保护阀，让系统自然沉降与冷却一段时间，使塔板上的溶剂沉积于塔釜便于回收，此时如果塔压下降较多或产生负压，应向塔内缓慢冲入少量N_2以保持正压。

溶剂精制塔沉降冷却一段时间后，将溶剂精制塔和再沸器中的溶剂全部排入工艺排液受槽(地下罐)，然后用氮气将塔充压到0.1~0.3MPa，打开通向塔釜溶剂冷却器的阀，把冷却器内的溶剂用氮气压到密封溶剂罐后与密封溶剂罐进行切断，然后把冷却器内的残余液排入地下罐。

把回流罐二聚室中的二聚物全部送燃料油罐，把回流罐储水室(分离聚合物和水)中的水送含油污水或废水槽。如果水中含有较多DMF，则将其排入工艺排液受槽，二聚物则应排入燃料油罐。

完成系统倒空后用氮进行置换，确认可燃气分析合格后，用蒸汽冷凝液或工业水对系统进行清洗，完成清洗后排出清洗水，然后用蒸汽蒸塔，冷却后用测氧测爆仪分析合格并用盲板隔离妥当后交设备清洗检修。

②溶剂再生釜的停车

溶剂再生釜的停车操作应在主要工艺过程停车之前进行。溶剂再生釜操作到终点时，关闭循环溶剂进溶剂再生釜的阀门，约过3h后关闭抽真空的蒸汽阀和加热蒸汽阀以及与溶剂再生釜冷凝器连通的阀，然后充氮加压排出焦油。

(2)第一萃取精馏系统的停车

执行全装置正常停车，先通知供原料方或调度，然后手动关闭原料混合C_4进装置的流量调节阀，并关闭混合C_4进装置的现场手动阀门。装置停原料后，原料蒸发罐的液位开始下降，此时逐渐关闭原料蒸发罐的液位调节阀，让热溶剂缓慢地从原料蒸发罐再沸器中切出，在逐渐关闭热溶剂通过原料蒸发罐再沸器的过程中，应逐渐开大该再沸器的现场旁路阀，同时调整循环溶剂压力调节阀，使循环溶剂压力保持在正常操作值，若该调节阀已全开，则应打开该调节阀的旁路阀使循环溶剂压力调节阀保持在可调范围内，确保其他溶剂再沸器的换热效果。

停止进料后，进入第一萃取精馏塔的C_4逐渐减少，第一萃取精馏塔的操作压力也随之下降，此时对热量的需求量也随之减少，应适当减少第一萃取精馏塔再沸器的蒸汽流量，以保持第一萃取精馏培的塔釜温度平稳，防止温度突然升高情况的发生。

第一萃取精馏塔C_4减少进入时，应适当降低第一萃取精馏塔的溶剂进料量与回流量，密切注意塔顶塔釜质量的变化，确保抽余液中丁二烯含量控制在指标内，保证下游装置使用的原料合格，若出现超标应及时通知调度并切出外送，改送返回C_4原料罐或不合格抽余C_4罐。

由于C_4的减少，第一汽提塔汽提出的气体量随之减少，为保证压缩机运行正常，此时应逐渐加大压缩机返回第一汽提塔冷凝器的返回量，以保证压缩机吸入量的稳定。随着压缩机返回第一汽提塔冷凝器的返回量增加，压缩机返回第二萃取精馏塔的量随之减少，压缩机排出压力调节阀会逐渐关小，调整压缩机进第二萃取精馏塔的进料量，以保证压缩机返回第一萃取精馏塔保持一定的量，使第一萃取精馏塔塔釜质量尽可能保持在允许限度之内。此时压缩机的操作参数发生变化应及时进行调整，保证压缩机运行正常。

由于C_4和压缩机返回第一萃取精馏塔量的减少，第一萃取精馏塔的塔釜压力逐渐降低，釜液靠压差送第一汽提塔的能力也逐渐降低，当塔釜压力降至0.3MPa时，启动第一萃取精馏塔中间釜液泵，将第一萃取精馏塔靠压差送第一汽提塔改为用泵输送。

当压缩机排出压力调节阀全关后，关闭压缩机返回第一萃取精馏塔的现场切断阀，压缩机排出压力由第二萃取精馏塔进料调节阀控制，调节第二萃取精馏塔进气量，使压缩机排出压力高于第二萃取精馏塔塔釜压力，维持压缩气进第二萃取精馏塔的正常进行，以回收一部分第一萃取精馏系统的C_4。此时如第二萃取精馏塔的进料组分已出现超标，应将第二萃取精馏塔送精馏系统的料改送返回C_4原料罐。

当第二萃取精馏塔进料量降至低限时，打开压缩机紧急排放阀把C_4气排至火炬，同时停止压缩机运行，关闭压缩机吸入主阀、压缩机返回第一萃取精馏塔切断阀、第二萃取精馏塔进料现场切断阀、压缩机返回第一汽提塔冷凝器阀和旁路阀(压缩机吸入压力调节阀和旁路阀)并进行压缩机盘车、本体排液和氮气置换。虽然压缩机已停止运转，但压缩机润滑油泵仍应继续保持运行一段时间，盘车也要继续进行一段时间，确保压缩机自然冷却过程的润滑，起保护压缩机作用，避免压缩机轴承被损坏或卡死。

压缩机停止运转后，第一萃取精馏塔和第一汽提塔的塔釜温度仍应保持在正常操作时的温度，保持溶剂DMF热运一段时间，以充分解吸溶解在溶剂DMF中的剩余C_4，保证溶剂退料时DMF中不含烃类物质。

(3)第二萃取精馏系统的停车

停止C_4原料后不久，压缩机排出气进入第二萃取精馏塔的量逐渐减少，塔的压力也会慢慢下降，此时应不断调整第二萃取精馏塔的加热蒸汽量，防止釜温上升出现超温情况，以保持第二萃取精馏塔的塔釜温度平稳，同样，对丁二烯回收塔和第二汽提塔也进行适当调整，以保持塔的温度在正常操作温度。当第二萃取精馏塔的塔釜压力降至0.3MPa时，与第一萃取精馏塔一样把第二萃取精馏塔塔釜液改为用泵输送到丁二烯回收塔。

压缩机停运后，第二萃取精馏塔的进料也随之停止，与第一萃取精馏系统一样，各塔的塔釜温度也应保持在正常操作时的温度，保持溶剂DMF热运一段时间，以充分解吸溶解在溶剂DMF中的剩余C_4，保证溶剂退料时DMF中不含烃类物质，确保停车安全。

(4)丁二烯精馏系统的停车

丁二烯精馏系统包括洗胺塔、第一精馏塔和第二精馏塔。当第二萃取精馏塔回流罐送丁二烯精馏系统的料改送返回C_4原料罐时，现场切断进出洗胺塔的阀门并停止蒸汽冷凝液进料，使洗胺塔单独切出系统。洗胺塔单独切出系统后，丁二烯水沉降罐中的丁二烯能回收的应尽量回收，不能回收的则应将之全部排放至火炬，然后对洗胺塔系统用氮气进行置换，直至分析合格。

粗丁二烯停止向精馏系统进料后，第二精馏塔回流罐中的丁二烯产品应停止向丁二烯产品罐输送，改为送出返回C_4原料罐。此时，停止向精馏系统加TBC，第一精馏塔和第二精馏塔的加热就可以停止，关闭第一精馏塔和第二精馏塔的溶剂再沸器进出阀门，打开旁路阀门让循环溶剂走旁路循环。同时也应停止第二精馏塔的蒸汽冷凝液加热。

停止精馏塔加热后，第一精馏塔回流罐中的丁二烯物料由回流泵全部送入塔内，然后由塔釜泵全部送至第二精馏塔内，第二精馏塔回流罐内的物料与塔内的物料则由第二精馏塔回流泵送至 C_4 原料罐进行回收。

4.1.2.2 紧急停车

紧急停车通常是指因突发性的公用工程中断(主要是循环冷却水中断和仪表风中断)，关键设备(压缩机)损坏或故障，发生火灾或爆炸事故，C_4 原料中断以及装置内出现大量物料泄漏，危及人身安全或无法维持正常运行的情况下的停车操作，视具体情况，有的仅属局部紧急停车(B 级)，有的则需全局性紧急停车(A 级)。在此，需特别说明的是 C_4 原料中断应视具体情况而定，一般不需要执行紧急停车程序，因为 C_4 原料蒸发罐中的物料通过操作调整足以维持 30min 甚至更长时间使装置不停车维持运行。紧急停车均属于事故性质的停车，停车的特点是突发性、偶然性。紧急停车处理程序如下：

1. 通知相关部门和人员

发生紧急停车时，由当班值班长(班长)通知调度、值班人员和本部门(车间或单元)直接领导，再由调度或值班人员向相关领导报告与通知有关部门。

2. 紧急停车步骤

在当班值班长(班长)通知相关部门和人员的同时对当班人员发出紧急停车指令，当班人员立即按各自的岗位职责进行紧急停车步骤：

内操立即按下所有停车控制按钮，分别隔断装置内外间联系(物料不进出)，机泵停转(除压缩机润滑油泵外)，热源加热切断；外操立即配合内操进行处理工作。

停车控制按钮按下后，外操应立即现场关闭装置内外间联锁阀的手动保护阀，如：原料 C_4 进料阀、抽余液外送阀、产品丁二烯排出阀；压缩机联锁现场需处理的阀门有：关闭压缩机吸入主阀、压缩机返回第一萃取精馏塔切断阀、第二萃取精馏塔进料切断阀、压缩机返回第一汽提塔冷凝器阀和旁路阀(压缩机吸入压力调节阀和旁路阀)，打开本体排液阀和氮气置换并进行压缩机盘车；热源和溶剂输送管线联锁，下列调节阀(蒸汽总阀、第一汽提塔进料调节阀、第一汽提塔塔釜液位调节阀、第二萃取精馏塔塔釜液位调节阀、第二汽提塔塔釜液位调节阀)自动关闭，现场手动保护阀也需关闭。

停车后，确认装置安全，视情况进行下列操作：关闭溶剂进料各调节阀、各塔釜液即液体输送阀和热溶剂及再沸器蒸汽阀门；各塔和容器液体输送管线上的所有阀门都应手动关闭。注意塔压随溶剂温度降低而下降，必要时向塔内冲入氮气。若在冬天应尽可能继续用蒸汽伴热。

因仪表风中断而紧急停车时，控制室内除丁二烯压缩机放空阀外，所有仪表都手动关闭，对应的现场调节阀在现场用手轮关闭。起安全联锁作用的罐区至丁二烯装置的联锁、泵和压缩机联锁阀门也要现场手动关闭。

紧急停车后的其他后续处理过程及步骤可参照正常停车处理。

4.1.2.3 停车后的处理

1. 退料倒空与置换

萃取精馏系统在溶剂退料倒空前必须进行溶剂热运与冷运，溶剂热运是解吸停 C_4 料后溶解在溶剂 DMF 中的 C_4 烃类，以确保溶剂退料时 DMF 中不含烃类物质，保证溶剂退料时的质量与储存安全；溶剂冷运是对解吸 C_4 烃类后的溶剂进行降温，进一步保障常压溶剂罐(槽)的储存安全，避免发生超压情况，使停车检修安全进行。

溶剂退料时，塔的压力较低，应注意防止出现负压，若一旦出现应立即充氮气补压。溶剂退料应做到尽可能地将溶剂回收到溶剂罐槽中，以减少溶剂损失，由于塔板溶剂全部回到塔釜需一定时间，因此，当第一次退料完后，要先停泵等待一段时间，待塔釜再次积液后再重新启动泵再进行回收。全部回收完成后打开萃取精馏系统设备、管线上的所有工艺排料阀，将残液排至地下罐槽，为使倒空彻底，务必将管线上的阀门、调节阀及旁通阀全部打开，反复多次用氮气进行吹扫充压，将残液全部吹送到地下罐槽，以便以后进行回收处理，但必须注意地下罐槽不能出现超压情况，尽量掌握好充氮气的压力与量。

精馏系统的物料全部回收后，打开精馏系统各排放至火炬的阀，把剩余物料放空到火炬烧掉。

确认各系统退料倒空完毕后，关闭所有工艺排料线(去地下罐)阀门与放空阀，各塔进行单独置换，气体经塔顶放空阀排至火炬。置换时要注意常压塔塔压，不能超出设备的设计压力，同时应注意各再沸器、泵及沿途各管线的置换，应反复开、关与各塔相连管线上的阀门，借助压差达到对这些管线的置换。置换时采用充气－泄放－充气间歇式的办法重复进行置换，不要采用边进边放的办法，防止产生死角。置换时关闭系统所有与大气、地下罐等外界相连的阀门，把氮气从塔底的氮气管线充入塔内，当压力充到所需要的值时，关闭充氮气阀门，然后打开放空的阀进行卸压，基本无压后再进行充氮气到所需压力，然后再放空卸压，如此反复，直至置换合格。

当各塔系统和其他系统 N_2 置换都合格后，在火炬放空线总管线顶端需接 N_2 充压对尾气系统进行置换，置换气体在另一端排入火炬，合格后关闭去火炬总阀并在阀内侧加盲板。

2. 萃取精馏系统水清洗

为了完全清除萃取系统各设备内残留的溶剂，而且使之回收，便于大检修安全、顺利的进行，有必要在萃取系统停车、倒空、N_2 置换后，实行二次水清洗工作。第一次水洗与第二次水洗因目的不同，操作方式也不同，第一次水洗的主要目的是回收部分 DMF，因此水洗时第一次水洗用蒸汽凝液水进行串联第一、第二萃取精馏系统，并且用水量要少，循环时间要长些；第二次水洗的主要目的是除去系统内残留的 DMF，用水量要大些，若水量不够，可以用工业水或消防水进行补充。水洗操作前应把蒸汽冷凝液罐液位升高，使水洗有足够的蒸汽冷凝液，并把“8”字盲板走孔，使流程畅通。

现在，为减少停车时产生的废溶剂量和提高废溶剂处理质量，多数装置采用一次水洗和二次水洗同时进行，不过在水洗前的溶剂倒空置换时应多花一点时间(主要是溶剂自然沉降)，以充分回收系统中的残留溶剂，尽可能减少溶剂损耗。此方法的缺点是水洗液直接排入含油污水时，现场的气味会稍浓，产生的废水量相对也稍多。

(1)第一次水清洗

第一次水清洗时应确认溶剂罐进出阀门已关闭，用蒸汽凝液水泵把蒸汽凝液水罐中的凝液水通过水洗管线流程送到第一萃取精馏塔回流泵入口，再由第一萃取精馏塔回流泵送入第一萃取精馏塔 A 塔内，A 塔中的溶液由中间釜液泵送入 B 塔，然后用第一萃取精馏塔中间釜液泵借用泵送入第一汽提塔内。第一汽提塔内的溶液再由第一汽提塔釜液泵通过水洗管线送到第二萃取精馏塔回流泵入口，由回流泵送入第二萃取精馏塔内，塔内的溶液再借用丁二烯回收塔釜液泵送出，经第二萃取精馏塔第一再沸器后进入丁二烯回收塔，再由丁二烯回收塔釜液泵送到第二汽提塔内，然后由第二汽提塔釜液泵送出，经第一萃取精馏塔第一再沸器（溶剂再沸器），再经第二精馏塔溶剂再沸器，然后分三路分别进入第一精馏塔溶剂再沸器、原料蒸发罐再沸器和循环溶剂压力调节阀管线，最后汇集进入溶剂冷却器，溶剂冷却器出来的溶液再由溶剂输送泵送入到第一萃取精馏塔进行循环。循环约 2h 后把废溶液送至废液回收罐，待以后回收其中的溶剂 DMF。

（2）第二次水清洗

当第一次水清洗废溶液送完后立即进行第二次水清洗，操作方法及流程基本与第一次水清洗相同。第二次水清洗液不回收，因此，第一萃取精馏系统与第二萃取精馏系统可分别独立进行，补充水可直接送入第一萃取精馏塔回流罐与第二萃取精馏塔回流罐内，再分别由各自的回流泵送入第一萃取精馏塔和第二萃取精馏塔。第一萃取精馏系统内的水洗液由第一汽提塔釜液泵送到废水罐或直接排入含油污水；第二萃取精馏系统内的水洗液由第二汽提塔釜液泵送到废水罐或直接排入含油污水。送入废水罐的废水最后送至界区作生化处理。当水洗液中 DMF 含量小于 0.5% 后停止向废水罐送，把水洗液送入循环溶剂系统进行水洗，由溶剂输送泵抽出过滤器直接排入含油污水，排出液中 DMF 含量小于 0.5% 后停止水洗，把系统内残余水洗液排入含油污水，准备进行蒸汽蒸煮工作。

3. 硫酸亚铁溶液化学清洗

为彻底消除第二精馏塔塔顶和第一精馏塔塔釜以及产品储存罐中可能积聚的丁二烯过氧化物的活性，消除装置的不安全因素，确保大检修的安全进行，在各系统 N_2 置换后，对以上几个系统必须用 $FeSO_4$ 水溶液进行循环浸泡清洗。

化学清洗时，先将配制罐清理干净，然后带好必要防护用品，将所需 $FeSO_4$ 加软化水溶解配制成 0.5% 以上的 $FeSO_4$ 水溶液（一般浓度为 0.5% ~2%），为使清洗效果更好，可通入蒸汽对 $FeSO_4$ 水溶液先进行加热到约 60 ~80℃，然后用泵打到第一、第二精馏塔回流罐。

再由第一精馏塔回流泵打入第一精馏塔内，塔内的 $FeSO_4$ 溶液由第一精馏塔塔釜泵送到第二精馏塔内，第二精馏塔内的 $FeSO_4$ 溶液通过塔釜到第二精馏塔回流泵的管线由回流泵送到丁二烯产品冷却器，再经不合格管线送入第一精馏塔内建立第一和第二精馏塔的大循环，循环时间至少需 12h 以上。为了彻底消除系统中的丁二烯过氧化物的活性，使清理工作更安全可靠，循环时间可适当长些，一般要达到 24h 以上。循环结束后系统中的 $FeSO_4$ 溶液对第一和第二精馏塔回流罐与冷凝器进行充液浸泡，当充液到一定时间时，应微开冷凝器顶部上的倒淋使氮气排出，防止憋压使冷凝器不能冲满液体，当冷凝器顶部上的倒淋冒出液体时，说明冷凝器已冲满 $FeSO_4$ 溶液，此时应关闭冷凝器顶部上的倒淋使其进行浸泡，浸泡时间要求与循环相同。

$FeSO_4$ 化学清洗结束后，溶液不能随意排放，必须将 $FeSO_4$ 溶液全部排入含油污水线，以避免污染。$FeSO_4$ 溶液倒空排完后对以上设备准备进行蒸汽蒸煮工作。

$FeSO_4$ 化学清洗时的顺序不一定先循环后浸泡，也可以先浸泡后循环，或者循环和浸泡同时进行。为了提高停车工作效率，一般采用循环和浸泡同时进行的方式，当精馏系统建立 $FeSO_4$ 溶液循环时，可用第一精馏塔釜液泵通过化学清洗管线先使冷凝器充满硫酸亚铁溶液，然后关闭第一精馏塔釜液泵到第一精馏塔回流罐和第二精馏塔回流罐的化学清洗管线阀门与第二精馏塔回流罐到回流泵的阀门，使冷凝器浸泡与精馏塔循环同时进行，大大缩短 $FeSO_4$ 化学清洗所用时间，为检修赢得时间。

4. 蒸汽蒸煮

蒸汽蒸煮必须在萃取精馏系统完成水洗和精馏系统完成 $FeSO_4$ 化学清洗工作后进行，系统蒸煮的目的是使存在死角的系统，借蒸汽蒸煮使死角内的可燃物挥发，一起随蒸汽排出系统，降低系统中可燃物含量，同时可借助蒸汽除去部分气味，有利于人员进入设备进行检修清理，确保检修安全顺利进行。

蒸汽蒸煮时，应打开塔顶人孔，然后在各塔釜通入蒸汽对塔进行蒸汽蒸煮，蒸汽从塔顶人孔排出，为确保蒸汽蒸煮效果，塔的其他人孔不应打开，使蒸汽自下而上进行全塔蒸煮。

蒸煮时间一般需12h以上，蒸煮完毕后，关闭蒸汽进装置总管阀门并排除管内余气，同时在蒸汽进装置总管阀门后进行加装盲板，然后打开塔上的所有人孔，使空气对流冷却，若要使冷却加快，则可在塔顶加入冷却水进行冷却，冷却完成后排尽塔内积水进行空气置换。

5. 自然冷却或空气置换

设备经过蒸煮后，内部温度较高，在进入设备进行清理前，必须进行一段时间的自然冷却或空气置换，使设备内的温度降到允许温度和设备内有足够的氧气，确保人员进入设备内进行检查、清洗等工作的安全。空气置换时，可让设备进行自身置换，也可通入空气或用鼓风机等手段进行加速置换，使温度、氧气含量更快达到规定要求。

6. 现场清理及消防设施检查

装置停车检修工艺处理全部完成后，应对现场地面、阴沟等用工业水或消防水进行冲洗，清除地面、阴沟等地方的可燃物，以保障用火安全，同时，对消防设施(如灭火器、消防带、消防枪等)也应进行完整性检查，若有缺损应立即补齐，确保检修安全。

4.1.2.4 装置交付检修前应做的工作

装置交付检修前除进行停车后的工艺处理外，还要办理各种用火及入塔入罐等相关手续，并确认盲板和做好各种安全防范措施，确保检修安全。

1. 装置大检修及局部检修交出应具备的条件

大检修时，装置界区外有联系的阀门(进入装置内部与出装置的阀门)均必须关闭或切断，在阀门内侧加装盲板并挂上禁动牌，如：进入装置的C_4原料线阀门、氮气阀门、中压蒸汽阀门、低压蒸汽阀门等；出装置的丁二烯阀门、抽余液阀门、不合格品返回原料罐阀门、尾气总线阀门、蒸汽冷凝液阀门等，以彻底切断装置与外界的物料联系。对装置内部的动力电源也要切断。

局部检修时，装置不一定均停运转，有的抢修甚至在压缩机不停车的情况下进行，因此，与装置界区外部的关系应根据各自的具体情况而定，但必须把局部检修区域与其他部位完全断开并加装符合要求的盲板，并挂上禁动牌。

对于可燃性的物料管线，在加装盲板前均必须进行置换，在可燃物允许的条件下加装盲板；对于有蒸汽的高温管线，要在排尽管内蒸汽残液并已冷却的情况下加装盲板；氮气管线则应在排尽管内残气的情况下加装盲板。

不管是大检修还是局部检修，都必须对检修的塔、罐等进行后处理工作，如：退料后的倒空置换、水洗或化学清洗、蒸煮、空气置换等，最终使内部可燃物≤0.1%为止才算合格。如果要进入设备内部，除可燃物≤0.1%外，还必须要置换到氧含量在19%~23%之间才算合格。

2. 装置大检修及局部检修与装置界区外部的关系

(1)装置大检修与装置界区外部的关系

装置大检修时，正在检修的装置要与装置界外有联系的阀门(进入装置内部与出装置的阀门)均必须关闭或切断，倒空置换合格后在阀门内侧加装盲板并挂上禁动牌，以彻底切断装置与外界的物料联系。

(2)局部检修与装置界区外部的关系

局部检修一般分为萃取精馏系统局部检修和精馏系统局部检修，其中萃取精馏系统局部检修又细分为第一萃取精馏系统局部检修和第二萃取精馏系统局部检修，局部检修有时甚至只对其中的某一设备进行抢修，必须把局部检修区域与其他部位完全断开并加装符合要求的盲板并挂上禁动牌。

①萃取系统局部检修与装置界区外部的关系。萃取精馏系统局部检修一般至少需要一周以上的时间，因此，精馏系统不能进行物料自身循环，为安全起见应将其中的物料进行倒空并略作置换后用氮气进行保压。萃取精馏系统局部检修时，萃取精馏系统与装置界区外部有联系的 C_4 原料线阀门、抽余液线阀门，萃取精馏系统返回原料罐阀门均必须切断并加装符合要求的盲板与挂上禁动牌外，萃取精馏系统与尾气总线阀门、氮气阀门、中压蒸汽阀门、低压蒸汽阀门、蒸汽冷凝液阀门、精馏系统有联系的阀门等也均必须切断并加装盲板与挂上禁动牌。精馏系统合格丁二烯出装置线阀门与不合格丁二烯出装置线阀门最好也进行切断并加装盲板并挂上禁动牌。

如果只是对萃取精馏系统某一设备进行抢修，因检修时间较短，精馏系统可进行单塔全回流操作；萃取精馏系统的各塔根据抢修设备的具体位置决定运行方式，是否采用局部溶剂冷运、溶剂自身循环或不停 C_4(如抢修二萃系统中的某一个塔或某一设备，某些单位就采用不停压缩机进行抢修)。在不停 C_4 情况下的抢修，与装置界区外部有联系的流程基本不作变动，装置界区外部也无需加装盲板，只对抢修设备与其他系统有联系的流程进行切断与加装盲板。如果是一萃系统中的某一个塔或某一设备进行抢修，则对与装置界区外部有联系的 C_4 原料进装置阀门与抽余液出装置阀门必须进行切断并加装符合要求的盲板与挂上禁动牌，其他与装置界区外部有联系的(如公用工程系统)保持原样，但抢修设备与其他系统有联系的流程必须进行切断与加装盲板(包括公用工程系统)。

②精馏系统局部检修与装置界区外部的关系。精馏系统局部检修时，萃取精馏系统可根据具体情况决定运行方式，是否采用溶剂冷运或不停 C_4 按正常生产运行，如果采用溶剂冷运方式，除精馏系统与装置界区外部有联系的合格丁二烯出装置阀门和精馏系统不合格丁二烯出装置阀门以及精馏系统与火炬系统和公用工程系统有联系的阀门必须切断并加装符合要求的盲板与挂上禁动牌外，精馏系统与萃取精馏系统有联系的阀门也必须进行切断并加装盲板，为确保安全起见，与装置界区外部有联系的 C_4 原料进装置阀门与抽余液出装置阀门也最好进行切断并加装盲板并挂上禁动牌；如果采用不停 C_4 按正常生产运行方式，则精馏系统与装置界区外部有联系的合格丁二烯出装置阀门和精馏系统不合格丁二烯出装置阀门以及精馏系统与火炬系统和公用工程系统有联系的阀门必须切断并加装符合要求的盲板与挂上禁动牌外，精馏系统与萃取精馏系统有联系的阀门也必须进行切断并加装盲板并挂上禁动牌。

3. 装置大检修及局部检修应加装的盲板及管理办法

在装置检修的状态下，为确保人身和设备安全，必须做好盲板管理工作。检修期间根据情况的不同可以采用将装置与装置界区外整体用盲板隔离的方法，也可以采用将塔与塔之间用盲板隔离开的方法，使之成为一个独立的系统，保证装置检修期间检修和进入清理的安全。在加装盲板时不仅需要对物料管线加装盲板，而且对放空管线、氮气管线、蒸汽管线、分析取样点、TBC 管线、糠醛管线、溶剂管线等与需要检修的系统相连的管线也必须加盲板。进入清理的设备必须用盲板把它和其他设备完全隔离开，保证在进入清理时，系统外的物料不会进入需要检修的设备内。

加盲板之前要制定严密的计划，绘制详细的盲板图。盲板要有编号，加盲板之后要挂盲板旗。盲板安装之后，任何人都不许擅自将盲板拆下来，如果确实需要拆卸盲板，必须先填写申请，经批准后方可进行。车间必须有专人负责盲板的管理工作。盲板的安装和拆除情况要有记录，参与加装盲板人员应事先熟习盲板具体加装位置及尺寸，并且要由负责安装和拆除的人员以及负责检查的人员签字确认。

4.1.2.5 DMF 装置停车过程中异常现象及处理

停车过程中，压缩机出入口压力容易大幅度波动，一方面会对压缩机造成损害，同时也会对装置的安全生产造成影响，因此，室内应加强操作，特别是要加强对压缩机和第一萃取精馏系统的液位的控制，防止第一萃取精馏系统的液位发生大范围的波动。流向压缩机的流量发生大的波动，从而对压缩机的入口压力造成严重的影响。同时在压缩机的操作中，要防止压缩机入口出现负压、出口出现超压。

在停车过程中，要加强对整个装置的监控，防止塔和其他设备出现超温、超压现象。如果出现超温，应降低加热蒸汽量，降低温度；如果出现超压现象，应打开放空管线向火炬放空。

在停车过程中，由于负荷降低，中压蒸汽用量减少，蒸汽压力容易升高，

造成减温减压器的安全阀起跳；这时应及时调节进入装置的蒸汽量，使蒸汽压力恢复到正常值。

4.1.3 装置的正常操作

4.1.3.1 装置操作的几点知识

1. 循环溶剂中水值

DMF 可与循环溶剂中的微量水进行水解反应生成甲酸与二甲胺，其反应式如下：

$$(CH_3)_2NCOH + H_2O \longrightarrow (CH_3)_2NH + HCOOH$$

DMF 的水解速度与温度的高低和含水量的大小有关，在温度一定的情况下，水解速度随溶剂中的水含量增加而很快增大，因此，如果溶剂中水含量较高，会使溶剂的消耗增加，而且 DMF 水解生成腐蚀性很强的甲酸，影响设备寿命，还给安全生产带来隐患。因此，溶剂中的水含量不能高，从各方面综合考虑，循环溶剂中水值应控制在 500×10^{-6}（质量分数）以下，超过这个值，应及时加大溶剂精制塔进料量，将水值尽快降下来，必要时需要及时停车消漏。

2. 洗胺塔

DMF 水解生成的二甲胺对顺丁橡胶的聚合反应有严重影响，为此在装置内增设了洗胺塔。在洗胺塔内，蒸汽冷凝水与第二萃取精馏塔塔顶采出的粗丁二烯经过逆流接触洗涤后，丁二烯中所含微量二甲胺转移到水中，和水一道靠塔的自身压力从塔底排出送至污水处理场，从而保证产品丁二烯中的二甲胺控制在 1×10^{-6}（质量分数）之内。

3. 预汽提塔

由于 DMF 自身沸点较高，而且为防止丁二烯在高温下发生聚合反应，DMF 抽提丁二烯装置的汽提塔都在常压下进行操作。在装置的原始设计中第一汽提塔塔顶的粗丁二烯气体要全部依靠丁二烯气体压缩机输送到第二萃取精馏系统。为了提高装置的生产能力，在第一萃取精馏塔和第一汽提塔之间增设了预汽提塔，解吸出部分粗丁二烯气体靠塔自身的压差输送到第二萃取精馏系统，从而提高了装置的处理能力。

4. 萃取精馏塔溶剂进料温度的波动，对塔顶、塔底质量可能的影响

溶剂进料温度上升，使塔板上的重组分汽化，导致塔顶重组分含量增加，溶剂进料温度下降，会使塔板上轻组分冷凝，导致塔底轻组分增加。以第一萃取精馏塔为例，溶剂进料温度高于50℃，可能导致丁烷、丁烯中丁二烯含量上升，使丁二烯损失加大；溶剂进料温度低于40℃，可能使釜液中反2－丁烯和顺2－丁烯含量增大，从而影响产品质量。

萃取精馏塔溶剂量一般都很大，因此，溶剂温度的波动严重影响精馏塔的热量平衡和物料平衡，恶化萃取精馏的操作，严重时可能导致泛塔。所以，正常运转中要严格控制溶剂温度，使之稳定，不允许把溶剂温度作为调节塔顶塔底产品质量的手段。

4.1.3.2　正常操作

1. 第一萃取精馏系统

第一萃取精馏系统主要设备有进料蒸发罐、第一萃取精馏塔、预汽提塔、第一汽提塔和丁二烯气体压缩机等。

要维持萃取精馏系统的平稳操作，首先要保持进料蒸发罐液位的稳定。该罐液位不稳意味着第一萃取精馏塔的进料量时多时少，直接影响第一萃取精馏塔的正常操作。进料蒸发罐的液位主要靠调节 C_4进料蒸发器的加热溶剂的流量来控制，液位高则应该加大加热溶剂的流量，液位低则应该关小阀位以减少 C_4进料蒸发器的加热溶剂量。

第一萃取精馏塔用于分离 C_4原料中的丁烷、丁烯等溶解度小的轻组分，绝大部分反2－丁烯和大部分顺2－丁烯在此塔中脱除。该塔上面的几块塔板是普通精馏板，用于回收DMF，下面的塔板供萃取精馏用。

DMF 进入第一萃取精馏塔的上部，溶剂温度为40～50℃，气体有三个进入口，分为上、中、下三个进料口，一般情况下 C_4料进第二个进料口。当 C_4原料中丁二烯含量低时，可改为从最上面的进料口进料，当 C_4原料中丁二烯含量高时，则可改为从最下面的进料口进料。第一萃取精馏塔在操作时应保证有足够的溶剂/C_4比，要求溶剂进料量为 C_4量的7～8倍。溶剂比太小则难以保证塔顶和塔底质量，溶剂比太大则会加大溶剂的消耗量，也不利于丁二烯抽提装置的节能降耗。

第一萃取精馏塔的回流量由调节阀控制，回流量不应有大的波动，回流量过小则不能保证塔顶和塔底产品质量，回流量大则会稀释溶剂，也不利于提高产品质量，回流量过大还会造成塔的泛塔，直接影响丁二烯抽提装置的正常生产。

第一萃取精馏塔塔釜温度控制在130℃左右(设计值)，塔顶压力控制在≤0.39MPa(设计值)。当第一萃取精馏塔塔顶压力超高时，会造成丁二烯气体压缩机的出口压力超高，此时应适当降低第一萃取精馏塔塔顶压力，使丁二烯气体压缩机恢复正常运转。

当第一萃取精馏塔冷凝器和第一萃取精馏塔回流罐中含有不冷凝气体(如 N_2、C_3等)时，会使第一萃取精馏塔冷凝器的传热系数降低，换热效果变差，第一萃取精馏塔的压力升高，这时应打开第一萃取精馏塔冷凝器的放空阀，将这些气体排入火炬。

第一萃取精馏塔的液位通过塔底采出量来调节。当第一萃取精馏塔液位升高时，应适当加大塔底采出的流量；当第一萃取精馏塔的液位下降时，应适当减少塔底采出的流量。由于第一萃取精馏塔的直径较大，所以不宜使塔底液位控制得太高，以防溶剂储罐抽空造成停车。

在质量控制方面，为了减少丁二烯的损失，第一萃取精馏塔塔顶抽余液馏分中的丁二烯含量应控制在正常范围以内，塔底丁二烯中的反2－丁烯和顺2－丁烯也应分别控制在正常

范围以内。在操作时应及时参照第一萃取精馏塔塔顶丁二烯含量的变化趋势（由在线气相工业色谱测定）调节塔顶和塔底产品质量。

第一萃取精馏塔产品质量不合格有两种情况：塔顶丁二烯含量超标和塔底顺-2-丁烯、反-2-丁烯超标。造成质量不合格的原因有：第一萃取精馏塔塔底丁二烯返回量不足，第一萃取精馏塔的溶剂量和回流量不足，由于化学品硅油加入量不足而产生泡沫致使塔盘效率降低等。当第一萃取精馏塔塔顶丁二烯含量超标时，可适当减少丁二烯返回量；当塔底顺2-丁烯、反2-丁烯超标时，可适当加大塔底丁二烯返回量；当塔顶和塔底产品质量都不合格时，说明第一萃取精馏塔萃取溶剂量和回流量不足，应适当加大溶剂进料量和回流量。

第一萃取精馏塔塔底的溶剂和 C_4 等进入预汽提塔，溶于溶剂中的烃类在预汽提塔中汽提出来一部分，直接进入第二萃取精馏塔。如果预汽提塔塔釜液位不稳将直接影响它向第一汽提塔的进料量，进而影响丁二烯气体压缩机的入口压力，增大压缩机的操作难度，因此在调节时应重点注意。

当负荷比较低时，由溶剂和易溶烃类组成的第一萃取精馏塔塔釜液应直接进入第一汽提塔。当预汽提塔使用时，第一汽提塔的进料来自预汽提塔。溶于 DMF 中的烃类到第一汽提塔内被全部汽提出来，自塔顶馏出，溶剂则由塔底排出。第一汽提塔的操作压力为0.03MPa，为了把溶于溶剂中的烃类全部汽提出来，塔釜温度必须保持在溶剂的沸点，DMF在0.03MPa下的沸点为163℃。当塔釜温度低于 DMF 沸点时，积存在溶剂中的乙烯基乙炔及其他易溶组分随循环溶剂进入第二萃取精馏塔，因而导致产品丁二烯中炔烃超标。

第一汽提塔塔顶气体进入第一汽提塔冷凝器之后冷却至85℃左右，再进入第一汽提塔第二冷凝器进一步冷却至40℃左右。冷凝下来的 DMF、丁二烯二聚物和水等重组分进入第一汽提塔回流罐，一部分作为回流用泵送回第一汽提塔塔内，还有一部分送入溶剂脱气加热器后用泵送到溶剂精制塔；未冷凝的气体则经丁二烯气体压缩机加压后送入第二萃取精馏塔。

第一汽提塔的回流量随塔釜再沸器蒸汽流量的增加而增加，用调节进入再沸器的蒸汽量即可保证所需的回流量。第一汽提塔的回流量由回流罐液位调节阀调节，其设计值为第一萃取精馏塔溶剂进料量的4.0%～5.0%。当回流量低时，溶解度大的组分如乙烯基乙炔等就容易积存在第一汽提塔的塔釜中使塔釜温度降低，因此回流量至少要保持第一萃取精馏塔进料量的4%以上。回流罐的液位应控制在50%以下，以免液体进入丁二烯气体压缩机。为了避免压缩机发生故障，回流罐装有液位联锁停车装置，当液位超高时联锁程序即自行动作。

丁二烯气体压缩机是以电动机驱动的两级螺杆式压缩机，主要用于将第一汽提塔塔顶馏出的粗丁二烯升压送至第二萃取精馏塔。丁二烯气体压缩机的入口压力是由压力调节阀调节压缩机出口至入口的循环气体量来控制的。当压缩机入口压力低时可适当开大调节阀的阀位，加大压缩机的循环气量；当压缩机的入口压力高时，可适当关小调节阀的阀位以减少压缩机的循环气量，当压缩机入口压力过高时，可以手动或自动打开放空调节阀，将部分压缩机吸入口气体排放至火炬系统。

为保证丁二烯气体压缩机的安全运行，压缩机装有以下联锁程序（以国内某套丁二烯抽提装置的典型设计工艺条件为例）。

①润滑油压力小于0.10MPa；

②二段出口压力大于0.69MPa；

③一段出口温度大于90℃；

④二段出口温度大于90℃；

⑤第二汽提塔回流罐液位高限；

⑥压缩机一段出口气液分离罐液位高限；

⑦机壳冷却水中断；

⑧停车联锁按扭。

凡满足上述条件之一压缩机就停止运行，所以应根据这些联锁系统仔细操作压缩机。

压缩机一段出口气体温度约为80℃，一段出口气体被压缩机段间冷却器冷却到40℃左右，液体进入压缩机二段吸入罐。为了防止液体进入压缩机造成事故，压缩机二段吸入罐上装有液位联锁，在液位超高时即自行动作。

压缩机的出口压力由压缩机出口到第一萃取精馏塔塔底的返回气体量调节。压缩机压送至第二萃取精馏塔的气体进料量由压缩机出口流量计控制。

溶剂脱气加热器的作用是将去溶剂精制塔的溶剂中溶解的丁二烯脱除，以减少丁二烯的损失。溶剂脱气加热器的进料来自第一汽提塔回流罐，在循环溶剂中的含水量超过500×10^{-6}(质量分数)时应增大溶剂脱气加热器的进料量，同时用蒸汽对溶剂脱气加热器进行加热，使其温度由温度控制器保持在规定的温度。

2. 第二萃取精馏系统

第二萃取精馏系统的主要设备有第二萃取精馏塔的丁二烯回收塔和第二汽提塔等。

第二萃取精馏塔用于分离粗丁二烯中的乙烯基乙炔、乙基乙炔和C_5等溶解度大的组分，在此塔中乙烯基乙炔从粗丁二烯中完全脱除。由压缩机和预汽提塔来的粗丁二烯分别进入第二萃取精馏塔。DMF从第二萃取精馏塔的上部进入塔内，溶剂量应随原料中的乙烯基乙炔含量的变化做相应的调节；乙烯基乙炔含量高时则应加大溶剂进料量。

第二萃取精馏塔的回流量根据控制该塔的C_4进料量确定。回流量不应有大的波动，回流量过小则不能保证塔顶和塔底的质量，回流量过大则会稀释溶剂，也不利于提高质量。第二萃取精馏塔塔釜温度应随塔底压力的变化而变化，方能保证塔釜液中溶解的烃量不变。如果塔釜温度过高，则会使塔釜及再沸器结焦，也不易保证塔顶馏分中乙烯基乙炔含量合格。第二萃取精馏塔塔釜的温度由调节进入第二萃取精馏塔第二再沸器的蒸汽量来控制。塔釜液位由液位调节阀控制，在塔底过滤器堵塞时应切换并清理过滤器。第二萃取精馏塔塔釜液中含有易溶的炔烃等组分，还含有大量的丁二烯。

丁二烯回收塔的作用在于回收丁二烯，并将含有炔烃的丁二烯尾气损失量减少。丁二烯回收塔是自回流型。第二萃取精馏塔釜液从第一块塔板进入丁二烯回收塔，塔顶的馏出气进入第一汽提塔第二冷凝器的入口。

丁二烯回收塔的再沸器以蒸汽为热源。塔釜温度通过调节进入丁二烯回收塔再沸器的蒸汽量来控制，调节塔釜温度即可以使第二汽提塔塔顶馏出气中乙烯基乙炔的含量低于规定值。但塔釜温度过低时则丁二烯的损失量大，塔釜温度过高时则不能保证第二萃取精馏塔塔馏出气中的乙烯基乙炔含量小于5×10^{-6}(质量分数)。

丁二烯回收塔釜液进入第二汽提塔，第二汽提塔的作用是将溶于溶剂中的炔烃、丁二烯及C_5从塔顶完全汽提出来，循环溶剂重新使用。在塔釜操作压力下必须将塔釜温度维持在DMF的沸点，才能将溶剂中溶解的烃类完全汽提出来。如果塔釜温度低于DMF的沸点，就使循环溶剂中带有炔烃。

塔釜再沸器以蒸汽为热源。第二汽提塔的回流量通过用蒸汽调节阀调节进入再沸器的蒸汽量来控制。再沸器的加热蒸汽量大，则回流量也大。由于丁二烯二聚物、水及其他杂质积于第二汽提塔回流液中，因此应不断地将少量回流液送到溶剂精制塔进行精制。在操作时应根据回流罐中 DMF 的含量来确定抽出量，以使回流罐中的液体含有相对含量固定的 DMF。如果回流液中的水含量增多，则回流罐中的液体即可分为上下两层；上层为二聚物及 DMF，下层为 DMF 与水的混合物。在此情况下，必须将下层溶液间歇地排放至地下罐。

第二汽提塔塔顶馏出气中的乙烯基乙炔含量应以丁二烯回收塔塔釜温度和由从第一萃取精馏塔来的抽余液稀释气量使其控制在规定范围以内，以防乙烯基乙炔爆炸。馏出气中的乙烯基乙炔含量在用抽余液稀释之前，由工业色谱仪检测。当塔顶尾气中的乙烯基乙炔含量较高时可适当降低丁二烯回收塔塔釜温度或加大抽余液的稀释气量，以确保塔顶乙烯基乙炔含量在安全操作的范围内。

塔釜溶剂由釜液泵加压后与第一汽提塔塔底出来的热溶剂汇合进行溶剂热利用。

3. 精馏系统

精馏系统包括洗胺塔、直接精馏部分和溶剂净化部分。

第二萃取精馏塔塔顶采出的粗丁二烯进入洗胺塔的下方，蒸汽冷凝水进入第一块塔板。

水洗后丁二烯中所含微量二甲胺转移到水中，和水一道靠塔的自身压力从塔底排出送至污水处理场，丁二烯从塔顶出来，靠压差送至第一精馏塔。

第一精馏塔脱除水和比丁二烯轻的组分甲基乙炔。水从回流罐底排出，甲基乙炔从回流罐顶排出，排出的甲基乙炔与第二汽提塔排出的乙烯基乙炔尾气汇作为液化气回收。水值合格的釜液由泵送至第二精馏塔。第二精馏塔进一步脱除重组分杂质如 C_5、1，2－丁二烯、乙基乙炔、顺 2－丁烯等，塔顶采出合格产品丁二烯。

为了防止产生丁二烯过氧化物和端基聚合物，在第一精馏塔塔顶和第二精馏塔回流线、冷凝器加入一定量的 TBC。为保证第二精馏塔冷凝系统有 TBC、产品丁二烯中又不含 TBC，馏出物从塔顶出来后就分为回流和采出两条线：馏出物一部分进回流冷凝器，经回流罐用回流泵打回流；其余部分进入产品冷凝器，经产品罐、产品采出泵、产品冷却器送出装置外。塔釜液靠压差送至废 C_4、C_5 蒸发器，蒸出的气体回收利用，未汽化的液体送至燃料油罐，回收 TBC。

由第一汽提塔和第二汽提塔回流罐来的溶剂进入溶剂精制塔，以脱除循环溶剂中的水和丁二烯二聚物。另外该塔还用于处理污水等，塔顶馏出气经冷凝后，液相分为水和二聚物两部分，水用作回流，多余的水沿清污分流管线送污水处理厂，二聚物则送入燃料油罐，气体排放至尾气管线。塔釜精制合格的溶剂，经釜液冷却器送至溶剂精制受槽，作为泵的密封溶剂。

第一汽提塔和第二汽提塔底抽出的一小部分溶剂进溶剂再生釜以脱除焦油等高沸物。溶剂蒸汽经溶剂再生釜冷凝器冷凝后也送至溶剂精制受槽，作为泵的密封溶剂。脱出的焦油从釜底排出。

4.1.3.3　原料变化的操作

C_4原料中 C_5 含量高时，由于 C_5不易汽化，而且 C_5易与循环溶剂中的糠醛生成焦油堵塞设备，造成生产上的波动，给正常操作带来困难，使装置难于控制。严重时，不仅能造成产品质量不合格使装置循环操作，而且长期使用 C_5 含量高的原料，能使再沸器传热效果显著下降，进而造成再沸器或管线堵塞，直接影响生产。C_5 含量高时，为稳定生产，在操作和管理上应采取的措施：

①及时与调度联系，使上游车间采取措施降低C_4中C_5的含量，同时在管理上应当引起重视，技术人员要协助各班组进行处理。

②加大原料蒸发罐的排放量，将重组分在原料蒸发罐中多排出一部分C_5，尽量减轻后续工序的压力和影响。同时要保证循环溶剂中各项控制指标的稳定；主要是烃类含量，糠醛和焦油含量控制在规定范围内。

③保证原料蒸发罐罐底循环溶剂加热量，及时排掉压缩机入口吸滤器凝液。维持各塔系、冷却器、再沸器等在正常操作条件下。

④控制好第一汽提塔和第二汽提塔的塔釜温度，保证釜温不低于沸点温度。保证烃类解吸干净。

⑤适当增加溶剂比，增大溶剂加入量。同时使回流量加大，以保证第二萃取精馏塔的质量合格。

⑥适当加大溶剂精制塔进料量，进一步降低循环溶剂中轻组分烃。适当加大溶剂再生釜再生进料量，脱除溶剂中焦油及重组分烃，保证循环溶剂中焦油含量在控制范围内。循环溶剂中糠醛降低到规定下限后，及时补加糠醛。

4.1.3.4 设备的切换

1. 预汽提塔的切入和切出

预汽提塔的切入一般在开车初期生产负荷提高时进行。在切入预汽提塔之前应确认预汽提塔系统的仪表和设备已经处于备用状态，并在操作室内将预汽提塔的所有调节阀调到关闭状态，然后室外操作人员先将进预汽提塔的物料阀门手动阀打开，将预汽提塔去第一汽提塔所有手动阀和调节阀的前后保护阀打开。在室外将预汽提塔去第一汽提塔的流程完全准备好以后，室内可以开始将预汽提塔切入。首先将第一萃取精馏塔塔底向预汽提塔进料的进料调节阀逐步打开，同时将第一萃取精馏塔向第一汽提塔的进料调节阀逐步关小，直至进预汽提塔的调节阀完全打开而进第一汽提塔的调节阀完全关闭，预汽提塔的切入过程完成。在此操作过程中应尽量保持第一萃取精馏塔塔底采出量的稳定，注意丁二烯气体压缩机的入口压力变化并及时调节，注意保持压缩机出口返回第一萃取精馏塔塔底的粗丁二烯流量的稳定，还应注意溶剂热利用系统的加热效果。

当预汽提塔塔底开始见液面并且确知塔压达到正常操作压力时，打开预汽提塔塔顶去第二萃取精馏塔的进料阀，控制预汽提塔塔底液位为正常的液位，开始向第二萃取精馏塔进料。

预汽提塔的切出，一般在停车前生产负荷降低时进行。接到切出预汽提塔的命令后，缓慢打开第一萃取精馏塔去第一汽提塔的进料调节阀，同时关闭第一萃取精馏塔去预汽提塔的进料调节阀，直到第一萃取精馏塔去第一汽提塔的进料调节阀完全打开，而第一萃取精馏塔去预汽提塔的调节阀完全关闭。待预汽提塔的压力低于正常操作压力时，关闭预汽提塔去第一汽提塔的进料调节阀。关闭预汽提塔去第二萃取精馏塔的气相进料调节阀，室外关闭手动阀，预汽提塔的切出完成。

2. 洗胺塔的切入和切出操作

在开工初期切入洗胺塔之前，当蒸汽冷凝水罐有蒸汽冷凝水后，启动蒸汽冷凝水泵向洗胺塔通入蒸汽冷凝水，用手动阀调节洗胺塔进水冷却器的冷却水量，使水温控制在40℃，当塔顶玻璃板液位计有指示时，由液位调节阀从塔底开始排水，将塔液位调节稳定即可。当第二萃取精馏塔塔顶质量合格后，第二萃取精馏塔塔顶粗丁二烯向第一精馏塔进料，在第一精馏塔的压力与第二萃取精馏塔塔压力相等时并且确知洗胺塔已有液位后，打开第二萃取精馏塔回流罐去洗胺塔的阀门和洗胺塔去第一精馏塔的阀门，切断自第二萃取精馏塔回流罐通往第一精馏塔的粗丁二烯，并根据成品丁二烯的胺值调节洗胺塔的洗胺水量。

当停车初期需要切出洗胺塔时，先将洗胺塔进出粗丁二烯的阀门关闭，以防物料反窜，同时注意界面变化，以免造成塔超压。打开第二萃取精馏塔回流罐通往第一精馏塔的阀门。应该注意的是洗胺水在切出洗胺塔时仍正常循环，待切出稳定后再关闭洗胺水进出口阀门。

3. C_4进料蒸发器的切换操作

在切入C_4进料蒸发器的备用台之前应先对其进行氮气置换，置换合格后方能进行C_4进料蒸发器的切入操作。

首先将C_4进料蒸发器的进出物料阀门打开，使C_4物料充满C_4进料蒸发器的管程，再将C_4进料蒸发器加热溶剂的进出口阀门打开，使热溶剂进入C_4进料蒸发器的壳程。在室内调节C_4进料蒸发器的液位，使C_4进料蒸发器的液位保持平衡，即完成C_4进料蒸发器的切入操作。

在接到切出C_4进料蒸发器的命令之后，首先关闭要切出的C_4进料蒸发器下面的物料阀门，以使切出的C_4进料蒸发器中的C_4物料尽量蒸发干净，然后关闭C_4进料蒸发器上面的物料阀门。关闭C_4进料蒸发器加热溶剂的进出口阀门，将C_4进料蒸发器管程中的C_4物料放空至火炬系统，并用氮气置换干净，壳程中的溶剂由废溶剂线排放至工艺排液受槽并用氮气吹扫干净，至此即完成了C_4进料蒸发器的切出操作。

4. 装置系统或局部循环

在开车初期或生产不正常时，经常出现产品不合格的现象，为了使产品质量尽快合格，生产就需要改为循环。本装置的循环分为以下三种情况：

①开车初期，压缩机开起来以后，由第二萃取精馏塔塔顶馏出的粗丁二烯中乙烯基乙炔含量比较高，不能送往下一道工序正常生产，这时就需要从第二萃取精馏塔塔顶把馏出的粗丁二烯直接送往C_4原料罐，与第一萃取精馏塔塔顶馏出的抽余液混合后再送入装置循环。等第二萃取精馏塔塔顶质量合格后，改为正常生产工艺路线。当生产波动造成第二萃取精馏塔塔顶乙烯基乙炔含量过高时，第二萃取精馏塔也采用上述循环方式，同时将第一精馏塔、第二精馏塔改为自身循环。

②当生产出现波动，第一精馏塔塔底水值、甲基乙炔含量高或者第二精馏塔生产不正常时，将第一精馏塔塔底丁二烯直接送往C_4原料罐循环，待第二精馏塔恢复正常后，再改为正常生产。

③在开车初期或生产出现波动，产品质量不合格时，从第二精馏塔塔顶馏出的产品，不能进成品罐，而要进C_4原料罐循环。待产品合格后，停止循环，产品进成品罐。

4.2 ACN法抽提丁二烯工艺

4.2.1 装置的开车

开车时应填写开车申请单，经技术、设备、安全、消防、调度等有关方面对装置作全面检查确认签字后，方可进行。开车投料前需排放系统内的氮气，但要保证萃取系统正压(大于0.01MPa)。装置开车操作是按设计能力70%进行，开车稳定后逐渐提到满负荷操作。

4.2.1.1 萃取精馏岗位

循环溶剂乙腈冷运和热运：

①溶剂冷运。

溶剂冷运的目的是打通装置溶剂系统的工艺流程，检查溶剂流经的工艺线路上经检修后设备、法兰、阀门等是否存在泄漏并对仪表投用情况进行检验。同时通过溶剂冷运对该系统的设备进行清洗，通过过滤网清理把杂质清除出系统，以便提早发现问题及时进行处理，保障正常开车的顺利进行。

溶剂的冷运必须在各公用工程系统准备就绪，系统经吹扫、气密、置换合格后才能进行。在溶剂冷运前，溶剂储罐事先准备好足够的溶剂，各排放系统具备投用条件。溶剂冷运主要在第一、第二萃取精馏系统进行，第一、第二普通精馏系统只涉及需用溶剂换热的几台溶剂再沸器。在启动溶剂泵前，对溶剂冷运的流程需事先进行确认，避免因某些操作人员对流程不是很熟悉而失误开错阀门发生窜料事故，确保溶剂冷运的顺利进行。

具体操作：与调度和罐区联系收循环溶剂乙腈，从乙腈往返线往循环溶剂罐内收乙腈，当其液面达到50%时，启动第一萃取精馏系统溶剂进料泵和第二萃取精馏系统溶剂进料泵分别向第一萃取精馏塔及第二萃取精馏塔打入乙腈，投循环溶剂流量控制调节阀。当第一萃取精馏塔上段、第二萃取精馏塔上段塔釜液面至50%时，启动第一萃取精馏塔和第二萃取精馏塔中间泵向第一萃取精馏塔下段、第二萃取精馏塔下段打入循环溶剂乙腈。当第一萃取精馏塔塔釜液面达50%时，启动第一萃取精馏塔釜液泵向第二萃取精馏塔下段打入乙腈。当第二萃取精馏塔下段塔釜液面达50%时，启动第二萃取精馏塔塔釜泵进行循环溶剂的冷循环。

②溶剂热运。溶剂冷运循环正常后，确认系统无漏点，溶剂循环回路的所有调节阀和手动阀状态正常后，可以逐步开始溶剂热运。

溶剂热运的目的，是进一步检查溶剂流经的工艺路线上经检修过的各设备、法兰、阀门等是否存在泄漏并对仪表投用情况进行检验，并调整循环溶剂的含水量，使之符合开车条件。

具体操作：打开第一、第二萃取精馏塔塔釜再沸器低压蒸汽调节阀，投用疏水器，把低压蒸汽引入第一、第二萃取精馏塔塔釜蒸汽再沸器，开始加热循环溶剂并适当升塔釜温度。投各塔釜液面自控，投循环溶剂温度自控。溶剂升温后，操作人员要认真检查现场、认真检查各换热器是否出现泄漏，如果需要可进行设备的热把紧。

溶剂热运的次序原则上应按先第二萃取精馏系统，后第一萃取精馏系统的次序进行，也可以第一、第二萃取精馏系统同时进行溶剂热运。在溶剂热运前，应将还未投用加热的溶剂换热器走旁路，确认蒸汽已引入装置，各再沸器前倒淋阀已排尽凝液。接引蒸汽时，一定要先排尽管内液体，并且要先暖管，开启阀门一定要缓慢，有水击、振动时说明管内有液体，要尽快排掉。

③溶剂热循环正常后与调度罐区联系收 C_4原料加入第一萃取精馏塔。投 C_4进料流量表、原料罐液面控制表。装置开车时 C_4进料量为设计能力的70%，开车稳定后逐渐提到满负荷操作。装置各系统开始升温升压，及时从各回流罐排放系统内的氮气。C_4进料后，调整第一萃取精馏塔、第二萃取精馏塔的腈烃比及其他工艺参数，以满足质量控制要求。

④各水洗塔加水。水洗岗位循环的同时(当蒸汽凝液罐液面至50%左右时)，各水洗塔(第一萃取精馏塔抽余液水洗塔、第二萃取精馏塔萃取液水洗塔、不凝气(尾气)水洗塔、二聚物水洗塔)加水进行水循环，注意各系统内排放氮气。各水洗塔的水来自装置蒸汽凝

液罐。

蒸汽凝液罐的操作方法如下：

a. 循环溶剂热运后，系统蒸汽凝液进入蒸汽凝液罐。当其液面达到1/3～1/2时，启动蒸汽凝液升压泵将蒸汽凝液一部分送到第二普通精馏塔蒸汽凝液再沸器作加热介质，同时投蒸汽凝液罐液面控制。

b. 自第二普通精馏塔蒸汽凝液再沸器返回的凝液大部分回蒸汽凝液罐，多余部分送出装置，部分经蒸汽凝液冷却器冷却后启动水泵给各个水洗塔送洗涤水。

⑤调整第一萃取精馏塔工艺质量指标。当其回流罐液面上涨到50%时，启动第一萃取精馏塔回流泵建立塔回流，液面继续上升时部分经第一萃取精馏塔回流泵送入第一萃取精馏塔抽余液水洗塔水洗循环至罐区。投第一萃取精馏塔回流罐液位、回流量自控，投第一萃取精馏塔抽余液水洗塔界面、水量控制。

⑥调整第二萃取精馏塔工艺、质量指标。第二萃取精馏塔回流罐液面上涨达50%时，启动其回流泵建立塔回流，液面继续上升时，部分经第二萃取精馏塔回流泵送入第二萃取精馏塔萃取液水洗塔向罐区循环。投第二萃取精馏塔回流罐液位、回流量自控，投第二萃取精馏塔萃取液水洗塔界面、水量控制。第二萃取精馏塔质量指标合格后作为下一道工序的进料。

⑦第一萃取精馏塔釜出料通过第一萃取精馏塔釜泵引入炔烃闪蒸塔溶剂再沸器，一方面作为炔烃闪蒸塔的热源，另一方面降低第二萃取精馏塔下段的进料温度，稳定第二萃取精馏塔下段的操作。此时应注意及时调节汽提塔的塔釜加热量，确保循环溶剂中的C_4解吸干净。

⑧视具体情况自第二萃取精馏塔下段(汽提塔中部)塔板上抽出侧线物料，分析侧线组成。并根据侧线中乙烯基乙炔、丁二烯的相对比例，调整侧线抽出口及侧线采出量。投侧线采出仪表控制。确保第二萃取精馏塔中乙烯基乙炔分离彻底。

⑨打开炔烃闪蒸塔蒸汽再沸器蒸汽调节阀给炔烃闪蒸塔加热。炔烃闪蒸塔塔釜热量分别由溶剂再沸器(热源为第一萃取精馏塔釜物料)和蒸汽再沸器(热源为低压蒸汽)提供。溶剂再沸器担负提供主要热能的任务，蒸汽再沸器用以补充，保证其回流量，以确保炔烃闪蒸效果。

由于在温度较高情况下，乙烯基乙炔不稳定，当其分压达到0.075MPa或浓度高于50%(摩尔分数)时易发生爆炸，因此，在炔烃闪蒸塔中部加入第一萃取精馏塔塔顶来的丁烷、丁烯馏分作为稀释气，用于降低炔烃闪蒸塔塔顶馏出物中乙烯基乙炔的分压，并使稀释后的C_4烃蒸气露点比稀释前降低，避免冬季凝结。

⑩当炔烃闪蒸塔回流罐液面至50%时启动炔烃闪蒸塔回流泵，投炔烃闪蒸塔塔顶压力、塔顶温度控制。调节其塔釜加热蒸汽流量，保证闪蒸操作合格。分析塔顶乙烯基乙炔含量，调整稀释气(第一萃取精馏塔抽余液)加入量，以确保安全生产。

⑪根据尾气水洗塔水洗效果，调节尾气水洗塔水量、水温。尾气水洗塔一般为填料吸收塔，洗涤水经流量调节后从塔顶进入，与塔底上升的尾气逆向接触吸收尾气中的乙腈，控制出塔尾气中乙腈浓度小于100×10^{-6}(质量分数)。

⑫第一萃取精馏塔或第二萃取精馏塔塔顶产品质量不合格需要循环操作时，为避免原料组成大幅度波动，第一萃取精馏塔抽余液水洗塔、第二萃取精馏塔萃取液水洗塔两塔顶物料应同时采往原料罐区(C_4原料罐)。第一萃取精馏塔或第二萃取精馏塔塔顶产品质量合格后，第二萃取精馏塔萃取液经过第二萃取精馏塔萃取液水洗塔水洗后采往第一普通精馏塔，第一萃取精馏塔抽余液经过第一萃取精馏塔抽余液水洗塔水洗后采出送往下一道工序。

⑬待循环溶剂热运稳定后，投 C_4 进料前，通过亚硝酸钠加料罐开始往溶剂系统中逐渐加入亚硝酸钠溶液。通过分析检测保证其在循环溶剂中的含量在 200×10^{-6}（质量分数）以上。

⑭循环溶剂中常带有一定量的丁二烯二聚物，这会严重影响萃取精馏塔的分离效果。所以，装置开车平稳、生产正常后，萃取系统循环溶剂乙腈通常由溶剂泵抽出一部分去二聚物水洗塔进行再生，使二聚物与含乙腈的水分层，以除去二聚物，达到提高循环溶剂纯度之目的。

⑮进行上述操作时要注意：启动有关萃取系统泵同时，要打开相应的外冲洗阀门，及时从循环溶剂泵引进外冲洗液，以保证泵的正常运转。

4.2.1.2　普通精馏岗位

①第一萃取精馏塔抽余液水洗塔加水。在第一萃取精馏塔未将抽余液送入第一萃取精馏塔抽余液水洗塔、第二萃取精馏塔塔顶未采出物料前，用蒸汽冷凝水给第一萃取精馏塔抽余液水洗塔加洗涤水，投洗涤水流量表。注意排放 N_2，水加至界面1/3处时停止加水。

②第一萃取精馏塔抽余液开始采出时，打开第一萃取精馏塔抽余液水洗塔进料阀并投塔顶界面控制，按照规定的水烃比连续加入洗涤水，第一萃取精馏塔抽余液水洗塔塔顶抽余液经萃取液分离罐采出送往下一道工序，塔釜的循环溶剂乙腈水（萃余相）采往装置废水缓冲罐。

③分析第一萃取精馏塔塔顶抽余液中的循环溶剂乙腈含量，并根据第一萃取精馏塔抽余液进料量调节第一萃取精馏塔抽余液水洗塔洗涤水量。确保第一萃取精馏塔抽余液水洗塔塔顶抽余液中的循环溶剂乙腈含量小于 40×10^{-6}（质量分数）。

④第二萃取精馏塔抽余液水洗塔加洗涤水。加水时注意排放第二萃取精馏塔萃取液水洗塔内的 N_2，水加至塔顶界面 1/3 处时停止加水。

⑤当第二萃取精馏塔顶丁二烯中乙烯基乙炔（VA）含量 $\leqslant 5 \times 10^{-6}$（质量分数）时，打开第二萃取精馏塔萃取液水洗塔顶丁二烯出料阀，粗丁二烯经过水洗涤后靠压差进入第一普通精馏塔，校核第二萃取精馏塔萃取液水洗塔塔顶界面。

⑥当第一普通精馏塔塔釜液面达到 1/2 时，塔釜缓慢升温。注意排放第一普通精馏塔内的 N_2。

⑦随着第一普通精馏塔塔釜温度的缓慢升高，第一普通精馏塔回流罐液面开始上涨，当上涨到回流罐液面的 2/3 时，启动第一普通精馏塔回流泵，将回流液全部打入第一普通精馏塔内，实现全回流操作，投塔顶压力控制、回流罐液面控制。

⑧定期从第一普通精馏塔脱水包排水（开车初期应增加从第一普通精馏塔脱水包排水的次数，以达到产品水值尽快合格之目的），从第一普通精馏塔回流罐气相物料中抽出甲基乙炔尾气，经盐冷处理；凝液返回第一普通精馏塔回流罐。不凝气由流量控制后，排入尾气回收装置或者进入火炬系统。

⑨第一普通精馏塔运行平稳后，启动其釜液泵给第二普通精馏塔进料，并投第一普通精馏塔塔釜液面控制，稳定第一普通精馏塔的操作。

⑩当第二普通精馏塔塔釜液面达到 1/2 时，塔釜开始缓慢升温，投第二普通精馏塔釜温度（或者塔釜液位）控制。注意排放第二普通精馏塔内的 N_2。当第二普通精馏塔回流罐液面涨到 2/3 时，启动第二普通精馏塔回流泵建立回流，投塔顶压力控制以及回流量、回流罐液面控制。启动第二普通精馏塔釜液泵，重组分排往 TBC 回收加热器，投用第二普通精馏塔塔釜采出流量控制。

⑪调节第二普通精馏塔工艺及质量指标，分析第二普通精馏塔塔顶馏出产品质量，如不合格将其送回原料罐，萃取精馏岗的抽余液同时从第一萃取精馏塔萃取液水洗塔改循环。在第二普通精馏塔塔顶产品质量全项指标合格后，塔顶产品丁二烯采往成品罐，萃取精馏岗抽余液也相应地改送往下一道工序。

⑫第一普通精馏塔、第二普通精馏塔进料后，要及时启动阻聚剂 TBC 加料泵，向第一普通精馏塔、第二普通精馏塔内加入 TBC(加在冷凝器气相入口或相应的安全阀下端)，加料初期要将 TBC 加料泵的冲程开得大一些。

⑬当第二普通精馏塔塔顶产品质量全项指标合格后，塔顶产品丁二烯采往成品罐。此时，按需来决定产品丁二烯中是否加入 TBC，如产品丁二烯是供下道工序连续使用，则无须加入 TBC，否则必须使产品丁二烯中的 TBC 含量保持在 $50\times10^{-6}\sim150\times10^{-6}$(质量分数)，以确保储运安全。

4.2.1.3　循环溶剂回收岗位

①二聚物水洗塔接到来自第二萃取精馏塔萃取液水洗塔塔釜的洗涤水后，塔中液位逐渐上升，当塔顶界面达到 1/3 时，投二聚物水洗塔塔顶界面控制。需要时循环溶剂乙腈从萃取系统溶剂泵采出一部分送进二聚物水洗塔进行再生，丁二烯二聚物与含乙腈的水分层后从塔顶采出，塔釜的乙腈水(萃余相)采往装置废水缓冲罐分析塔顶物料中乙腈含量，调节洗涤水量。

②当装置废水缓冲罐液面上涨至 1/2 时，启动循环溶剂乙腈再生塔进料泵给塔进料，其进料流量表先可以设定为手动，稳定后可以改为自动。当循环溶剂乙腈再生塔塔釜见液面后，开始缓慢升温，釜温升至控制指标时，塔釜物料经分析合格后采出，若不合格则自身循环，投塔釜液位控制，投塔釜蒸汽量控制。

③当循环溶剂乙腈再生塔回流罐液面涨到 1/2 时，启动回流泵建立回流，投回流量表，循环溶剂乙腈再生塔塔顶乙腈纯度合格后采往循环溶剂罐。分析循环溶剂乙腈再生塔塔釜液 ACN 含量，当其中 $ACN\leqslant100\times10^{-6}$(质量分数)时，釜液改去污水处理厂。

④分析循环溶剂乙腈再生塔塔顶产品质量，调节其工艺条件。回流罐液面继续上升时，投回流罐液面控制。再生后的循环溶剂乙腈一部分经过回流泵打回流，其余部分在保证回流的条件下，采到循环溶剂储罐。

⑤循环溶剂乙腈再生塔塔顶馏出物一部分去腈、烃类换热器，从第二普通精馏塔釜采出一部分釜液到腈、烃类换热器回收循环溶剂乙腈再生塔塔顶馏出物中部分热量，蒸出的烃蒸气返回第二普通精馏塔塔釜。另一部分去循环溶剂乙腈再生塔塔顶冷凝器。

⑥循环溶剂乙腈再生塔生产正常后，塔釜出水部分采至第一萃取精馏塔抽余液水洗塔和第二萃取精馏塔萃取液水洗塔中部作洗涤水，其余部分送出界区。

当乙腈装置的三个岗位(萃取精馏岗位、普通精馏岗位、循环溶剂回收岗位)顺利运行、平稳生产后，整个乙腈装置开车就算正常。这时第一萃取精馏塔进料量可以分步逐渐提高到满负荷。

4.2.1.4　装置开车过程中异常现象及处理

在检修后装置开车过程中，由于在检修中动过的阀门、法兰、管线比较多，容易造成物料泄漏，也容易发生管线等设备堵塞的现象。从而造成塔系统温度压力的波动，引起塔釜液面波动、产生液泛等开车过程中的异常情况。对于这种情况的处理，必须及时准确，否则将严重影响装置的安全生产。

1. 开车过程中塔压波动的原因及处理方法

(1)波动的原因

开车过程中塔釜温度突然升高、进料中轻组分增加过多、进料量加大、采出管线冻堵、压控调节阀或采出调节阀失灵等都可以引起塔压波动。

(2)处理方法

首先要判断引起塔压波动的原因而不是简单的只从调节上使塔压恢复正常，要从根本上消除造成塔压波动的因素，使塔保持正常操作。例如，当塔顶冷凝量不足引起塔压升高时，若不加大冷却水量，而采用加大塔顶采出的方法恢复塔压正常，就可能使重组分带到塔顶，造成塔顶产品不合格。又如当釜温突然升高引起塔压上升时，重要的是使釜温恢复正常，而不是靠增加冷却水量或加大塔顶采出量来降低塔压，否则将容易产生液泛，破坏塔的正常操作。由于设备原因影响了塔压正常操作时，应考虑改变其他操作条件维持生产，严重时要停车检修。

2. 塔釜温度波动的原因及处理方法

(1)波动的原因

塔压是引起釜温波动的一个重要因素。当塔压突然升高时，釜温也会随之升高，但一会又会下降，这是因为塔压升高使塔釜的泡点升高，塔内上升蒸气量减少，塔釜混合液中轻组分蒸出不完全，从而使釜温也下降。相反，塔内压力突然下降，塔内上升蒸气量增加，这样重组分会带到塔顶，随釜液组分的变化，釜液泡点随之上升，釜温随之升高。因此，操作中只有把塔压固定在要求的指标上，才能确切地知道釜温是否符合工艺要求，否则会导致错误的操作。

另外，进料中轻组分多，釜温低；重组分增加，釜温升高，釜中有水或再沸器被自聚物等堵塞，蒸气压力波动，调节系统失灵，物料平衡破坏等都会引起塔内温度波动。

(2)处理方法

釜温波动时要分析原因，针对实际情况分别加以消除。例如，塔顶采出量过小，会使轻组分过多地压入塔釜使釜温下降，此时若不增加塔顶采出量，而单纯地加大塔釜加热蒸汽量，不但对釜温没什么作用，严重时会造成液泛。又如，塔釜再沸器列管因堵塞使釜温下降，此时就应停车检修或更换设备。

3. 塔顶温度波动的原因及处理方法

(1)波动的原因

引起塔顶温度波动的原因有塔压升高，塔顶温度升高；釜温升高，塔顶温度升高；回流温度高或回流量变小也会使塔顶温度升高；进料量过大，塔顶冷凝器超负荷，使回流液温度升高也会使塔顶温度升高；进料中含有不凝气体，使回流量下降也会使塔顶温度升高；冷凝器因列管结垢或有油污，使其冷却效果下降会使塔顶温度升高；塔顶冷剂量或冷剂压力降低也会使塔顶温度升高。

(2)处理方法

当塔顶温度波动时，同样要判断波动的原因，对具体问题要具体分析处理，以维持塔的正常操作。如因塔压升高引起塔顶温度升高，此时产品不会发生大的质量上的变化。但若不去分析引起塔顶温度变化的原因，恢复正常的塔压，而只去降低回流液温度或增加回流量可能造成液泛。又如因釜温升高引起塔顶温度升高，此时只要恢复釜温到正常，顶温就会正常。若不恢复釜温，而采用降低回流液温度的方法，势必造成塔顶冷量、塔釜热量不必要的消耗。

4. 塔釜液面波动的原因及处理方法

(1)波动的原因

①釜液组成因釜温发生变化，当采出量不变时势必造成釜温变化。

②进料组成变化，而釜液排量未变时引起釜液面变化。

③进料量变化，而采出量未变，会引起釜液面发生变化。

④调节系统失灵引起釜液面变化。此时要改自动调节为手动调节，并及时联系检修。

⑤开车初期塔内各板未建立正常的平衡时，引起釜液面变化。

操作中要根据这些原因，采取不同的方法加以处理。

(2)处理方法

塔釜液面的稳定是保证精馏塔平稳操作的重要条件之一。只有当釜液面稳定时，塔釜传热才稳定，从而保证塔内传质的稳定。塔釜液面多是靠塔釜采出量控制，釜液面增高，釜液排出量增大，釜液面降低，排出量减少。若是调节系统失灵引起釜液面变化，此时需要改自动调节为手动凋节，并及时联系仪表进行修理。

5. 精馏塔产生液泛的原因及处理方法

(1)液泛的原因

在精馏操作中，由于设备问题、工艺条件变更，生产负荷突然增加等因素的变化都会使精馏塔产生液泛。

(2)处理方法

当精馏塔出现液泛现象时，精馏塔的正常操作将受到破坏。若是设备问题，应该停车检修。在停车检修前，用降低塔顶压力，减少回流，适当降低釜温来维持生产。若是工艺条件操作不当，釜温突然上升而引起液泛的话，应该停止或减少进料，降低釜温，停止塔顶采出，进行全回流操作，当生产不允许加料时，可将釜温控制在稍低于正常操作温度，降低塔顶压力，稍减少回流，加大塔顶采出，当塔压差恢复正常后，再将操作条件恢复正常。

6. 精馏操作中釜温突然下降、升温困难的原因及处理方法

(1)原因

①在开车升温过程中常遇到的情况：

(a)加热系统疏水器失灵。

(b)凝水罐阀门未开。

(c)再沸器内冷凝液未排空，蒸汽加不进去。

(d)再沸器内物料含不溶解水较多。

②正常情况下：

(a)循环管子堵，使再沸器没有循环量。

(b)再沸器列管堵。

(c)排水阻气阀失灵。

(d)塔板堵，液体回不到塔釜(塔釜液面空)。

(2)处理方法

由于操作问题，通过分析找到原因，采取相应的措施，因设备问题，必须切换设备或停车检修处理。

7. 开车过程中精馏回收岗位的异常情况

(1)第一、二普通精馏塔超压的处理方法

开车初期第一、二普通精馏塔压力超高一般都是由于系统中氮气未排放干净，塔顶有不凝气所致。这时应打开回流罐或冷凝器放空阀，将不凝气排入放空系统，但注意放空阀不要开得太大，以免导致系统压力波动太大，损失过多的丁二烯。此外，甲基乙炔积聚多及第一普通精馏塔回流量太大也会造成压力超高，如回流量太大应适当减少回流量。

如果第一普通精馏塔塔顶超压是由于冷却水压力低或温度高引起，此时应将调节阀全部打开，并将副线阀开至适当位置，以加大冷剂量。

(2)开车初期第一、二普通精馏塔系统水值偏高的处理方法

开车初期第一、二普通精馏塔系统水值偏高，一般是由于设备和管线存在死点，停车时造成系统积水所致。故在开车前的 N_2 置换过程中应把系统各处低点倒淋打开，排净低点管线中的积水，多排勤排。若清理换热器，在安装封头前用压缩气吹出管程中的水。另外，为尽快除去这部分积水，开车后还应加强第一、二普通精馏塔系统的分水，并应定期切换系统的机泵，以尽快将泵体内的积水带走。

4.2.2 装置的停车

装置的停车按性质一般可分为全局性紧急停车(A 级)，局部停车(B 级)和正常停车(C 级)三级。

4.2.2.1 正常停车

1. 停车前的准备工作

①提前准备好停车方案，主要内容包括：停车目的、停车时间、停车步骤、设备的吹扫置换以及盲板安装、管理，并张贴在操作室醒目的地方。操作人员应事先熟悉其中的内容，熟知停车的步骤与程序。若需停车检修，应事先根据实际流程画出盲板图并给每一盲板编号，张贴于操作室内，并由专人负责盲板管理。参与加装盲板的人员应事先熟习盲板的具体加装位置及尺寸。

②人员安排以及工作的范围已划分明确，定好专项负责人。

③停车所用工具及盲板、盲板旗应准备齐全。需更换的设备及其配件应准备齐全。

④若需检修，应事先确定检修内容并制成检修项目一览表，准备好检修工具及检修所用的票证，

⑤停止给普通精制塔加入 TBC，停 TBC 加料泵。停车时将其全部打入精制系统。

⑥适当降低萃取精馏系统、普通精馏系统回流罐液面。

⑦停止丁二烯二聚物水洗塔循环溶剂进料。

⑧关闭稀释气及尾气去尾气回收装置的阀门。

⑨加大乙腈回收塔负荷，准备好存放洗塔水的罐。

⑩准备若干条消防水带和两车沙土备用。

⑪检查消防设备，保证好用，以防万一。

2. 停车程序

正常停车按工作程序大致可分为：停止化学品的加入，停止二聚物水洗塔循环溶剂进料，停止 C_4进料，萃取精馏系统循环溶剂热运、冷运，适当降低萃取精馏系统、普通精馏系统回流罐液面，装置退料倒空，系统氮气置换，萃取精馏系统进行水洗，普通精馏系统进

行化学清洗，循环溶剂回收系统停车，装置进行蒸汽蒸煮，整个装置进行自然冷却或打开人孔进行空气置换。

按正常停车程序停车时，应注意降温、降量的速度不宜过快，对于可回收的组分应尽量回收。为减少系统停车时的物料损耗，停车前，应将生产负荷降到设计生产负荷的60%～80%，同时应将塔、罐的液面尽可能降到低限，地下罐提前清空，能保证存放残余液。

(1)萃取精馏岗位的停车

①萃取精馏岗位操作人员接到上级停车命令后，迅速通知罐区原料岗位操作人员停送原料 C_4，萃取精馏岗位操作人员关闭原料 C_4 进装置的流量调节阀，并关闭原料 C_4 进装置的现场手动阀门及其保护阀。

②装置停进原料后，原料蒸发罐的液位开始下降，此时逐渐关闭原料蒸发罐的液位调节阀，在逐渐关闭热溶剂通过原料蒸发罐再沸器的过程中，应逐渐开大该再沸器的现场旁路阀，确保有序地将原料蒸发罐切出系统。

③装置停进原料后，随着原料蒸发罐有序切出系统，进入第一萃取精馏塔的原料 C_4 逐渐减少，第一萃取精馏塔的操作压力也随之下降，此时对热量的需求也随之减少，这时应适当减少第一萃取精馏塔蒸汽再沸器的蒸汽流量，以保证第一萃取精馏塔塔釜温度的平稳下降，防止超温情况的发生。

④密切注意第一萃取精馏塔塔顶塔釜质量的变化，同时根据实际情况改循环，并关闭侧线采出及稀释气调节阀。继续热溶剂循环，将溶剂内的 C_4 解吸干净。当萃取系统的回流罐液面不上涨时，逐渐减少两塔的溶剂量，减少溶剂循环量，减少回流量，同时减少萃取系统塔底的加热蒸汽量，回收系统内的 C_4。逐渐减少炔烃闪蒸塔加热介质量，解吸溶剂中的烃类。打开循环溶剂乙腈往返线阀，联系罐区将循环溶剂乙腈送回罐区溶剂罐。

⑤停止萃取系统的塔釜加热和溶剂进料，关闭第一、第二萃取精馏塔两塔塔釜的加热蒸汽调节阀和溶剂进料阀，把两塔的压控调节阀阀位开度在手动状态下开至100%。萃取系统的回流罐排空时停两塔回流，将 C_4 等物料继续送往罐区，炔烃闪蒸塔停止加热。

⑥第一萃取精馏塔上段内溶剂利用中间泵倒入第一萃取精馏塔下段，倒空后停其塔釜泵；第一萃取精馏塔下段内溶剂倒入汽提塔，倒空后停其塔釜泵；将第二萃取精馏塔上段内溶剂倒入汽提塔，倒空后停其塔釜泵；将炔烃闪蒸塔内溶剂倒入溶剂罐，倒净后停其塔釜泵；尾气水洗塔停加洗涤水；炔烃闪蒸塔及尾气水洗塔的压控调节阀完全打开，把两塔内的 C_4 全部排到火炬系统。

乙腈水排到装置废水储罐，将汽提塔内溶剂倒入溶剂罐。萃取系统乙腈经过换热器冷却后进入溶剂储罐，为防止超压要注意溶剂储罐中循环溶剂乙腈温度一般不能超过60℃。

⑦把萃取系统内残存的 C_4 物料全部排至火炬系统；打开萃取系统所有去地下罐管线的阀门，把积存在管道和设备内的循环溶剂乙腈全都倒入地下罐，然后压至装置废水储罐。注意：进行此操作时，务必将管道和设备内的循环溶剂乙腈倒净。

⑧为确保装置安全，将控制回路由自动切换到手动。

(2)普通精馏岗位的停车

①第一萃取精馏塔塔顶停止送料后，关闭第一萃取精馏塔抽余液水洗塔丁烷、丁烯进料阀，提高水洗塔顶界面，将 C_4(丁烷、丁烯)顶出第一萃取精馏塔萃取液水洗塔。停加洗涤水，将塔内乙腈水全部排往装置废水储罐。

②第二萃取精馏塔塔顶停止送料后，关闭第二萃取精馏塔萃取液水洗塔粗丁二烯进料

阀，提高水洗塔界面，将 C_4(粗丁二烯)顶往第一普通精馏塔。注意不要窜水。

③第一萃取精馏塔抽余液水洗塔、第二萃取精馏塔萃取液水洗塔两个塔内的乙腈水排入装置废水储罐。

④根据具体情况提前停止接收 TBC 及甲苯，TBC 罐和甲苯罐内剩余物料全部打入普通精馏系统。

⑤第一普通精馏塔停进料后，关闭其进料阀，第一普通精馏塔、第二普通精馏塔分别单塔循环 2h，脱轻、脱重，将第一普通精馏塔及其回流罐内的丁二烯全部送到第二普通精馏塔，然后对第一普通精馏塔塔釜停止加热。

⑥关闭第二普通精馏塔进料阀，并根据塔顶产品质量逐渐降温，减回流，塔顶继续采出(合格去产品罐，不合格去原料罐)。

⑦第二普通精馏塔停回流，停止塔釜加热，塔釜液全部送到重组分加热器，第二普通精馏塔回流罐内 C_4 返回原料罐。

⑧温度降至常温后，第一普通精馏塔塔釜、第一普通精馏塔回流罐、第二普通精馏塔回流罐内的物料分别由泵继续送至原料罐，第二普通精馏塔塔釜液由泵继续送到重组分加热器。

⑨重组分加热器继续加热至 C_4、C_5 组分挥发殆尽时停止加热。重组分加热器停止气相采出，把其中的废 TBC 同二聚物一起排至 TBC 储罐。蒸出的 C_4、C_5 组分进残液罐，然后由残液回收泵采往罐区。

(3)循环溶剂回收岗位的停车

①停止二聚物水洗塔循环溶剂进料，二聚物水洗塔停进洗涤水(蒸汽凝液或再生水)，塔内的乙腈水排入装置废水储罐(二聚物水洗塔可以视具体情况提前停车)。

②循环溶剂回收塔继续回收各水洗塔倒空的乙腈水及停车后洗塔的乙腈水，塔顶乙腈及塔釜液质量合格时正常采出，塔顶不合格加大回流量，塔釜液不合格时，返回装置废水罐。

③所有含乙腈的水处理完后停循环溶剂回收塔进料泵，塔顶继续蒸出塔内乙腈，逐渐减回流，减塔釜加热蒸汽量，塔顶继续采出。

④循环溶剂回收塔塔顶馏出物质量不合格时，停止塔釜加热，塔顶物料、塔釜的乙腈水一起排入地下罐。

4.2.2.2　紧急停车

ACN 丁二烯抽提装置紧急停车处理程序如下：

1. 紧急停车原则

在当班值班长(班长)通知相关部门和人员的同时，对当班人员发出紧急停车指令，当班人员立即按各自的岗位职责进行紧急停车：内操人员立即切断装置内外工艺流程上的联系(物料不进、产品不出)，热源加热阀切断，塔顶压力控制调节阀打开，以防塔系超压，外操人员立即进入装置现场处理后续工作如关闭原料进料阀、蒸汽总阀、停止机泵运转等。

2. 紧急停车步骤

①发生紧急停车时，由当班值班长(班长)通知调度、值班人员和本部门(车间或单元)直接领导，再由调度或值班人员向相关领导报告。

②立即关闭蒸汽调节阀及蒸汽总阀，停止加热。

③立即停止原料 C_4 进料。

④停止萃取精馏、普通精馏、溶剂回收等系统塔顶、塔釜采出，关闭采出阀。

⑤各个水洗塔停止加水，关塔顶界面控制阀及保护阀。

⑥汽提塔停止侧线采出，关炔烃闪蒸塔塔釜采出阀。

⑦关闭去界区的丁二烯、丁烷、丁烯等产品采出阀门，关污水出装置阀门。

⑧各塔顶压力控制调节阀打开以防塔系超压。加强巡检，注意各塔、罐的温度、压力、液位的变化，如超压可向火炬系统放空。

3. 紧急停车后的其他后续处理过程及步骤可参照正常停车程序处理。

4.2.2.3 停车后的处理

1. 倒空与置换

萃取精馏系统在循环溶剂退料倒空前必须进行溶剂热运与冷运。

普通精馏系统的物料全部回收后，打开精馏系统各排放至火炬的阀，把剩余物料放空至火炬系统，然后用氮反复充压进行置换工作。

确认各系统退料倒空完毕后，关闭所有系统去地下罐的阀门与放空阀，各塔系进行单独氮气置换，气体经过各塔顶放空阀排至火炬系统，直至各塔系置换合格。

2. 萃取系统水洗

为了完全清除萃取精馏系统各设备内残留的循环溶剂，而且使之回收，便于大检修安全、顺利的进行，有必要在萃取精馏系统停车、倒空、N_2置换后，进行水洗工作。

水洗时，水可直接送入第一萃取精馏塔回流罐与第二萃取精馏塔回流罐内，再分别由各自的回流泵送入第一萃取精馏塔上段和第二萃取精馏塔上段。第一萃取精馏塔上段和第二萃取精馏塔上段塔釜中的水溶液由各自的中间釜液泵送入第一萃取精馏塔下段和第二萃取精馏塔下段。第一萃取精馏塔和第二萃取精馏塔塔釜水最终送到装置废水罐(槽)，待以后回收其中的循环溶剂。

条件允许时，萃取系统水洗可以进行多次。

3. 普通精馏系统化学清洗

为彻底破坏和清除第二普通精馏塔塔顶和第一普通精馏塔塔釜以及产品丁二烯储罐等中可能积聚的丁二烯过氧化物，消灭装置的不安全因素，确保大检修的质量和装置安全开车，在各系统N_2置换后，对以上几个系统必须用硫酸亚铁水溶液进行循环浸泡清洗。

硫酸亚铁水溶液化学清洗结束后，溶液不能随意排放，必须将硫酸亚铁溶液全部排入到指定位置，以保护环境。

4. 蒸汽蒸煮

蒸汽蒸煮必须在萃取精馏系统完成水洗和普通精馏系统完成硫酸亚铁化学清洗工作后进行，系统蒸煮的目的是使存在死角的系统，借蒸汽蒸煮使死角内的可燃物挥发，随蒸汽一起排出系统，降低系统中可燃物含量，同时可借助蒸汽除去部分气味，有利于施工人员进入设备进行检修清洗，确保检修安全顺利进行。

蒸汽蒸煮时，应打开塔顶人孔，然后在各塔釜通入蒸汽对塔进行蒸汽蒸煮，蒸汽从塔顶排出，为确保蒸汽蒸煮效果，塔的其他人孔不应打开，使蒸汽自下而上进行全塔蒸煮。

5. 自然冷却或空气置换

设备经过蒸煮后，其内部温度较高，在施工人员进入设备进行检修前，必须进行一段时间的自然冷却或空气置换，确保人员进入设备内进行检查、清洗等工作的安全。空气置换时，可让设备进行自身置换，也可通入空气或用鼓风机等手段进行加速置换，使设备内温度、氧含量更快达到规定要求。

4.2.2.4　装置交付检修前应做的工作

1. 装置大检修及局部检修交出应具备的条件

(1)装置大检修交出应具备的条件

ACN抽提丁二烯装置在大检修停车后需要进行系统退料倒空、系统氮气置换、萃取精馏系统进行水洗，普通精馏系统进行化学清洗，蒸汽蒸煮、空气置换等多项操作。

装置大检修前应具备的条件为装置物料倒空与置换干净彻底、萃取精馏系统水洗和普通精馏系统化学清洗合格、蒸汽蒸煮后，可燃物含量<0.1%，$19.5\% \leqslant O_2 \leqslant 23.5\%$，自然冷却或空气置换到外界环境温度，方便检修人员进出施工。与外界相连的物料及公用工程管线界区阀应关闭，并按照大检修盲板图加上盲板，蒸汽凝水管线及设备全部排空，联系电工车间给装置内所有电动设备停动力电，但照明电应继续接通，照明设备照常使用。

(2)装置局部检修交出应具备的条件

ACN抽提丁二烯装置可分为萃取精馏单元(包括第一、第二萃取精馏塔、原料蒸发罐、炔烃闪蒸塔及尾气水洗塔)、普通精馏单元(包括第一、第二普通精馏塔及第一、第二萃取精馏塔萃取液水洗塔)、溶剂回收单元(包括循环溶剂回收精馏塔、二聚物水洗塔)。在工艺需要时每个单元可以单独切出进行局部检修。

①萃取精馏单元需要局部检修时，执行萃取精馏单元的停车程序，见4.2.1.2中萃取精馏岗位的停车。

普通精馏单元可以进行全塔物料不倒空的带料停车或执行停车程序，见4.2.1.2中普通精馏岗位的停车，但只需进行物料倒空后用N_2保压而不用置换干净。

溶剂回收单元可以进行系统全塔物料不倒空的带料停车或执行停车程序，见4.2.1.2中溶剂回收单元的停车或进行继续生产或进行溶剂回收单元的循环。

如果萃取精馏单元检修时间较短或需要局部(系统中的某一个塔系、单元等)检修时，普通精馏单元可以进行全塔物料不倒空的带料停车方案。如果萃取精馏单元检修时间较长，普通精馏单元可以执行停车程序，见4.2.1.2中普通精馏岗位的停车，但只需进行物料倒空后用N_2保压而不用置换干净。

如果萃取精馏单元检修时间较短或需要局部(系统中的某一个塔系、单元等)检修时，溶剂回收单元可以进行系统全塔物料不倒空的带料停车或进行继续生产或进行溶剂回收单元的循环。如果萃取精馏单元检修时间较长，溶剂回收单元可以执行停车程序，见4.2.1.2中溶剂回收单元的停车，但只需进行物料倒空后用N_2保压而不用置换干净。

②普通精馏单元需要局部检修时，执行普通精馏单元的停车程序，见4.2.1.2中普通精馏岗位的停车。

萃取精馏单元可以进行全塔物料不倒空的带料停车或执行停车程序，见4.2.1.2中萃取精馏岗位的停车，但只需进行物料倒空后用N_2保压而不用置换干净。

溶剂回收单元可以进行系统全塔物料不倒空的带料停车或执行停车程序，见4.2.1.2中溶剂回收单元的停车或进行继续生产或进行溶剂回收单元的循环。

③溶剂回收单元需要局部检修时，执行溶剂回收单元的停车程序，见4.2.1.2中③溶剂回收岗位的停车。

萃取精馏单元可以进行全塔物料不倒空的带料停车或执行停车程序，见4.2.1.2中①萃取精馏岗位的停车，但只需进行物料倒空后用N_2保压而不用置换干净。

普通精馏单元可以进行系统全塔物料不倒空的带料停车或执行停车程序，见4.2.1.2中普通精馏单元的停车或进行普通精馏单元的循环。

2. 装置大检修及局部检修与装置界区外部的关系

装置大检修及局部检修部分与装置界区外部用盲板断开，达到检修条件部分与界区完全隔离。

装置大检修时，除新鲜水及照明电应处于正常使用状态外，其余公用工程如蒸汽、氮气、循环水、仪表风均应从界区总阀处与外界断开，以免发生意外事故。物料管线包括：C_4原料线、成品采出线、循环线、重组分线、外购线、液化气采出线、溶剂往返线、污水线、放空总管线也应将界区阀关闭，并加装盲板，以免其中物料反窜回来，造成事故。

装置局部检修，应根据实际情况将检修系统与外界相连的管线从界区处断开，并加装盲板。

3. 装置大检修及局部检修应加装的盲板及管理办法

在装置检修的状态下，为确保人身和设备安全，必须做好盲板管理工作。检修期间根据情况的不同可以采用将装置与装置界区外整体用盲板隔离的方法，也可以采用将塔与塔之间用盲板隔离开的方法，使之成为一个独立的系统，保证装置检修期间检修和进入清理的安全。在加装盲板时不仅需要对物料管线加装盲板，而且对放空管线、氮气管线、蒸汽管线、分析取样点、TBC 管线、糠醛管线、溶剂管线等与需要检修的系统相连的管线也必须加盲板。进入清理的设备必须用盲板把它和其他设备完全隔离开，保证在进入清理时，系统外的物料不会进入需要检修的设备内。

加装盲板之前要制定严密的计划，绘制详细的盲板图。盲板要有编号，加盲板之后要挂盲板旗。盲板安装之后，任何人都不许擅自将盲板拆下来，如果确实需要拆卸盲板，必须先填写申请，经批准后方可进行，并指定专人负责盲板管理，盲板的添加和拆除都必须有文字记录。

盲板的加装原则有：

①氮气系统中除仍需使用氮封的设备外，其他与设备相连的氮气管线均需加设盲板进行隔离。

②装置与界区外部相连的工艺管线需加设盲板进行隔离。

③检修中需要进入的设备与其他设备相连的管线必须加设盲板进行隔离。

④检修中需要动火的设备管线，必须在与前后系统连接处加盲板切断并氮气置换合格，不得用关闭阀门代替盲板进行切断。

⑤检修中不同单元之间也应加盲板进行隔离。

4.2.2.5　装置停车过程中异常现象及处理

在停车过程中，要加强对整个装置的监控，防止塔和设备出现超温、超压现象。如果出现超温，应降低加热蒸汽量，降低温度；如果出现超压现象，应打开放空管线，向火炬放空。

1. 停车过程中塔回流突然停止的原因及处理方法

(1) 回流突然停止的原因

①回流泵电机跳闸。

②回流液罐内物料被抽空。

③回流泵入口管被杂质堵塞。

④低沸点物质回流液温度过高，而输出量过小，在泵内汽化而不上量。

(2)处理方法

①恢复回流泵电机启动按钮。

②保持回流液罐液位。

③清理回流泵入口管内堵塞物。

④控制工艺条件，使低沸点物质在泵内不汽化从而确保泵上量。

⑤当一时还恢复不了正常操作时，应停止塔顶采出，进行全回流操作。

2. 在停车过程中塔釜液面满或空的原因及处理方法

塔釜液面的控制应该以塔釜液排出量来控制，在正常操作中，虽然进料、采出、回流等条件都已定，但塔釜采出量也随塔内温度、压力、回流等操作条件的改变而变化。当进料量不变，塔釜温度升高多则必然影响塔釜中轻组分减少；塔釜液量减少，如排出量不减少，液面必然要空。若保持塔釜的一定液面，就必然减少排出釜液量，要恢复正常操作，必须靠降低釜温来提高塔釜液排出量。

在精馏操作其他条件都不变的情况下，进料组成中重组分增加，塔釜釜液量也应增加。如不增加排出釜液量，而是提高塔釜温度来保持釜液面稳定，被蒸到塔顶的重组分量必然增加，造成塔顶产品质量下降。

3. 停车过程中精馏回收岗位的异常情况

(1)第二萃取精馏塔萃取液水洗塔向第一普通精馏塔窜水的处理方法

若第二萃取精馏塔萃取液水洗塔液面控制过高，洗涤水不慎窜入第一普通精馏塔时，应立即停止第一普通精馏塔塔釜加热，在最低点排水，放水完毕后再重新升温，以防造成超温、超压。

(2)重组分排往罐区时，重组分罐液面长时间不下降的处理程序

首先检查现场液面和室内仪表所示液面是否一致。若不一致，说明仪表故障，检修时应联系仪表工修理。

若仪表显示无误，则可能是残液泵不上量。导致残液泵不上量的原因主要有以下三个：

①停车期间残液的组分比平时生产时更为复杂，也更易将重组分残液泵的过滤网堵塞。若属于这种情况，应停泵清理过滤网。

②由于重组分加热器已停止 C_4、C_5 蒸出，重组分残液泵内的压力可能随其重组分罐液面的下降而降低。当罐内的压力低于残液泵出口压力时，就造成残液泵不上量、重组分残液罐液面久排不下的结果。此时，应给重组分罐充 N_2，提高重组分残液泵入口压力，残液泵就可正常运转，排放残液了。

③冬季可能出现管线冻堵，要及时查找冻点并吹通。

4.2.3 装置的正常操作

4.2.3.1 装置操作的几点知识

1. 乙腈含水量

①由于乙腈 76℃时与水形成共沸物(共沸物组成中含水量为 15%)，所以，从循环溶剂回收塔塔顶很难得到浓度大于 85% 组成的溶剂乙腈，这样就使得循环乙腈中总是含有一定量的水。

②实践证明，乙腈中含有一定量的水对萃取精馏塔操作是有利的。第一，它可增加乙腈溶剂的极性，使原料中各组分对丁二烯的相对挥发度远离 1。第二，它可适当降低萃取精馏

塔的塔釜温度，减轻丁二烯的热聚合与塔釜蒸汽消耗量。例如，0.4MPa 压力下乙腈与丁二烯混合液的泡点为126℃（无水乙腈，丁二烯44%）；当乙腈含水10%时，0.4MPa 压力下乙腈与丁二烯混合液泡点降到115℃。

③循环溶剂乙腈中含水量不能太高，否则会使乙腈浓度降低，造成烃类在乙腈中的溶解度降低，在萃取精馏塔塔板上出现烃、腈两相分层的现象。另外，乙腈中含水量太高，还会加剧乙腈的水解，尤其在温度比较高的情况下（140℃以上），乙腈水解产物醋酸会加剧设备腐蚀并会对乙腈水解起催化作用（醋酸可在循环溶剂回收塔中除去）。乙腈适宜的含水量为10%左右。乙腈中如含水太多（大于10%），可加强从第一、第二萃取精馏塔两塔回流罐排水，并加强循环溶剂回收塔的操作，提高回收乙腈的浓度，这样可减少乙腈中的含水量，使乙腈的浓度提高。

2. 影响萃取精馏塔内溶剂乙腈浓度的主要因素

溶剂乙腈浓度在此是指溶剂与 C_4烃在塔内的相对量，溶剂浓度增高，就是指溶剂的量增加或说 C_4烃的量减少，反之亦然。溶剂浓度是影响萃取精馏分离能力的重要因素，建立这个概念，了解其影响因素及溶剂在塔内的分布情况，对萃取精馏操作具有重要的指导意义。

在以乙腈为溶剂的萃取精馏操作中，影响塔内溶剂浓度的因素主要有下列几方面：

（1）腈烃比

腈烃比是指进塔的溶剂量与进塔的混合 C_4量（均为质量流量）之比，如下式所示：

$$腈烃比 = 进塔的溶剂乙腈量/进塔的混合\ C_4量$$

显然，如腈烃比为7，进塔的混合 C_4为8000kg/h，则进塔的乙腈量为56000kg/h。腈烃比越大，乙腈溶剂在塔内的浓度越高，分离能力就越强。不过腈烃比太高，萃取精馏乙腈循环量就大，设备投资、热量消耗、动力消耗就大。

（2）回流比

腈烃比不变即进塔的乙腈量，进塔 C_4的量不变时，增加回流比会使塔内溶剂浓度降低。因回流加入塔内的是塔顶馏出的 C_4（对第一萃取精馏塔是塔顶的丁烷、丁烯；对第二萃取精馏塔是塔顶的粗丁二烯），回流比越大，塔内 C_4量就越多，而乙腈的量不变，势必造成塔内乙腈浓度降低。

（3）回流液温度的影响

萃取精馏与普通精馏一样，除塔顶按一定的回流比加进的回流外，还有内回流，这主要是因为从塔顶加入的温度较低的回流将使塔内上升蒸汽冷凝并逐板下流所致。回流液温度越低，内回流越大。这样就使塔内 C_4烃的量相对增加，从而使乙腈浓度下降。

（4）溶剂温度的影响

萃取精馏一般都在较高腈烃比下进行，塔内溶剂流量很大，故此溶剂的温度对塔内温度的影响也很大。溶剂温度变化1℃，塔内热量就变化很大，对操作就会带来很大影响。影响最大的是塔的内回流。溶剂温度降低会使塔内 C_4烃蒸气大量冷凝，结果是使塔内溶剂浓度降低。溶剂温度对塔内回流的影响进而导致对溶剂浓度的影响，较之回流温度的影响要大得多。一般溶剂温度变化6℃会使回流比的数值增加（或减少）10，在萃取精馏操作中，溶剂温度要严格控制，不能任意改变。

（5）进料状态的影响

C_4烃进料如果是饱和气体进料，则提馏段液体流量等于精馏段的液体流量，溶剂浓度不发生变化。若进料改为饱和液体进料，则提馏段的液体流量等于精馏段的液体流量与进料液体量之和，这样提馏段内 C_4烃量增加(液相)，使溶剂稀释，从而提馏段的溶剂浓度变低。

3. 溶剂温度对萃取精馏操作的影响

在萃取精馏操作中，溶剂的流量远远大于 C_4的进料量(腈烃比为7时，比如烃进料量为8t/h，则乙腈的进料量为56t/h)，所以，溶剂的显热在全塔热平衡中占了很大比例。溶剂进塔温度稍有波动，就会引起全塔温度、压力波动。所以为了稳定操作，应严格控制溶剂的进料温度。

当溶剂乙腈的进料温度偏高时，一方面使溶剂的挥发性增强，造成塔顶馏分因溶剂量增加造成溶剂损失，增加溶剂回收的困难；另一方面造成塔顶馏分中关键组分丁二烯含量增加，使塔顶产品质量不合格；还会引起塔压升高。当溶剂乙腈的进料温度偏低时，最大的影响是使塔的内回流量过大(冷的溶剂进塔后相当于给塔自上而下增加了流动的“内冷凝器”，使上升的 C_4蒸气冷凝，使 C_4烃冷凝并大量积存在塔内，严重时会造成液体超负荷而引起塔的液泛。如果塔釜的加热蒸汽量不足，还可能造成塔釜温度下降，使塔釜产品质量不合格(1－丁烯或反2－丁烯超过控制指标)。

4. 第二萃取精馏塔的腈烃为什么比较小

第一萃取精馏塔溶剂比为6.5～7.5，第二萃取精馏塔的溶剂比为2～4，这主要是由被分离物料的性质决定的。在第一萃取精馏塔作为轻关键组分的顺2－丁烯对丁二烯的相对挥发度(溶剂存在时)为1.37，在第二萃取精馏塔丁二烯对乙烯基乙炔的相对挥发度(溶剂存在时)为2.64，可见，在第二萃取精馏塔中丁二烯与乙烯基乙炔的分离，比在第一萃取精馏塔中丁二烯与顺2－丁烯的分离要容易得多，故此，第二萃取精馏塔的腈烃比第一萃取精馏塔的腈烃比小。

4.2.3.2　正常操作

1. 正常操作程序

(1)萃取精馏岗位

萃取精馏岗位是ACN抽提丁二烯装置的关键工序，第一萃取工序操作的好坏会影响到产品丁二烯的纯度，第二萃取精馏操作的好坏，会影响到产品丁二烯中炔烃的含量，而且它们的操作都直接影响到装置丁二烯的产量和收率。

在原料进料量稳定的前提下，要维持萃取精馏岗位的平稳操作，首先要保持原料蒸发罐液位的稳定。该罐液位不稳定就意味着第一萃取精馏塔的进料量时多时少，直接影响第一萃取精馏塔的正常操作。原料蒸发罐液位靠调节溶剂再沸器加热量来控制，液位高时应加大加热溶剂量，液位低时应减少加热溶剂量。

第一萃取精馏塔用于分离丁烷、丁烯等轻组分，绝大部分丁烷、反2－丁烯和大部分顺2－丁烯在此塔脱除。C_4原料在原料罐汽化后根据实际需要进入第一萃取精馏塔的上段或下段塔板。当原料中的丁二烯含量低时进料口位置可以上移；当原料中丁二烯含量高时则可将进料口位置下移。ACN按一定的腈烃比加到第一萃取精馏塔，腈烃比控制在6～8，溶剂量太小难以保证塔底塔顶的质量，太大会增大溶剂及能量的消耗。

稳定控制第一萃取精馏塔的回流量(回流比为2～4)。回流量过小会降低溶剂回收段的溶剂回收效果，影响塔顶及塔底的产品质量；回流量过大则会稀释塔板上的溶剂，同样会影响塔顶、塔底质量，甚至造成塔的液泛，直接影响装置正常生产。

第一萃取精馏塔有三个中间再沸器，热源为汽提塔塔釜热溶剂，正常生产时要投用，以回收热溶剂的能量，减少塔釜加热蒸汽的消耗。第一萃取精馏塔塔顶压力控制在0.4～0.5MPa。有时第一萃取精馏塔内积存的不凝气（N_2、C_3）会使换热器冷却效果变差，使得塔顶压力升高，这时要从回流罐（或冷凝器）放空，缓慢将不凝气排入火炬，或开大稀释气量，在稳定塔顶压力的前提下，保证塔釜温度在控制范围内。塔釜温度是该塔一定压力下塔釜物料的沸点，压力波动会引起塔各点温度的波动，作为岗位的重要参数，一定要认真控制该塔的压力及温度。塔釜温度通过再沸器的加热蒸汽量控制在115～120℃；要经常检查各疏水器的工作情况，出现故障时切换或修理。

循环溶剂浓度会影响第一萃取精馏塔塔釜温度的控制。当溶剂浓度高时，塔釜温度控制会相应提高，反之，塔釜温度相应降低，故此，应尽量维持循环溶剂的浓度恒定。第一萃取精馏塔、第二萃取精馏塔的回流罐加强排水会提高循环溶剂的浓度。

第一萃取精馏塔塔釜液位由调节阀控制口液位高时，适当加大塔釜采出量、液位低时适当减小塔釜采出量。塔釜液位根据溶剂罐液位（一般应控制在30%～70%）控制。溶剂罐液位高时，塔釜液位则应控制高些。溶剂罐液位低时，塔釜液位相应控制低些，不要将溶剂罐抽空。

为减少丁二烯损失，也为了为下游装置提供合格的原料，第一萃取精馏塔塔顶抽余液中丁二烯要控制在40×10^{-6}（质量分数）以下；为保证成品丁二烯纯度，塔底顺2－丁烯控制在2.5%（质量分数）以下。反2－丁烯控制在0.5%（质量分数）以下。如塔顶、塔底质量都不合格，说明溶剂量不足、回流量不合适，应适当增加溶剂量和调整回流量。

汽提塔与第二萃取精馏塔相当于一个塔，第二萃取精馏塔精馏段塔釜液由釜液泵抽出，控制液位后打入汽提塔的顶部，第二萃取精馏塔的回流比一般控制在2～4。回流量太小会降低溶剂回收段的溶剂回收效果，也不能保证塔顶、塔底产品质量；回流量过大，则会稀释溶剂，也不利于萃取精馏的操作。

第二萃取精馏塔塔顶压力一般控制在0.30～0.35MPa，该压力不能控制太高，否则会提高塔釜液的沸点，使釜温升高且会加剧含水溶剂的水解。

在汽提塔中，丁二烯及少量炔烃在塔上部被蒸出进入第二萃取精馏塔，在汽提塔中、下部塔板间乙烯基乙炔浓度较高，故此，从该区域抽出液相或气相物料进入炔烃闪蒸塔闪蒸出炔烃。由于第二萃取精馏塔C_4、溶剂进料量不同，侧线抽出量及侧线位置也不同，要根据不同的进料量调节侧线抽出量及侧线抽出位置，以免从侧线抽出大量丁二烯，影响装置丁二烯收率，也影响炔烃闪蒸塔闪蒸操作。

第二萃取精馏塔塔顶压力稳定的情况下，汽提塔釜温控制在138℃±4℃，该温度通过控制再沸器的加热蒸汽量来控制。该温度不能太低，否则除了使侧线丁二烯抽出量增大，影响装置丁二烯收率外，还会造成釜液中炔烃解吸不净，使溶剂循环到第二萃取精馏塔塔顶时造成塔顶丁二烯中乙烯基乙炔超过控制的质量指标。

汽提塔釜液，即汽提出烃类的溶剂由釜液泵抽出，经循环溶剂余热系统回收热量并经过溶剂冷却器调节温度后回溶剂罐循环使用，塔釜液位通过采出量控制，故此液位要稳定控制，否则，会影响到溶剂换热器的正常操作，进而影响几个相关塔的正常操作。

从汽提塔侧线采出的含炔烃的液相或气相物料进入炔烃闪蒸塔，闪蒸出的烃类物质从塔顶馏出，经过塔顶冷凝器冷凝后进入炔烃闪蒸塔回流罐。冷凝液由回流泵全部打入塔内作全回流，塔顶不凝气从回流罐上方靠压差进入尾气水洗塔。不凝气从炔烃闪蒸塔回流罐馏出由压力控制调节阀控制压力后送入尾气水洗塔水洗，然后排入火炬（或尾气回收装置）。闪蒸出炔烃的塔釜液由釜液泵抽出，控制液位后通过炔烃闪蒸塔进出料换热器，经萃取系统溶剂冷却器调节温度至35～45℃送至溶剂储罐作为萃取系统的溶剂循环使用。

炔烃闪蒸塔塔釜热源主要由第一萃取精馏塔釜液通过溶剂再沸器提供。

通过调节阀控制加入炔烃闪蒸塔的稀释气量，保证塔顶不凝气中乙烯基乙炔的含量低于40%（质量分数），以免造成因乙烯基乙炔含量太高而发生自分解爆炸。

(2)普通精馏、回收岗位

从萃取精馏岗送来的粗丁二烯在本岗位第二萃取精馏塔萃取液水洗塔水洗，洗掉粗丁二烯中的循环溶剂乙腈，经洗涤后的丁二烯中乙腈含量要求小于0.1×10^{-6}（质量分数）。为此，第二萃取精馏塔萃取液水洗塔应保持适当的水烃比。

丁二烯经过水洗后进入第一普通精馏塔脱除水分和轻组分，水自回流罐脱水包定时排放（正常操作每小时一次，开车初期半小时一次），轻组分从回流罐以气相排出。为减少丁二烯损失，含有甲基乙炔的丁二烯气体盐冷后凝液返回流罐，不凝气排入尾气系统。为保证脱水后丁二烯中的水值合格[$\leq20\times10^{-6}$（质量分数）]，第一普通精馏塔应保证一定的蒸发量。通常，我们以回流指数(回流量与进料量的比值)的高低衡量蒸发量的大小。第一普通精馏塔的回流指数一般控制在1.5，大于1.5则蒸发量过大，小于1.5则蒸发量过小，视脱水、脱轻效果进行调节。脱轻尾气应勤排，排放时流量要小，以免排出量过大造成丁二烯损失，影响装置丁二烯收率。第一普通精馏塔TBC加在塔顶馏出线上，以减少丁二烯自聚。

脱水合格的丁二烯送至第二普通精馏塔脱除重组分，要求塔顶丁二烯的纯度大于或等于99.5%（质量分数）。为保证塔顶纯度合格，第二普通精馏塔应维持适宜的回流量，回流比一般控制在4左右；同时塔釜也应保持一定的排出量，考虑到塔顶有少量的顺2－丁烯、反2－丁烯，该量一般稍小于第二萃取塔至精制系统的顺2－丁烯、反2－丁烯量。根据生产情况的不同，第二普通精馏塔TBC分别加在冷凝器入口、塔顶馏出线或回流管线上，以保证在正常生产时成品丁二烯中不含TBC和装置生产不正常时系统内的TBC含量。塔釜液排至TBC回收加热器，蒸出的气相经冷凝器冷凝进入残液回收罐回收，残留的液相排至TBC回收罐。

生产正常后，从萃取精馏岗循环乙腈中抽出一部分溶剂乙腈进行再生，以除去循环溶剂中的丁二烯二聚物和杂质。再生量一般为装置循环量的1%。再生乙腈进入丁二烯二聚物水洗塔下部，与塔顶流下的洗涤水进行液－液萃取。丁二烯二聚物水洗塔的水腈比控制在1～2，不要太大，否则乙腈水会从塔顶窜到燃料油罐。塔釜乙腈水进入装置废水缓冲罐后，再由进料泵送至循环溶剂乙腈再生塔回收乙腈。循环溶剂乙腈再生塔釜液中乙腈含量应小于或等于100×10^{-6}（质量分数），不合格时送装置废水缓冲罐，再次进行回收处理，不可直接送往污水厂。循环溶剂乙腈再生塔塔顶乙腈纯度应不低于70%，纯度过低时短时间内停止采

往溶剂储罐，并加大回流量或减小塔釜加热量，直到塔顶纯度合格后才能继续采往溶剂储罐。不要因操作失误将大量低纯度的乙腈送至萃取精馏岗，使循环乙腈浓度降低，这样不仅会影响萃取精馏的正常操作，还会加速乙腈水解，造成溶剂损失。

2. 正常质量调节

(1)原料质量指标的变化对产品质量的影响及工艺调节方法。①丁二烯含量的变化对工序及产品质量的影响及调节。丁二烯含量的变化主要影响第一萃取精馏塔的操作，由于折纯腈烃比[溶剂进料量/(C_4进料量×丁二烯含量)]的变化直接影响第一萃取精馏塔塔内丁二烯浓度的分布，浓度分布的改变又使得塔顶组成发生改变。当原料中丁二烯含量提高时，第一

萃取精馏塔塔顶组成中丁二烯的含量也会提高，这时，需增加第一萃取精馏塔的溶剂进料量或降低第一萃取精馏塔的釜温，以使原料质量的波动对第一萃取精馏塔质量的影响减到最小；反之亦然。

②反2-丁烯含量的变化对工序及产品质量的影响及调节。原料中反2-丁烯含量的变化对第一萃取精馏塔及第二普通精馏塔的操作都有影响。反丁烯含量提高，第一萃取精馏塔塔釜组成中反2-丁烯的含量就会增加，丁二烯的浓度下降，丁二烯浓度的下降又影响第二普通精馏塔的浓度分布，使第二普通精馏塔塔顶、塔底组成发生变化。这时，需适当提高第一萃取精馏塔塔釜温度，增加第二普通精馏塔的回流量，以使原料组成的变化对工序和质量的影响降低到最小。

③乙烯基乙炔含量的变化对工序及产品质量的影响及调节。原料中乙烯基乙炔(VA)含量的变化对第二萃取精馏系统的操作影响较大。VA含量高，第二萃取精馏塔塔顶组成中VA不合格的可能性就大，对侧线温度的控制要求也相应提高。

这时，可适当提高第二萃取精馏塔的溶剂量和汽提塔的侧线采出量，同时，对炔烃闪蒸塔的工艺条件进行适当调整(加大塔釜蒸汽量，降低塔压等)。从第二萃取精馏塔塔顶出来的含炔烃高的粗丁二烯对第二普通精馏塔的操作影响也较大，此时，应加大第二普通精馏塔的回流量，以保证产品丁二烯中的炔烃含量在控制指标范围内。

④若原料中C_3变化，应及时调整第一萃取精馏塔不凝气的排量，以稳定塔压力。

⑤当原料量出现波动时，应手动稳定原料进料调节阀以避免出现振荡。与罐区联系稳定C_4送料泵的出口压力，待C_4量稳定后原料进料调节阀投自动。如果是因原料罐液位波动引起的进料波动，应先将原料罐液位调节阀改手动，观察引起波动的原因，待液位稳定后再将原料罐液位调节阀改投自动。

(2)工艺条件变化对产品质量的影响及调节方法

①循环溶剂浓度和温度的波动及调节。乙腈作为萃取剂，当其浓度在90%左右时对丁二烯及炔烃的萃取效果较好，因此，工艺上要求乙腈浓度控制在90%±2%。由于溶剂浓度低于90%装置生产不稳定，故溶剂浓度一般控制在90%左右。在ACN抽提丁二烯装置中，没有直接控制溶剂浓度的手段，只能通过间接手段来控制。当溶剂浓度偏高时，可以采取下列措施来控制溶剂浓度：(a)停止对萃取精馏系统回流罐排水；(b)降低循环溶剂再生塔塔顶乙腈浓度；(c)适当开大溶剂再生量。当溶剂浓度偏低时，可以采取下列措施来控制溶剂浓度：(a)加强对萃取系统回流罐排水；(b)提高循环溶剂再生塔塔顶乙腈浓度；(c)适当减小溶剂再生量；(d)检查相关设备是否有泄漏，如有泄漏及时处理。

如果溶剂温度出现波动，先稳定循环溶剂热利用各环节的工况；再观察溶剂温度调节阀是否出现振荡，如振荡应改手动调节，待查明原因并稳定后再投自动。

②汽提塔侧线温度控制不当引起的波动及调节。汽提塔侧线温度控制不当主要是指以下情况：(a)侧线温度波动区间过大(≤100℃或≥135℃)；(b)要求控制的侧线温度区间因工艺条件的改变没有作及时调整而变得与新的工艺条件不相适应。

对于区间过大，应采取以下措施：(a)加强操作和工艺的管理和监督；(b)对汽提塔釜加热蒸汽量避免超过200kg/次的改变；(c)稳定第一萃取精馏塔塔釜采出量；(d)稳定第二萃取精馏塔塔釜采出量。

对于因区间不合适引起的不当，应采取以下措施：(a)适当加大侧线采出量；(b)根据炔烃闪蒸塔塔顶闪蒸尾气量和尾气中VA含量寻找最合适的温度区间；(c)根据第二萃取精馏塔塔系温度分布改变汽提塔进料板位置和侧线抽出口位置。

③蒸汽压力的波动及调节。ACN 抽提丁二烯装置使用的蒸汽压力等级一般为低压，经压力调节至0.7~0.8MPa 后引入装置使用。当蒸汽源发生波动或上下游用汽装置大幅度调整用汽量时，都会使进入 ACN 装置的蒸汽压力发生波动。此时应采取以下措施：(a)与调度联系，查明波动原因并联系调整；(b)如压力调节阀发生振荡，应改手动控制，当气源稳定后再投自动；(c)监视各个蒸汽再沸器的加热蒸汽量，尽量减少压力波动对装置造成的影响。

④循环水温度和压力的波动及调节。当循环水温度偏高或者压力偏低时，应采取以下措施：(a)与调度联系，查明波动原因；(b)密切监视各冷凝(冷却)器的工作情况及各塔塔顶压力，一旦出现超压立即手动放空。

(3)重点环节的控制与调节

①侧线温度的控制与调节。在 ACN 抽提丁二烯装置中，侧线温度是最重要而又最难控制的工艺条件。对侧线温度的控制包括以下三部分：

(a)侧线温度区间的选定。侧线温度区间的选定应以炔烃闪蒸塔闪蒸尾气量和尾气中 VA 的含量为依据。根据物料平衡，如果第二萃取精馏塔塔顶 VA 含量在工艺控制指标范围内，则炔烃闪蒸塔塔顶 VA 流量应与原料中的 VA 流量相等，用公式表达为：

炔烃闪蒸塔塔顶尾气量×炔烃闪蒸塔塔顶 VA 含量 = C_4进料量×原料中 VA 含量

由上面的公式，再根据实际的尾气排放量和具体的分析数据，我们就可以确定侧线的温度区间。

(b)侧线位置的选定。侧线位置的选定应以第二萃取精馏塔塔系温度分布、汽提塔塔釜乙腈中炔烃的解吸情况为依据。

当第二萃取精馏塔塔系温度分布上移时，我们可将侧线口适当上移；当温度分布下移时，可将侧线口适当下移。

汽提塔塔釜乙腈解吸情况对第二萃取精馏塔的 VA 也有很大的影响。根据吸收原理，第二萃取精馏塔塔顶馏出物中 VA 的含量不会低于溶剂乙腈中的 VA 含量。因此，如果汽提塔塔釜乙腈因解吸不好而使 VA 含量超过了工艺控制要求，则第二萃取精馏塔塔顶 VA 含量是不可能满足工艺控制要求的。

我们可根据汽提塔塔釜乙腈解吸情况和第二萃取精馏塔塔顶 VA 含量，通过移动侧线位置来增加精馏段板数或提馏段板数。

(c)第二萃取精馏塔侧线温度的调节。侧线温度的调节在很大程度上依赖于一种经验的操作。由于缺少自动调节的手段，且间接调节的滞后时间又相当长，加大了该温度调节的难度。因此在调节过程中要细心观察汽提塔和第二萃取精馏塔各温度点的变化趋势及速率，汽提塔塔釜加热蒸汽量的改变要根据各温度点的变化趋势及速率进行调整，对蒸汽量的改变要缓慢而有耐心。

②第二普通精馏塔塔釜液面的控制与调节。第二普通精馏塔塔釜液面的控制不要求精确，只要求一定的范围(一般为40%~60%)。

但该塔塔釜液面一旦出现空或满，就会对产品质量造成很大的影响。塔釜蒸空，C_5、C_6、炔烃、乙腈等重组分就会蒸入塔顶，使产品纯度下降，严重时造成产品质量不合格；塔釜液位满很容易使液面超过再沸器气相蒸发线而造成波动，严重时不仅影响产品质量，而且还须从第一普通精馏塔循环以便对第二普通精馏塔进行处理，从而造成不必要的浪费。因此，控制好第二普通精馏塔塔釜液位，对保证产品质量意义重大。

主要的控制与调节手段有：

(a)稳定第二普通精馏塔的进料，在工况变更时应有专人监控第二普通精馏塔釜液位。

塔的进料稳定，塔的操作才能稳定。为稳定第二普通精馏塔的进料，应保证第一普通精馏塔操作条件的稳定，即对第一普通精馏塔的塔釜加热量、回流量等不应作大幅度的调整。

在工况变更时，即前面工序调整进料量或收、停外购丁二烯时，因第二普通精馏塔的进料量和进料组成都有可能大幅度改变，塔釜温控在自动状态下很难调整过来，此时，应改手动，以帮助调整。

(b)当第二普通精馏塔塔釜液面出现大幅度波动时，应立即将塔釜温控改手动，在手动状态下观察塔釜液面的变化情况。当液位上涨时，可每次增加3%~5%的阀位，再观察液位的变化情况，待确信液位稳定地朝一个方向变化后，再决定是开大或关小阀位。当液位只在一定范围内缓慢变化时，可改投自动。

当第二普通精馏塔塔釜液位出现波动时，应避免大幅度调节釜温，同时，也应避免大幅度改变进入腈烃换热器的物料量。任何大幅度的调节只能使塔釜液位波动更加剧烈，从而很容易出现塔釜空或满的情况。

(c)均衡第二普通精馏塔塔釜采出量。塔釜采出量应通过物料平衡方程计算得出，不能进行想当然的控制，更不能长时间不排，或塔顶质量下降时又猛排。控制适量的塔釜采出量是塔釜温度稳定的重要保证。只有塔釜温度稳定，塔釜液位才容易控制稳定。计算塔釜采出的物料平衡方程如下：

进料量(F)=(C_4进料量×原料中丁二烯含量)/(第二萃取精馏塔顶丁二烯含量)

进料量(F)=塔顶采出量(D)+塔釜采出量(W)

F×塔顶丁二烯含量=D×塔顶丁二烯含量+W×塔釜丁二烯含量

③稳定原料中丁二烯含量的意义及措施。第一萃取精馏塔的操作很关键，当该塔操作出现波动或异常时，或者产品质量不合格，造成丁二烯损失；或者对其他系统产生影响，影响全装置的正常生产。而要保证该塔稳定操作。在工艺条件稳定的情况下，关键是要保证进料的原料组成相对稳定，否则，就会给该塔的操作带来困难。

ACN法抽提丁二烯装置接收的粗丁二烯原料组成是相对稳定的，丁二烯含量一般在50%左右。使得原料组成发生较大变化的主要原因是装置开车过程中不正确的循环方法，如第一萃取精馏塔塔顶正常采出抽余液，第二萃取精馏塔、第二普通精馏塔因塔顶质量不合格而向原料储罐循环。此时会造成原料中丁二烯含量升高。相反，第一萃取精馏塔因塔顶质量不合格向原料储罐循环，而第二萃取精馏塔、第二普通精馏塔因塔顶质量合格却继续向产品罐采出，此时就会使原料储罐中原料的丁二烯含量大幅度降低。在收入的C_4原料组成稳定的情况下，采取正确的循环方法是保证第一萃取精馏塔进料组成稳定的关键。

稳定原料中粗丁二烯含量的措施：

(a)开车初期，第一萃取精馏塔、第二萃取精馏塔因为塔顶质量不合格，应该同时向原料储罐循环(第一、第二萃取系统大循环)。

(b)当质量合格后第二萃取精馏塔向精制系统采出丁二烯时，第一萃取精馏塔塔顶也要同时采出丁烷、丁烯。

(c)第二普通精馏塔因塔顶质量不合格向原料储罐循环，此时第二萃取精馏塔塔顶也要由采出改为向原料储罐循环。

采取上述循环方法就可保证原料组成稳定，从而稳定各岗操作。

4.2.3.3　C_4原料变化的操作

C_5含量要严格控制。C_5烃相对于C_4烃具有较高的沸点，实际生产中不易从乙腈中蒸出，造成乙腈中因混有C_5使乙腈溶剂受到污染，造成溶剂的选择性下降，给正常操作带来困难，使装置难于控制。严重时，不仅能造成产品质量不合格，使装置循环，而且长期使用C_5含量高的原料，能使再沸器传热效果显著下降，进而造成再沸器或管线堵塞，直接影响生产。

C_5含量高时，为稳定生产，在实际操作和生产管理上应采取的措施如下：

①要控制好汽提塔的塔釜温度，保证釜温不低于溶剂沸点温度以确保循环溶剂中烃类解吸干净。另一方面要适当增加腈烃比，增大溶剂加入量。同时使回流量加大，以保证第二萃取精馏塔的质量合格。

②严格加强循环溶剂再生塔的工艺条件管理，进一步降低循环溶剂中的轻组分。

③要保证原料蒸发罐罐底循环溶剂加热量，及时排掉原料蒸发罐罐底C_5等重组分，尽量减轻后续工序的压力和影响。维持各塔系、冷却器、再沸器等处在正常操作条件下。

4.2.3.4　设备的切换操作

1. 原料C_4进料蒸发器的切入和切出操作

在切入原料C_4进料蒸发器的备用台之前应先对其进行氮气置换，置换合格后方能进行C_4进料蒸发器的切入操作。

首先将原料C_4进料蒸发器的进出物料阀门打开，使C_4物料充满C_4进料蒸发器的管程，再将C_4进料蒸发器加热溶剂的进出口阀门打开，使热溶剂进入C_4进料蒸发器的壳程。在室内调节C_4进料蒸发器的液位，使进料蒸发器的液位保持平衡，即完成C_4进料蒸发器的切入操作。

在接到切出进料蒸发器的命令之后，首先关闭要切出的C_4进料蒸发器下面的物料阀门，以使切出的C_4进料蒸发器中的C_4物料尽量蒸发干净，然后关闭进料蒸发器上面的物料阀门。关闭C_4进料蒸发器加热溶剂的进出口阀门，将C_4进料蒸发器管程中的C_4物料放空至火炬系统，并用氮气置换干净，壳程中的溶剂由废溶剂线排放至工艺排液受槽，并用氮气吹扫干净，至此即完成了进料蒸发器的切出操作。

2. 再沸器的切出与切入

当再沸器出现堵或漏时，需停车清洗、堵漏。此时可用一台再沸器维持生产，再沸器的切换可按下列步骤进行。

(1)再沸器的切出

①当接到切出再沸器的工作指令后，做好接收含乙腈废水的准备。

②丁二烯萃取精馏塔适当减少进料量，减量时要缓慢，防止进料量骤减。影响塔的稳定操作。

③对要切出的再沸器停止加热。切断蒸汽进口阀门和蒸汽凝水出口阀门。

④对要切出的再沸器停止进料。切断再沸器的进口阀门和出口阀门。

⑤打开再沸器向地下罐的倒料阀门。从再沸器升气管处接上氮气胶管用氮气压料。

⑥待料压净后(倒料管线取样口放不出液相为准)，拆除氮气胶管，接上新鲜水冲洗再沸器，洗液排往地下罐，当罐满时，可暂停水洗(此时回收岗应适当提高塔的进料量)。严禁现场就地排放含乙腈污水。

⑦洗液取样分析，待洗液中常量分析无循环溶剂乙腈时，洗液可用胶管接至污水井，向

污水车间排放。

⑧当洗液中乙腈含量 $<20\times10^{-6}$（质量分数）时，停止水洗，待命检修。

(2)再沸器的切入

再沸器的切入步骤如下：

①对再沸器系统的流程作全面检查后，再沸器（管程）用氮气试压查漏，加压使用皂液查漏，应无气泡出现。

②试压试漏合格后，用氮气吹扫，使再沸器系统中含氧量≤0.05%，然后用 0.05 ~ 0.10 MPa 氮气保压。

③如果再沸器清洗堵漏工作在装置外边进行，在再沸器就位完成（①）②两步工作后，尚需对（壳程）蒸汽系统检漏。此时可缓慢开启蒸汽阀门升压试漏。无泄漏后，再缓慢开启蒸汽凝水出口阀门。

④当上述各点确无问题后，缓慢打开再沸器气相阀门和液相阀门，引入蒸汽，投入正常运转。

⑤在再沸器投入运转后，注意塔的压力变化，防止不凝气（氮气）进入回流罐影响塔的压力控制。

⑥待清洗、堵漏的再沸器投入运转，塔系操作趋于稳定后，视需要可切换另一台再沸器。

3. 装置系统或局部循环

(1)萃取系统循环

当第一萃取精馏塔塔顶丁二烯超高、第二萃取精馏塔塔顶 VA 超高、第二萃取精馏塔塔顶反 2 - 丁烯含量超高时，循环程序如下：

①一萃抽余液水洗塔塔顶采出改送原料罐区，将原送料阀门关闭。

②二萃粗丁二烯水洗塔塔顶采出改去原料罐区，将原送料阀门关闭。

③停止成品丁二烯采往产品罐，第一普通精馏塔、第二普通精馏塔单塔循环。

(2)普通精馏系统循环

当第二普通精馏塔塔顶产品丁二烯纯度过低或 VA 过高（第二萃取精馏塔塔顶 VA 并不高）或塔顶产品丁二烯含循环溶剂乙腈时，循环程序如下（两种）：

①第一种循环程序

(a)关闭第二普通精馏塔回流罐液面调节阀及保护阀、副线阀。

(b)第一萃取精馏塔抽余液水洗塔塔顶采出改去原料罐，第一萃取精馏塔抽余液水洗塔塔顶采出送入下道工序的阀关闭（先开后关）。

(c)第二萃取精馏塔萃取液水洗塔塔顶采出改去原料罐区，第二萃取精馏塔萃取液水洗塔给第一普通精馏塔进料阀关闭，第一普通精馏塔塔釜去第二普通精馏塔进料阀关闭，第一普通精馏塔单塔循环；第二普通精馏塔单塔循环，加大回流，加大重组分排放量。

②第二种循环程序

(a)关闭第二普通精馏塔回流罐液面调节阀及保护阀、副线阀。关闭第二普通精馏塔成品冷凝器去产品罐调节阀保护阀、副线阀。

(b)第一萃取精馏塔抽余液水洗塔塔顶采出改去原料罐区，第一萃取精馏塔抽余液水洗塔塔顶采出送入下道工序的阀关闭（先开后关）。

(c)第二普通精馏塔从回流改去原料罐区循环（如果已造成产品罐质量不合格，连产品罐一起进行大循环)。

当第二普通精馏塔塔顶产品和产品罐成品质量都不合格时，循环程序如下：

①第一萃取精馏塔抽余液水洗塔塔顶采出改去原料罐区，第一萃取精馏塔抽余液水洗塔塔顶采出送入下道工序的阀关闭(先开后关)。

②开产品采出泵出口C_4循环线阀，关闭产品采出泵出口丁二烯成品采出阀，启动产品采出泵，将产品罐中不合格产品送至原料储罐，第二普通精馏塔塔顶继续采出进产品罐。

当产品罐质量不合格，产品中含乙腈时(第二普通精馏塔塔顶产品质量合格)，循环程序如下：

①第一萃取精馏塔抽余液水洗塔塔项采出改去原料罐区，第一萃取精馏塔抽余液水洗塔塔顶采出送入下道工序的阀关闭(先开后关)。

②开产品采出泵出口C_4循环线阀，关闭产品采出泵出口丁二烯成品采出阀，启动产品采出泵，将产品罐中不合格产品送至第二萃取精馏塔萃取液水洗塔重新处理，第二普通精馏塔塔顶继续采出进产品罐。

当产品罐质量不合格，产品中水值过高时，产品罐不合格，成品经产品采出泵出口送入第二普通精馏塔进行重新处理。

4.3 NMP 法抽提丁二烯工艺

4.3.1 装置的开车

4.3.1.1 溶剂冷运

将溶剂储罐内的溶剂用溶剂输送泵送出，溶剂经脱气塔进料泵入口管线进入精馏塔塔釜下层，可微开脱气塔进料泵出口阀，使溶剂缓慢充满泵的出口管线。待精馏塔塔釜下层被溶剂充满后(由液位仪表监控)，启动脱气塔进料泵，经溶剂加热器将溶剂加入脱气塔中。

脱气塔釜逐渐出现溶剂后，可微开脱气塔塔釜泵的出、入口阀，使溶剂缓慢充满脱气塔塔釜泵的出、入口管线。待脱气塔塔釜被溶剂充满后(由液位仪表监控)，启动脱气塔釜泵，按溶剂循环路线依次经过溶剂换热器(三台串联)壳程、第二精馏塔再沸器壳程、主原料蒸发器壳程、溶剂冷却器壳程后将溶剂加入主洗塔中。

主洗塔塔釜逐渐出现溶剂后，可微开主洗塔塔釜泵的出、入口阀，使溶剂缓慢充满主洗塔塔釜泵的出、入口管线。待主洗塔塔釜被溶剂充满后(由液位仪表监控)，启动主洗塔釜泵，将溶剂加入精馏塔塔顶。精馏塔上层塔釜逐渐出现溶剂后，可微开精馏塔塔釜泵的出、入口阀，使溶剂缓慢充满泵的出、入口管线。待精馏塔上层塔釜被溶剂充满后(由液位仪表监控)，启动精馏塔塔釜泵，按预脱气溶剂循环路线经过溶剂换热器(三台串联)的管程将溶剂加入精馏塔下层塔釜中。至此，溶剂循环回路初步建立，应继续通过溶剂输送泵补充溶剂，加大溶剂循环流量，提高各塔液位，同时打开后洗塔溶剂进料调节阀，逐渐将溶剂送入后洗塔，在后洗塔釜逐渐出现溶剂后，可微开后洗塔釜泵的出、入口阀，使溶剂缓慢充满泵的出、入口管线。待后洗塔塔釜被溶剂充满后(由液位仪表监控)，启动后洗塔釜泵，将溶剂加入精馏塔中部。按上述步骤完成后，丁二烯装置的溶剂已全部建立，当各塔液值达到正常开车要求，且后洗塔和主洗塔溶剂加入量达到开车负荷要求时，可停止向系统加溶剂。溶剂输送泵改为自身循环状态，以备必要时再进行补充。

建立溶剂循环的过程中，必须仔细做好流程设定，认真检查，防止溶剂跑料泄漏。除及时发现处理现场漏点外，还必须注意溶剂废液回收罐的液位指示，如果溶剂废液回收罐的液位出现上涨，必须及时查出漏点并处理。

建立溶剂循环的过程中，由于溶剂会吸收部分氮气，要密切注意系统的氮封压力，如果下降过多，必须及时补充氮气，防止形成负压，导致氧气进入系统。

4.3.1.2 溶剂热运

溶剂冷运循环正常后，确认系统无漏点，溶剂循环回路的所有调节阀和手阀状态正常后，可以逐步开始溶剂热运。

热运前，第二精馏塔再沸器壳程和主原料蒸发器壳程的溶剂进料阀关闭，溶剂经过换热器的旁路进行循环。

首先，打开溶剂加热器管程的低压蒸汽调节阀，投用疏水器，从低压蒸汽闪蒸罐引入低压蒸汽开始加热溶剂，最终达到正常操作温度。

其次，打开脱气塔釜再沸器管程的蒸汽流量调节阀，投用疏水器，从公用工程系统引入中压蒸汽开始加热脱气塔釜的溶剂。如果换热效果不好，可由再沸器底部通入氮气进行强制循环，但通氮气时间要尽量短，产生效果后立即停止。同时及时调节脱气塔塔顶压力，防止系统超压。

脱气塔釜再沸器正常投用后，塔釜温度最终需要达到正常操作温度。从再沸器疏水器送出的凝液进入低压蒸汽闪蒸罐回收热能，此时应注意调节低压蒸汽闪蒸罐和低压凝液罐的压力、液位及温度，以保持蒸汽凝液循环系统的操作稳定。

溶剂升温后，现场认真检查各换热器是否出现泄漏，如果需要可进行设备的热紧固。投用溶剂冷却器将溶剂进入主洗塔和后洗塔的温度降至40℃。

溶剂热运时也要密切注意系统的氮封压力，保持压力稳定。溶剂热运稳定后，投C_4进料前应开始往溶剂中逐渐加入硅油和亚硝酸钠溶液。

溶剂热运的一个重要目的是调整循环溶剂的含水量，使之符合开车条件。含水量可以通过脱气塔釜的仪表监控，含水量的调节在脱气塔中进行，如溶剂含水量较低，则需要加大炔烃洗涤塔的水进料量。如溶剂含水量较高，可增加脱气塔底再沸器的蒸汽量以脱除水分或减少炔烃洗涤塔的水进料量，但再沸器中蒸汽的投入量主要决定于进入脱气塔的溶剂流量，不宜大幅调节。为减少溶剂的损失，炔烃洗涤塔的水进料量也不宜过少，尤其不能停止加水。

在开车前，溶剂储存时的水值应保持较低，因为如果开车前系统干燥不彻底，溶剂进入系统后，装置中死角等部分残存的水会使溶剂含水量上升，如果水值过高，溶剂热运时的脱水难度较大，时间较长。

4.3.1.3 冷却剂循环

在冷凝液循环系统运转正常的情况下，通过冷凝液冷却器至冷却塔塔釜的开车线向冷却塔填充低温凝液，同时可微开冷却塔塔釜泵的出、入口阀，使冷凝液缓慢充满冷却塔塔釜泵的出、入口管线。待冷却塔塔釜被冷凝液充满后(由液位仪表监控)，启动冷却塔釜泵将塔釜的冷凝液送出，按冷却剂循环路线经过辅原料蒸发器壳程、冷却剂冷却器壳程再返回冷却塔塔顶。

启动冷却塔釜泵前，塔釜泵出口通往精馏塔液位调节阀及其保护阀必须手动关闭，严防冷却塔内的冷凝液由此进入溶剂循环，影响溶剂水值。冷却剂循环回路建立后，调节冷却塔釜液位保持稳定，冷却剂流量达到要求后，可停止加入冷凝液。

4.3.1.4　C_4进料

1. 投用进料蒸发罐

打开丁二烯装置界区的C_4原料进料阀，将液态混合C_4原料引入进料蒸发罐中。蒸发罐液位达到30%后可启用主进料蒸发器，通过手动调节热溶剂流量控制C_4原料的蒸发量，并注意保持进料蒸发罐的液位。

待冷却剂温度升高后再启用辅进料蒸发器，之后按生产负荷要求，由主进料蒸发器提供80%～90%的蒸发热量，热溶剂流量调节阀开度固定以保持热溶剂流量稳定。由辅进料蒸发器提供其余的蒸发热量，并调节加热量保持C_4原料蒸发流量稳定。

C_4原料蒸发量稳定后投用气相C_4管线上的在线气相色谱仪，随时监控C_4原料组成的变化，以便及时调节工艺操作参数。

2. 投用主洗塔(第一萃取精馏塔)

气态C_4原料气体进入主洗塔后，塔压逐渐上升，此时可以打开塔顶放空调节阀，置换排放塔内氮气。塔顶冷凝器与回流罐之间的塔压调节阀可保持一定的开度，用塔顶放空调节阀控制塔压。

如塔顶温度与回流罐中液相温度之差大于4℃，说明系统中仍残存有氮气，应继续通过塔顶排放，如排放量不大，可通过塔顶冷凝器顶部带孔板的排火炬线进行。

根据回流罐内液位情况，适时启动回流泵，通过手动控制回流调节阀调节回流量，直至达到设计值后可改为自动调节。回流罐液位继续上升后，打开抽余液送出阀，将抽余液送出丁二烯装置界区，并通过液位调节阀保持主洗塔回流罐液位稳定。

回流罐水室液位上升至一定高度后，在水室界面调节阀的控制下将沉降下来的水送入水分离罐中。注意控制好水室界面，防止烃类被送入水分离罐汽化后影响脱气系统的操作压力稳定；也要防止水面过高，水进入抽余液中。

塔釜的富溶剂通过塔釜泵在液位调节阀控制下送入精馏塔塔顶，通过调节塔釜溶剂的送出量保持塔釜液面稳定。

3. 投用精馏塔

精馏塔与主洗塔之间通过塔顶气相管线直接连通，C_4气体由此进入精馏塔中，精馏塔压力通过主洗塔的塔顶压力调节阀控制，不凝气也通过主洗塔的塔顶排放。当压缩机开始正常返回气体后，精馏塔与主洗塔的塔压又会上升，应及时调整主洗塔的塔顶压力保持萃取系统的压力稳定。

精馏塔上层塔釜内的溶剂经过溶剂换热器加热后返回下层塔釜，在其中进行预闪蒸，溶剂中的部分烃类在精馏塔塔釜中被闪蒸出来。上下层塔釜内的溶剂液位均需用液位调节阀保持稳定，系统如需要补充溶剂，新溶剂会由溶剂输送泵加入到精馏塔下层塔釜。

下层塔釜内的溶剂在预脱气后，经脱气进料泵送往溶剂加热器，用低压蒸汽加热后送往脱气塔塔顶。

4. 投用后洗塔(第二萃取精馏塔)

C_4烃类气体从精馏塔中部进入后洗塔塔釜，此时可以打开后洗塔塔顶放空调节阀，置换排放后洗塔内氮气。后洗塔塔顶冷凝器与回流罐之间的粗丁二烯采出调节阀可保持一定的开度，用后洗塔塔顶放空调节阀控制塔压。

后洗塔回流罐液位上升后，启动回流泵，通过手动控制回流调节阀使回流罐液位保持稳定，回流量达到设计值后可改为自动调节。回流罐液位继续上升后，打开回流泵出口的粗丁二烯送出阀，将不合格的粗丁二烯送入不合格产品罐或 C_4原料罐，并通过液位调节阀保持后洗塔回流罐液位稳定。

后洗塔回流罐水室液位上升至一定高度后，在水室界面调节阀的控制下将沉降下来的水送入水分离罐中。注意控制好水室界面，防止烃类送入水分离罐汽化后影响脱气系统的操作压力稳定，也要防止水面过高，水进入粗丁二烯中。

由于后洗塔中粗丁二烯浓度很高，易发生爆聚，影响丁二烯装置正常生产甚至会出现安全事故，所以，烃类进入第二精馏塔后，要及时在后洗塔塔顶冷凝器前加入 TBC，后洗塔回流建立后，还要引出一股回流去与 TBC 溶液混合，稀释 TBC 溶液后加入后洗塔塔顶冷凝器。

后洗塔塔釜的溶剂通过塔釜泵在塔釜液位调节阀控制下送入精馏塔中部，通过调节塔釜溶剂的送出量保持塔釜液面稳定。

5. 投用脱气塔

经过预闪蒸后的溶剂进入脱气塔，彻底脱除溶剂中所含的 C_4炔烃和丁二烯等烃类，脱气塔塔压上升后，塔内不凝气通过冷却塔和炔烃洗涤塔塔顶放空。放空时需要手动控制放空阀开度以保持脱气系统各塔压力稳定，避免超压，特别应注意不能出现塔压下降过多过快造成压缩机因吸入压力过低而联锁停车的事故。

溶剂进入脱气塔后，需要根据塔温的变化相应调整脱气塔再沸器的蒸汽加热量，保证脱气塔塔釜温度达到溶剂沸点，以达到良好的脱气效果。

脱气塔开车后，应注意保持溶剂含水量稳定，含水量可通过塔釜的温度和压力计算得出，直接显示在操作台上。含水量低时应相应加大炔烃洗涤塔的加水量或减少脱气塔再沸器的蒸汽加热量；含水量高时应相应减少炔烃洗涤塔的加水量或加大脱气塔再沸器的蒸汽加热量以增加炔烃采出量。

6. 投用炔烃洗涤塔

投料开车后，可通过炔烃洗涤塔顶放空阀置换塔内不凝气，放空量手动控制，不能影响脱气塔塔压。炔烃洗涤塔塔顶温度上升后，说明烃类进入塔中，此时为减少溶剂损失应逐渐加入蒸汽凝液，加入量根据脱气塔中溶剂含水量调整。同时为避免气相采出中炔烃的含量超标，必须从主洗塔顶引入气相抽余液对其进行稀释，稀释量根据炔烃的采出量通过调节阀按比例加入。并开始投用炔烃采出管线上的在线色谱分析仪表，检测稀释后的炔烃含量要低于30%(质量分数)。

炔烃洗涤塔塔顶气相采出后，塔顶冷凝器排出的不凝气(开始主要是氮气，置换完成后主要是炔烃)排至低压火炬系统，如果工艺需要也可将炔烃经过丙烯致冷液化后回收利用(用于乙烯裂解单元的燃料气系统)。

经炔烃洗涤塔塔顶冷凝器冷凝，含少量溶剂和烃的水进入水分离罐中的工艺水侧。经过沉降分离，上层的废水漫过挡板进入废水侧，达到一定液位后启动废水泵送出丁二烯装置，并用流量调节阀保持罐中废水侧液位稳定。下层的工艺水则用炔烃洗涤塔回流泵加入炔烃洗涤塔塔顶作为洗涤水，水加入量用调节阀控制，多余部分会进入废水侧，不足部分由蒸汽凝液补充。在炔烃洗涤塔回流泵启动后，即需要相应减少炔烃洗涤塔的凝液加入量，两股水会合后通过同一条管线加入到炔烃洗涤塔中。

7. 投用冷却塔和压缩机

脱气塔中脱除的烃类从脱气塔塔顶进入冷却塔，冷却后进入压缩机，不凝气从冷却塔塔顶放空，以保持压缩机的吸入压力稳定，烃类逐渐置换氮气后，压缩机的出口温度会逐渐下降，此时要相应调节冷却剂的加入量和温度，最终通过调节阀保持冷却剂温度稳定在正常值，冷却剂的加入量则由压缩机出口温度调节阀自动控制。

压缩机出口温度降至正常范围后，说明脱气系统中的氮气基本排净，可以逐渐打开压缩机出口阀，将压缩后的烃类气体送回精馏塔。此时要相应关小压缩机出口返回线阀门，同时逐渐关闭冷却塔塔顶放空阀，保持压缩机入口压力稳定。最终将塔顶放空阀和出口返回线阀门的旁路完全关闭，依靠出口返回线调节阀保持压缩机入口压力稳定。

压缩机操作时必须精心调节，避免因出口压力、温度过高或入口压力过低等工艺操作原因引起压缩机联锁停车。

8. 投用第一精馏塔

后洗塔回流罐中的粗丁二烯合格后送入第一精馏塔。为缩短置换时间，第一精馏塔进料前塔压应适当降低。进料后塔压逐渐上升，此时可以打开第一精馏塔塔顶放空调节阀，置换排放塔内氮气。第一精馏塔塔顶冷凝器与回流罐之间的塔压调节阀可保持适当开度，用放空调节阀控制塔压。

第一精馏塔塔釜出现液位后，逐渐投用塔釜再沸器，在流量调节阀的控制下将蒸汽冷凝液送入塔釜再沸器，再沸器加热量可根据第一精馏塔的进料量由塔釜热量调节阀通过调节进入再沸器的蒸汽冷凝液流量自动控制。

当第一精馏塔塔顶压力随塔内氮气减少而下降后，应逐渐关小放空调节阀，通过塔压调节阀控制第一精馏塔塔压，按上述步骤排放氮气后，如塔顶温度与回流罐中液相温度之差大于4℃，说明第一精馏塔中仍残存有氮气，应继续通过塔顶排放，如排放量不大，可通过塔顶冷凝器带孔板的排火炬线进行。塔顶冷凝器中的丙炔等轻组分不能被冷凝，在流量调节阀的控制下经冷凝器再次深冷后送出丁二烯界区。

当第一精馏塔回流罐液位上升后，启动回流泵，通过手动控制调节阀使回流罐液位保持稳定，回流量达到设计值后可改为自动调节，并通过液位调节阀保持回流罐液位稳定。

水主要在第一精馏塔中脱除，第一精馏塔回流罐水室液位上升至一定高度，在水室界面调节阀的控制下将沉降下来的水送入水分离罐中。注意控制好界面，防止烃类送入水分离罐中汽化后影响脱气系统的操作压力稳定；也要防止水面过高，水进入丁二烯中使丁二烯产品水值超标。

第一精馏塔的塔釜液位、回流罐液位、回流量基本稳定后，再次将后洗塔回流罐中的粗丁二烯切出，仍旧送入不合格产品罐或 C_4 原料罐，或执行丁二烯装置的小循环操作（参见4.3.3节）。

第一精馏塔全回流操作，塔釜的粗丁二烯经过分析合格后，在塔釜液位调节阀控制下送入第二精馏塔，通过调节塔釜的送出量保持第一精馏塔塔釜液面稳定。由于第一精馏塔与第二精馏塔之间的压差较大，粗丁二烯可直接进入第二精馏塔，不需要泵输送。同时恢复第一精馏塔从后洗塔回流罐的正常进料。

第一精馏塔塔内氮气基本排净，塔温基本正常后，投用塔顶的在线分析仪表，检测塔顶馏出气体中的甲基乙炔浓度。按安全要求，第一精馏塔塔顶馏出气体中的甲基乙炔浓度不能高于60%（质量分数）。

第一精馏塔中丁二烯纯度较高，极易发生丁二烯爆聚反应，影响丁二烯装置的正常生产甚至会出现安全事故。所以，粗丁二烯进入第一精馏塔后，要及时在塔顶冷凝器前加入TBC，回流建立后，还要引出一股回流去与TBC溶液混合，稀释后加入第一精馏塔塔顶冷凝器。

9. 投用第二精馏塔

第一精馏塔塔釜的粗丁二烯指标合格后进入第二精馏塔。为缩短置换时间，第二精馏塔进料前塔压应适当降低。

进料后第二精馏塔塔压逐渐上升，此时可以打开塔顶放空调节阀，置换排放塔内氮气。塔顶冷凝器与回流罐之间的塔压调节阀可保持适当开度，用塔顶放空调节阀控制第二精馏塔塔压。

塔釜出现液位后，逐渐投用塔釜再沸器，在塔釜液位调节阀的控制下将热溶剂送入再沸器，通过调节进入塔釜再沸器的热溶剂流量保持第二精馏塔塔釜液位和温度稳定。第二精馏塔塔釜再沸器投用后，会使循环溶剂的温度下降，应注意调节加大进入主进料蒸发器的热溶剂量，保证足够的C_4原料蒸发热量。

当第二精馏塔塔顶压力随塔内氮气减少而下降后，应逐渐关小塔顶放空调节阀，通过塔压调节阀控制第二精馏塔塔压稳定在操作压力，按上述步骤排放氮气后，如第二精馏塔塔顶温度与回流罐中液相温度之差大于4℃，说明系统中仍残存有氮气，应继续通过塔顶排放，如排放量不大，可通过第二精馏塔塔顶冷凝器顶部带孔板的排火炬线进行。

当第二精馏塔回流罐液位上升后，启动回流泵，通过手动控制调节阀使回流罐液位保持稳定，回流量达到设计值后可改为自动调节。第二精馏塔回流罐液位继续上升后，打开丁二烯产品送出阀，将尚不合格的丁二烯产品送出界区，送入不合格产品罐或C_4原料罐，或执行丁二烯装置的大循环操作(参见4.3.3节)。并通过第二精馏塔回流罐液位调节阀保持回流罐液位稳定。

丁二烯产品中的水分主要在第一精馏塔中脱除，第二精馏塔回流罐水室中正常时不应出现较多的水，如果水室液位上升至一定高度，可将沉降下来的水送入水分离罐中。注意控制好界面，防止烃类送入水分离罐中汽化后影响脱气系统的操作压力稳定；也要防止水面过高，水进入丁二烯中使丁二烯产品水值超标。

第二精馏塔塔内氮气基本排净，塔温基本正常后，投用塔顶的在线分析仪表，检测第二精馏塔塔顶馏出的丁二烯产品气体中的杂质浓度。

第二精馏塔中丁二烯浓度非常高，极易发生丁二烯爆聚反应，影响丁二烯装置的正常生产甚至会出现安全事故。所以，粗丁二烯进入第一精馏塔后，要及时在塔顶冷凝器前加入TBC。回流建立后，还要引出一股粗丁二烯去与TBC溶液混合，稀释后加入塔顶冷凝器。

对于送出装置的丁二烯产品按需来决定产品丁二烯中是否加入TBC，如产品丁二烯是供下道工序连续使用，则无须加入TBC，否则必须使产品丁二烯中的TBC含量保持在$50\times10^{-6}\sim150\times10^{-6}$(质量分数)，以确保储运安全。

第二精馏塔塔釜的烃类含有1，2－丁二烯、C_5等重组分，在流量调节阀控制下送出装置，送出量根据第二精馏塔塔釜温度决定。如温度较高，说明塔釜重组分含量上升，可相应加大送出量。出于安全原因的考虑，第二精馏塔塔底组分必须进行分析，以确保其中的1，2－丁二烯含量不超过50%(质量分数)。

10. 投用溶剂再生系统

准备工作完成后，先打开第一级真空喷射器的中压蒸汽入口阀，再打开第二级真空喷射器的中压蒸汽入口阀，观察溶剂再生系统的压力下降情况，达到工艺操作要求的真空度后，溶剂再生罐可以开始进料开车。

溶剂再生罐在液位调节阀的控制下，进料是连续进行的。由溶剂换热器壳程出口引出的已脱气后的热溶剂加入到溶剂再生罐中，建立一定的液位后，启动溶剂再生罐的搅拌器，使其受热均匀。同时打开溶剂再生罐加热夹套的蒸汽入口阀和出口的疏水器，将溶剂再生罐内的溶剂加热，使其汽化蒸出。

当溶剂再生罐罐顶采出线温度升高后，及时打开再生溶剂洗涤塔的加水阀门，加水量不宜过大，否则会造成再生溶剂含水量过高。

再生溶剂罐的液位上升后，启动再生溶剂泵将罐内的再生溶剂在液位调节阀控制下送入溶剂冷却器壳程出口，返回溶剂罐中。为避免罐内抽空使空气进入系统破坏真空，再生溶剂罐设有低液位联锁，达到指定液位后自动停泵。

喷射器冷凝罐的液位上升后，启动废水泵将罐内废水送出。同样，为避免罐内抽空使空气进入系统破坏真空，喷射器冷凝罐也设有低液位联锁，达到指定液位后自动停泵。

4.3.1.5　装置开车过程中异常现象及处理

1. 泄漏

检修后开车过程中，由于在检修中动过的阀门、法兰、管线比较多，容易造成泄漏。如果泄漏部位发生在精馏系统，又不能带压堵漏，可以考虑装置进行小循环，即：停 C_4进料，而粗丁二烯、抽余液全部按比例返回进料蒸发罐，必要时可以补充少量 C_4进原料蒸发罐；也可以将粗丁二烯送罐区 C_4原料罐，抽余液正常外送。待处理完毕后，恢复正常生产。如果泄漏部位发生在萃取系统，又不能带压堵漏，在这种情况下就必须停车处理，待处理完后，再恢复正常开车。

2. 管线堵塞

在开车过程中，也容易发生管线堵塞的情况，对于这种情况的处理，类同于装置发生泄漏的处理方法。

3. 机泵发生故障

①尽快将备用泵投入使用，将发生故障的泵切出检修。

②如果是塔釜泵和回流泵等重要机泵发生故障，而备用泵不能投入使用，相应系统按局部停车处理。系统内物料暂不倒空，泵修复后尽快恢复开车。

③泵检修后要经过氮气置换，分析氧含量合格后再投入备用。

4. 控制阀出现故障

①立即改用调节阀旁路人工调节，应保证室内外操作人员联系畅通，根据工艺需要及时调整。

②关闭调节阀前后的保护阀，将调节阀切出倒空，交由仪表人员维修。

③调节阀修复后应调校阀位，确认正常后恢复使用，同时关闭调节阀旁路。

④如故障不能被排除，由于安全需要可进行局部停车。

5. C_4原料供应短时间中断

①如果 C_4原料短时间内完全中断，丁二烯装置立即改为循环。

②抽余液和粗丁二烯停止正常送出，全部经循环管线返回进料蒸发罐。

③第一精馏塔顶部的丙炔和炔烃洗涤塔顶部的炔烃仍按正常操作脱除，避免其在系统中积累。如循环操作期间，乙烯基乙炔含量减少，炔烃洗涤塔顶部采出流量可相应减少。

④第二精馏塔和第一精馏塔全回流运行，注意第二精馏塔塔釜的1，2－丁二烯含量能超高，第二精馏塔塔釜排出不能完全停掉。

⑤TBC注入不能停止，减少丁二烯聚合的现象。保持进料蒸发罐液位控制，可以降低生产负荷，延长循环操作时间。

⑥事故排除后，重新调整至正常操作。如果事故无法排除，需要进行萃取脱气系统的局部停车处理。

6. 开车过程中可能由于多种原因会造成压缩机联锁停车

压缩机联锁停车后的处理措施：

①压缩机联锁停车后，室内操作人员迅速检查压缩机状态，如有停车信号要记录停车原因，消除后及时将联锁复位，打开压缩机出入口阀门。

②现场操作人员必须立即到达现场，检查仪表盘有无报警信号和油泵运转状态。在仪表盘复位、压缩机盘车正常后，根据室内操作指令马上开车。（注意：如遇电网晃电造成压缩机停车，要先检查有无运转泵停车，必须优先恢复溶剂泵的运转）。

③压缩机停车后，控制室操作人员应立即关小粗丁二烯采出的调节阀开度，待压缩机启动运转正常、脱气塔操作正常后，再根据在线分析和塔温分布情况逐步开大至正常阀位。

④炔烃保持正常采出，注意调节压缩机入口压力。必要时开冷却塔塔顶放空阀进行调节。

⑤压缩机启动后，应及时正确调节，避免因工艺信号而再次引发停车。

⑥压缩机启动前，可暂将吸入口低压联锁打到旁路状态，待压缩机运转正常、脱气塔和冷却塔操作正常后，再将其切入系统。

4.3.2 装置的停车

4.3.2.1 正常停车

1. 停车前的准备工作

①编制好停车计划、检修计划、停车方案以及安排好网络工作节点。

②人员安排以及工作的范围已划分明确，定好专项负责人。

③准备好停车后盲板图，并编号，定好负责人以及准备好临时用盲板等材料。

④准备好临时用的胶管、快速接头以及其他需用的各种工器具。

⑤准备好化学清洗用的化学品。

⑥地下罐与废溶剂回收罐物料已抽空，以便存放停车时设备倒空排放的物料。

⑦溶剂再生系统视情况可提前停车，减轻丁二烯装置停车时的工作量。

⑧为减少系统停车时的损耗，停车前，应将生产负荷降到设计生产负荷的60%～80%，同时应将塔、罐的液面尽可能降到低限。

2. 停车程序

（1）辅助系统的停车步骤

①停溶剂再生系统。关闭溶剂再生罐的进料调节阀及其保护阀，溶剂再生罐继续保持加热和搅拌，按正常焦油浓缩状态操作。随溶剂再生罐内溶剂逐渐蒸出，罐内温度也会上升，出于安全上的原因，溶剂再生罐的温度不能超过110～115℃，最高不能超过120℃。

溶剂再生罐达到110～115℃后，停止加热，关闭罐顶溶剂蒸出管线的阀门，关闭再生溶剂水洗塔的水进料阀门，启动再生溶剂返回泵，将再生溶剂送回循环溶剂系统中。

关闭真空喷射器的中压蒸汽进料阀门，停止抽真空。并向溶剂再生罐冲入氮气打破真空(压力不能超过爆破压力，防止损坏溶剂再生系统安全阀入口的爆破片)。

溶剂再生罐中加入来自冷凝液冷却器的低温凝液，将焦油浓度稀释至50%，继续搅拌均匀。将罐中的焦油全部排出。

焦油排空后，充入凝液加热清洗溶剂再生罐，清洗水排出后，如溶剂再生系统无检修项目，可以在氨气置换合格后封存备用。如需检修，可以在按检修要求置换合格后交出检修。

②停 $NaNO_2$、硅油的注入。在停 C_4进料之前一段时间，停 $NaNO_2$、硅油注入泵，关闭泵出口阀门。如化学品系统无检修任务，该系统可保持氮封状态备用。

为防止丁二烯聚合，各点的TBC应继续注入。

(2)萃取脱气系统的停车步骤

①停 C_4进料。关闭混合 C_4原料进入丁二烯装置界区处的阀门，关闭 C_4进料调节阀及其前后保护阀。

打开调节阀前去火炬的排放线，排空进料管线中的混合 C_4原料。

②停 C_4原料蒸发。当原料蒸发罐的液位降至0%后，手动关闭主原料蒸发器的壳程热溶剂进料调节阀，打开旁路阀，停主原料蒸发器。手动关闭辅原料蒸发器的壳程热冷却剂进料调节阀，打开旁路阀，停辅原料蒸发器。

③降低溶剂循环量。C_4蒸发量下降进而停止后，将主洗塔和后洗塔的溶剂进料量降至正常循环量的50%，之后溶剂继续保持循环脱气。

④停回流泵。C_4蒸发量下降后，将主洗塔和后洗塔的回流量降至正常回流量的50%；C_4蒸发停止后，关闭主洗塔和后洗塔的回流调节阀。将主洗塔回流罐中的抽余液全部送出丁二烯装置界区；后洗塔回流罐中的粗丁二烯继续送入第一精馏塔，检测后洗塔气相采出线上的在线分析仪表，当气相粗丁二烯已不合格后，关闭第一精馏塔进料阀门，将后洗塔回流罐中粗丁二烯送入不合格产品罐或 C_4原料罐。主洗塔和后洗塔回流罐中物料全部送空后停主洗塔和后洗塔的回流泵，此时可关闭后洗塔冷凝器的TBC加料阀门。回流罐中的残余烃类物料排入火炬排放罐，同时注意将主洗塔和后洗塔回流罐水室中水排空。

⑤脱气塔继续脱气。C_4蒸发量下降进而停止后，循环溶剂中 C_4烃类含量减少，脱气塔继续保持加热并要达到工艺要求的塔釜温度(即循环溶剂的沸点)，以将溶剂脱气完全。

⑥停压缩机。随脱气塔塔顶产生的气体量逐渐减少，压缩机的吸入压力也逐渐降低，应及时调整加大压缩机出口的返回线调节阀开度，减小压缩机出口阀开度，加大返回气量，以保持压缩机吸入压力稳定，最终可以将压缩机出口阀关闭，压缩气体全部返回冷却塔，以维持压缩机吸入压力。

之后，压缩机吸入压力继续下降接近联锁值时，通知现场手动停压缩机。停车后，确认压缩机是按惯性自由地趋于停止。并立即手动盘车，以确认和防止转子产生摩擦或接触。

压缩机停车后，必须保持压缩机的润滑油和冷却水系统继续正常运转至少30min以上，以保护压缩机。将压缩机出入口阀门完全关闭，引入氮气吹扫，置换压缩机内烃类气体，排放至火炬系统。

压缩机停车后，当脱气系统压力升高时，手动调节放空阀开度从冷却塔塔顶放空阀放空。

⑦停 C_4炔烃排放。装置进料停止后，炔烃物流要继续排出，防止炔烃在系统中积累导致浓度过高．来自主洗塔的抽余液稀释也要正常进行。压缩机停车后，停止向炔烃洗涤塔加水，倒空废水分离罐，罐中废水全部送出丁二烯装置界区后停废水泵。但塔顶炔烃还要保持排放一段时间，脱气塔压力下降后，进行氮气置换，关闭炔烃排出线，停止抽余液稀释，从炔烃洗涤塔塔顶放空阀放空置换。

⑧停溶剂循环，将溶剂送出系统。待溶剂中烃类完全脱除干净，且在精馏岗位停车后(因第二精馏塔再沸器使用热溶剂作为热源)，关闭脱气塔再沸器的中压蒸汽阀门，停止加热。系统中溶剂经过溶剂冷却器降温后送回溶剂储罐中。

为尽可能将系统中的溶剂送入溶剂储罐，首先关闭主洗塔和后洗塔的溶剂进料阀门，将主洗塔和后洗塔塔釜内溶剂全部送入精馏塔后再停主洗塔和后洗塔塔釜泵；将精馏塔上层塔釜内溶剂全部送入精馏塔下层塔釜后再停精馏塔塔釜循环泵；将精馏塔下层塔釜内溶剂全部送入脱气塔后再停脱气塔进料泵；将脱气塔内溶剂全部送入溶剂储罐后再停脱气塔塔釜泵。

⑨萃取脱气系统氮气置换。将氮气通过临时管线接入萃取和脱气塔中，打开主洗塔和后洗塔塔顶放空阀以及冷却塔和炔烃洗涤塔塔顶放空阀，用氮气置换萃取和脱气系统中的烃类气体，并排放至火炬。置换过程中可通过放空阀调节保持系统压力高于外界，防止空气进入丁二烯装置(系统压力不能低于 50kPa)。

⑩倒空溶剂循环系统。将主洗、精馏、后洗、脱气塔塔釜中物料及溶剂循环回路的管线和换热器中溶剂物料分段排入地下的废溶剂回收罐。回收罐充满后再经废溶剂回收泵送入溶剂储罐。为尽量减小停车溶剂损失，停车后萃取脱气系统最好静置一段时间，使塔内填料层中的溶剂得到充分沉降，再从各塔塔釜回收。

⑪倒空冷却循环系统。压缩机停车后，停冷却塔塔釜泵，由于冷却剂中溶剂含量较多，需要回收以减少溶剂损失。静置后冷却剂存于冷却塔塔釜和冷却剂循环回路中，在溶剂回路全部倒空后，将冷却塔塔釜中物料及冷却剂循环回路的管线和换热器中物料分段排入地下的废溶剂回收罐。回收罐充满后再经废溶剂回收泵送入溶剂储罐。

(3)精馏系统的停车步骤

①第一精馏塔进料停止后，塔顶丙炔继续保持采出，避免其在塔中积累至过高浓度。

②加大第一精馏塔回流量，将第一精馏塔回流罐中烃类物料全部送回塔中。回流罐全部倒空后，关闭回流阀，停回流泵。此时可关闭第一精馏塔冷凝器的 TBC 加料阀门。同时注意将水室中水相排空，回流罐中的残余烃类物料排入火炬排放线。

③将第一精馏塔中釜液全都送入第二精馏塔中，在第一精馏塔内压力下降后可向第一精馏塔充氮气保持塔压。充氮气后，关闭第一精馏塔再沸器壳程的蒸汽冷凝液进出口阀，并打开再沸器旁路阀，停止再沸器加热。

④第一精馏塔中液态烃类全部送入第二精馏塔后，关闭塔釜送出阀门。第一精馏塔内继续充氮气，并打开塔顶放空调节阀，将塔内烃类气体置换排放至火炬系统。置换过程中可通过放空阀调节保持系统压力高于外界，防止空气进入第一精馏塔(系统压力不能低于 50kPa)。

⑤第二精馏塔进料停止后，继续保持塔釜再沸器加热，将塔釜物料全部蒸发冷凝进入回流罐中。回流罐中液相丁二烯产品继续送出界区，注意监视塔顶气相采出线上的在线分析仪表，气相丁二烯产品已不合格后，关闭回流阀门，切换流程将第二精馏塔回流罐中不合格丁

二烯产品送往不合格产品罐或C_4原料罐。

⑥第二精馏塔回流罐中液态烃类全部送空后，停回流泵。此时可关闭第二精馏塔冷凝器的TBC加料阀门。同时注意将水室中水相排空，回流罐中的残余烃类物料排入火炬排放线。

⑦第二精馏塔压力下降后，塔内充入氮气，并打开塔顶放空调节阀排放置换塔内烃类至火炬系统。置换过程中可通过放空阀调节保持系统压力高于外界，防止空气进入第二精馏塔（系统压力不能低于50kPa）。

4.3.2.2　紧急停车

丁二烯装置紧急停车的原因主要有：公用工程（电、循环水、仪表风、氮气、蒸汽）中断、重要设备故障、装置出现大量泄漏、火灾事故等。

当出现需要紧急停车的情况时，执行以下操作程序：

①按下装置总停车联锁按钮。

②打开炔烃洗涤塔塔顶放空阀和第二精馏塔塔顶放空阀，防止装置中乙烯基乙炔、乙基乙炔和丙炔浓度积累过高危及装置安全。但要密切注意各塔塔压变化，不能出现负压等情况。

③关闭炔烃洗涤塔水进料阀，关闭炔烃洗涤塔釜液位调节阀，防止溶剂中水含量超高。

④关闭主、辅原料蒸发器的加热介质进料调节阀，停止原料蒸发。

⑤在控制室内依次关闭各塔的进料、回流、塔顶塔釜送出等物料阀门。

⑥注意精馏塔上层塔釜液位不能过高，避免液体倒窜进压缩机出口管线。必要时可命令现场操作工通过精馏塔塔釜循环泵的排放线将部分溶剂排入废溶剂回收罐中。

⑦注意各回流罐水室的界面，及时将水排出，使水界面降低。

⑧观察丁二烯装置各塔压力，为防止负压，必要时要向塔内充N_2；超压时可由塔顶放空阀泄压。

⑨现场关闭所有泵的出口阀。

⑩检查压缩机现场仪表盘有无报警信号和油泵状态，并立即手动盘车；如发现油泵停车，必须立即恢复，保证压缩机润滑正常。

⑪现场确认所有应联锁关闭或打开的仪表阀门状态，如有异常应关闭其上下游阀门。

⑫现场关闭装置与外界相连的物料管线。

⑬消除停车原因后，按复位按钮将各联锁系统复位。

如果装置出现大量泄漏和火灾事故，停车后应全关各阀门，将泄漏或着火的设备切出隔离，并尽可能将其中的液体物料输送到安全区域。同时装置内所有工艺液体都应尽快输送到界区外，完成后将界区阀门关闭。如情况严重，上述工作无法完成，也应关闭所有工艺管线和公用工程管线的阀门。

平时应准备好较为完善的紧急停车预案，并组织丁二烯装置职工演练，确保事故出现后能迅速准确地完成紧急停车工作。

4.3.2.3　停车后的处理

1. 萃取脱气系统的设备和管线水冲洗

萃取脱气系统的设备和管线用较少量的水冲洗，可以将系统中残存的溶剂较彻底清洗干净，清洗后的水也可回收，以减少溶剂损失。水冲洗流程如下：

从凝液循环泵经过凝液冷却器将低温的凝液加入冷却塔塔釜；再经过冷却塔塔釜泵送往

精馏塔下层塔釜；经过脱气塔进料泵送往脱气塔顶，冲洗脱气塔；用脱气塔塔釜泵经过溶剂回路将凝液送往主洗塔和后洗塔顶，冲洗溶剂回路及主洗塔和后洗塔；用主洗塔和后洗塔塔釜泵将凝液送往冲洗精馏塔；从精馏塔上层塔釜排放线将清洗后的含溶剂的凝液回收进入废溶剂回收罐暂存，尽量不送入溶剂储罐，以免使溶剂含水量过高，可经过溶剂再生系统处理后逐步补入系统。

2. 系统倒空、氮气置换

倒空残存凝液：水冲洗完成，基本倒空溶剂系统后，打开其设备和管线上的低点倒淋阀，将设备和管线内残余的废水倒空干净，同时注意充入氮气以防设备内形成负压。

倒空残存烃类物料：分区打开所有通往火炬系统的排放线阀门(包括塔、罐、换热器、泵以及管线)，将其中的烃类尽可能送入火炬排放，可按开车前吹扫线路吹扫，尽量将死角积存的废液吹出。排放时不能同时开启过多阀门，并注意充入氮气，防止设备内形成负压。

3. 蒸汽蒸煮

从萃取、脱气、精馏系统的各塔底部通入低压蒸汽，打开塔顶放空口，使蒸汽从顶部放空，将设备内部残存的烃蒸出，蒸煮过程中形成的冷凝液从塔釜排放线倒淋排出。

同时从萃取、精馏系统的各塔回流罐底部引入低压蒸汽蒸煮罐、泵及附属管线。蒸汽经过塔顶冷凝器和塔顶馏出线从塔顶放空口放空，形成的冷凝液从回流泵入口管线导淋排出。

4. 空气置换

经过蒸煮后的设备内已经几乎不含烃，在蒸煮后对设备按检修方案加盲板进行隔离。打开设备上下的人孔，用工艺空气对设备进行空气置换。

空气置换结束，检测设备内可燃气及含氧量合格后，方可交出检修。

4.3.2.4 装置交付检修前应做的工作

1. 装置大检修及局部检修交出应具备的条件

丁二烯装置在停车后需要对系统进行倒空、水冲洗、N_2置换、蒸汽蒸煮、空气置换等多项操作，对系统进行氧含量、可燃气分析，分析合格后方可进行检修作业。

丁二烯装置可分为萃取单元(包括主洗塔、精馏塔、后洗塔)、脱气单元(包括脱气塔、冷却塔、炔烃洗涤塔和压缩机)、精馏单元(包括第一精馏塔、第二精馏塔)、溶剂再生单元及其他辅助单元。

在工艺需要时每个单元可以单独切出进行局部检修。

(1)萃取单元需要局部检修

执行萃取脱气系统的停车步骤。溶剂再生单元执行停车程序。如果检修时间较短，精馏单元进行单塔全回流操作或关闭进料阀、停塔釜再沸器和回流泵，全塔物料不倒空等待开车。如果检修时间长，精馏单元N_2置换后保压。

脱气系统烃类物料倒空后充氮气保压。脱气塔内溶剂可不倒空。冷却剂循环可经过辅原料蒸发器的旁路正常运转。

压缩机停车后关闭出入口阀门，机体氮气置换后保压，润滑油和冷却水系统继续运转。

炔烃洗涤塔系统烃类物料倒空，N_2置换后保压。

萃取单元各塔执行系统倒空、水冲洗、N_2置换、蒸汽蒸煮、空气置换等操作，分析合格后进入检修作业。

(2)脱气单元需要局部检修

执行萃取脱气系统的停车步骤，溶剂再生单元执行停车程序。

如果检修时间较短，萃取系统各塔烃类物料和溶剂不倒空，存于塔内等待开车。如果检修时间长，萃取单元各塔N_2置换后充氮气保压，循环溶剂可不送出系统，暂存于萃取单元各塔中。

如果检修时间较短，精馏单元进行单塔全回流操作或关闭进料阀、停塔釜再沸器和回流泵，全塔物料不倒空等待开车。如果检修时间长，精馏单元氮气置换后保压。

脱气系统溶剂全部送入萃取系统暂存，有检修任务的设备内烃类物料倒空后，执行系统倒空、水冲洗、N_2置换、蒸汽蒸煮、空气置换等操作，分析合格后进入检修作业。

如果冷却塔系统和压缩机系统无检修任务，压缩机停车后关闭出入口阀门，机体N_2置换后保压，润滑油和冷却水系统继续运转。冷却剂循环可经过辅原料蒸发器的旁路正常运转。

如果炔烃洗涤塔系统无检修任务，其中的烃类物料倒空，N_2置换后保压。如果炔烃洗涤塔系统有检修任务，执行系统倒空、N_2置换、蒸汽蒸煮、空气置换等操作，分析合格后进入检修作业。

(3)精馏单元需要局部检修

执行精馏系统的停车步骤。

萃取脱气系统执行小循环运转，抽余液和粗丁二烯全部返回进料蒸发罐，粗丁二烯与抽余液的返回应同时按相同比例进行，返回量由现场的转子流量计指示，防止造成原料中组分波动。混合C_4进料要暂时停止，必要时(如进料蒸发罐液位过低)也可少量引入补充。

小循环操作时，初期C_4炔烃和丙炔的采出应照常进行，防止炔烃在系统中积累，随运转时间的持续，系统中炔烃逐渐减少，C_4炔烃和丙炔的采出量可根据在线仪表指示逐渐减少甚至停止。

溶剂再生单元继续正常运转。

精馏单元物料倒空后执行系统倒空、水冲洗、N_2置换、蒸汽蒸煮、空气置换等操作，分析合格后进入检修作业。

(4)溶剂再生单元及其他辅助单元需要局部检修

如果时间较短，丁二烯主装置可以继续正常生产，将需要检修的设备单独切出，执行倒空、水冲洗、N_2置换、蒸汽蒸煮、空气置换等操作，分析合格后进入检修作业。

但应注意，各化学品系统的检修应以不影响丁二烯装置正常生产为准，否则要采取临时措施保持各化学品的注入。

2. 装置大检修及局部检修与装置界区外部的关系

丁二烯装置与界区外部相连的工艺管线包括：原料送入管线；不合格产品返回管线；抽余液送出管线；丁二烯产品送出管线；废水送出管线；C_4炔烃送出管线；丙炔送出管线；第二精馏塔塔釜重组分送出管线。

装置大检修状态下，应切断丁二烯装置与界区外部的联系。上述管线均应关闭界区阀门，按要求吹扫管线并加好盲板。

装置局部检修状态下，根据实际情况要求决定切断丁二烯装置与界区外部的联系。

需要切断的管线应进行吹扫并加好盲板。

丁二烯装置与界区外相连的公用工程管线要保持正常状态，以备检修使用。

3. 装置大检修及局部检修应加装的盲板及管理办法

在装置检修的状态下，为确保人身和设备安全，必须做好盲板管理工作。检修期间根据情况的不同可以采用将装置与装置界区外整体用盲板隔离的方法，也可以采用将塔与塔之间用盲板隔离开的方法，使之成为一个独立的系统，保证装置检修期间检修和进入清理的安全。在加装盲板时不仅需要对物料管线加装盲板，而且对放空管线、氮气管线、蒸汽管线、分析取样点、TBC 管线、糠醛管线、溶剂管线等与需要检修的系统相连的管线也必须加盲板。进入清理的设备必须用盲板把它和其他设备完全隔离开，保证在进入清理时，系统外的物料不会进入需要检修的设备内。

加装盲板之前要制定严密的计划，绘制详细的盲板图。盲板要有编号，加盲板之后要挂盲板旗。盲板安装之后，任何人都不许擅自将盲板拆下来，如果确实需要拆卸盲板，必须先填写申请，经批准后方可进行，并指定专人负责盲板管理，盲板的添加和拆除都必须有文字记录。

(1)氮气系统中除仍需使用氮封的设备外，其他与设备相连的氮气管线均需加设盲板进行隔离。

(2)装置与界区外部相连的工艺管线需加设盲板进行隔离。

(3)检修中需要进入的设备与其他设备相连的管线必须加设盲板进行隔离。

(4)检修中需要动火的设备管线，必须在与前后系统连接处加盲板切断并氮气置换合格，不得用关闭阀门代替盲板进行切断。

(5)检修中不同单元之间也应加盲板进行隔离。

4.3.2.5 装置停车过程中异常现象及处理

停车过程中，特别是烃类进料停止后的溶剂脱气阶段，压缩机出入口压力容易大幅度波动，一方面会对压缩机造成损害，同时也会对丁二烯装置的安全生产造成影响，因此，室内操作人员应加强对压缩机和脱气塔及冷却塔系统的控制，从而保证压缩机的入口压力相对稳定。如果压缩机入口下降至无法调节的状态，应考虑压缩机停车。在压缩机的操作中，要防止压缩机入口出现负压、出口超压可能出现的危险。

在停车过程中，要加强对整个丁二烯装置的监控，防止塔和其他设备出现超温、超压现象。如果出现超温，应降低塔的加热量，降低系统温度；如果出现超压现象，应打开相应设备的放空管线，向火炬放空。

1. 压缩机联锁停车的处理

①压缩机联锁停车后，室内操作人员迅速检查压缩机状态，如有停车信号，要记录下来，停车原因消除后及时将联锁复位，打开压缩机出入口阀门。

②现场操作人员．必须立即到达现场，检查仪表盘有无报警信号和油泵运转状态。在仪表盘复位、压缩机盘车正常后，根据室内操作指令马上开车。(注意：如遇电网晃电造成压缩机停车，要先检查有无运转泵停车，如果有的话，必须优先恢复溶剂泵的运转)。

③压缩机停车后，控制室操作人员应立即关小粗丁二烯采出的调节阀开度，待压缩机启动、运转正常、脱气塔操作正常后，再根据在线分析和塔温分布情况逐步开大至正常阀位。

④炔烃保持正常采出，注意调节压缩机入口压力，必要时开冷却塔塔顶放空阀进行调节。

⑤压缩机启动后，应及时正确调节，避免因工艺信号而再次引发停车。

⑥压缩机启动前，可暂将吸入口低压联锁打到旁路状态，待压缩机运转正常、脱气塔和

冷却塔操作正常后，再将其切入系统。

2. 局部停车处理

(1)萃取单元局部停车

①执行萃取脱气系统的停车步骤。

②溶剂再生单元执行停车程序。

③如果时间较短，精馏单元进行单塔全回流操作或关闭进料阀、停塔釜再沸器和回流泵，全塔物料不倒空等待开车。如果停车时间长，精馏单元 N_2 置换后保压等待开车。

④脱气系统烃类物料倒空后充氮气保压。脱气塔内溶剂可不倒空。冷却剂循环可经过辅原料蒸发器的旁路正常运转。

⑤压缩机停车后关闭出入口阀门，机体 N_2 置换后保压，润滑油和冷却水系统继续运转。

⑥炔烃洗涤塔系统烃类物料倒空，N_2 置换后保压。

(2)脱气单元局部停车

①执行萃取脱气系统的停车步骤。

②溶剂再生单元执行停车程序。

③如果时间较短，萃取系统各塔烃类物料和溶剂不倒空，存于塔内等待开车。如果时间长，萃取单元各塔 N_2 置换后充氮气保压，循环溶剂可不送出系统，暂存于萃取单元各塔中。

④如果时间较短精馏单元进行单塔全回流操作或关闭进料阀、停塔釜再沸器和回流泵，全塔物料不倒空等待开车。如果停车时间长，精馏单元 N_2 置换后保压等待开车。

⑤脱气系统溶剂全部送入萃取系统暂存，烃类物料倒空。

⑥如果冷却塔系统和压缩机系统无检修任务，压缩机停车后关闭出入口阀门，机体 N_2 置换后保压，润滑油和冷却水系统继续运转。冷却塔冷却剂循环可经过辅原料蒸发器的旁路正常运转。

⑦如果炔烃洗涤塔系统无检修任务，其中的烃类物料倒空，N_2 置换后保压。

(3)精馏单元局部停车

①执行精馏系统的停车步骤。

②萃取脱气系统执行小循环运转，抽余液和粗丁二烯全部返回进料蒸发罐，粗丁二烯与抽余液的返回应同时按相同比例进行，返回量由现场的转子流量计指示，以防止造成原料中组分波动。混合 C_4 进料暂时停止，必要时(如进料蒸发罐液位过低)也可少量引入补充。

③循环操作时，初期 C_4 炔烃和丙炔的采出应照常进行，以防止炔烃在系统中积累，随运转时间的持续系统中炔烃逐渐减少，C_4 炔烃和丙炔的采出量可根据在线仪表指示逐渐减少甚至停止。

④溶剂再生单元继续正常运转。

⑤精馏单元物料倒空后执行系统倒空、水冲洗、N_2 置换、蒸汽蒸煮、空气置换等操作，分析合格后进入检修作业。

(4)溶剂再生单元及其他辅助单元局部停车

如果时间较短，丁二烯主装置可以继续正常生产，将需要检修的设备单独切出，执行倒空、水冲洗、N_2 置换、蒸汽蒸煮、空气置换等操作，分析合格后进入检修作业。

但应注意各化学品系统的检修应以不影响丁二烯装置正常生产为准，否则要采取临时措施保持各化学品的注入。

4.3.3 装置的正常操作

4.3.3.1 装置操作的几点知识

1. 第一精馏塔脱水原理

第一精馏塔进料中的水是饱和溶解水，水分子被大量丁二烯包围，水分子互相隔开，氢键被破坏无法缔合；在丁二烯中水分子的挥发能力比纯水增加300~400倍。水与丁二烯形成非均相共沸物蒸到塔顶，在塔顶浓度增大，析出游离水，利用密度差沉降到水室被脱除。

2. 丁二烯端聚物的生成

装置产品丁二烯化学性质极为活泼，当系统中有O_2存在时，丁二烯首先被氧化成过氧化物，然后自聚成为过氧化自聚物，过氧化自聚物产生的游离基又可引发丁二烯聚合，最后生成米粒状端基聚合物。因此，过氧化物和活性氧是引发爆米花状聚合物生成的必要条件。反应历程如下：①诱导期，1，3－丁二烯在氧的作用下，生成丁二烯过氧化物并断链成为活性自由基。②当系统中有铁锈和水存在时，丁二烯过氧化物发生分解反应。③链增长、链终止反应：断链和分解生成的自由基进一步增长，最终生成丁二烯端基聚合物。

4.3.3.2 正常操作

1. 正常操作时的注意事项

①操作条件的改变要缓慢进行。

②不要在同一时间改变很多工艺参数。

③改变一个参数后，要等待系统反应后方可改变下一参数。

④输入数据要精心，力求准确，对错误操作要及时更正。

2. 正常操作程序

（1）C_4原料蒸发罐的操作

C_4原料蒸发罐的作用是将丁二烯装置界区外来的液相C_4原料经原料蒸发器加热汽化，将气态C_4原料送入主洗塔。

①C_4原料进料量由原料蒸发罐液位控制，蒸发罐正常液位为50%左右，C_4原料中各组分含量的变化，由安装在原料蒸发罐顶部气相馏出管线上的工业气相色谱仪在线检测。如果原料中的丁二烯含量与设计值比较变化不大，则不必改变主洗塔回流比和溶剂进料比。

②主、辅原料蒸发器。主原料蒸发器以热溶剂为热源，热溶剂流量由手动调节阀控制。主原料蒸发器正常操作时，热溶剂流量调节阀的开度很少改变，但要保证蒸发热量达到80%~90%，确保C_4原料蒸发量达到工艺要求。辅原料蒸发器以热冷却剂为热源，由原料蒸发量调节阀自动控制进入辅原料蒸发器热冷却剂的流量，从而控制调节原料蒸发量。

③C_4原料蒸发罐的正常操作。如果罐底温度升高，则说明原料蒸发罐底部的高沸点组分增多，需要通过罐底排放线将高沸点组分排出界区。

④TBC注入点。为防止C_4原料蒸发罐内产生聚合现象，在液态C_4进料管线上设有TBC注入点，在必要时可向原料蒸发罐内加入TBC作为阻聚剂。

（2）主洗塔的操作

主洗塔的作用是脱除C_4原料中相对比1，3－丁二烯难溶的组分，即丙烷、丙烯、丁烷、1－丁烯、顺2－丁烯、反2－丁烯、异丁烯等。同时将1，3－丁二烯、丙炔、乙烯基乙炔、1，2－丁二烯、C_5等易溶组分溶于溶剂中从塔釜排出。

①溶剂进料。经过主原料蒸发器回收热量后的循环溶剂经溶剂冷却器降温后，从主洗塔

填料层顶部加入；溶剂进料量由溶剂比确定。

②塔压控制。通过调节塔顶冷凝器的冷却面积控制塔顶压力。

③塔顶与回流罐的温差。如果主洗塔塔顶温度与回流罐温度，温差大于4℃，说明系统中有 N_2或 C_2、C_3等低沸点组分的不凝气体累积在塔顶冷凝器和回流罐中，需要通过塔顶冷凝器的放空线将不凝气体排出至火炬管线。

④回流罐排水。为保证抽余液中含水量少，水室界面保持低一些，但同时要防止烃类随水排出，进入水分离罐汽化后影响脱气部分的操作。

⑤塔回流。主洗塔回流量由流量调节阀控制，回流量大小由回流比来确定。

⑥在线气相色谱分析仪表。一台在线气相色谱分析仪表安装在主洗塔塔顶馏出管线上，用于检测塔顶抽余液中1，3－丁二烯含量。

另一台在线气相色谱分析仪表安装在主洗塔中部，用于检测主洗塔内丁二烯浓度的变化。

如果原料中的1，3－丁二烯和顺2－丁烯浓度发生较大变化，需要相应调整主洗塔回流量和溶剂进料量。如果原料中 C_3等轻组分含量增加，导致主洗塔塔顶压力上升到无法调节，必须通过塔顶放空阀放空，但会造成部分抽余液损失。

如果原料中 C_5等重组分含量有较大增加，需要增大主洗塔回流，增加第二精馏塔塔釜排放。

⑦压差。当塔中出现液泛等异常情况时，需增加硅油加入量。如果塔内填料层堵塞导致压差变大，无法控制时，应考虑局部停车检修。

⑧塔釜液位。主洗塔塔釜液位与塔釜排出量形成串级均匀调节，既能保证塔釜液位稳定，又可使排出量相对稳定。

⑨塔釜温度。主洗塔塔釜正常操作温度受塔内1，3－丁二烯浓度的影响较大，可调节后洗塔塔顶粗丁二烯的采出量，来改变主洗塔操作温度。

(3)精馏塔的操作

精馏塔的任务是上部分作为第一萃取精馏塔的一部分继续脱除丁烷、丁烯等难溶物，烃类气体从精馏塔塔顶返回主洗塔塔釜；下部分是预脱气部分，将循环溶剂中的部分烃类解吸出来；在下部塔釜闪蒸出1，3－丁二烯和炔烃的易溶组分，从精馏塔中部采出送入后洗塔塔釜，作为后洗塔烃类进料。

①塔釜温度。精馏塔上层塔釜内的溶剂由精馏塔塔釜泵送出，经3、4台溶剂加热器串联加热后，返回精馏塔下层塔釜，溶剂中部分烃类气体从精馏塔下层塔釜中闪蒸出来，必须保持塔釜温度稳定，进而保证萃取精馏系统其他各点温度稳定及闪蒸效果。

②塔釜液位。精馏塔上、下层塔釜液位均由液位调节阀控制稳定在30%～50%即可。

(4)后洗塔

后洗塔的作用是将 C_4烃类中比1，3－丁二烯更易溶组分：乙烯基乙炔、乙基乙炔等脱除，粗丁二烯从塔顶采出。由于粗丁二烯纯度很高，为防止丁二烯聚合，在后洗塔开车时就应向后洗塔塔顶冷凝器中加入适量TBC，粗丁二烯中TBC含量应为 $50\times10^{-6}\sim150\times10^{-6}$ (质量分数)。部分TBC通过回流进入后洗塔，最终进入循环溶剂中。

①溶剂量。溶剂加入量由流量调节阀控制及溶剂比来确定。

②塔顶压力。后洗塔塔顶无压力调节阀，塔压主要受主洗塔的压力以及主洗塔和精馏塔上部的压差影响。

③塔回流。后洗塔由流量调节阀控制，可通过调整回流量影响粗丁二烯的产品质量。

④回流罐中水的排除。粗丁二烯中的水分，沉降后积累在回流罐底部水室，由水室界面调节阀控制送往水分离罐。排水时严防烃类随水排出，进入水分离罐汽化后影响脱气系统的操作。

⑤塔釜液位。塔釜液位与塔釜排出量形成串级均匀调节，既能保证塔釜液位稳定，又可使排出量相对稳定。

(5)脱气塔的正常操作

脱气塔的作用是将含烃溶剂通过加热闪蒸，完全脱除其中所含的烃类，并调整好溶剂中水含量。脱气后的溶剂再通过逐级回收热量后，送去萃取塔重新使用。

①溶剂进料。精馏塔下层塔釜中的溶剂，经脱气塔进料泵送出，在溶剂加热器中被低压蒸汽加热后，以双切线的进料方式进入脱气塔顶部。

脱气塔的溶剂进料量与精馏塔下层塔釜液位控制构成串级均匀调节，既保证精馏塔下层液位稳定，又保证脱气塔进料量相对稳定。

②塔釜再沸器。塔釜再沸器以中压蒸汽为热源，加热量根据溶剂进料量与中压蒸汽流量按比例自动调节。中压蒸汽进入再沸器前由温度调节阀控制加入的冷凝液量，以维持设定中压蒸汽的温度。

脱气塔塔釜温度必须达到 NMP 的沸点[在塔釜压力 50kPa，塔釜水值 8.3%(质量分数)时，溶剂沸点为 148℃]，以便使溶剂中烃类完全汽提出来。

③塔压力。塔釜压力、塔顶压力较低，操作压力低有利于烃类从溶剂中脱除。

④调节溶剂水含量。含水溶剂有利于降低 NMP 的沸点，提高溶剂对烃类的选择性，同时减少能耗。塔釜设有水值仪表，通过塔釜压力和塔釜温度计算得出溶剂的含水量。如果水含量过高，则需要增大脱气塔的侧线炔烃采出量，或减小炔烃洗涤塔水进料量。如果水含量偏低，NMP 沸点升高，可增加炔烃洗涤塔的水进料量。

⑤塔釜溶剂送出。脱气塔塔釜完全脱气后的溶剂，水值已调整合格，经脱气塔塔釜泵送出，首先进入溶剂换热器壳程，加热精馏塔中将要预脱气的溶剂，其次进入第二精馏塔再沸器壳程作为热源，再其次进入主原料蒸发器壳程加热汽化 C_4 原料，最后由溶剂冷却器降温送入主洗塔和后洗塔循环使用。

注意脱气塔塔釜液位不能通过塔釜采出量控制，必须保证溶剂循环的换热稳定以及主洗塔和后洗塔溶剂进料量的稳定。脱气塔塔釜液位必要时可由脱气塔进料量调节。

(6)炔烃洗涤塔的操作

炔烃洗涤塔顶部加水，洗去炔烃采出气流中夹带的溶剂，同时调整脱气塔溶剂中的水含量。炔烃洗涤塔压力和温度受脱气塔的温度、压力和炔烃采出量的影响，自身无控制手段。

炔烃洗涤塔顶部炔烃采出时加入气态抽余液稀释，抽余液稀释量根据炔烃采出量通过比例调节自动控制，炔烃采出管线上设有工业气相色谱仪进行在线分析检测。

如果增加炔烃采出量，必须按比例增加抽余液稀释量。操作时注意抽余液稀释量不能过高，过高反而会造成 C_4 炔烃被堵在炔烃洗涤塔无法正常采出，C_4 炔烃积累在脱气系统中，形成不安全因素。如果加入炔烃洗涤塔的水量过少，会使溶剂不能完全被洗下，造成溶剂损失量增加。

气态 C_4 炔烃可直接排放至火炬系统，如工艺需要可使用液态丙烯制冷，将 C_4 炔烃冷凝后收集在 C_4 炔烃罐中，由 C_4 炔烃输送泵送出界区用作燃料气。

C_4炔烃储罐由液位调节阀控制 C_4炔烃的送出量，以保持罐液位稳定。液态 C_4炔烃中水分会沉降积累于 C_4炔烃储罐水室中，在水室界面调节阀控制下排放至水分离罐。

(7)冷却塔正常操作

冷却塔的作用是将脱气塔顶部采出的烃类气体降温，并洗涤掉气相中的微量 NMP，同时保证压缩机的入口压力稳定。冷却剂(NMP、水的混合物)的温度上升后，由冷却塔塔釜泵送出作为辅原料蒸发器的加热介质，然后进入冷却剂冷却器，由调节阀控制温度，再送回冷却塔塔顶循环使用。

压缩机的出口温度通过调节冷却剂的流量进行控制。冷却塔塔顶压力即为压缩机的吸入压力，必须保持稳定，冷却塔压力高时可通过塔顶放空阀调节，压力低时可增加压缩机出口返回冷却塔的循环气量。

塔釜液位升高后，由液位调节阀控制送入精馏塔塔釜，进入循环溶剂中。由于冷却剂含水量较高。因此，送出量必须保持相对稳定，避免造成循环溶剂水值波动，

起阻聚作用的 $NaNO_2$溶液加入冷却塔塔釜泵入口、进入冷却循环回路，并随冷却剂送入精馏塔塔釜，进入循环溶剂中。

(8)溶剂再生系统的正常操作

溶剂再生罐的进料是连续进行的，进料量由溶剂再生罐液位调节阀控制，当再生罐液位上升时逐渐减少进料量，当溶剂再生罐液位足够高时停止进料。

溶剂再生罐的夹套内通入低压蒸汽进行加热，通过搅拌器使罐内溶剂温度均匀。溶剂再生罐内正常操作温度在 90 ~100℃。溶剂再生罐顶部的气相管线上设有高液位联锁，一旦有液体进入气相管线，立即启动联锁关闭蒸出管线上的切断阀。溶剂再生系统由中压蒸汽喷射器抽真空维持负压操作，蒸汽冷凝形成的废水收集在冷凝罐中，由废水泵最终排出装置，冷凝罐设有低液位联锁，保持一定的液封高度。

纯净的溶剂气体不断从溶剂再生罐顶部蒸出，冷凝后进入再生溶剂罐。由再生溶剂泵将溶剂送回溶剂冷却器壳程出口，返回循环溶剂中，再生溶剂罐设有低液位联锁，保持一定的液封液位，防止空气进入溶剂再生系统影响真空度。

再生溶剂冷凝器的不凝气进入再生溶剂洗涤塔，少量冷凝液从塔顶加入洗掉不凝气中的溶剂，同时调节再生溶剂中含水量，溶剂和水一起经再生溶剂冷凝器返回再生溶剂罐，不凝气由再生溶剂洗涤塔塔顶排放。

(9)火炬排放及废液排放操作

所有气相物流及液态烃类物流，包括安全阀泄压气体排放和放空阀排放的气体被送入火炬排放罐，气相物流再从火炬排放罐顶部送至火炬系统，液体从火炬排放罐底部送入地下的废溶剂回收罐。

所有可能含溶剂的液相排放，被送入地下的废溶剂回收罐中，该罐内部设有蒸汽加热器，可将罐中存在的烃类汽化，再从罐顶返回火炬排放罐中送入火炬系统。废溶剂回收罐中的溶剂可送至溶剂再生系统再生后回收和利用，如罐内溶剂足够纯净，也可直接送入主洗塔中使用。

4.3.3.3　C_4原料变化的操作

1. 原料中丁二烯含量发生变化

①暂时保持去主洗塔的溶剂循环量。

②用后洗塔塔顶流量调节阀提高或降低粗丁二烯的采出量，它应该与 C_4进料中的丁二

烯的含量成正比。

③调整后洗塔的溶剂循环量。

④观察主洗塔、后洗塔中部的在线分析仪。

⑤调整主洗塔的溶剂循环量及回流量。

2. 原料中 C_5 量升高

① C_4 原料中 C_5 含量高时，要控制好脱气塔的塔釜温度，釜温不应低于溶剂沸点，以确保循环溶剂中烃类解吸干净。

② C_4 原料中 C_5 含量高时，适当增加溶剂比，增大溶剂加入量，同时使回流量加大，以保证第二萃取精馏塔的质量合格。

③在 C_5 含量高时，更要保证原料蒸发罐罐底循环溶剂加热量，及时排掉原料蒸发罐罐底 C_5 等重组分，尽量减轻后续工序的压力和影响。维持各塔系、冷却器、再沸器等处在正常操作条件下。

4.3.3.4 设备的切换操作

1. C_4 进料蒸发器的切换操作

切入 C_4 进料蒸发器的备台前应先检查流程，如进料蒸发器有“8”字盲板应将其打通，再对其进行氮气置换，置换合格后方能进行 C_4 进料蒸发器的切换操作。

(1)切入操作

①打开 C_4 进料蒸发器的管程进出口阀门，使 C_4 物料充满管程。

②打开进料蒸发器壳程的加热介质进出口阀门，使加热介质(主原料蒸发器的加热介质是热溶剂，辅原料蒸发器的加热介质是来自冷却塔塔釜的热冷却剂)进入 C_4 进料蒸发器的壳程。

③调节进入主、辅 C_4 进料蒸发器的加热量，使 C_4 蒸发量保持稳定，即完成 C_4 进料蒸发器的切入操作。

(2)切出操作

①关闭 C_4 进料蒸发器的管程入口阀，将其中的 C_4 物料尽量蒸发干净后，关闭管程出口物料阀。

②关闭 C_4 进料蒸发器壳程的加热介质的进出口阀门。打开 C_4 进料蒸发器管程的安全阀旁通线阀门，将其中残存的 C_4 物料放空至火炬系统，并用氮气置换干净。

③进料蒸发器壳程如需倒空，其中的溶剂或冷却剂应排至废溶剂回收罐并用氮气吹扫干净，至此即全部完成了 C_4 进料蒸发器的切出操作。

④切出倒空后可根据工艺需要在管、壳程进出口阀门处安装盲板。

2. 第一精馏塔和第二精馏塔再沸器的切换操作

(1)切入操作

①检查流程，如再沸器有“8”字盲板应将其掉向打通，对再沸器进行氮气置换至合格。

②打开再沸器的管程进出口阀门，使塔釜粗丁二烯物料充满管程。

③将壳程的加热介质进出口阀门打开，使加热介质(第一精馏塔再沸器的加热介质是蒸汽冷凝液，第二精馏塔再沸器的加热介质是热溶剂)进入。

④在室内调节再沸器的加热量，使塔釜加热量保持稳定，即完成再沸器的切入操作。

(2)切出操作

①关闭要切出再沸器的管程入口阀门，将要切出的精馏塔再沸器中的粗丁二烯物料尽量

蒸发干净。

②关闭塔再沸器的管程出口物料阀门。

③关闭再沸器壳程的加热介质的进出口阀门。

④打开再沸器管程的安全阀旁通阀，将其中残存的物料放空至火炬系统，并将再沸器管程用氮气置换干净。

⑤如需倒空，壳程中的溶剂应由废溶剂排放线排至废溶剂回收罐，并用氮气吹扫干净，凝液可由现场排放。

⑥根据工艺需要在切出的再沸器管、壳程进出口阀门处安装盲板。

3. 溶剂换热器的切换操作

在 NMP 法抽提丁二烯装置中设有四台串联的溶剂换热器，一般情况下为三开一备。如因结垢而影响换热能力时可逐台切出清洗。在切入溶剂换热器的备用台之前应先检查流程，如换热器有“8”字盲板应将其掉向打通，再对其进行氮气置换，置换合格后方能进行溶剂换热器的切换操作。

(1)切入操作

①将要切入的溶剂换热器的管程进出口阀缓慢打开，管程充满溶剂后，关闭要切入的溶剂换热器的管程旁路阀门。

②将要切入的溶剂换热器壳程的进出口阀门缓慢打开，壳程充满溶剂后关闭要切入的换热器的壳程旁路阀。必要时由管、壳程的高点排气，使溶剂完全充满换热器的管、壳程。

(2)切出操作

切出前，要保证精馏塔上层塔釜和脱气塔塔釜的液位达到足够高度，切换过程中，保证操作过程稳定，要及时调节各萃取精馏塔液位，必要时由溶剂储罐向系统中补充足够的溶剂。

①完全打开要切出的换热器的管程旁路阀，然后关闭管程进出口阀门。

②完全打开壳程旁路阀门，然后关闭壳程进出口阀门。

③切出后的溶剂换热器的管、壳程如需倒空，其中的溶剂应由废溶剂排放线排至废溶剂回收罐，并用氮气将溶剂换热器的管、壳程吹扫干净。

4. 第一精馏塔塔釜过滤器的切换操作

在第一精馏塔塔釜送出线上装有两台过滤器，正常生产时一开一备。当第一精馏塔塔釜液位迅速上升，加大调节阀的开度甚至打开调节阀的旁路阀也无效时，应进行过滤器的切换操作。

首先将备台用氮气置换合格后，打开备台过滤器出入口阀门，再完全关闭要切出的过滤器的出入口阀门，打开其排火炬线，将要切出的过滤器中的烃类用氮气置换排放至火炬系统。泄压后交出清理。

5. 压缩机油泵的切换操作

(1)切换油泵时的要求

切换油泵时应密切注意压缩机油路系统的压力变化，保持切换过程中的油压稳定。在停泵前须将油压升高，保证停泵时油压不致下降过多，防止因油压过低而引起压缩机联锁停车。条件允许，可暂将油路系统压力联锁摘除。

(2)油泵的切换操作

①将备用泵开关打到手动位置。

②启动备用泵。

③调节泵出口旁通线阀门升高油压。

④停另一台泵，调节泵出口旁通线阀门稳定油压。

⑤将备用泵开关打到自动位置，投入备用状态。

6. 压缩机油过滤器的切换步骤

(1)切换油过滤器时的要求

切换油过滤器时必须把待切入的油过滤器内的气体排干净，同时应密切注意油压的变化，保持切换过程中的油压稳定。防止因油压过低引起压缩机联锁停车。

(2)油过滤器的切换操作

①打开两台油过滤器之间的带孔板的连通线，将备台油过滤器充满油，并从备台油过滤器的顶部放空线排放确认。

②迅速切换两台油过滤器之间的四通阀，将润滑油流程切至备台。切换后密切注意油压稳定。

③确认正常后，关闭两台油过滤器之间的带孔板的连通线。

2 备台油过滤器倒空，更换滤芯后备用。

7. 装置系统或局部循环

丁二烯装置系统或局部的循环主要有：抽余液和丁二烯产品一起返回原料蒸发罐的大循环操作；抽余液和粗丁二烯产品一起返回原料蒸发罐的小循环操作；萃取脱气系统的溶剂循环；萃取、脱气系统的冷却剂循环；蒸汽凝液循环；停车后的炔烃管线的 C_4 原料冲洗循环；开车前的化学清洗和钝化循环；压缩机的循环操作等。

(1)小循环操作

装置开车或正常生产过程中，抽余液或粗丁二烯未达到一定规格时，可沿小循环操作管线返回原料蒸发罐。

小循环操作时，萃取、脱气系统执行正常操作程序，第一精馏塔和第二精馏塔执行全回流操作程序。

小循环操作时，粗丁二烯和抽余液应同时返回进料蒸发罐，并按相同比例进行，以防止原料中组分波动，返回量由现场的转子流量计指示。

小循环操作时，初期炔烃和丙炔的采出应照常进行，以防止炔烃在系统中积累，如果运转时间较长，丁二烯装置中炔烃逐渐减少，炔烃和丙炔的采出量可根据在线仪表指示逐渐减少甚至停止。

小循环操作过程中，混合 C_4 进料要暂时停止，必要时(如进料蒸发罐液位过低)也可少量引入补充。

(2)大循环操作

装置开车或正常生产过程中，抽余液和粗丁二烯指标合格，而丁二烯产品未达到规格时，可沿大循环操作管线将抽余液和丁二烯产品一起返回原料蒸发罐，混合 C_4 进料暂时停止，必要时，(如进料蒸发罐液位过低)可少量引入补充。

大循环操作时，丁二烯产品与抽余液应同时返回进料蒸发罐，并按相同比例进行，以防止原料中组分波动，返回量由现场的转子流量计指示。

大循环操作时，初期 C_4 炔烃和丙炔的采出应照常进行；以防止炔烃在系统中累积，随运转时间的延长，丁二烯装置中炔烃逐渐减少，炔烃和丙炔的采出量可根据在线仪表指示逐渐减少直至停止。

(3)溶剂回路及溶剂热回收系统

已脱气完全的溶剂从脱气塔底部用塔釜泵送出，先经过3台或4台串联的溶剂换热器的壳程，将管程内来自精馏塔塔釜上层的需要预脱气的含烃溶剂加热，加热后已脱气的溶剂流出溶剂换热器壳程后温度下降。此后这股溶剂分为两股，较少的一股送往溶剂再生器中再生，再生抽出量约为循环溶剂总量的0.2%(质量分数)。大部分溶剂继续循环回收其中的热量，先进入第二精馏塔再沸器壳程作为加热介质，换热后溶剂送往主原料蒸发器壳程中作为热源加热汽化原料蒸发罐中的烃类，换热后温度进一步下降。

在进入第二精馏塔再沸器和主进料蒸发器时溶剂管线上均设有流量调节系统，可根据工艺系统所需要的热量控制进入换热器的溶剂量，多余的溶剂经过换热器旁路继续参与循环，从而避免因溶剂流量的波动而引起第二精馏塔和进料蒸发量的波动。

经过上述三次回收热量的溶剂在溶剂冷却器中冷却至设计温度后，送入主洗塔和后洗塔循环使用，在主洗塔和后洗塔内吸收烃类后，再进入精馏塔中，预脱气后进入脱气塔完全脱气。

(4)冷却剂循环回路及热回收系统

脱气塔顶部采出的气体经过冷却降温后才能进入压缩机，开车前，用低温凝液建立冷却剂循环回路，开车后，随着脱气塔顶部气体采出进入冷却塔后，换热后冷却剂温度逐渐上升，最终将稳定在一定范围内，用冷却塔塔釜泵送出，至辅原料蒸发器壳程中作为热源加热汽化原料蒸发罐中的烃类。

在进入辅进料蒸发器的冷却剂管线上设有C_4原料蒸发量调节系统，可在主原料蒸发器提供大部热量的基础上，根据生产负荷的要求调节进入辅进料蒸发器的热冷却剂量，使C_4原料蒸发量保持稳定，多余的冷却剂经过辅进料蒸发器的旁路继续参与循环，避免因冷却剂流量的波动而引起进料蒸发量的波动。

蒸汽冷凝液在给脱气塔顶部气体降温的同时，也将其中夹带的少量溶剂组分吸收下来，冷却剂中溶剂的含量也会逐渐增加，在冷却塔液位上涨后，可通过调节阀控制将多余的冷却剂(溶剂和蒸汽冷凝液的混合物)送回精馏塔的下层塔釜。送出量要保持平稳，因为冷却剂中水含量很高，进入溶剂循环中的冷却剂量如果波动较大，会引起系统内溶剂水值波动，影响萃取精馏部分的操作。

(5)蒸汽及蒸汽冷凝液的热回收系统

NMP法抽提丁二烯装置在正常生产时，只有脱气塔再沸器使用饱和中压蒸汽作为热源。形成的蒸汽冷凝液通过疏水器后进入低压蒸汽闪蒸罐。

在该罐中蒸汽冷凝液闪蒸产生的低压蒸汽作为废液回收罐、溶剂再生罐、溶剂加热器加热热源。低压蒸汽压力应保持在一定范围内，不足部分由公用工程系统的低压蒸汽补充。

闪蒸回收后的蒸汽冷凝液送入蒸汽冷凝液罐，装置中所有低压蒸汽用户(溶剂废液回收罐、溶剂再生罐、溶剂加热器以及伴热系统和公用工程系统)产生的蒸汽凝液也全部返回此罐。在蒸汽冷凝液罐中，用蒸汽闪蒸罐引入的低压蒸汽加热，通过温度调节阀控制蒸汽加热量保持罐内的蒸汽冷凝液温度稳定。罐内的高温蒸汽冷凝液用冷凝液循环泵送出，供应给第一精馏塔再沸器作为加热介质，换热后的蒸汽冷凝液仍返回蒸汽冷凝液罐中循环使用。蒸汽冷凝液罐通过液位调节阀控制冷凝液循环泵将多余的蒸汽冷凝液送出装置。

在冷凝液循环泵出口，少部分高温凝液被送入冷凝液冷却器中降温后，送入炔烃洗涤塔、再生溶剂水洗塔、溶剂再生罐中作为工艺所需的凝液。为防止氧气随凝液进入装置，在蒸汽冷凝液罐内需要补充氮气，由调节阀控制压力。

检修后开车前，由于脱气塔再沸器尚未投用，最好由装置外向蒸汽冷凝液罐中引入蒸汽冷凝液预先建立蒸汽凝液循环，以缩短开车时间。蒸汽冷凝液循环的温度依靠公用工程系统的低压蒸汽提供。建立稳定的蒸汽冷凝液循环和低压蒸汽供应后才能投料开车，否则，第一精馏塔再沸器和溶剂加热器将没有加热介质，无法正常开车。

4.4 装置异常情况及处理

4.4.1 压缩机运行过程中的异常情况及处理

1. 超温

正常运行时，压缩机会出现出入口温度超高的情况。其原因如下：

(1)一段入口冷却器结垢，冷却效果下降

随着装置的运行周期增加，压缩机一段入口冷却器结垢，冷却效果下降，使入口气体温度升高，造成压缩机出口温度升高。

对于这种情况的处理，首先要考虑在不停车的情况下提高冷却器的冷却效果。可以通过提高冷却器的循环水流量、降低循环水温度的办法来实现。但提高循环水的流量和降低循环水的温度受客观条件的影响，有时候达不到预期的目的，就要考虑把冷却器切出来进行。

在 DMF 抽提丁二烯装置中，压缩机入口冷却器由于换热面积比较小，循环水的流速比较低，循环水中的杂质容易在冷却器的表面沉积下来，加上粗丁二烯气体从第一汽提塔出来后温度比较高，循环水中的 Ca^{2+} 、Mg^{2+} 也比较容易从循环水中析出沉积在冷却器表面形成水垢，降低冷却器的换热效果。为了防止循环水中杂质和水垢在冷却器表面的沉积，在生产中可以采用适当提高冷却器中循环水的流动速度，在工艺上可以采用减少冷却器内折流板的数量、提高冷却器循环水出入口的压差的办法来减少冷却器的堵塞情况。

(2)压缩机机体水夹套冷却效果不良

由于压缩机安装位置低，在生产过程中循环水夹带的污泥在机壳夹套中沉积，影响压缩机机壳冷却水的冷却效果。

对于压缩机机体水夹套冷却效果不良，一方面利用每次压缩机停车检修的机会对压缩机机体水夹套进行彻底的清理，减少由于压缩机机体水夹套冷却效果不好对正常生产的影响；另一方面要提高循环水的水质，减少循环水中的杂质，同时也减少污泥在压缩机机壳夹套中沉积。

(3)转子结焦

压缩机转子部分在经过长时间的运行后，工艺介质丁二烯中含少量焦油。焦油是丁二烯等物料在高温高压下形成的聚合物。压缩气体中夹带的焦油会黏结在转子上，使转子的转动阻力加大，压缩机的功率升高，压缩机出口温度升高。

压缩机转子结焦，主要是萃取精馏系统溶剂中形成的焦油随工艺气体带入到压缩机机体中沉降在转子上形成转子结焦的。解决压缩机转子结焦最有效的方法是减少装置萃取精馏系统的丁二烯自聚，把萃取精馏系统的焦油量控制在比较低的水平，减少工艺气中焦油的含量，同时降低压缩机的机体温度，也可以减少压缩机转子的结焦情况。

(4)消音器结焦

压缩机长周期运行后，压缩机出口的消音器和出口管线也会出现结焦的现象，特别是一段出口到二段入口阻力降增大，使出口温度升高。

压缩机出口消音器和出口管线出现结焦的原因与压缩机转子部分出现结焦的原因类似，也是装置萃取精馏系统溶剂中形成的焦油随工艺气体带入到压缩机出口的消音器和出口管线中，沉降在压缩机出口的消音器和出口管线上形成结焦的。解决途径也与压缩机转子部分的结焦处理方法相同。

2. 液体窜入压缩机

由于液体压缩性很小，所以即使窜入少量液体也会使压缩机发生强烈的振动。实际生产中曾经发生过由于密封氮气中窜入液体，使压缩机发出闷响、振动很严重的情况。

为了防止压缩机机体内窜入液体，在日常的工作中要加强对压缩机的巡回检查，要严格防止工艺气和密封氮气中夹带液体。压缩机的入口吸滤器要定时、定点排液，压缩机吸入罐要保持正常的液位，防止液体窜入压缩机。

3. 生成自聚物

压缩机螺杆表面、机壳内壁、进出口消音器内壁结有很坚硬的自聚物，特别是在出口端更为严重。因为出口端温度高，结有很厚的甚至块状的自聚物。这种自聚物是生产过程中难以克服的，这种坚硬的自聚物一旦脱落也会损坏螺杆。

由于自聚物大部分是在萃取精馏系统形成的，为了减少在压缩机机体内出现的自聚物，也要加强萃取精馏系统的防自聚工作。由于现在防自聚的技术有比较大的发展，可以通过加入新的阻聚剂的方法减少溶剂系统中的自聚物，从而减少压缩机本体内的自聚物产生。

4. 超压

压缩机出口压力超高也是压缩机在生产中经常遇到的异常情况，压缩机各段出口均设有压力高限报警，这是为了保证压缩机安全运行。一旦压缩机出口压力超高达到联锁值，压缩机就联锁停车。

压缩机出口超压一般情况下是由于生产控制和调节不及时造成的。要防止这种情况的发生，一方面要提高职工的责任心和操作技能，另一方面也要加强对压缩机的监控，发现问题及时处理，把问题消灭在萌芽状态。

其他诸如漏油、振动等情况应加强监护、及时补油，严重时停车检修。

4.4.2 热交换器结垢堵塞及处理

热交换器(包括塔顶冷凝器、塔釜再沸器、加热器、冷却器等)内部结垢增加或被聚合物等堵塞时，流过换热器的物料温差变小，换热器换热效果下降，如果不能满足工艺要求时，应当切出清理。

①如果有备用热交换器，检查其工艺状态，氮气置换合格后将备用换热器投用。

②将结垢或堵塞的换热器切出，倒空其中的物料，氮气置换合格后交出清理。

③如果是没有备用设备的塔顶冷凝器等换热器结垢或堵塞，相应系统按局部停车处理。

4.4.3 物料泄漏情况判断及处理

装置所用原料 C_4、产品丁二烯、副产品丁烯和丁烷均为易燃、易爆物质，极易发生泄漏。当物料发生泄漏时，在现场可燃气体探测器会发出报警，同时室外巡检人员也会闻到较浓的气味，这时当班操作人员和装置的管理人员应检查泄漏点并及时处理。

装置预防泄漏及发生泄漏事故的处理方案如下：

1. 防止泄漏的安全措施

①对装置的全体人员进行防止泄漏的安全教育，学习有关泄漏事故的案例。

②加强岗位巡回检查，及时发现和消除泄漏隐患。

③各公用工程甩头配备胶管，发生泄漏时，在漏点消除后对回收后的残余物料接水处理，如果是可燃物料泄漏，及时接蒸汽或氮气稀释。

④工具架上配备各种型号的防爆“F”扳手，出现事故时及时关闭有关阀门。

⑤定期检查消防器材，使之经常处于完好可用状态，做到有备无患。

⑥岗位配备事故应急物品，如铜制工具、防爆手电、管卡架、防毒面具、正压式空气呼吸器以及急救物品和药品。

2. 泄漏事故处理方案

(1)C_4泄漏处理方案

①管线阀门断裂开焊。

(a)查明物料来去方向。

(b)关闭距跑料部位两端最近的及与此相连的有关阀门，切断管线阀门断裂开焊物料来源。

(c)用蒸汽或氮气稀释可燃气体。

②丁二烯、C_4储罐或回收罐底部第一道阀门法兰及罐体开裂。

(a)切断物料来源，降低罐的压力。

(b)及时倒空罐内物料，一时无法倒空时，可采用充水封闭法或放空法。

(c)用蒸汽或氮气稀释，封闭现场。

③塔体或第一道阀门法兰垫片损坏。

(a)切出该塔，首先停进出物料，降温降压，必要时立即全装置停车。

(b)迅速倒空塔内物料。

(c)用蒸汽或氮气稀释物料，封闭现场，严禁向污水一排放。

(2)在紧急事故状态时，现场有关人员要做到以下几点：

①保持头脑清醒，冷静分析判断事故的性质、状态，采取相应措施，并立即通知上级领导、厂调度室、车间主任或值班人员。

②宣布事故紧急状态，布置警戒线，防止非操作人员进入现场，委派专人监视交通路口切断一切交通。

③绝对服从指挥，严禁乱跑乱窜。

④坚守岗位，不得擅自离开。

⑤停止一切明火作业，严禁在现场停开任何电器开关，严禁敲打一切金属物件。

⑥做好自我保护，避免造成不必要的损失。

⑦在确认可能友生火灾爆炸的条件下，班长有权紧急停车。

⑧做好着火、爆炸的消防准备工作。

⑨尽可能做好现场补救工作，控制事故状态，缩小事故范围，减少危害。

4.4.4 特定事故的处理

1. 紧急事故的处理要求

当装置遇到下列事故之一时要紧急停车：

①冷却水中断；

②停电；

③蒸汽中断；

④仪表风中断；

⑤着火；

⑥重要设备故障。

紧急停车时按照紧急停车步骤进行处理，及时关闭蒸汽、原料、产品与装置相连的阀门，停运转设备，确保装置安全。

如果是遇到装置停电、着火、重要设备故障及其他紧急情况，要立即按紧急停车程序停车。打开现场放空阀进行放空，然后再进行其他处理。

(1)冷却水中断

危害：如果遭遇突然冷却水中断事故，由于各塔塔顶气体冷凝不下来，直接导致各塔超压，造成极大危险，必须采取果断措施。

采取的措施如下：

①切断各塔热源。

②关闭现场蒸汽手动阀。

③密切注意各塔压力，若有超压，立即采取放空泄压，确保安全。

④再按照紧急停车步骤处理。

(2)停电

停电可以分为以下三种情况：

第一种情况：大面积停电。如遇此种情况则按紧急停车步骤处理。

第二种情况：压缩机停电。如果条件具备，则重新开启压缩机。如果条件不具备，则按停车步骤处理。

第三种情况：压缩机正常运转，其余机泵停转。知果供电能够尽快恢复，则迅速恢复各泵运转，维持生产。如果供电不能尽快恢复，则按紧急停车步骤处理。

(3)蒸汽中断

直接按紧急停车步骤处理。

(4)仪表风中断

直接按紧急停车步骤处理。

2. C_4或溶剂泄漏、跑料

①立即通知厂调度和车间值班人员，并根据情况，决定是否需要停车处理。

②尽快切断泄漏部位两端物料来源，通过放空线向火炬放空。

③禁止一切现场动火，严禁启动或停止现场各种电动设备，禁止机动车辆驶进现场，以免发生火灾爆炸事故。

④如果是C_4泄漏，还应接入氮气或蒸汽稀释可燃气，以降低其浓度。

⑤关闭与此设备或管线相连的物料进出口阀门。将与此管线有关的设备内的物料全部倒

空，并组织人员进行抢修，防止事态进一步扩大。

⑥如泄漏的C_4物料过多并有蔓延的趋势，还应组织人员到装置附近的路口拦截过往的车辆和行人，以免造成更大的损失。

⑦抢修完毕后，用氮气置换该系统，经检查无误并分析合格后即可恢复正常生产。

⑧如C_4泄漏并已发生火灾事故，应立即紧急停车，并拨火警电话119，报清所在单位、姓名、着火地点之物料性质、火情等。

⑨通知厂调度和车间值班人员，切断与着火点有关的物料线，组织人员用现成的消防设备救火。

⑩组织人员到路口拦截过往车辆和行人，并等候消防车，给消防车引路。

⑪倒空着火点附近设备中的物料，防止发生联锁爆炸。

⑫如果C_4大量泄漏，火灾情况难于控制，在进行一些必要的处理以后(如放空、按紧急停车按钮等)，可组织人员疏散。

⑬防止泄漏物料进入下水道。

3. 溶剂管线或阀门断裂、开焊

①及时报告车间和厂调度。

②根据泄漏情况和部位，尽量不要停车处理，如果不停车无法处理，且不能带压堵漏，则需要停车处理。

③停止附近动火作业，如果溶剂中含有大量C_4烃类，则应禁止机动车辆驶进现场，禁止现场开、停用电设备。

④关闭此管线两端阀门，将里面溶剂从废溶剂线或接胶管倒空。

⑤如果需要动火堵漏，则先用氮气吹扫管线，再接入水冲洗管线内部，尽可能回收所漏溶剂，然后用大量水冲洗现场，为动火堵漏创造条件。

4. 塔釜法兰、阀门、塔壁溶剂泄漏

①立即通知厂调度和车间值班人员。

②切断塔的进料阀，进行相应的部分停车或全装置停车处理。

③停止加热，停止回流，打开放空阀泄压。

④泵将塔内液体采空或由倒空线倒空。

⑤停止附近动火作业，如果溶剂中含有大量C_4烃，则应禁止机动车驶入现场，禁止现场开停用电设备。

⑥氮气将塔内可燃气扫入火炬，所漏溶剂尽可能回收，并尽快采取措施修复漏点。

5. 丁二烯泵出口管线阀门被自聚物涨裂

①泄漏发生后，应及时报告调度和车间，并且立即停周围动火作业，禁止现场开停泵，禁止机动车驶进。

②根据涨裂部位和情况如不能切换至另一泵运行，则应关闭丁二烯泵入口阀及出口管线与产品丁二烯冷却器相连接的阀门，从第二精馏塔冷凝器采出的产品丁二烯改进第二精馏塔回流罐，产品丁二烯储罐平衡管可暂时不关闭。

③丁二烯采出改在回流泵出口线上，TBC改在回流线上，关闭第二精馏塔冷凝器入口加TBC线。

④如果泄漏不严重，则应通过放空线倒空设备内积存物料，如果泄漏面积大，则应接入氮气及蒸汽进行保护、稀释。

6. 塔釜法兰或塔顶馏出线 C_4 泄漏

①立即通知厂调度和车间值班人员。

②如果泄漏比较严重不能带压堵漏，则应进行相应的本岗位或全装置的停车。

③如果需要停车处理时，首先关闭物料进料阀，将回流罐及塔内液体尽快采空。停止加热，关闭回流，打开放空阀向火炬放空，泄掉塔压。接入氮气，将设备内可燃气赶入火炬。

④泄漏时周围严禁动火作业，并及时引入氮气或蒸汽进行保护和稀释。

⑤尽快采取措施修复漏点，恢复生产。

7. 甲苯、糠醛、TBC 管线、阀门、法兰、焊口泄漏

此类物质有一定的毒性，在处理时，既要注意人身安全，又要防止对环境的污染。

①处理时一定要穿戴好工作服、眼镜、防毒面具、胶皮手套等劳动防护用具。

②切断物料来源。

③尽可能回收所漏物料，防止造成大面积污染。

④先用沙土处理现场，吸收所泄漏物料，砂土回收集中处理，然后用大量水处理。

8. 丁二烯产品采出冷凝器发生爆聚

①发现第二精馏塔冷凝器爆聚后应立即通知厂调度和车间值班人员。

②立即关闭第二精馏塔冷凝器物料进出线阀门，同时将丁二烯产品罐也一起切出。关闭丁二烯采出阀，将加入第二精馏塔的 TBC 改加在回流线上，将丁二烯采出改在由回流泵边回流边采出。

③组织人员从第二精馏塔冷凝器 A 进出物料管倒淋处接胶管将第二精馏塔冷凝器 A 中的丁二烯排放至火炬系统，从另二倒淋处接氮气置换，置换合格后将第二精馏塔冷凝器 A 的进出物料线加上盲板，待第二精馏塔冷凝器 A 温度降至常温后将第二精馏塔冷凝器的冷却水阀门关闭。

④将第二精馏塔冷凝器 B、C 的冷却水阀改为由调节阀控制，以保证第二精馏塔的正常操作。

9. 产品丁二烯储罐发生爆聚

①立即通知厂调度和车间值班人员。

②关闭产品丁二烯储罐的进出口物料阀门，打开放空阀将罐中的丁二烯放至火炬系统，通氮气置换。

③将第二精馏塔冷凝器中的丁二烯改为进入回流罐，阻聚剂 TBC 改加在回流线上，停丁二烯产品采出泵，改为由回流泵采出。

④接胶管通过丁二烯产品采出泵倒淋往产品丁二烯储罐中加脱氧水进行洗罐操作。

⑤置换合格后，将产品丁二烯储罐的人孔打开，加入硫酸亚铁浸泡。

第5章 辅料、三剂

5.1 主要化学品的物理化学性质

丁二烯装置使用的主要化学品包括：二甲基甲酰胺(DMF)、乙腈(ACN)、*N*－甲基吡咯烷酮(NMP)、甲苯、糠醛、硅油、亚硝酸钠和对－叔丁基邻苯二酚(TBC)。分离丁二烯所用的萃取剂的物理性质见表5－1。

表5－1 分离丁二烯萃取剂的物理性质

溶剂	ACN	DMF	NMP
相对分子质量	41.1	73.1	99.1
常压下沸点/℃			
无水萃取剂	81.6	153	202
含水萃取剂			
含5%水	78.0	130.7	142.1
含10%水	76.7	—	—
熔点/℃	−45.7	−61	−24.4
闪点/℃	5.6	67	95
黏度(25℃)/(mPa·s)	0.35	0.802	1.65
相对密度(25℃/4℃)	0.7766	0.944	1.0279
蒸气压(40℃)/kPa	22.79	1.38	0.165
对丁二烯的溶解度(20℃)(体积比)	63.4	82	77
溶解度参数/$(cal/cm^3)^{1/2}$	12.26	12.07	11.99
偶极矩/$(10^{-30}C·m)$	11.47	12.88	13.64
蒸气在空气中的爆炸范围/%	3～16	2.2～16	1.3～9.8
毒性 LD_{50}/(mg/kg)(小鼠经口)	2460	2800	3914
毒性 LD_{50}/(mg/kg)(兔子经皮)	1250	4720	8000
空气中最大允许浓度(mL/m^3)	40	10	20

1. 二甲基甲酰胺(DMF)

具有热稳定性、高沸点、高闪点、对大多数有机和无机物具有高溶解度。能与水、醚、醇、酯、酮、氯化烃和氯化芳烃完全混溶。在常压及沸点温度下为热稳定溶剂，加热超过350℃则分解生成二甲胺和一氧化碳，紫外线照射分解产物是二甲胺和甲醛。水解生成二甲胺和甲酸，水解速度在酸、碱介质中加速。

2. 乙腈(ACN)

与水互溶，在76℃时与水形成共沸物，共沸组成为含水15%(质量分数)。具有热稳定性，对有机和无机物具有高溶解度。在酸或者碱的催化作用下进行水解，生成乙酰胺(CH_3

$CONH_2$)，在较高的温度下，进一步水解生成醋酸(CH_3COOH)。在硫酸或者盐酸的作用下进行醇解反应，生成酯。经过催化加氢可以得到伯胺。

3. *N*－甲基吡咯烷酮(NMP)

有微弱胺味，可以任意比与水和一般有机溶剂互溶，具有吸湿性。长时间储存颜色会变为淡黄色，但对 NMP 的性质无影响。具有较好的热稳定性和化学稳定性。

4. 糠醛

具有苦杏仁气味，其蒸汽能与空气形成爆炸性混合物，在光和热的作用下，与空气接触会逐渐氧化，变成棕色。溶于水，与乙醇、乙醚和 DMF 混溶。在光和热的作用下，与空气接触会逐渐氧化，颜色逐渐变成棕褐色。在有油、铁锈并高温下，糠醛会树脂化。糠醛还能与氢反应，催化剂的不同能生成不同的糠醇。在醋酸的作用下能与苯胺起反应，有鲜红色泽的物质生成，这个特殊的色泽反应可检验糠醛的存在。

5. 硅油

化学性质稳定，不溶于水，能溶于苯、甲苯，无腐蚀性，长期接触空气也不会胶化。有较高的耐热性，不易燃烧。对金属没有腐蚀性。

6. 亚硝酸钠

易潮解，易溶于水和液氨，其水溶液呈碱性，其 pH 值约为 9，微溶于乙醇、甲醇、乙醚等有机溶剂。亚硝酸钠暴露于空气中会与氧气反应生成硝酸钠。若加热到 320℃以上则分解，生成氧气、氧化氮和氧化钠。接触有机物易燃烧爆炸。

7. 对－叔丁基邻苯二酚(TBC)

与空气接触后易氧化变成黄褐色及深褐色，溶于乙醚、乙醇和丙酮，难溶于水，在 80℃时微溶于水。在碱性水溶液中先变成盐。具有弱酸性，能与氢氧化钠、氢氧化钾溶液作用生成可溶于水的酚盐。

8. 甲苯

无色澄清液体。有苯样气味。有强折光性。能与乙醇、乙醚、丙酮、氯仿、二硫化碳和冰乙酸混溶，极微溶于水。易燃。蒸气能与空气形成爆炸性混合物，爆炸极限 1.2% ~ 7.0%(体积分数)。高浓度气体有麻醉性。有刺激性。

5.2 主要化学品的作用

1. DMF、ACN 和 NMP

分离过程中的萃取剂，其作用在于使碳四中各组分的相对挥发度发生明显的变化，使物料中难以用普通精馏分离方法分离的组分得以有效地分离。

2. 甲苯

作为硅油和 TBC 的稀释剂使用。按规定的比例加入到硅油和 TBC 罐中。

3. 糠醛

一种阻聚剂(DMF 装置使用)，它和系统中产生的焦油组成复合阻聚剂，防止萃取精馏系统中丁二烯热聚物的产生。循环溶剂中的糠醛和焦油的总含量应保持在 3% ~5%(质量分数)之间。

4. 硅油

一种消泡剂(DMF 装置和 NMP 装置使用)，可抑制泡沫的产生，减少雾沫夹带，提高传质效果。通常循环溶剂中硅油含量为(3 ~4) ×10^{-6}(质量分数)；但是，如果溶剂中焦油含量较高，则硅油加入量可适当减少。

判断硅油加入量，萃取精馏塔的压差是一个很重要的指标，当压差在生产负荷没有变化的情况下上升时，就必须提高硅油的加入量。

5. 亚硝酸钠($NaNO_2$)

一种除氧剂，利用其还原性可有效地除去系统中进入的微量氧，防止萃取系统中产生丁二烯热聚物。

6. 对 - 叔丁基邻苯二酚(TBC)

精馏系统中阻聚剂，利用其强还原性，除去丁二烯系统中的自由离子或游离基，防止自聚。

第6章 安全、环保与节能

6.1 安全

丁二烯属于易燃、易爆的有机化合物，其闪点低于-6℃，自燃点为450℃，在空气中爆炸范围为2%~11.5%。丁二烯在常温下为无色具有芳香味的气味，化学性质非常活泼，与氧接触易生成爆炸性过氧化物。液体丁二烯易挥发，其气体比空气重(1.85倍)。同时在生产丁二烯的过程中还混合有乙烯基乙炔、丙炔等，具有爆炸危险性。国内外对丁二烯生产过程中的安全问题都非常重视。因为有不少厂家都发生过大小不同的事故。例如丁二烯储槽爆炸，换热器因过氧化物暴聚而胀裂报废等。更有甚者，1969年10月美国UCC所属的得克萨斯工厂丁二烯装置因乙烯基乙炔浓度超过45%而发生恶性爆炸事故，不仅丁二烯抽提装置大部分被毁，相邻的乙烯装置也受到一定程度的破坏，经济损失约600万美元。这一事故发生后，引起了全世界各丁二烯生产厂家的格外关注。

6.1.1 预防系统聚合物产生的对策

在生产丁二烯的过程中，常常会有端聚物生成。而这些端聚物一旦生成就会以其为晶核(活性中心)迅速地成倍增长，而且放出大量热量，使温度、压力急剧增长，导致塔器、管线和换热器被堵塞，甚至使设备胀裂发生变形，或造成恶性爆炸事故。这类事件在中国曾多次发生。经过实践证明，造成此类事故的原因主要有以下三个方面。

①生产中装置有氧存在使丁二烯与氧生成过氧化物，并按自由基聚合机理反应形成端基聚合物。端基聚合物中碳元素含量为88.73%。氢元素含量为11.27%。

②丁二烯聚合物生成与操作温度以及丁二烯纯度有关。温度越高越容易生成，丁二烯纯度越高也越容易生成端基聚合物或丁二烯二聚物。端基聚合物十分坚硬，呈白色米花状，其爆炸威力和硝化甘油或TNT相当。同时在较高温度和压力下，双烯烃和炔烃也发生聚合，生成热聚物，会堵塞设备和管道。

③丁二烯在容器中停留时间越长，越容易生成聚合物，尤其是有些设备结构不合理，例如有死角或有毛刺、铁锈等杂质均能加速丁二烯自聚物的生成。

针对上述问题，采取以下预防措施，经过多年生产实践证明是行之有效的。

①置换和清洗。开车前，对丁二烯装置用纯氮气进行置换，再用5% $NaNO_2$和0.1%~0.25%二乙基羟胺对设备管道进行化学清洗，清除设备表面附着的氧。

②加入阻聚剂。开车过程中，连续向装置加入阻聚剂。在第一、第二萃取精馏系统加入亚硝酸钠[$(100\sim200)\times10^{-6}$]，脱轻脱重塔加入对-叔丁基邻苯二酚(TBC)或二乙基羟胺。

③减少停留时间。在设备制造上和管道安装上，避免死角，尽量减少停留时间。

④尽量降温、降压操作。在丁二烯生产过程中，尽量降温降压操作，尤其是丁二烯在储存时。要低温度(<27℃)储存，并需加入一定量阻聚剂(TBC)。应避免日光曝晒，严禁超装、超压。因液体丁二烯的膨胀系数为0.00184，远高于钢材，故容器绝对不能装满。

⑤控制气相中氧含量。丁二烯在生产过程中，应控制气相中氧含量<0.3%，大于此值就要排往火炬，直至合格。

⑥及时停车。在生产过程中，一旦发生端聚物生成，局部温度急剧上升，要立即采取果断措施，停车处理。经过多年的生产实践证明，用5%～10%亚硝酸钠水溶液蒸煮24h（温度维持在60～80℃），就能有效地破坏其丁二烯过氧化物，并且便于检修和清理。对于丁二烯的储槽和其他容器、管道，每年至少彻底清理一次。

6.1.2　甲基乙炔的危害和预防

在抽提丁二烯生产过程中还有甲基乙炔的存在。其浓度过高，也会分解爆炸。一般控制甲基乙炔的浓度<38%（质量分数）。

6.1.3　乙烯基乙炔的危害与预防

根据对美国UCC所属的得克萨斯工厂的丁二烯爆炸事故的分析，该次事故是由于其中乙烯基乙炔浓度超过45%时分解自爆的，这是在不正常的（装置已停车）情况下造成的。为了防止类似事故再次发生，各国都做了大量研究。UCC建议将如下条件作为安全标准：

①在流程中任何一处物料中乙烯基乙炔浓度在40%以下；

②在乙烯基乙炔存在时，应将温度控制在105℃以下；

③有乙烯基乙炔存在时，不应使用亚硝酸钠。

对UCC提出的这几条安全标准，各生产厂家的看法并不一致。有人经过大量的实验，提出乙烯基乙炔浓度为20%时，当其气相中的分压在0.25MPa以上时，仍会发生爆炸。另外，UCC报道的试验结果也表明，在乙烯基乙炔和丁二烯混合试验中，在总压力约为6.0MPa的条件下，即使乙烯基乙炔的浓度在17%的情况下也会产生爆炸。因此，以乙烯基乙炔的分压作安全标准更为合理。瑞翁公司提出乙烯基乙炔浓度<50%，同时严禁其分压大于0.05MPa。

中国对乙烯基乙炔问题非常重视，在第一套C_4抽提丁二烯装置投产时，就采用了以丁烷、丁烯作为稀释剂，使乙烯基乙炔浓度维持在25%以下，确保了生产安全。

6.2 “三废”及处理

6.2.1　DMF法主要“三废”及处理办法

以国内某套10ktDMF抽提丁二烯装置为例，其主要“三废”及处理方法如下：

1. 废水来源及处理措施

废水处理一览表见表6－1。

表6－1　DMF法抽提丁二烯装置废水处理一览表

排放源名称	排放频率	排放量		主要污染物	处理措施
		正常	最大		
丁二烯水洗塔	连续	4.3t/h	6.44t/h	水：99.7% 二甲胺	闪蒸后送污水场
第一精馏塔回流罐	连续				
溶剂精制塔	间断	0.002t/h	2.5t/h	水：99.8% DMF：0.16%	闪蒸后送污水场

续表

排放源名称	排放频率	排放量		主要污染物	处理措施
		正常	最大		
精馏塔设备洗涤水	间断，持续10小时	0	50t/次	水：99.5% $FeSO_4$：0.5%	限流排往污水场
地面冲洗水	间断	0	5.2t/h	COD 油	去污水场
初期雨水	间断	0	214t/次	COD 油	去污水场
生活污水	间歇	2	2t/h	COD_{cr}：300	去污水场

(1)含DMF生产污水

装置内含DMF生产污水主要是溶剂精制塔回流罐水室所排出，这部分DMF污水含DMF量小于0.5%(质量分数)，送入污水罐后经污水泵送至污水场进行处理。

(2)二甲胺萃取废水

在二甲胺萃取塔中，为除去二甲胺而加入作萃取剂用的蒸汽凝液，与丁二烯液体逆流接触后成废水，此股废水经丁二烯闪蒸罐后排入装置生产污水线最终送至污水场。

(3)洗涤废水

在装置萃取系统停车检修时，用蒸汽凝液对萃取塔和汽提塔进行洗涤，洗涤下来的含DMF污水，排入污水罐收集，含DMF浓度高时经塔回收处理，处理后污水通过污水泵送污水处理场进行处理。

在装置检修时，系统进行$FeSO_4$脱活和$NaNO_2$钝化处理，这部分污水经化学药剂中和后，满足环保要求后排入装置污水线送出界区。

2. 废气来源及处理措施

废气处理一览表见表6-2。

表6-2　DMF法抽提丁二烯装置废气处理一览表

排放源名称	排放频率	排放量		主要污染物	处理措施
		正常	最大		
安全阀放空分离罐	连续	454kg/h	900kg/h	C_4烃	去火炬
	间断	0	197t/h	C_4烃	去火炬
溶剂罐呼吸排气	连续	0	$60Nm^3/h$		达标直接排大气
燃料气分离罐	连续	418kg/h	800kg/h	C_4烃	去火炬

本装置的废气包括装置中产生的燃料气及装置氮封气。燃料气分为高、低压燃料气系统，高压气包括安全阀起跳排放气直接进入安全阀放空罐，排入火炬的燃料气回收系统回收。低压排放气先进入燃料气分离罐，正常排至送出界区。

装置常压罐使用氮气进行氮封，这部分氮封气会含有少量溶剂气、糠醛气、甲苯气，一般认为其符合环保要求，直接排入大气中。

3. 废液、废渣来源及处理措施

废液、废渣一览表见表6-3。

表6－3 DMF法抽提丁二烯装置废液、废渣处理一览表

排放源名称	排放频率	排放量		主要污染物	处理措施
		正常	最大		
溶剂再生釜	间断	200t/a	250t/a	DMF：5% 焦油：95%	做劣质燃料或焚烧
燃料油	间断	300t/a	360t/a	二聚物：78% DMF：0.02% C_4烃	回收做燃料油

(1)废液

装置生产过程中会产生丁二烯二聚物。这部分作为低值燃料油，在燃料油罐收集后通过燃料油泵送界区外罐区。

(2)废渣

装置产生焦油，排入焦油池后做为低值燃料送出厂区处理。

6.2.2 ACN法主要“三废”及处理办法

以国内某套65kt/aACN抽提丁二烯装置为例，其主要“三废”及处理方法见表6－4。

表6－4 ACN装置主要“三废”及处理方法

序号	污染源名称	排放地点	排放量/(kg/h)	主要组成	主要控制指标	处理方法
1	乙腈再生塔污水	乙腈再生塔底	8410.6	水、乙腈	$ACN<100\times10^{-6}$	生化处理
2	二聚物分离罐尾气	二聚物分离罐		二聚物、C_4		尾气回收系统
3	尾气水洗塔塔顶尾气	尾气缓冲罐	344.8	C_4，VA，乙腈	VA<40% $ACN<1000\times10^{-6}$	尾气回收系统
4	缓冲罐、回流罐尾气	缓冲罐、回流罐	96.1	C_4，MA，乙腈		尾气回收系统
5	溶剂罐废气	溶剂罐	$40\sim45Nm^3/h$	N_2，乙腈	乙腈$<3mg/m^3$	现场
6	重组分	塔底	206.7	C_4、C_5、TBC、自聚物	$C_4\leq15\%$	去罐区

6.2.3 NMP法主要“三废”及处理办法

以国内某套30kt/aNMP抽提丁二烯装置为例，其主要“三废”及处理方法见表6－5。

表6－5 NMP装置主要“三废”及处理方法

项目	来源	正常情况	事故情况	去向	组成	条件
废气	装置各安全阀排放	无废气	最大排放量30t/h	火炬系统	烃类物料	
废水	分离罐	11kg/h		送到乙烯废水厂酸碱中和后再除油排至厂生化系统	水：97.5% NMP：$(500\sim1000)\times10^{-6}$ 烃类：2.4% 化学品：痕迹量 pH：8.9	45℃
	排出物密封罐				水：99.5% NMP：痕迹量	50℃
废固体	溶剂再生器	0.8t/h			多聚物及化学品	

6.3 节能降耗

对于大型的石油化工企业来说，由于企业的性质决定了在企业生产过程中需要消耗大量的能源，因此节约能源、提高能源的利用率就显得特别重要。同时抓好节能降耗工作也是降低企业生产成本、增产增收、提高企业经济效益的一项重要工作。

6.3.1 能耗、物耗分析

6.3.1.1 DMF 抽提丁二烯装置

DMF 抽提丁二烯装置的能耗主要由蒸汽、循环水和电组成。能量消耗的重点是蒸汽消耗。装置所使用的蒸汽是 1.0MPa 左右的低压蒸汽，蒸汽的耗能占装置耗能的 70% 左右，而装置内萃取精馏系统的蒸汽消耗占整个装置蒸汽消耗的 80% 左右，因此，优化工艺、抓好装置内热力管网的管理、合理用汽、降低装置蒸汽的消耗是节能降耗的主要努力方向。

在 DMF 抽提丁二烯装置的正常生产过程中，各个冷却器会消耗大量的循环水，由于循环水造成的能耗占装置总能耗的 20% 左右，因此，提高循环水的质量，减少循环水的使用总量，对于降低装置的能耗来说也是一项重要的工作。

同时由于在 DMF 抽提丁二烯装置内有大型的丁二烯气体压缩机，从而造成 DMF 抽提丁二烯装置的电耗较高，降低电耗也是降低装置能耗的一项重要工作。

6.3.1.2 ACN 抽提丁二烯装置

ACN 抽提丁二烯装置的能耗主要由蒸汽、循环水和电组成。装置能量消耗的重点是蒸汽消耗。装置所使用的蒸汽是 0.8MPa 左右的低压蒸汽，蒸汽的耗能占装置耗能的 80% 左右，而装置内萃取精馏系统的蒸汽消耗占整个装置蒸汽消耗的 60% 左右，因此优化工艺、抓好装置内热力管网的管理、合理用汽、降低装置蒸汽的消耗是节能降耗的主要努力方向。

在 ACN 抽提丁二烯装置的正常生产过程中，水消耗包括各个冷却器用的循环水、装置自身所用的新鲜水、盐冷器所用的冷冻盐水。各个冷却器会消耗大量的循环水，由于循环水造成的能耗占装置总能耗的 10% 左右，因此提高循环水的质量，减少循环水的使用总量，对于降低装置的能耗来说也是一项重要的工作。同时由于在 ACN 抽提丁二烯装置里没有丁二烯气体压缩机，所以，ACN 抽提丁二烯装置的电耗较其他两种生产工艺装置(DMF、NMP)的电耗要低。

6.3.1.3 NMP 抽提丁二烯装置

NMP 抽提丁二烯装置的能量消耗主要由蒸汽、循环水和电组成。

丁二烯装置能量消耗的重点是蒸汽消耗。NMP 抽提丁二烯装置所使用的蒸汽是 1.0MPa 左右的中压蒸汽和少量的 0.4MPa 左右的低压蒸汽。操作过程中优化工艺、抓好装置内热力管网的管理、合理用汽、降低装置蒸汽的消耗是丁二烯装置节能降耗的主要努力方向。

在 NMP 抽提丁二烯装置水的消耗主要由循环水和新鲜水的消耗组成。正常生产过程中，各个冷却器会消耗大量的循环水。提高循环水的质量，减少循环水的使用总量，对于降低装置的能耗来说也是一项重要的工作。

由于 NMP 抽提丁二烯装置内有大型的丁二烯气体压缩机，使装置的电耗较高。降低电耗也是降低能耗的一项重要工作。

6.3.2 节能

为了提高抽提丁二烯装置的能量利用效率，可以采取的节能措施如下：

①强化保温措施，减少装置内蒸汽能量的散热损失。为了减少装置内蒸汽的散热损失，在装置内的设备和管线上要加装合适的保温。在加装保温时应注意：

a. 加装合适的厚度，即保温效果与投资、维修费用应综合考核所得的最佳厚度，并非越厚越好。

b. 合理而科学地选材，不得选用淘汰的保温材料。

c. 保温层的表面一定要有防止雨水冲刷的防水层。

d. 巡检中发现保温层破损及时修复，检修作业中拆除的保温层及时复位。

②科学管理疏水器，抓好经常性的消漏管理。在日常生产过程中要做到装置内的疏水器基本无跑漏现象，消除长期跑汽、漏汽的现象。

③利用余热资源，提高能量的回收利用率。在丁二烯抽提装置的正常生产过程中会产生大量的具有一定利用价值的余热资源，如果对这些余热资源按照“按质用能，按需供能”的原则进行合理的组织和开发能量的多次利用，则会大大地提高装置能量的回收利用率。

1. DMF 法抽提丁二烯装置的余热利用

(1)蒸汽冷凝水的余热利用

蒸汽冷凝水的余热利用的流程如下：从装置内各蒸汽再沸器来的蒸汽冷凝水首先进入装置内蒸汽冷凝水储罐，蒸汽冷凝水储罐中蒸汽冷凝液经过蒸汽冷凝水泵升压后，分四路送出：

一路是余热利用循环线。流程为蒸汽冷凝水泵→第二精馏塔蒸汽再沸器→ 第一汽提塔第一冷凝器→ 预汽提塔蒸发罐加热器→蒸汽冷凝水储罐。换热完成后一部分多余的蒸汽冷凝水排出界区。

二路是蒸汽冷凝水泵→洗胺塔冷却器→洗胺塔→污水场。

三路是蒸汽冷凝水泵→减温减压中间泵→3.5 MPa 中压蒸汽总管。装置设计蒸汽压力为 0.95MPa，从动力厂来的蒸汽为 3.5MPa，经减温减压降压至 0.95MPa 后，需要使用蒸汽冷凝液作为蒸汽增湿介质，使之成为饱和蒸汽，用这部分蒸汽冷凝水作为降温降压增湿的介质。

四路是蒸汽冷凝水泵→低压蒸汽总管。

(2)循环热溶剂的余热利用

由第一汽提塔和第二汽提塔塔底出来 163℃的热溶剂汇合后，进入第一萃取精馏塔溶剂再沸器，加热第一萃取精馏塔塔釜的物料，进行第一次热利用。第一次换热后温度降至 115℃左右，再进入第二精馏塔溶剂再沸器进行二次热利用，加热第二精馏塔塔釜的物料，二次换热后溶剂温度降至 108℃左右。由第二精馏塔溶剂再沸器出来的溶剂分为三路进行第三次热利用：一路去第一精馏塔再沸器用于第一精馏塔的升温；一路去 C_4 进料蒸发器用于 C_4 原料的汽化；另一路经过热溶剂系统压力阀，通过调节经过该调节阀的溶剂流量来控制热溶剂系统的压力，目的在于保证第一精馏塔再沸器和 C_4 进料蒸发器的换热。溶剂经过三次热利用后，温度降至 60℃左右，又经溶剂冷却器，冷却至 40℃左右，返回装置的溶剂储罐，供装置重新使用。

2. ACN 法抽提丁二烯装置的余热利用

(1)蒸汽冷凝液的余热再利用

循环溶剂热运后，系统蒸汽凝液进入热水储罐。经过泵将蒸汽凝液部分送到精制塔塔釜蒸汽凝液再沸器作加热介质，回收蒸汽凝液的余热。自蒸汽凝液再沸器返回的凝液一部分回热水储罐，一部分经过蒸汽凝液泵给各个水洗塔提供洗涤水，多余部分送出装置。

(2)循环热溶剂的余热利用

由汽提塔塔底出来的140℃热溶剂，依次进入第一萃取精馏塔溶剂再沸器、第一萃取精馏塔中间再沸器，加热第一萃取精馏塔塔釜的物料，进行第一次热利用。第一次换热后循环溶剂温度降至116℃左右，再依次进入原料罐加热器、第二、第一普通精馏塔溶剂再沸器进行多次热利用，分别加热原料、加热第二、第一普通精馏塔塔釜的物料，经过多次换热后循环溶剂温度降至65℃左右。又经循环溶剂冷却器冷却至50℃左右，返回装置的溶剂储罐，供装置循环使用。

3. NMP 法抽提丁二烯装置的余热利用

(1)循环热溶剂的余热利用

由脱气塔塔底出来148℃的热溶剂进入溶剂换热器，进行第一次热利用。换热后温度降至86℃左右，再进入第二精馏塔溶剂再沸器，进行第二次热利用。换热后温度降至62℃左右，再进入主原料蒸发器进行三次热利用，换热后溶剂温度降至54℃左右。又经溶剂冷却器，冷却至40℃左右，返回装置的主洗塔和后洗塔重新使用。

(2)循环热冷却剂的余热利用

由冷却塔塔底出来70℃的热冷却剂进入辅原料蒸发器进行热利用，换热后温度降至60℃左右，又经冷却剂冷却器冷却至40℃左右，返回冷却塔重新使用。

(3)蒸汽冷凝液的余热利用

从丁二烯装置中脱气塔塔底蒸汽再沸器来的蒸汽冷凝液首先进入低压蒸汽闪蒸罐，产生出200kPa的低压蒸汽供应装置内的溶剂废液回收罐、溶剂再生罐、溶剂加热器作为加热源。低压蒸汽不足部分引入公用工程系统的低压蒸汽(400kPa)进行补充。

闪蒸回收低压蒸汽后的蒸汽凝液被送入蒸汽冷凝液罐，丁二烯装置中所有低压蒸汽用户产生的蒸汽凝液也全部返回此罐回收(如蒸汽伴热系统等)。一方面可以把蒸汽冷凝液有效利用，另一方面可以节约工业用水，减少由于外排污水的总量，降低污水处理费用。

由蒸汽闪蒸罐引入的低压蒸汽加热，保持罐内凝液温度稳定在90℃。用冷凝液循环泵送出，供应给第一精馏塔再沸器作为加热介质，加热后的凝液仍返回蒸汽冷凝液罐中循环使用。部分高温凝液被送入冷凝液冷却器中，降温至40℃后送入炔烃洗涤塔、再生溶剂水洗塔、溶剂再生罐中作为丁二烯装置所需的水进料。

在正常生产条件下，NMP 法抽提丁二烯装置自产的凝液量足够自身使用，多余的凝液用冷凝液循环泵送出装置。

4. 降低回流量节约蒸汽

在精馏和萃取精馏的操作中，回流的作用基本上是一致的，从本质上讲，回流的作用就在于保持塔板上轻组分浓度，实现精馏，达到轻组分分离出的目的。保持合适的回流量是保证精馏和萃取精馏分离效果的重要保证，但是过大的回流量也没有必要，过大的回流量会引起塔釜加热量的显著增加，增加装置的能耗。

在普通精馏塔中，提高回流比，通常总是利于分离的，但是，萃取精馏中回流的影响具有两重性，一方面如同一般精馏塔一样，增加回流将有利于分离。另一方面，增加回流会稀释溶剂，降低溶剂浓度，从而降低分离能力。因此，在萃取精馏塔中，只是在一定范围内增加回流比，才能提高分离效果。当溶剂不增加，只增加回流，回流比过大时，反而会影响分离效果。因此在精馏和萃取精馏的操作中在产品质量允许的范围内适当降低回流量，特别是在萃取精馏操作中适当降低回流量可以收到很好的节能效果。

如国内某套 DMF 法抽提丁二烯装置把第一萃取精馏塔的回流量与溶剂量的比值从原设计的0.16 降至0.13，把第二萃取精馏塔的回流量与塔顶采出量的比值从原设计的 1.3 降至1.1，平均每减少1t 回流节约蒸汽0.17t。

5. 适当提高循环溶剂进塔温度，提高循环溶剂能量利用率

DMF 法抽提丁二烯装置从第一汽提塔和第二汽提塔塔底出来的溶剂，经过三次热利用后温度降至60℃左右，又经溶剂冷却器冷却至40℃左右，返回装置的溶剂储罐，供装置重新使用。在此过程中溶剂的一部分热量通过冷却器被消耗掉了，一方面造成了能量的损失，另一方面也增加了装置的循环水的消耗。如果能将循环溶剂的进料温度适当地提高，一方面可以减少循环溶剂的能量损失，提高循环溶剂能量利用率，另一方面也可以降低装置循环水的消耗，同样也能达到节能的目的。

如国内某套 DMF 法丁二烯抽提装置把循环溶剂进料温度从原设计的40℃提高到45℃，再从45℃提高到47℃，节能效果非常显著，仅把循环溶剂进料温度从45℃提高到47℃就可以节约循环水55t/h，节约蒸汽1800t/a。

ACN 法抽提丁二烯装置从汽提塔塔底出来的热溶剂(140℃)；经过多次余热利用后，循环溶剂温度降至65℃左右，又经溶剂冷却器，冷却至50℃左右，返回装置的溶剂储罐，供装置循环使用。在此过程中溶剂的一部分热量，通过冷却器被消耗掉了，一方面造成了能量的损失，另一方面也增加了装置的循环水的消耗。如果能将循环溶剂的进料温度适当地提高，一方面可以减少循环溶剂的能量损失，提高循环溶剂能量利用率；另一方面也可以降低装置循环水的消耗，同样也能达到节能的目的。

但是循环溶剂的进料温度提高也会带来一些问题，循环溶剂进料温度上升，使塔板上的重组分汽化，导致塔顶重组分含量增加，溶剂进料温度下降，会使塔板上轻组分冷凝，导致塔底轻组分增加。以第一萃取精馏塔为例，溶剂进料温度过大，可能导致抽余液中丁二烯含量上升，使丁二烯损失加大；溶剂进料温度过低，可能使釜液中反2-丁烯和顺2-丁烯含量增大，从而影响产品质量。

针对这个问题在实际的操作中也可采用一定的技术手段来解决，例如在提高溶剂进料温度的情况下，可以通过适当提高回流量的方法，减少塔顶重组分的含量，达到装置的分离要求。萃取精馏塔溶剂量一般都很大，萃取精馏系统的蒸汽消耗占整个装置蒸汽消耗的60%左右，因此，溶剂温度即使是很小的变化，也会对装置的能耗产生比较大的影响。同时由于溶剂进料温度对萃取精馏塔的影响比较大，温度的波动会比较大的影响萃取精馏塔的热量平衡和物料平衡，对萃取精馏的操作产生不利的影响，所以，正常运转中，对溶剂温度的变化要慎重，不允许把溶剂温度作为调节塔顶塔底产品质量的手段。

6. 增加萃取精馏塔的塔板数，降低溶剂量和回流量节约蒸汽

在萃取精馏塔中塔板数越多，则在达到相同的分离效果时所需的溶剂量和回流量越小，而小的溶剂量和回流量则可以大大减少萃取精馏塔塔釜的加热蒸汽量，减少萃取精馏塔的操作成本，因此，为了降低装置的蒸汽消耗，可以通过增加萃取精馏塔的塔板数，降低萃取精

馏的溶剂量和回流量，节约蒸汽。

7. 加强节能管理

在装置的日常生产过程中必须加强各个环节的节能管理，加强全员节能意识的宣传教育，提高节能的自觉性和责任心。加强设备维护和检修，保证检修质量，消除非计划停车。强化装置内的热网管理，及时消除装置内的跑、冒、滴、漏，减少热损失。强化电气安全运行管理，实现安全供电，确保装置的“安、稳、长、满、优”生产。

8. 适当降低压缩机出口压力，降低压缩机的电耗

对于DMF法抽提丁二烯装置，在工艺条件允许的情况下，在冬夏两季由于水温不同塔压可以不同，而采用不同的压缩机出口压力节电。

适当降低丁二烯气体压缩机的出口压力，减少压缩机的出入口压差，降低压缩机的实际功率，可以达到降低压缩机电耗的目的。例如某公司DMF抽提丁二烯装置的实际测试，当丁二烯气体压缩机的出口压力由0.6MPa降至0.4MPa时，电的单耗由77.7kW·h/t降至64.1kW·h/t，取得了比较明显的节能效果。

9. 增设预汽提塔

对于DMF法抽提丁二烯装置，压缩机用电占整个装置用电量的60%左右，而在装置内增设预汽提塔可以在增加装置生产能力的同时，不改变压缩机的负荷，间接起到降低装置电耗的目的。当装置进行高负荷运转时，压缩机自身循环阀已完全关闭（自身循环阀的开度是压缩机余量的标志，设计自身循环阀的目的是为了保证压缩机的安全），已无安全保障的调节能力。因此，在高负荷生产时，首先要解决压缩机能力不足的问题。

在装置内增设预汽提塔，使部分烃类不经过压缩机直接进入第二萃取精馏塔，在压缩机负荷不变的前提下使装置的生产负荷提高了25%以上，达到降低装置能耗的目的。

6.3.3 节水

主要的节水措施：

①在整个工业用水中，冷却用水约占总用水量的70%，因此做好循环水的节水工作对企业的节水工作来说，具有特别重要的意义。装置内的循环水主要用于装置内的冷却器，如果循环水的水温低，循环水的水量就可以相应减少。循环水的水温主要受季节的变化，在冬季可以主动降低装置的循环水用量，达到节水的目的。同时循环水的水温也与凉水塔的运行情况有关，在循环水水温比较高的情况下，可以通过增加凉水塔风机运行台数，提高凉水塔循环水的均匀分布、采用高效填料以及及时清理凉水塔在运行过程中产生的结垢，也可以达到减少装置内循环水的用量。

②装置内循环水管线和设备的泄漏是引起循环水水量消耗升高的原因之一，因此及时发现和消除装置内循环水的泄漏也是降低装置内循环水消耗的方法之一。

对于装置内循环水管线和设备的泄漏可以通过以下几种方法判断：

a. 观察法，设备投用前要按规定做设备的水压实验，在确定设备没有发生泄漏的情况下，再投入使用。对于装置内的管线可以通过观察管线的外表，管线铺设通过的地段地面有无湿片，管线经过的地沟、明沟是否常年有水，管线的压力是否有所下降来判断。

b. 耳听法，通过监听管线是否有漏水的声音来判断管线是否漏水。

c. 统计法，通过安装在装置内不同点的循环水流量表的统计数据来判断循环水管线和设备是否泄漏。

③提高装置冷却器的冷却效果也可以降低装置的循环水水量。循环水中溶解有大量的 Ca^{2+}、Mg^{2+} 等离子，这些离子所形成的碳酸盐和硫酸盐以及循环水含有的其他杂质会在冷却器上结垢，使冷却器的冷却效果下降。如果发现冷却器发生结垢后，及时对冷却器进行处理，则可以恢复冷却器的冷却效果，减少装置的循环水消耗，达到装置节水的目的。

④提高循环水的质量，减少循环水的使用总量。装置内循环水的质量对循环水的用量有较大的影响，当循环水的质量比较好时，循环水系统即使是在夏季，由于在凉水塔的换热情况比较好，也能够保持较低温度，从而使装置内使用的循环水的总量保持在一个比较低的水平，达到节水的目的。

当循环水的质量不好时，一方面在循环水中会出现大量杂质，生成生物污泥，沉积在冷却器表面，使冷却器换热效果不好，进而影响到循环水的使用总量，另一方面由于循环水的质量无法达到保证，需要加入大量新鲜水进行置换，也会增加装置水的消耗。

为保证循环水的质量，循环水系统水稳药剂的选择极为重要，好的水稳药剂可以显著提高循环水的品质，提高循环水的浓缩倍数，降低循环水的污水排放量，而且可以提高热效率，增加设备的使用寿命，不仅能够达到节水的目的，而且起到优化操作，降低成本的目的。

⑤优化工艺，节约装置的循环水用量。在装置的正常生产过程中，一些冷却器在冬季流量比较小，而且在冬季由于受外界环境的影响，循环水的温度比较低，即使是经过换热后的循环水回水也保持了比较低的温度，针对这种情况，对于有些冷却器可以通过流程优化，用循环水回水做该冷却器的上水，减少装置总的循环水用量，提高循环水的利用率。

如 DMF 抽提丁二烯装置内的第一汽提塔第二冷凝器，经过该冷却器的物料和水温差在冬夏季变化大，循环水调节阀在冬季开度太小，造成水相生物污泥沉积结垢，影响换热，不利于装置的长周期生产。后来进行了改造，第一汽提塔第二冷凝器在冬季使用循环回水作上水，既节约了循环水，又使结垢减轻。

⑥减少装置停车检修期间洗塔水的数量，节约装置的新鲜水。在装置开停车和检修时，为了倒空、置换设备，需要用大量新鲜水对设备进行清洗，产生大量废水，一方面对环境造成一定的污染，另一方面也会造成大量新鲜水的浪费。

因为 DMF、ACN、NMP 的水溶性都很好，如果改进洗塔方法，仅采用少量的水循环冲洗，然后冲洗后的水送溶剂精制处理回收溶剂，洗涤后用蒸汽蒸煮即可，不必用水多次洗涤造成污水过多，且消耗大量的新鲜水。这样不仅能够减少洗塔水的用量，减少了新鲜水的消耗，同时也减少了外排污水对环境的影响。

⑦减少装置内新鲜水的使用。在装置的正常生产和工作过程中，由于生产和生活的需要，也要消耗一定量的新鲜水。加强对新鲜水的使用管理也是装置内一项重要的节水工作。

加强对新鲜水的管理首先要杜绝装置内新鲜水的长流水现象，使新鲜水达到合理使用。同时由于在装置的正常生产过程中会产生大量蒸汽冷凝水，在使用新鲜水时，能够用蒸汽冷凝水代替的尽可能用蒸汽冷凝水代替新鲜水，减少新鲜水的使用，达到节水的目的。

6.3.4 降耗

6.3.4.1 正常生产过程中的物料消耗

在丁二烯装置正常生产过程中，由于工艺生产过程的需要，在装置的不同部位都会产生一定量的物料消耗。

①DMF 抽提丁二烯装置中，在第二汽提塔会产生含有大量丁二烯、抽余液和乙烯基乙炔的混合气体；乙腈抽提丁二烯装置中，汽提塔会产生含有大量丁二烯和乙烯基乙炔的混合气体，溶剂再生塔会产生含有烃的混合气体；NMP 抽提丁二烯装置中，炔烃洗涤塔塔顶会产生含有大量丁二烯、抽余液和乙烯基乙炔的混合气体。

②第一精馏塔会产生含有大量丁二烯和甲基乙炔的混合气体。

③在装置的其他部位由于生产工艺的需要也会产生一定量的物料消耗，如再生釜的焦油的排放，洗胺塔出来的洗胺水中丁二烯的消耗等。

④装置开停车时，为了防止装置内设备的超压以及对装置内的设备进行倒空置换时都会产生大量气体排入尾气放空管线，造成装置物耗的增加。

6.3.4.2　降低装置物耗的措施

对于丁二烯装置内产生的物料消耗可以针对不同情况通过以下的措施，降低装置的物耗：

1. 优化装置工艺生产条件，降低装置丁二烯的损失率

在丁二烯装置的正常生产过程中，首先最为关注的物耗是丁二烯的消耗，因为丁二烯的消耗直接影响装置丁二烯的产量和装置的生产成本。在正常生产过程中必须保证装置的丁二烯收率达到一定的水平。

①在 DMF 抽提丁二烯装置影响丁二烯收率的部位有：第一萃取精馏塔塔顶、第二汽提塔塔顶、第一精馏塔塔顶、第二精馏塔塔底等。对丁二烯收率影响比较大的部位有：第一萃取精馏塔塔顶、第二汽提塔塔顶、第二精馏塔塔底。

为了减少丁二烯的损失，第一萃取精馏塔塔顶抽余液馏分中的丁二烯含量应严格控制；适当提高丁二烯回收塔塔底的温度来把第二汽提塔塔顶的丁二烯的含量控制在正常范围内；加强对第二精馏塔的调节，严格控制塔底的丁二烯排放量；合理控制 DMF 抽提丁二烯装置洗胺塔的洗胺水进水量。

②在 ACN 抽提丁二烯装置影响丁二烯收率的部位有：第一萃取精馏塔塔顶部、汽提塔塔中部、第一精馏塔塔顶部、第二精馏塔塔底部等。对丁二烯收率影响比较大的部位有：第一萃取精馏塔塔顶部、汽提塔塔中部、第二精馏塔塔底部。

为了减少丁二烯的损失，第一萃取精馏塔塔顶抽余液馏分中的丁二烯含量应严格控制；适当提高汽提塔的温度来控制侧线采出中丁二烯的含量在正常范围内；加强对第二精馏塔的调节，严格控制塔底的丁二烯排放量。

③在 NMP 抽提丁二烯装置影响丁二烯收率的部位有：主洗塔塔顶、炔烃洗涤塔塔顶、第一精馏塔塔顶、第二精馏塔塔底等。对丁二烯收率影响比较大的部位有：主洗塔塔顶、炔烃洗涤塔塔顶、第二精馏塔塔底。

为了减少丁二烯的损失，主洗塔塔顶抽余液馏分中的丁二烯含量应严格控制；通过在线分析仪较精确地调节抽余液稀释量；有些装置可将稀释后的 C_4 炔烃冷凝成液态后送往乙烯裂解装置的燃料气系统回收利用；加强对第二精馏塔的调节，严格控制塔底的丁二烯排放量。

2. 提高装置尾气的回收率，减少装置的物耗

抽提丁二烯装置正常生产过程中排出的尾气主要的组分是丁烷、丁烯、丁二烯和炔烃等，可进行回收，成为装置的生产副产品，减少装置的物耗。

装置内产生的尾气一般情况下首先进入装置放空管线，如果条件允许，进入放空管线的

废气可以通过提高压力的办法，加压液化将尾气中的烃类分离出来，作为液化气或燃料油回收利用。

近年来，美国 UOP 和 BASF 公司共同开发出抽提联合工艺，即将 UOP 的炔烃选择加氢工艺(KLP 工艺)与 BASF 公司的丁二烯抽提蒸馏工艺结合在一起，先将 C_4馏分中的炔烃选择加氢，然后采用抽提蒸馏技术从丁烷和丁烯中回收 1，3 – 丁二烯。该工艺的优点是丁二烯产品纯度高(大于 99.6%)，收率高，公用工程费用低，维修费用低，操作安全性高。

中国石油化工股份有限公司北京化工研究院开发了丁二烯尾气选择加氢技术，该技术可以将丁二烯生产装置产生的高炔尾气中的炔烃、二烯烃转化为烯烃，加氢产物作为 MTBE/1 – 丁烯生产装置的原料，可增产异丁烯和 1 – 丁烯，带来十分明显的经济效益和社会效益。

3. 提高装置的管理水平，减少装置内的“跑、冒、滴、漏”

装置内的“跑、冒、滴、漏”也是造成装置物耗高的主要原因之一，因此，提高装置的设备管理水平，及时消除装置设备和管线出现的泄漏，也是减少装置物耗的重要手段。

参 考 文 献

1. 中国石油化工集团公司人事部．丁二烯装置操作工[M]．北京：中国石化出版社，2007.
2. 张旭之，马润宇，王松汉，谢立凡．碳四碳五烯烃工学[M]．北京：化学工业出版社，1998.
3. 许红星等．YH – GPB(DMF)法丁二烯抽提生产技术[M]．北京：中国石化出版社，2002.
4. 乙腈抽提丁二烯装置工艺技术规程．北京燕山石化股份有限公司合成橡胶事业部，2008.
5. 乙腈抽提丁二烯装置岗位操作法．北京燕山石化股份有限公司合成橡胶事业部，2008.
6. DMF 抽提丁二烯装置工艺技术规程．北京燕山石化股份有限公司合成橡胶事业部，2008.
7. DMF 抽提丁二烯装置岗位操作法．北京燕山石化股份有限公司合成橡胶事业部，2008.
8. 1#丁二烯装置工艺技术规程．中国石化茂名分公司化工分部，2008.
9. 2#丁二烯装置工艺技术规程．中国石化茂名分公司化工分部，2008.
10. 烯烃分厂丁二烯抽提车间工艺技术规程．北京东方化工厂．